U0915748

暴雨年鉴

(2021)

中国气象局　编

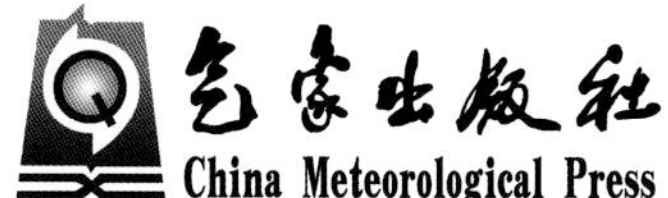

内容简介

本书共分为4章。第1章对2021年全国降水及暴雨概况进行统计分析并加以综述；第2章从单站暴雨、连续性暴雨、区域性暴雨、主要暴雨过程等几个方面对2021年的暴雨进行索引；第3章对2021年32次主要暴雨过程的基本天气形势和降水演变特征进行概述；第4章对2021年10次重大暴雨事件从雨情、灾情及天气形势等几个方面进行综合分析。书后的附录给出1991—2020年全国暴雨气候概况。

本书比较全面地反映和记录了2021年我国的暴雨状况，为气象部门开展暴雨的监测预报、科技攻关、灾害评估、预报总结等提供基础性检索资料。本书可供从事气象、水文、农业、生态、环境等方面的科研业务、教育培训、决策管理及相关人员参考。

图书在版编目（CIP）数据

暴雨年鉴. 2021 / 中国气象局编. -- 北京 : 气象出版社, 2024. 6. -- ISBN 978-7-5029-8216-4

Ⅰ. P426.62-54

中国国家版本馆CIP数据核字第2024KN4086号

审图号：GS京(2024)1125号

暴雨年鉴(2021)

Baoyu Nianjian (2021)

出版发行：气象出版社

地　　址：北京市海淀区中关村南大街46号　　**邮政编码**：100081

电　　话：010-68407112(总编室)　010-68408042(发行部)

网　　址：http://www.qxcbs.com　　**E-mail**：qxcbs@cma.gov.cn

责任编辑：王萃萃　郑乐乡　　**终　　审**：张　斌

责任校对：张硕杰　　**责任技编**：赵相宁

封面设计：地大彩印设计中心

印　　刷：北京地大彩印有限公司

开　　本：889 mm×1194 mm　1/16　　**印　　张**：16

字　　数：367千字

版　　次：2024年6月第1版　　**印　　次**：2024年6月第1次印刷

定　　价：160.00元

前　言

中国地处东亚季风气候区，每年都有大量的暴雨天气过程发生，暴雨是我国最主要的灾害性天气之一。由暴雨产生的洪水时常造成江河湖泊泛滥、农田道路淹没、公路交通阻绝，在山区常常诱发山洪、泥石流、山体滑坡等一系列地质灾害。每年暴雨及其引发的次生灾害造成国家社会经济和人民生命财产的巨大损失。同时，暴雨又是我国淡水资源的重要来源，它带来的充沛降水对于农田灌溉、水力发电、江河航运、工农业生产、人民生活以及生态系统的平衡和恢复都有非常重要的作用。

暴雨作为一种以高强度降水为主要特征的天气现象，对其进行准确预报一直是气象部门工作的重点和难点。因此，加强暴雨科研，提高其预报准确率，减轻暴雨灾害对社会经济和人民生命财产造成的损失，是政府决策部门和社会公众的期望所在。研究和探索暴雨发生、发展和变化的规律，需要大量的探测资料作支撑，需要以暴雨发生的史实为基础。历年编纂出版《暴雨年鉴》，既能够提供全面反映、准确记录当年我国暴雨状况的资料汇集，供广大科研、业务、教育培训、决策管理及相关工作的同志参考，为暴雨监测预报、防灾减灾及水资源调配管理等提供服务；又可以为气象部门开展暴雨预报科技攻关、暴雨灾害评估、暴雨预报总结提供基础检索资料；同时，随着岁月积累，也能逐步形成一套反映我国暴雨状况的历史典籍，丰富我国的气象文化资源。

《暴雨年鉴(2021)》编制工作由中国气象局武汉暴雨研究所廖移山、闵爱荣等完成，附图的绘制工作由闵爱荣承担。

在《暴雨年鉴(2021)》的编辑过程中，中国气象局预报与网络司、湖北省气象局有关领导给予了支持并提出了宝贵的指导意见；国家气象信息中心、湖北省气象信息与技术保障中心、国家气象中心有关领导和专家提供了技术指导和基础资料；武汉暴雨研究所汪小康、李山山，国家气象中心何立富等相关专业技术人员也参与了本年鉴的部分编写工作，在此一并谨致谢忱。

编者

2024 年 2 月

编写说明

1. 资料来源及说明

本年鉴的降水资料来自于湖北省气象信息与技术保障中心提供的全国2424个国家气象观测站的整编资料，灾情资料来自于中国气象局气象灾害管理系统。

在2021年度暴雨概况统计中，所使用的有完整降水资料记录的台站有2424个。在全国暴雨气候概况统计中，多年平均值采用世界气象组织(WMO)的约定标准，即1991—2020年30 a气候平均值，这段时期有完整降水资料记录的台站有2328个，而在统计全国各省(自治区、直辖市)最大日降水量时，使用了1961—2020年有完整降水资料记录的台站有1934个。

本年鉴未包含中国香港、澳门和台湾地区的降水资料。

2. 暴雨分级标准

本年鉴采用如下暴雨分级标准：

暴　　雨：日降水量50.0～99.9 mm；

大 暴 雨：日降水量100.0～249.9 mm；

特大暴雨：日降水量≥250.0 mm。

3."单站连续性暴雨"的录选标准

单站连续3 d达到暴雨标准，或者连续3 d出现降水且其中至少2 d达到大暴雨标准，即作为一次单站连续性暴雨。单站连续性暴雨的起止日必须达到暴雨或以上量级。

4."区域性暴雨日"的录选标准

在同一片雨区中，只要有15个站达到暴雨标准，当日即作为一个区域性暴雨日。

5."主要暴雨过程"的录选标准

过程中至少有1 d达到区域性暴雨日标准，且至少在一个区域性暴雨日中有2个或以上站达到大暴雨标准。过程的起止日必须有5个或以上站达到暴雨标准。

6."重大暴雨事件"的录选原则

根据暴雨过程的降水和灾情资料，按照降水强度、降水范围、灾情轻重等进行综合排序，遴选出当年影响显著的10次重大暴雨事件。

7. 其他需要说明的问题

降　水　量:指从天空降落到地面上的液态和固态(经融化后)降水,没有经过蒸发、渗透和流失而在单位面积水平面上积聚的深度。

暴 雨 雨 量:在给定的时间范围内所有暴雨日的降水量之和。

资 料 日 界:20 时—次日 20 时(北京时间)。

多年平均值:1991—2020 年 30 a 平均值。

降 水 距 平:年度值与多年平均值的差值。

干 旱 地 区:多年平均年降水量≤300.0 mm 的区域。

绘 图 说 明:西沙、珊瑚两站资料在绘图时未予考虑。

目　录

第 1 章　年度暴雨概况

1.1　2021 年全国暴雨综述

2021 年，我国降水（平均降水量 672 mm）较常年（630 mm）偏多 6.7%。从年降水量的分布看（图 1.2.1），降水自西北向东南依次递增，与多年气候平均分布一致。新疆大部、西藏西部、青海柴达木盆地、内蒙古西部、甘肃河西走廊大部及宁夏北部年降水量一般不足 250 mm。内蒙古中部、青海大部、西藏中部、甘肃大部、宁夏中南部、陕西部分地区及北疆大部年降水量在 250～500 mm。东北大部、华北大部、黄淮大部、湖北西北部、陕西南部、四川大部、西藏东部及云南部分地区年降水量在 500～1000 mm。西南地区大部、江汉大部、江淮北部、湖南中部、广西西部年降水量在 1000～1500 mm。江南大部、江淮部分地区、广西中东部年降水量在 1500～2000 mm。海南大部、广东南部、江南东部部分地区、四川盆地西部部分地区、广西局部及云南局部地区年降水量超过 2000 mm，其中有 8 个站超过 2500 mm。全国最大年降水量出现在安徽黄山，为 2878 mm。

2021 年我国共有 227 d 出现暴雨，第一个暴雨日出现在 2 月 8 日，最后一个暴雨日出现在 12 月 29 日。我国西北地区大部、内蒙古大部、西藏地区及西南地区北部全年基本没有暴雨发生，除此之外的大部分地区年暴雨（≥50 mm/d）日数大多在 1～4 d，超过 4 d 的区域主要位于东北南部、华北、黄淮、江淮、江南、华南、西南东部及西南南部，超过 7 d 的区域主要位于黄河下游、黄淮地区、江南地区、华南沿海、四川盆地北部及大巴山地区，超过 10 d 的区域主要位于四川盆地北部、华南沿海及江南东部局部，最多的暴雨日数出现在海南万宁，为 16 d。我国西藏地区、西南地区北部、西北地区大部、内蒙古地区大部全年都没有大暴雨发生，其他区域大暴雨日数一般不超过 2 d，黄河下游、黄淮局部、江南东北部、华南沿海、四川盆地北部可达 3～5 d，安徽黄山及广东珠海出现次数最多，均为 7 d。

2021 年我国有 28 站次出现特大暴雨，其中河南最多，出现 13 站次，江苏和四川各出现 4 站次，海南出现 2 站次，湖北、湖南、江西、广东和广西各出现 1 站次。从出现时间看，7 月最多，出现 18 站次，8 月出现 5 站次，6 月、10 月各出现 2 站次，9 月出现 1 站次，其余月份没有出现特大暴雨。从每月全国最大日降水量的数值看，除 1 月未达到暴雨量级外，其余月份均达到暴雨量级，3—11 月均达到大暴雨量级，6—10 月均达到特大暴雨量级。2021 年 7 月 20 日河南郑州出现的 552.5 mm 的降水为当年全国最大日降水量。

2021 年我国共出现区域性暴雨日 121 d，第一个区域性暴雨日出现在 2 月 9 日，最后一个区域性暴雨日出现在 12 月 21 日。9 月 19 日出现在华北地区、黄淮地区、江汉地区、西北地区东部、西南地区东部、西南地区南部及华南西部的区域性暴雨是影响范围最广的一次区域性暴雨，共出现 170 站暴雨、31 站大暴雨，日降水量大于或等于 50 mm 的总站数达到

201 站，最大暴雨中心出现在山东泰山，日降水量 150.0 mm。7 月 28 日出现在黄淮地区、江淮地区及江南东部的区域性暴雨是强度最大的一次区域性暴雨，共出现 64 站暴雨、53 站大暴雨、4 站特大暴雨，最大暴雨中心出现在江苏泗阳，日降水量 322.36 mm。

2021 年我国共出现 32 次主要暴雨过程，分布在 4—10 月，其中 7 月 7 次，5 月、8 月各 6 次，6 月 5 次，9 月 4 次，10 月 3 次，4 月 1 次。32 次主要暴雨过程中有 5 次由热带气旋登陆或影响所致。从 32 次主要暴雨过程中遴选出 10 次列为年度重大暴雨事件，分别发生在 5—10 月，其中 7 月 3 次，8 月、9 月各 2 次，5 月、6 月、10 月各 1 次。10 次重大暴雨事件中有 1 次为热带气旋登陆所致。第 4 次重大暴雨事件（7 月 18—22 日北方暴雨，即郑州“7·20”特大暴雨）是影响最为广泛、直接经济损失最为严重的一次重大暴雨事件，其直接经济损失高达 1241.9 亿元。

2021 年我国有 53 站次突破了 60 a(1961—2020 年)日降水量的历史纪录，其中河南 13 站次，四川 7 站次，江苏 6 站次，新疆 5 站次，内蒙古、青海、云南、贵州、陕西、湖北各 2 站次，黑龙江、辽宁、北京、山东、山西、重庆、湖南、江西、福建、广西各 1 站次。

2021 年全国共有 155 站次出现了连续性暴雨，最长连续天数为 5 d，分别是 5 月 18—22 日福建光泽和浙江龙泉、庆元。干旱地区共有 82 站次日降水量达到或超过 25 mm。

1.2 2021 年全国降水概况

1.2.1 年降水量分布

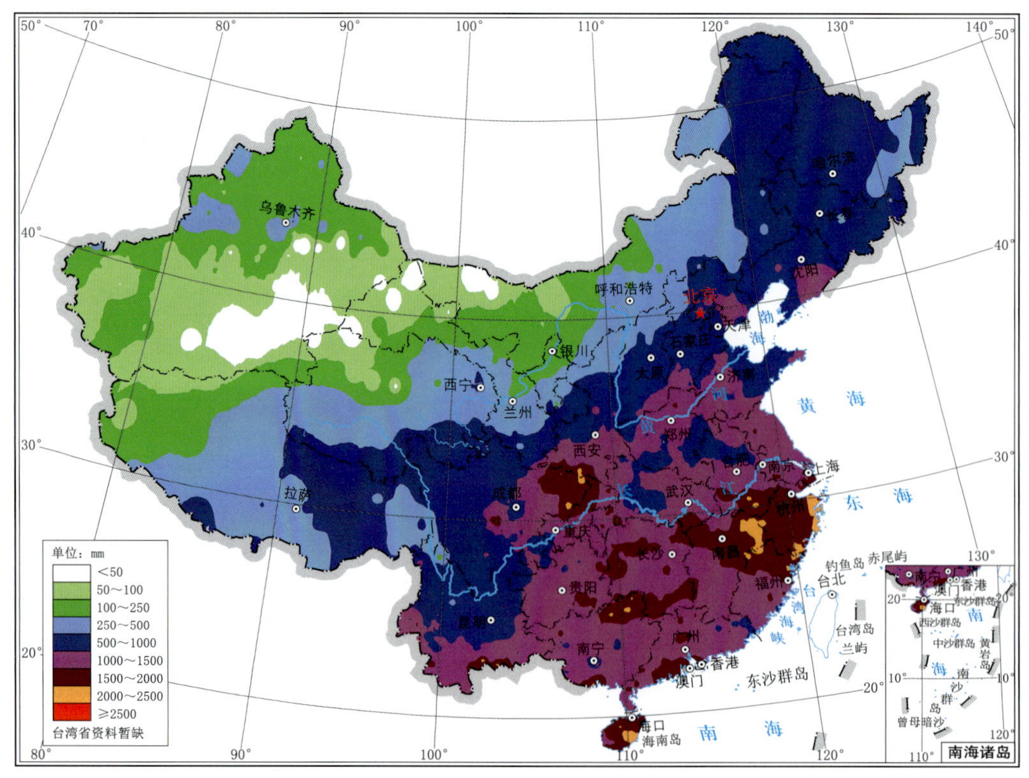

图 1.2.1 2021 年全国降水量分布

1.2.2　年降水量距平百分率分布

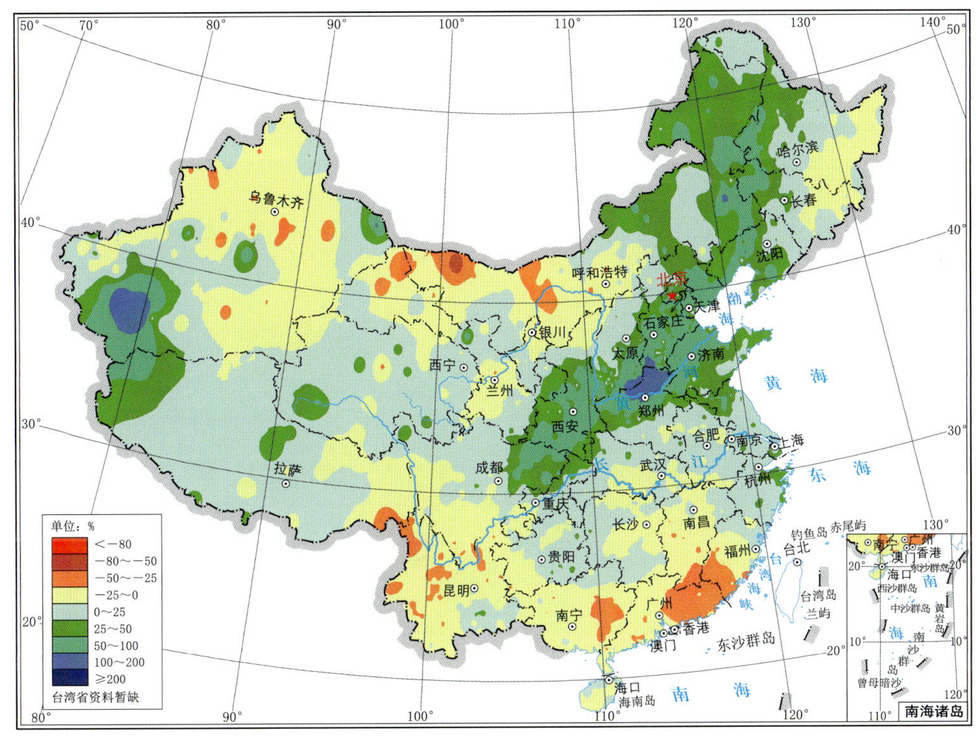

图 1.2.2　2021 年全国降水量距平百分率分布*

1.2.3　月降水量分布

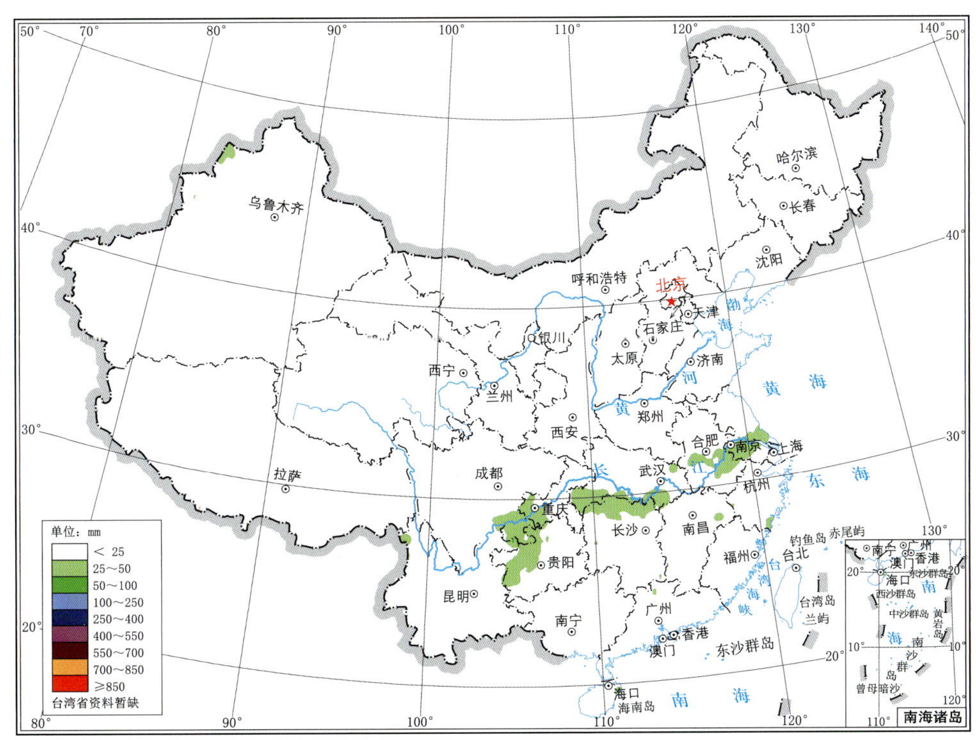

图 1.2.3　2021 年 1 月全国降水量分布

* 计算降水距平时，多年平均值采用 1991—2020 年 30 a 平均值，下同。

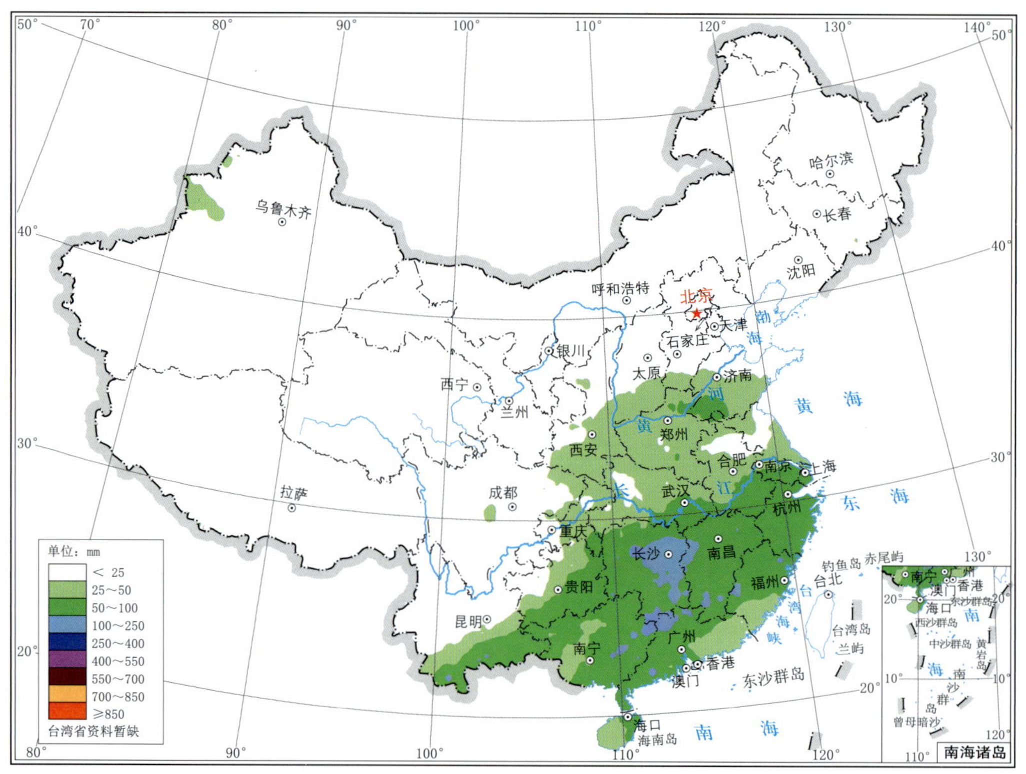

图 1.2.4　2021 年 2 月全国降水量分布

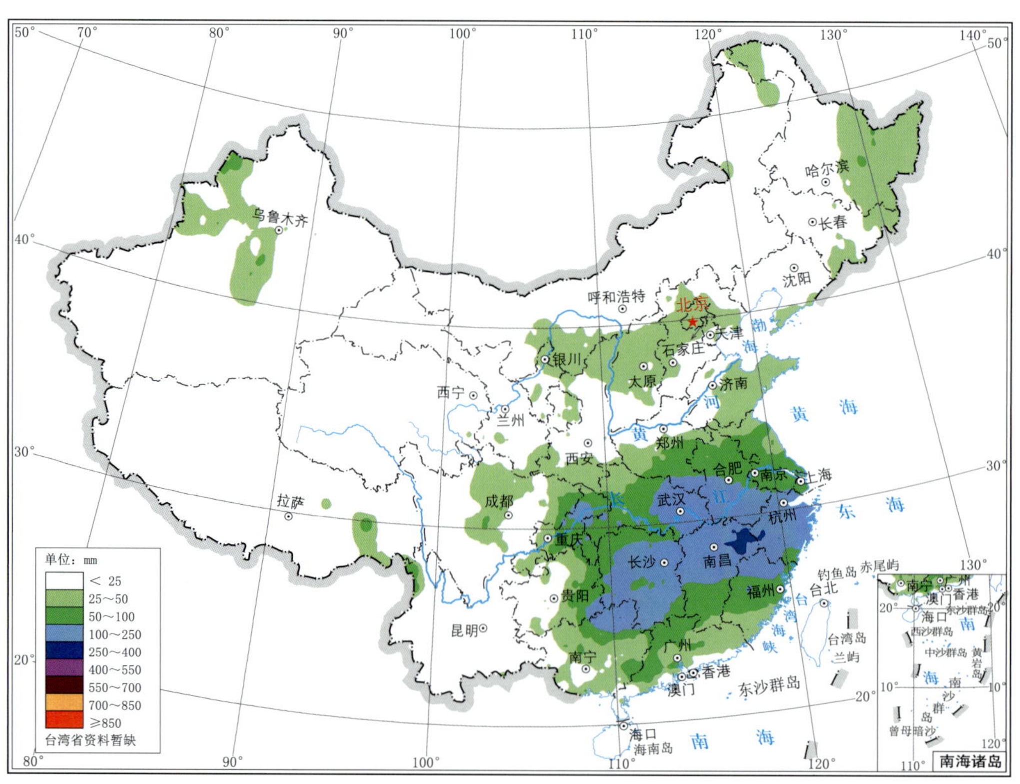

图 1.2.5　2021 年 3 月全国降水量分布

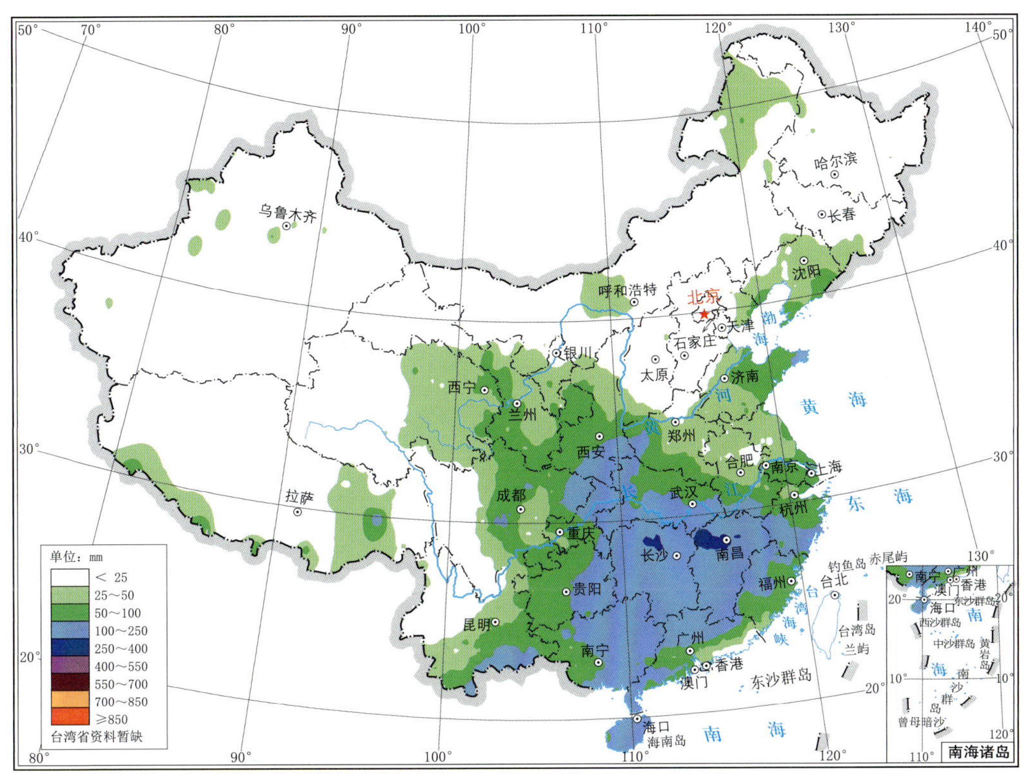

图 1.2.6　2021 年 4 月全国降水量分布

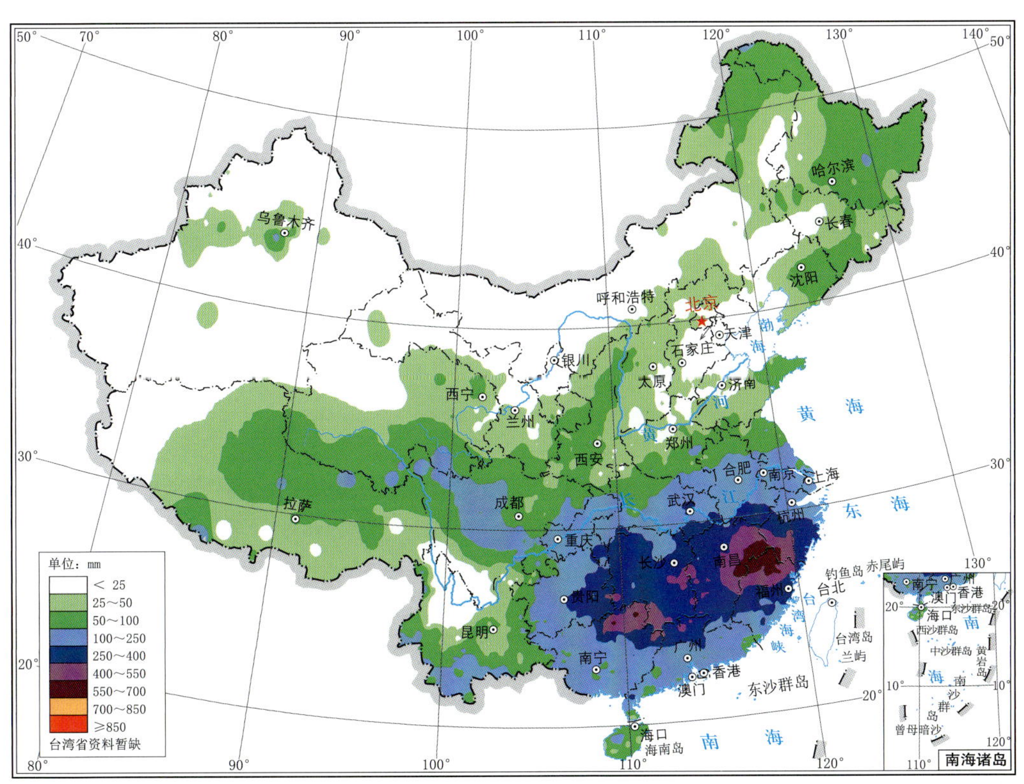

图 1.2.7　2021 年 5 月全国降水量分布

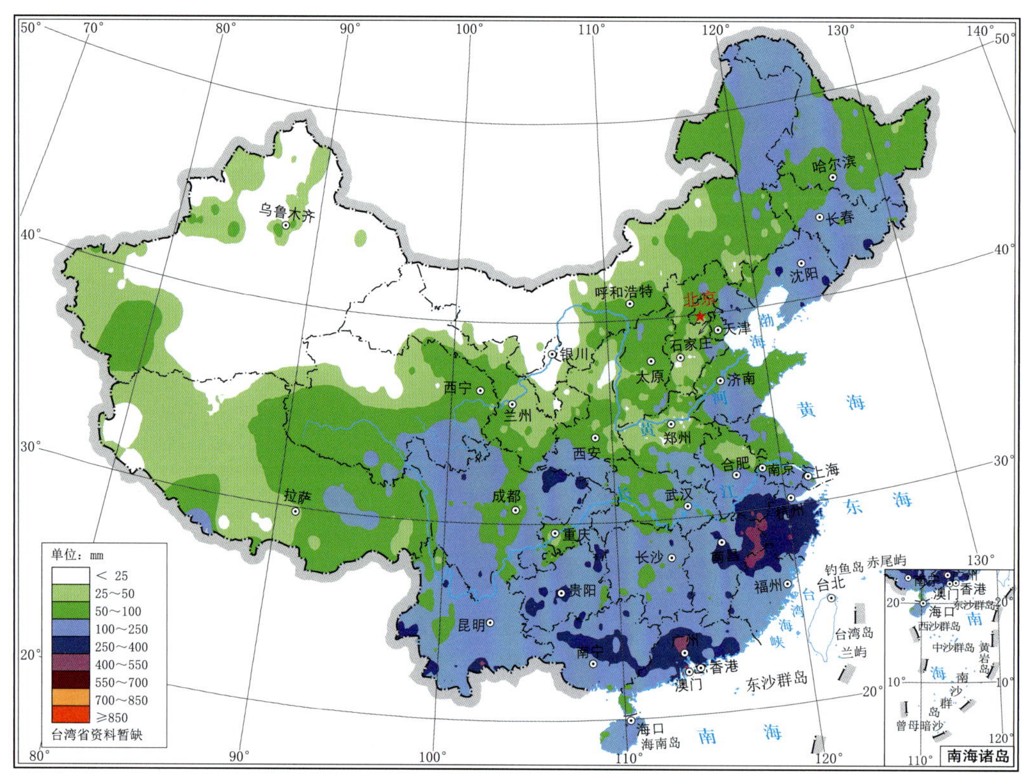

图 1.2.8　2021 年 6 月全国降水量分布

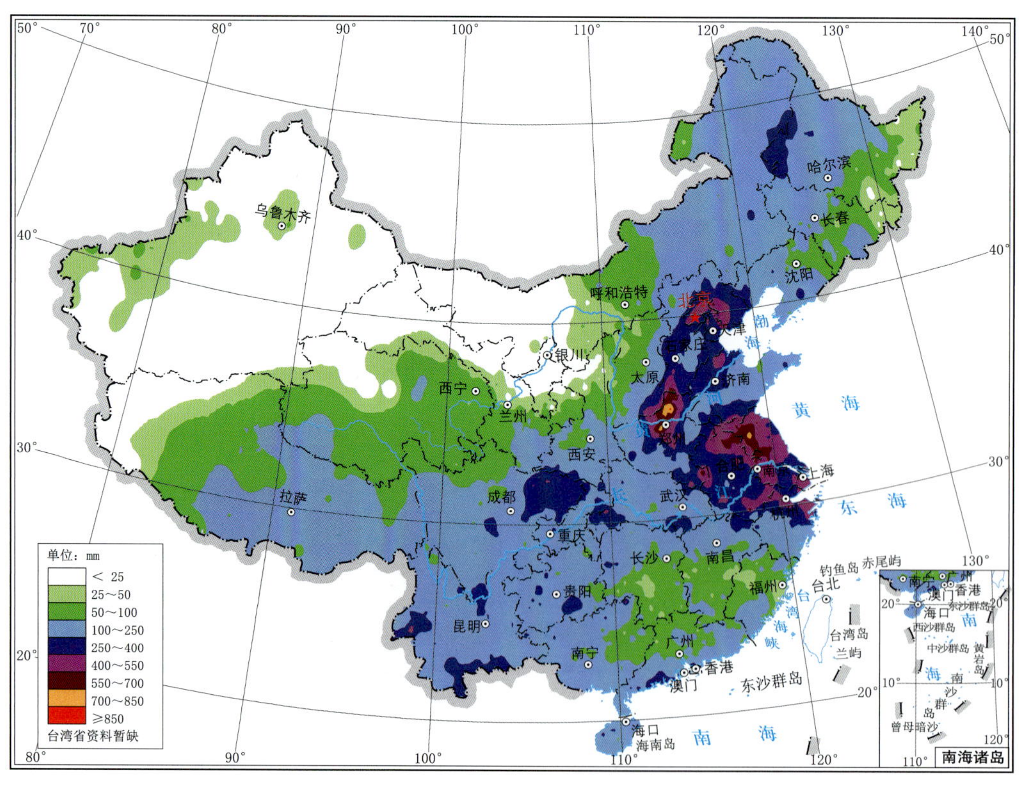

图 1.2.9　2021 年 7 月全国降水量分布

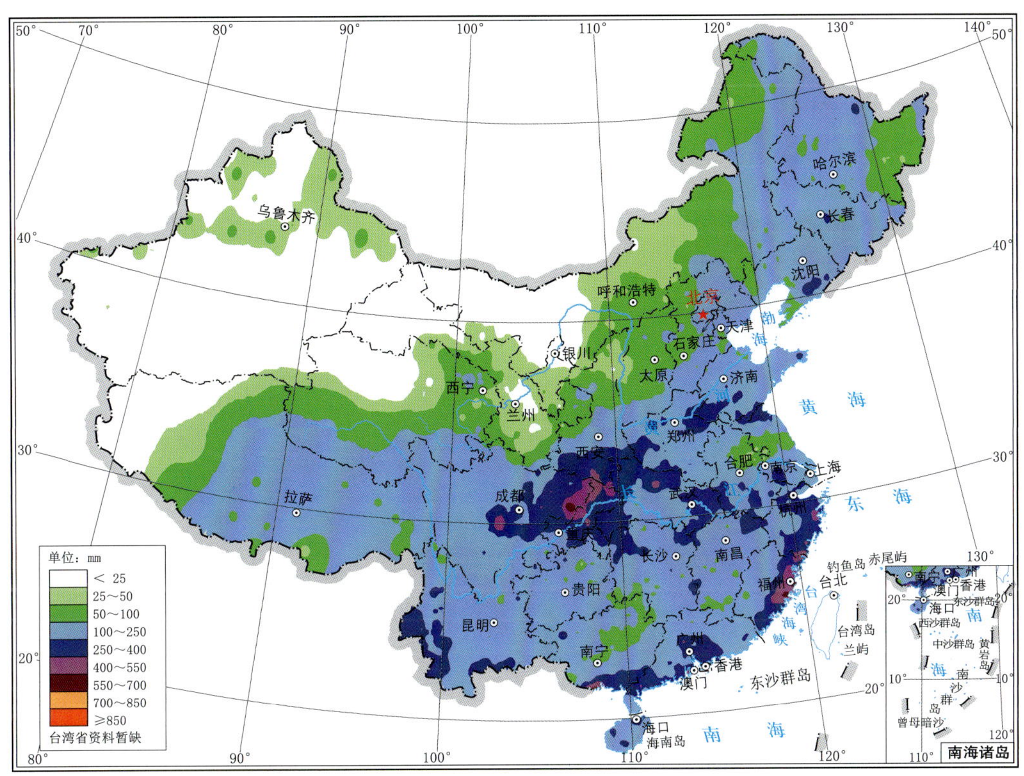

图 1.2.10　2021 年 8 月全国降水量分布

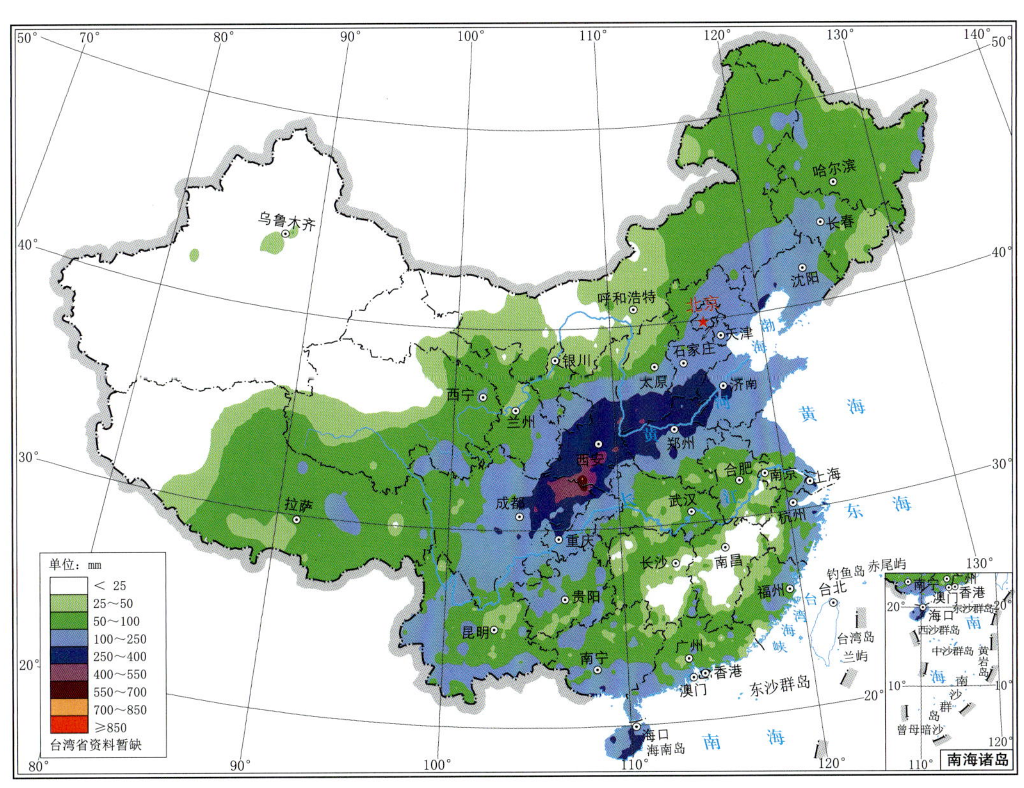

图 1.2.11　2021 年 9 月全国降水量分布

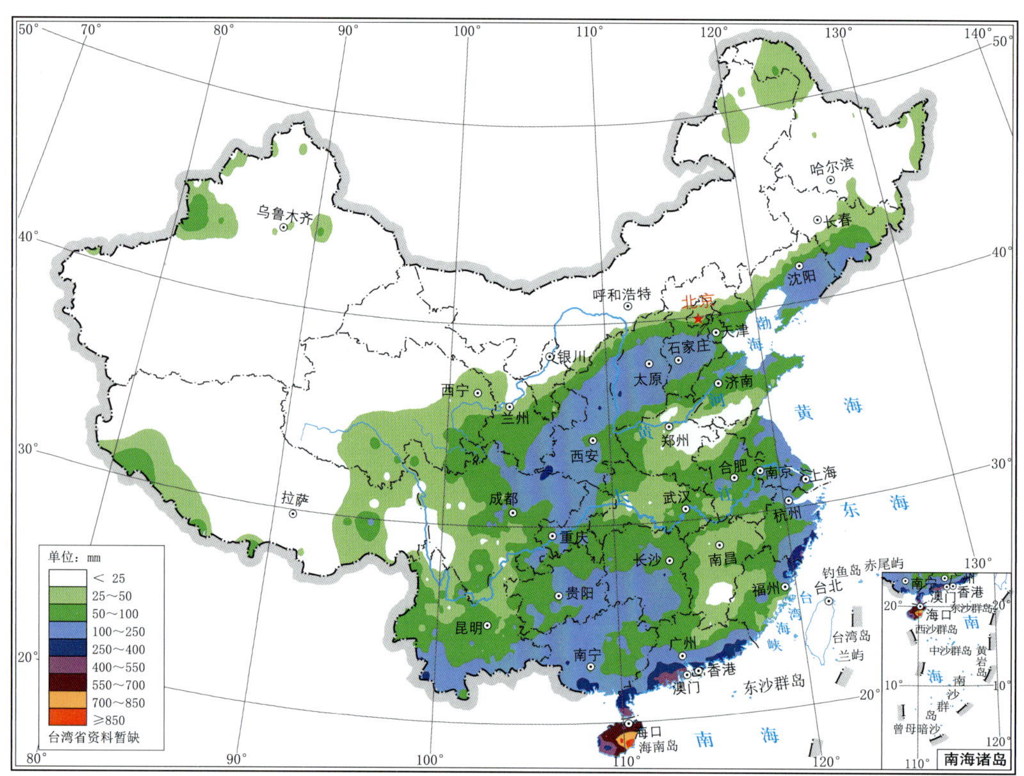

图 1.2.12　2021 年 10 月全国降水量分布

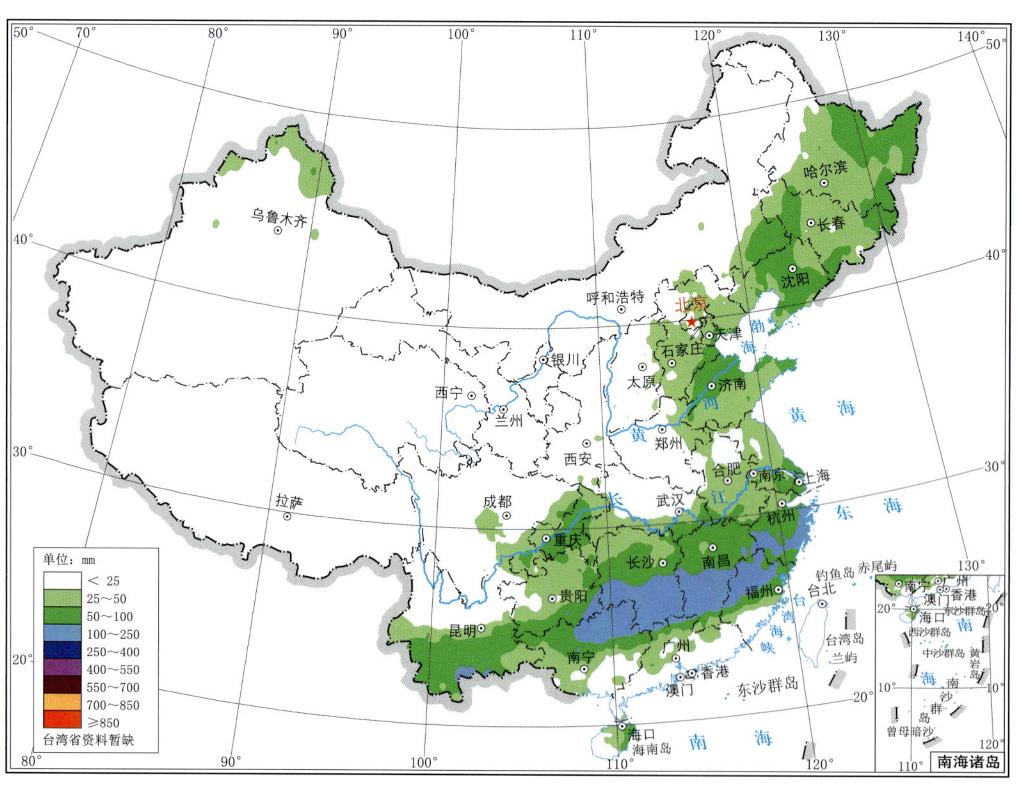

图 1.2.13　2021 年 11 月全国降水量分布

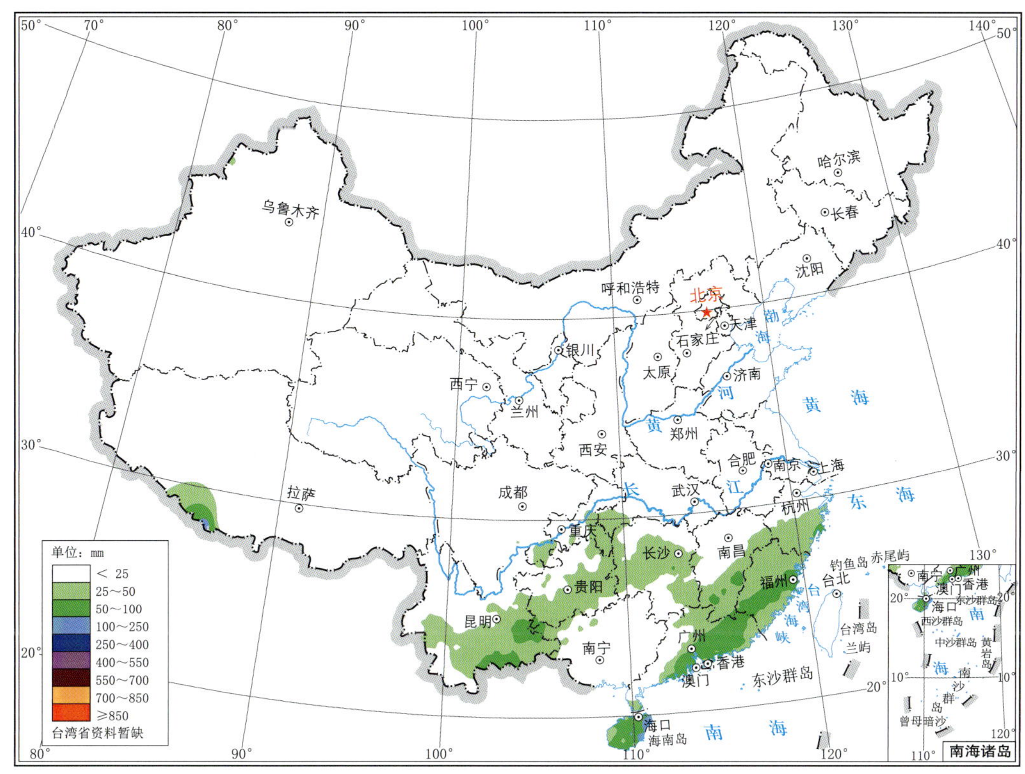

图 1.2.14　2021 年 12 月全国降水量分布

1.2.4　月降水量距平百分率分布

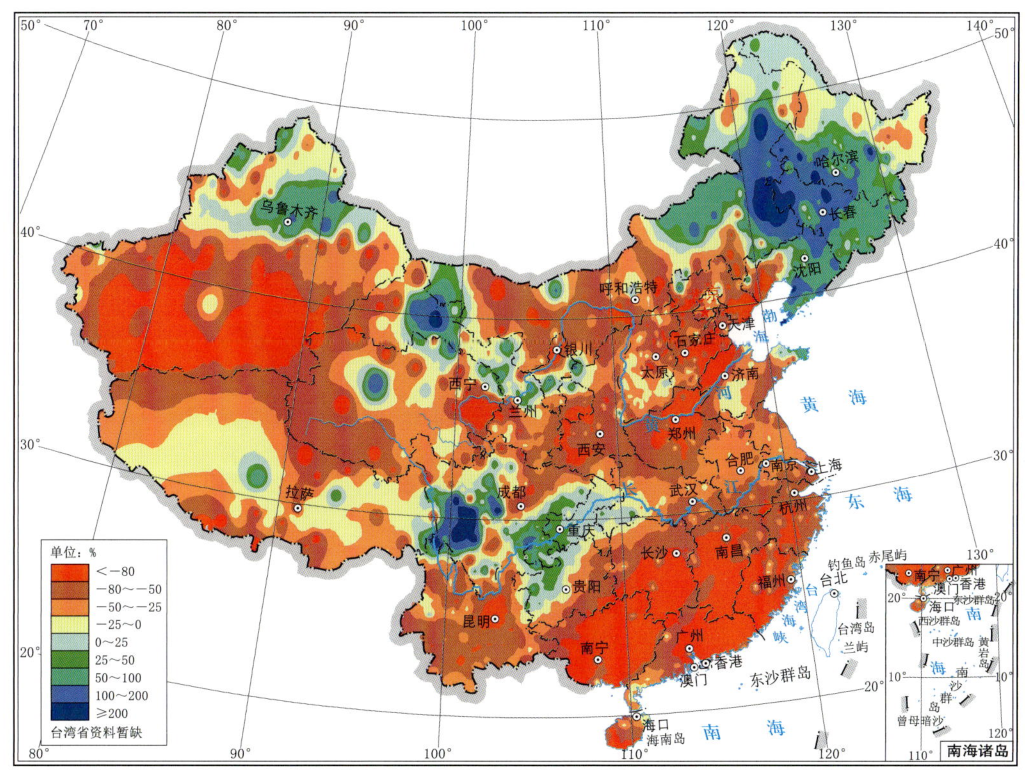

图 1.2.15　2021 年 1 月全国降水量距平百分率分布

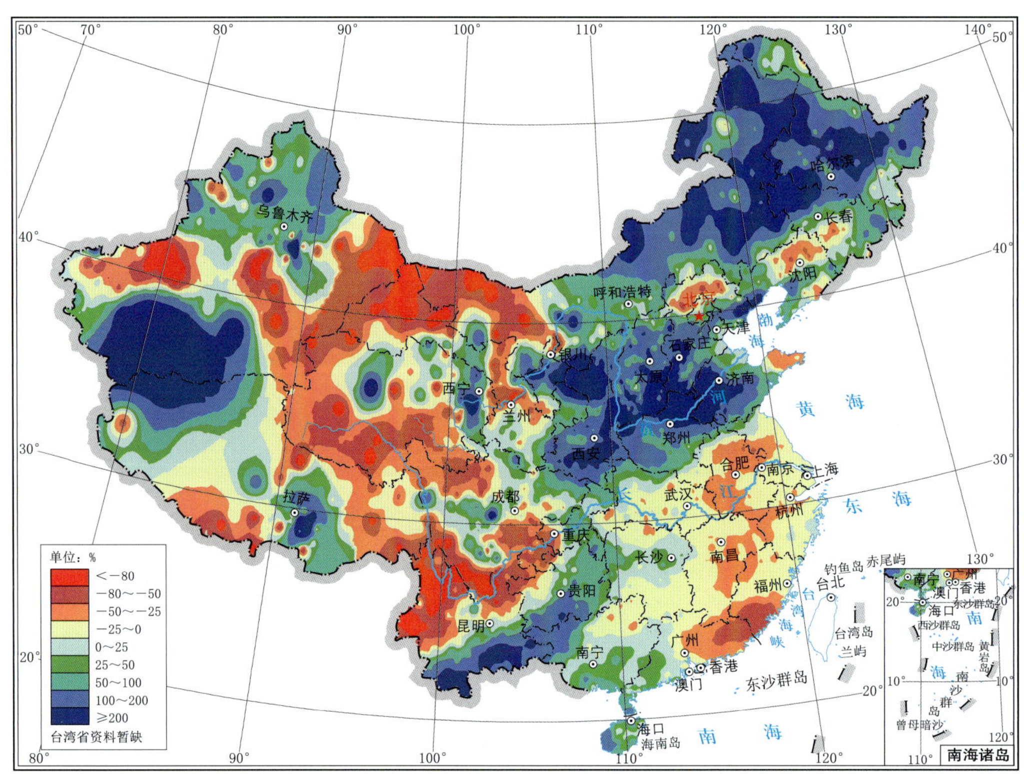

图 1.2.16　2021 年 2 月全国降水量距平百分率分布

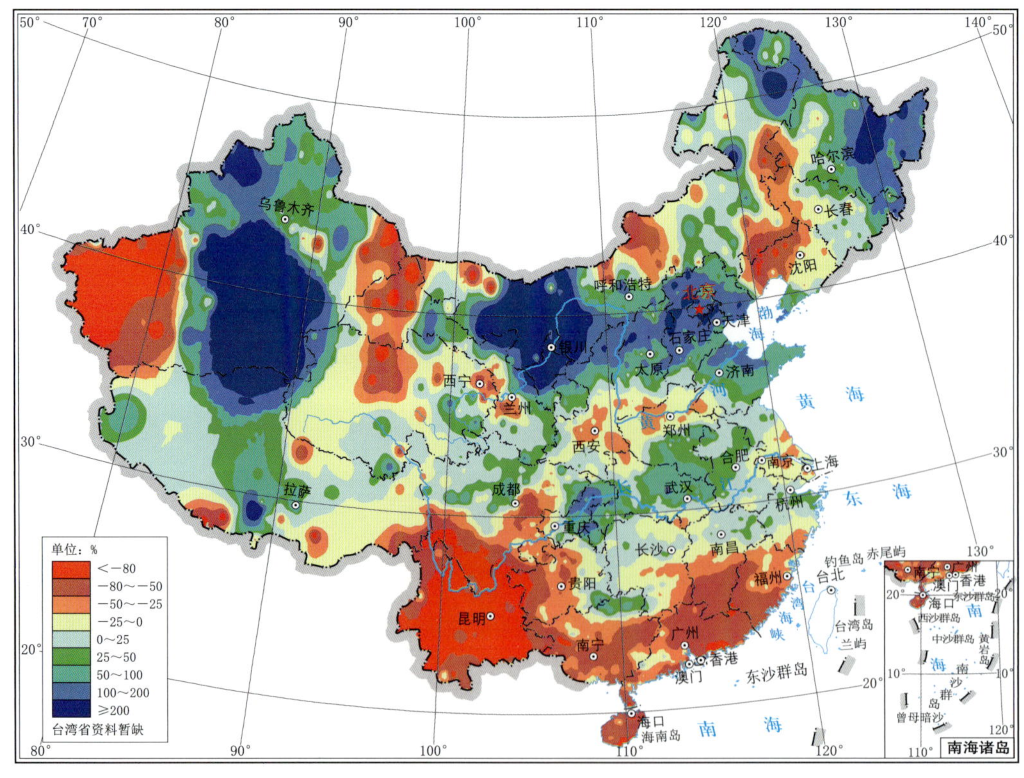

图 1.2.17　2021 年 3 月全国降水量距平百分率分布

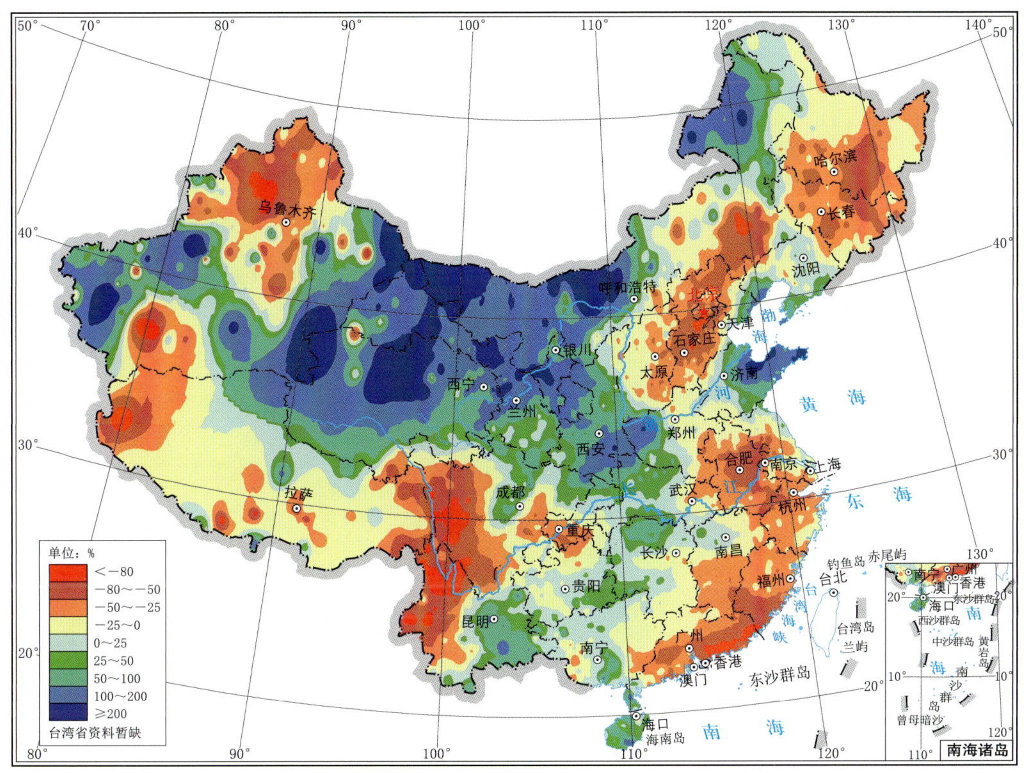

图 1.2.18　2021 年 4 月全国降水量距平百分率分布

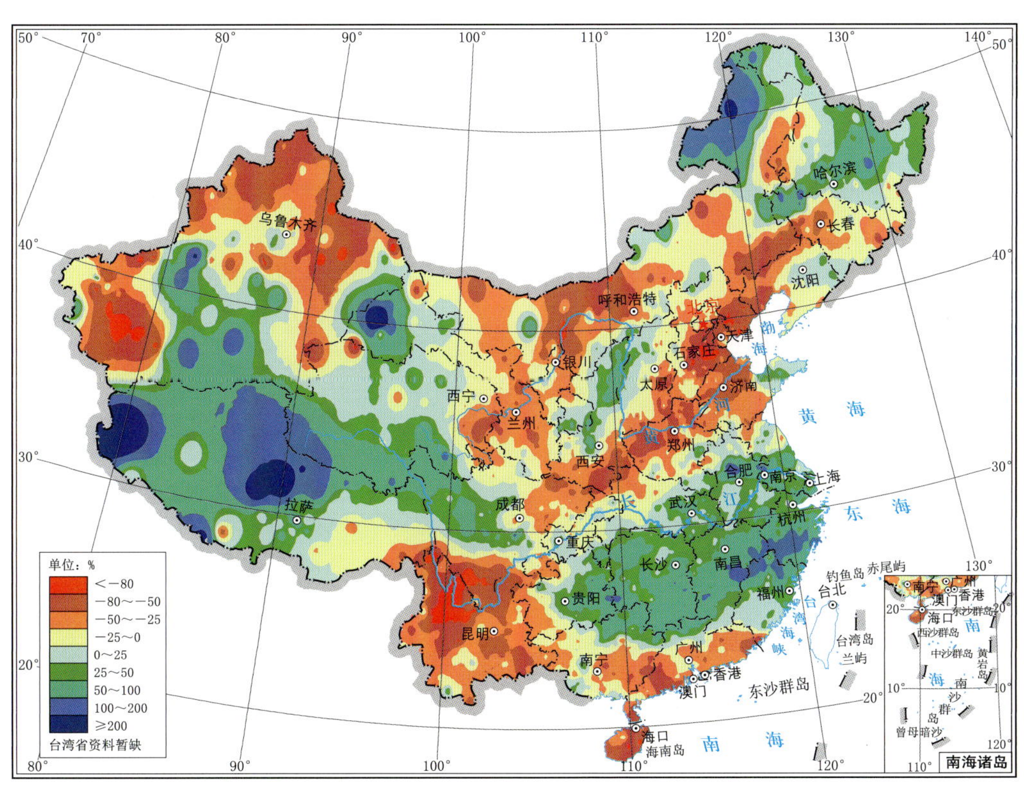

图 1.2.19　2021 年 5 月全国降水量距平百分率分布

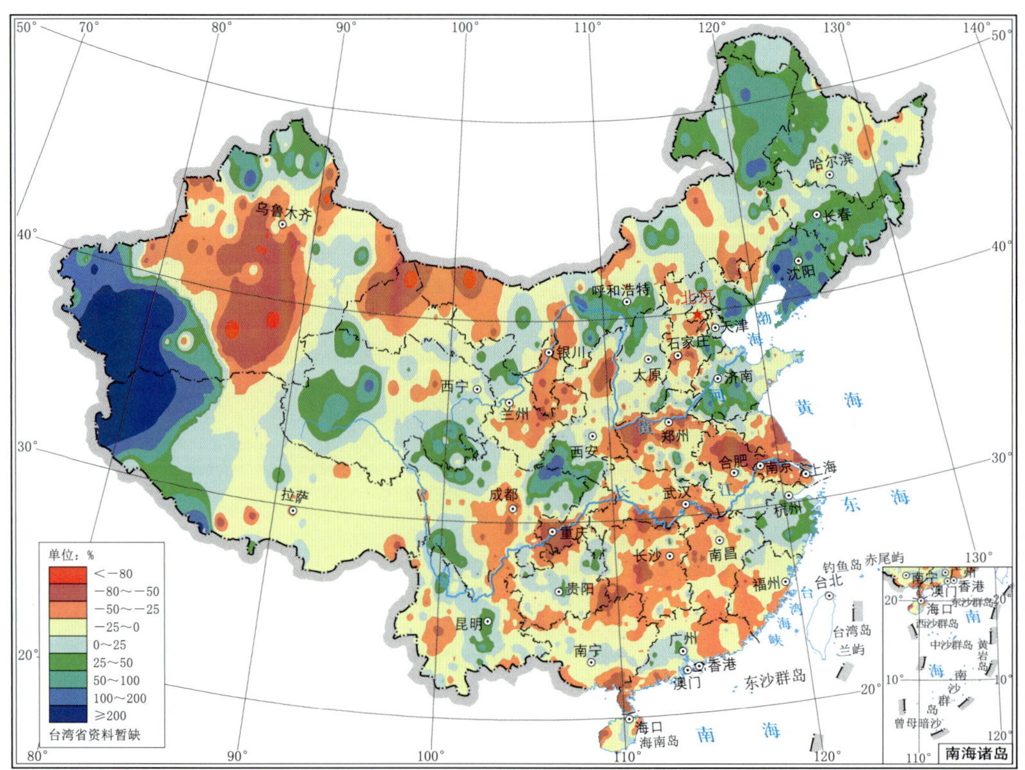

图 1.2.20　2021 年 6 月全国降水量距平百分率分布

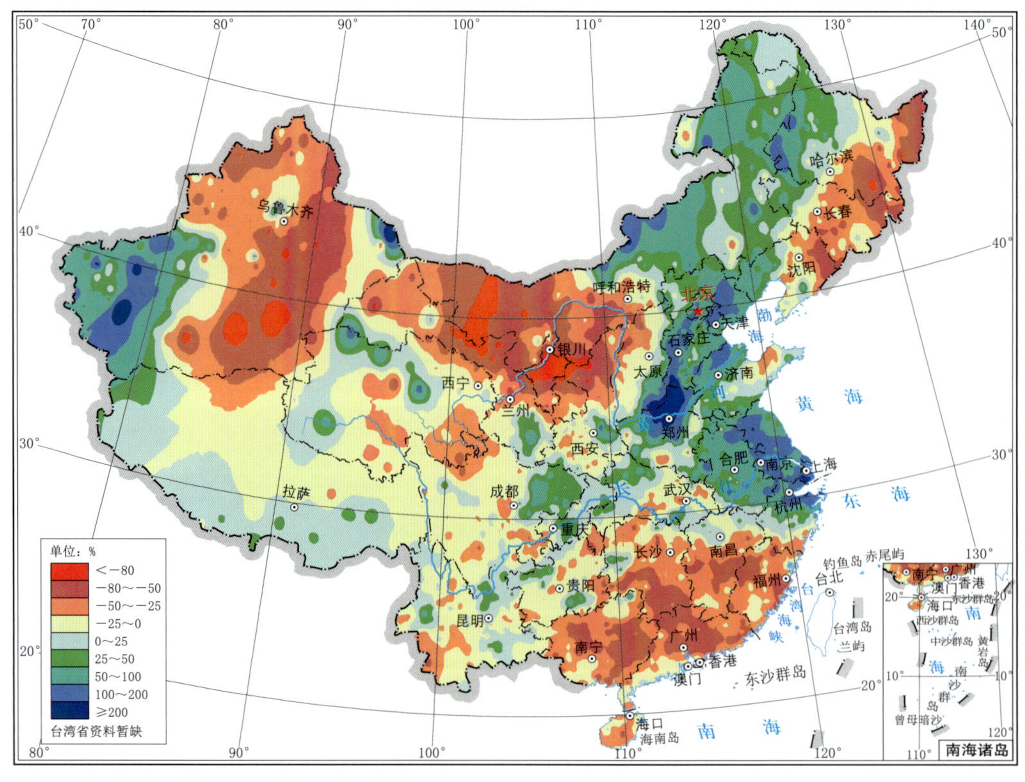

图 1.2.21　2021 年 7 月全国降水量距平百分率分布

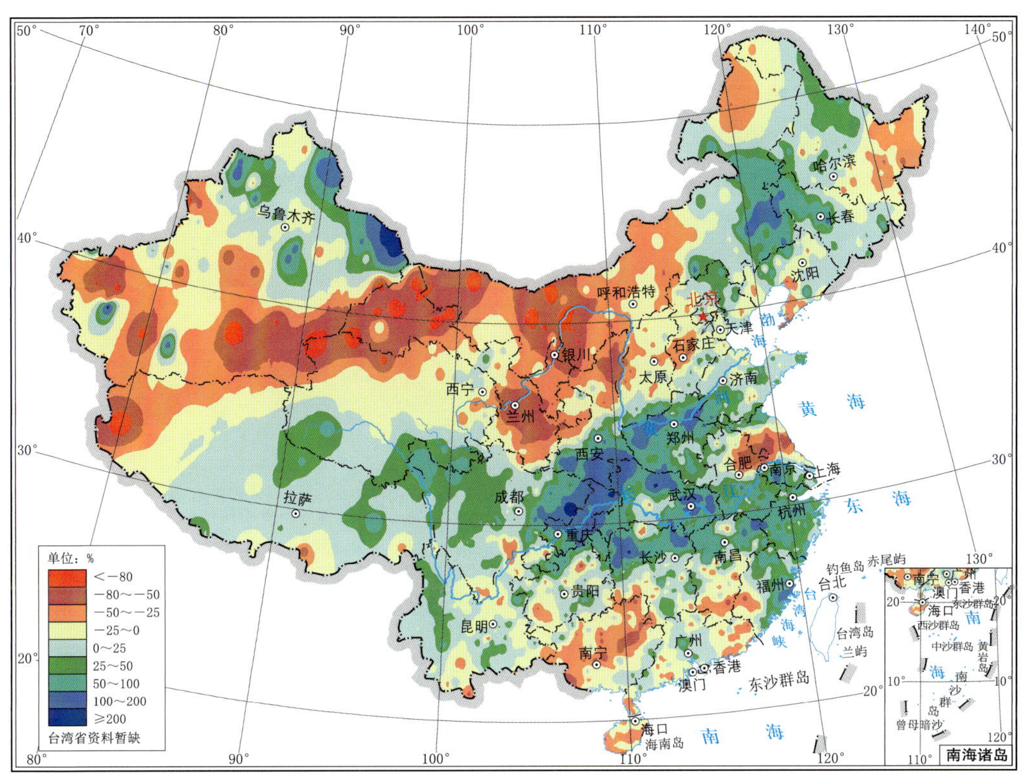

图 1.2.22　2021 年 8 月全国降水量距平百分率分布

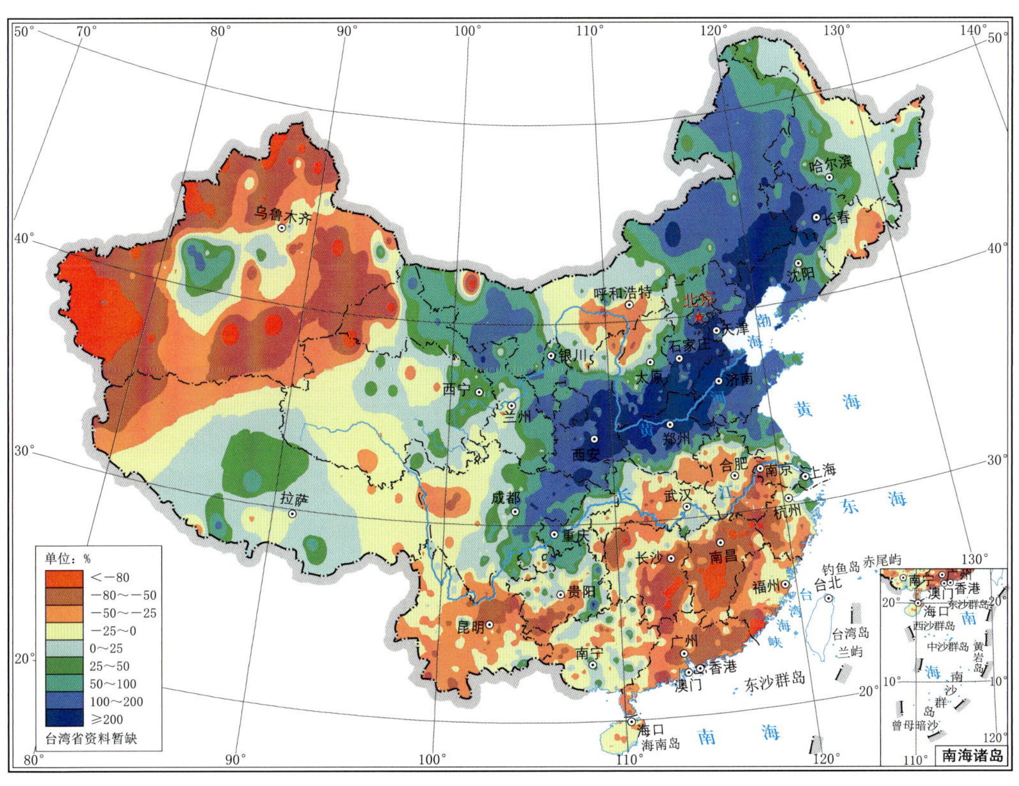

图 1.2.23　2021 年 9 月全国降水量距平百分率分布

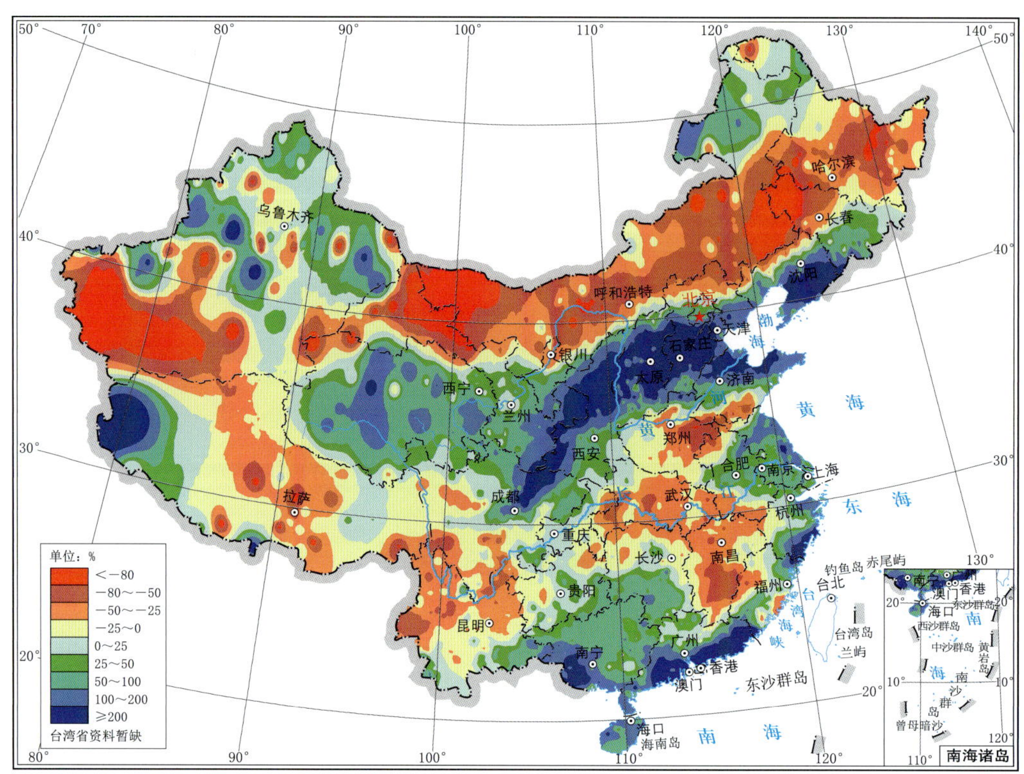

图 1.2.24　2021 年 10 月全国降水量距平百分率分布

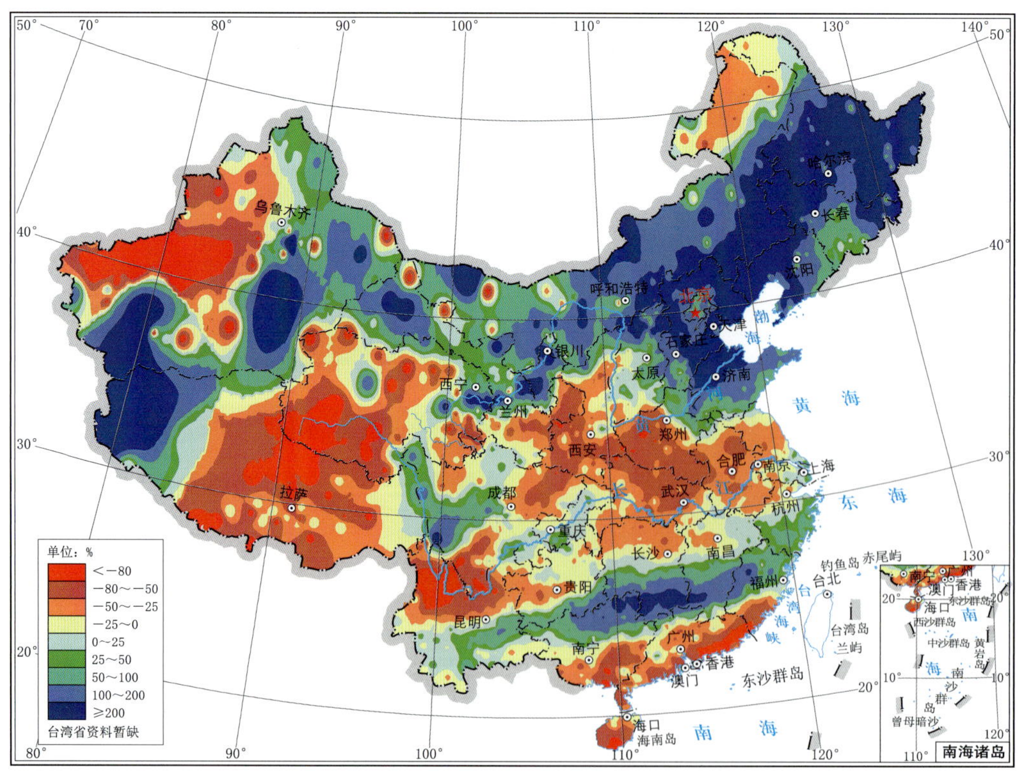

图 1.2.25　2021 年 11 月全国降水量距平百分率分布

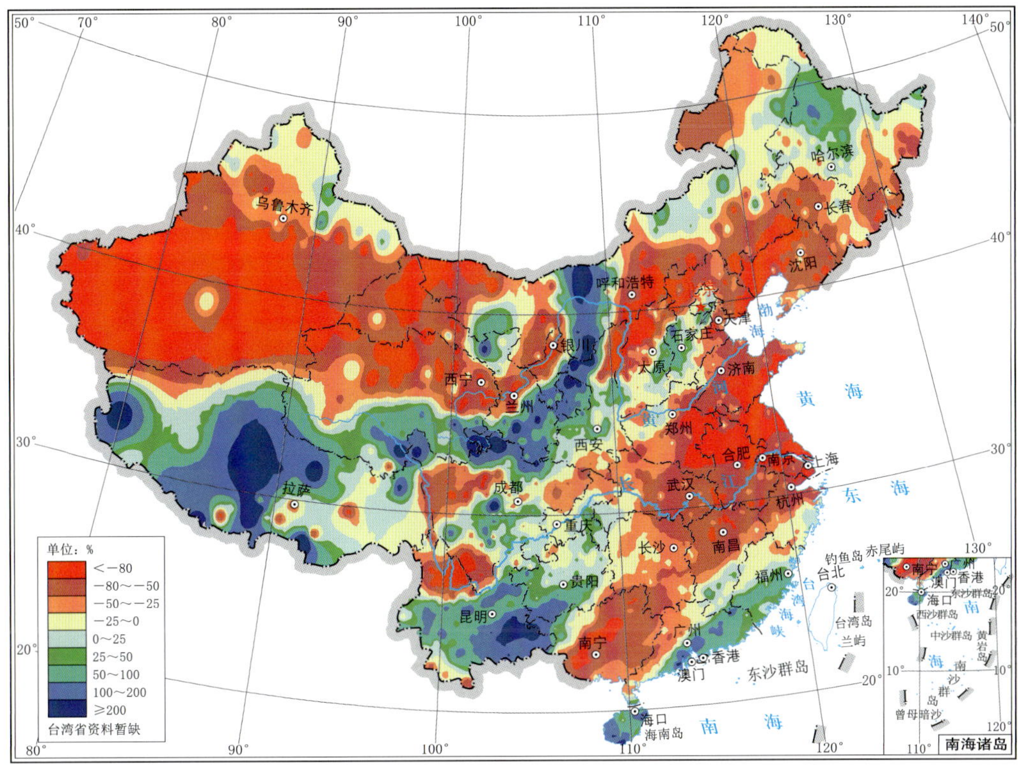

图 1.2.26　2021 年 12 月全国降水量距平百分率分布

1.2.5　年暴雨(≥50.0 mm/d)雨量占当年总降水量百分比分布

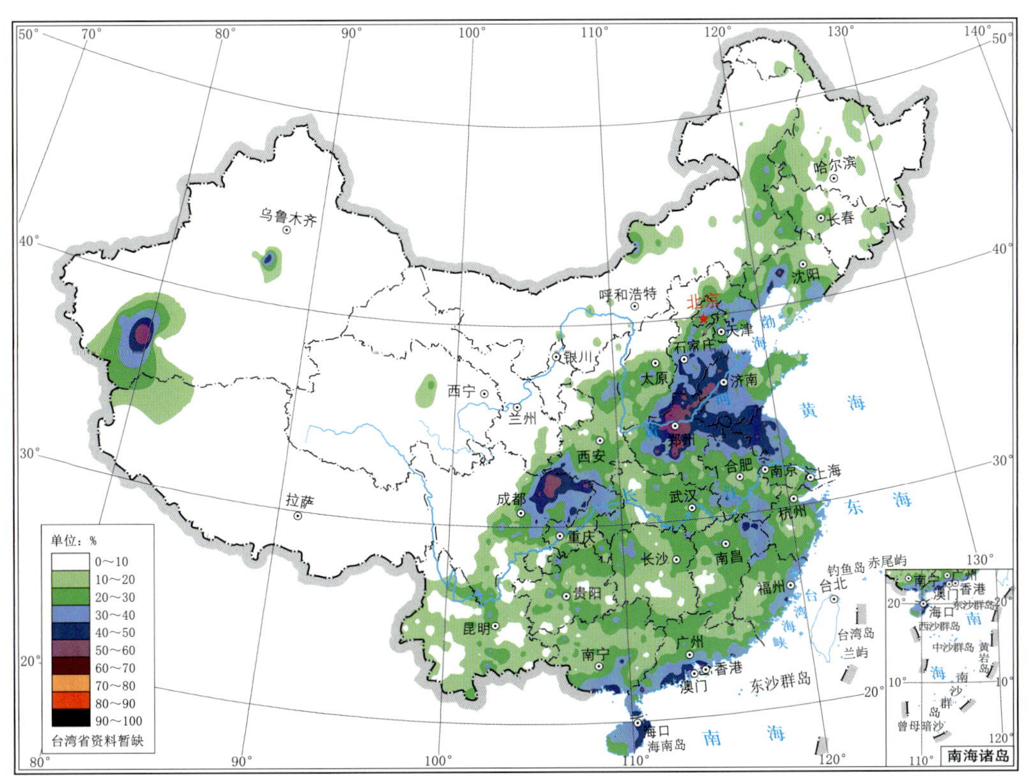

图 1.2.27　2021 年暴雨雨量占当年总降水量百分比分布

1.2.6　月暴雨(≥50.0 mm/d)雨量占当月总降水量百分比分布

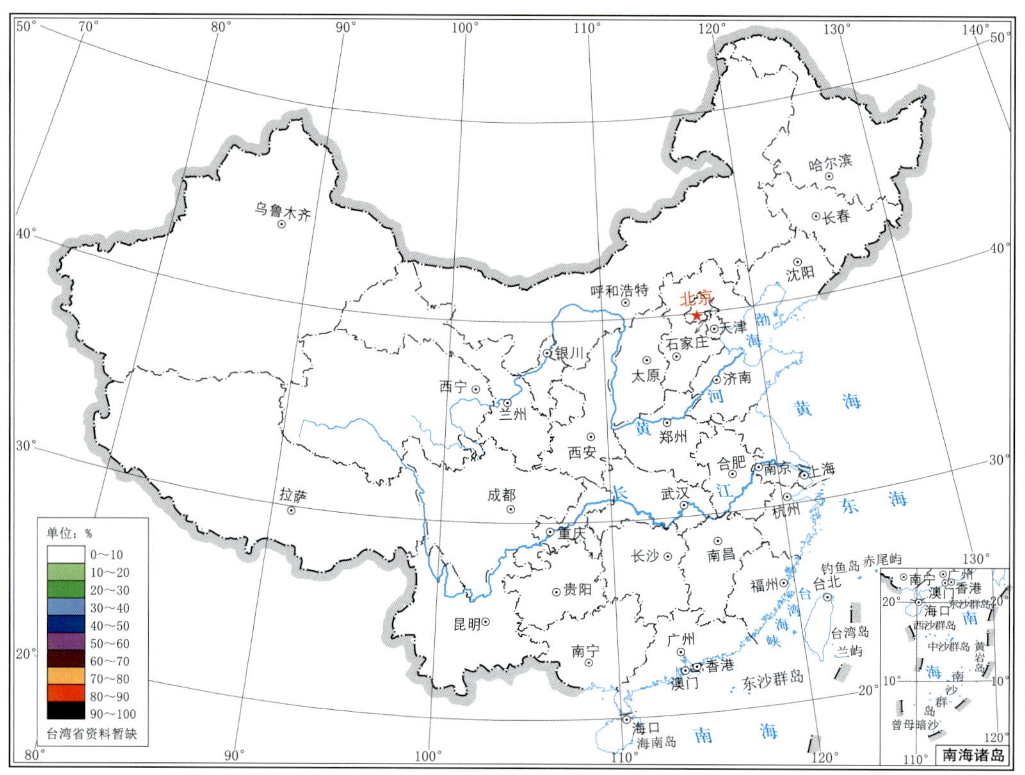

图 1.2.28　2021 年 1 月暴雨雨量占当月总降水量百分比分布

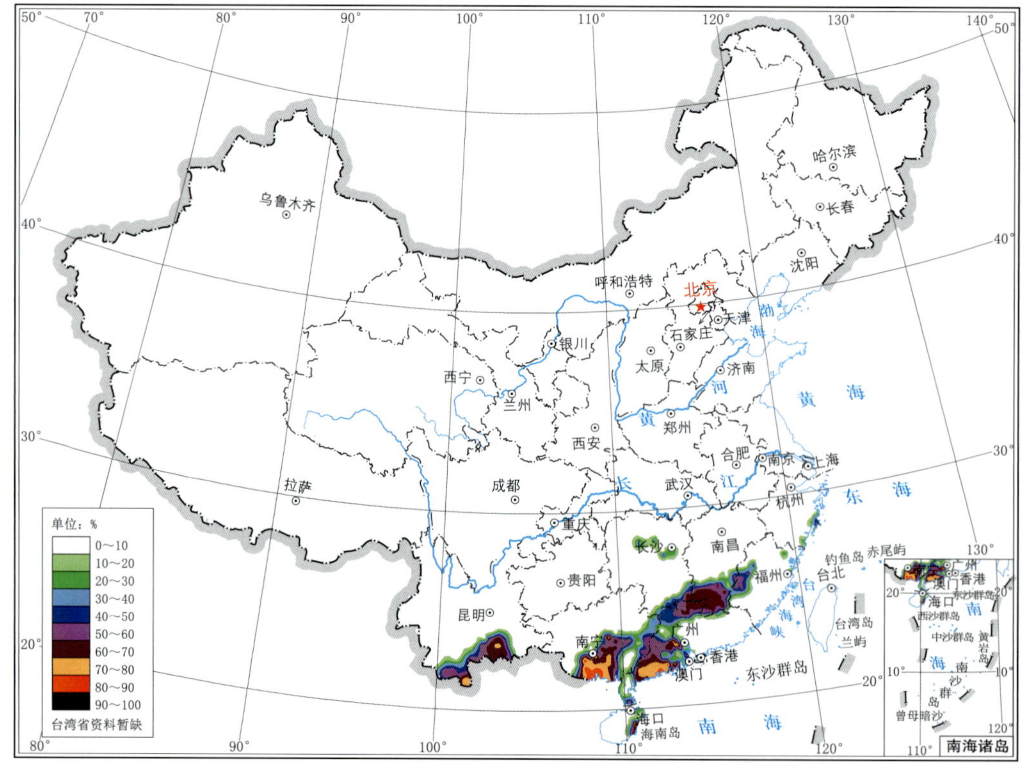

图 1.2.29　2021 年 2 月暴雨雨量占当月总降水量百分比分布

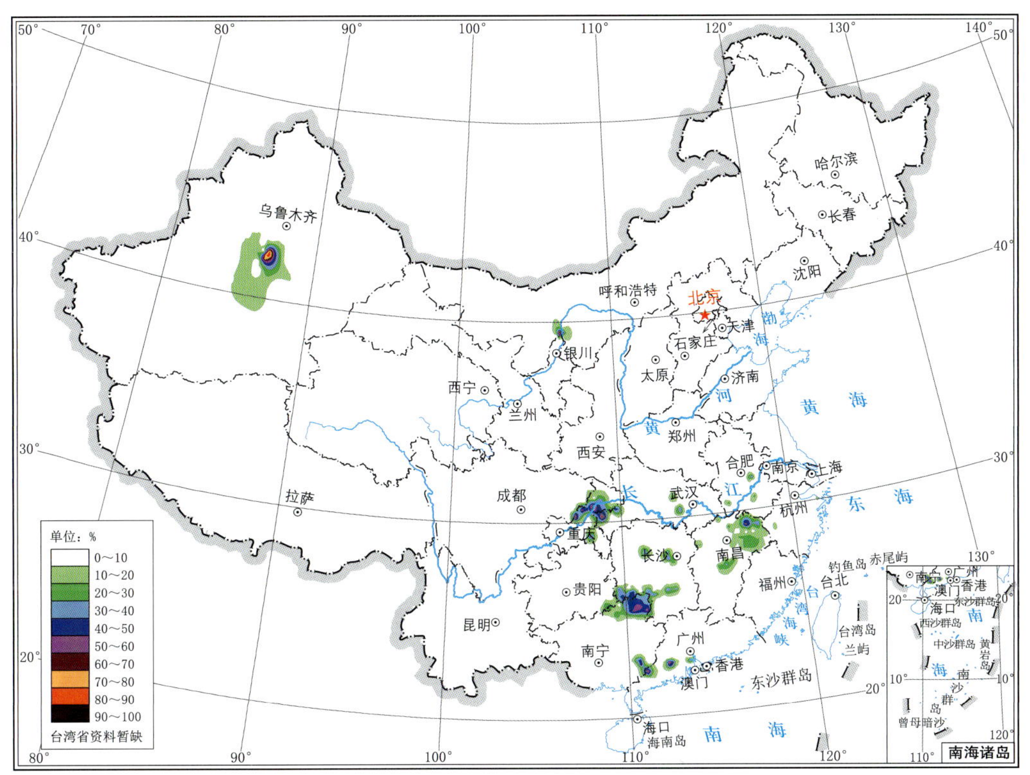

图 1.2.30　2021 年 3 月暴雨雨量占当月总降水量百分比分布

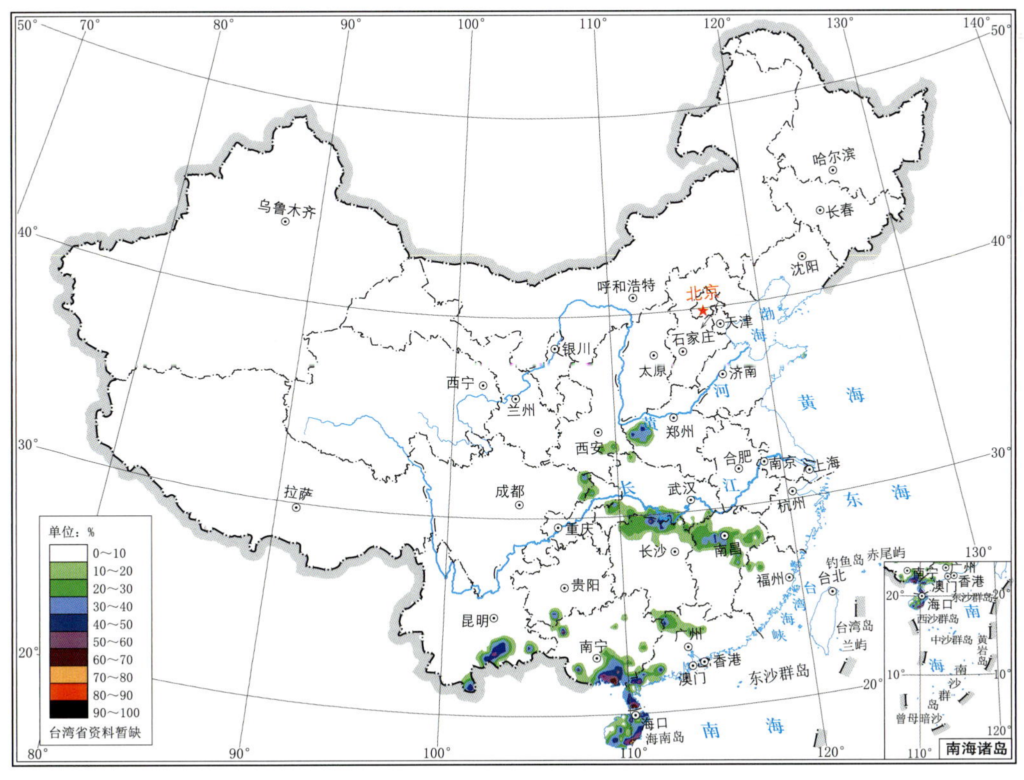

图 1.2.31　2021 年 4 月暴雨雨量占当月总降水量百分比分布

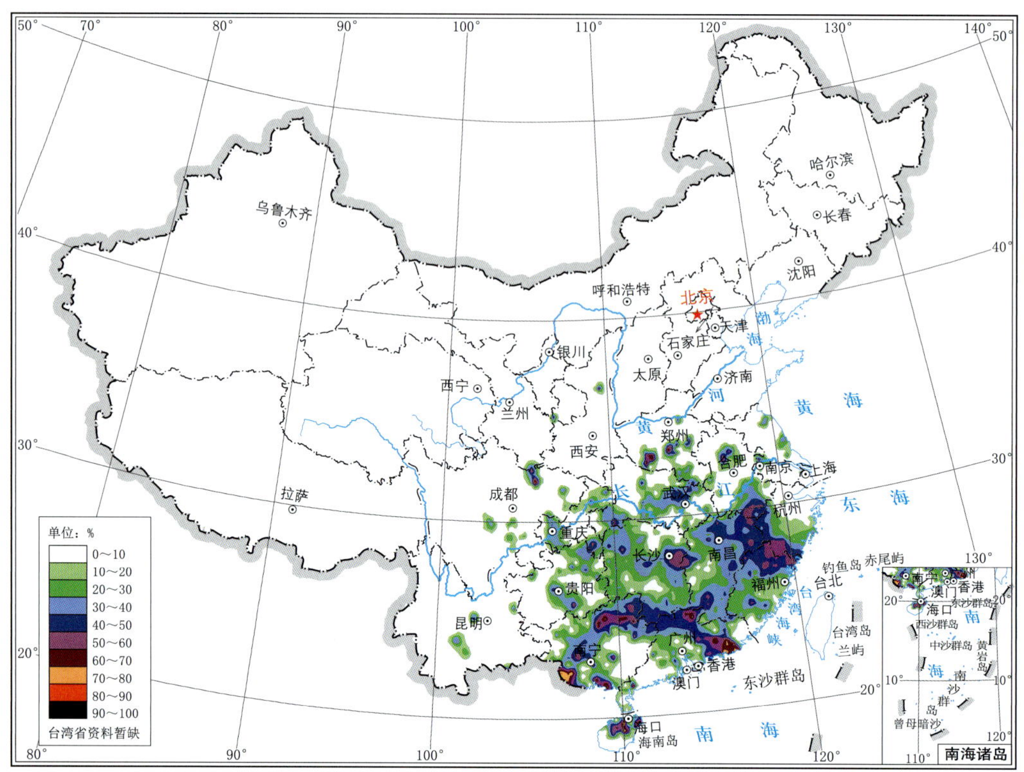

图 1.2.32　2021 年 5 月暴雨雨量占当月总降水量百分比分布

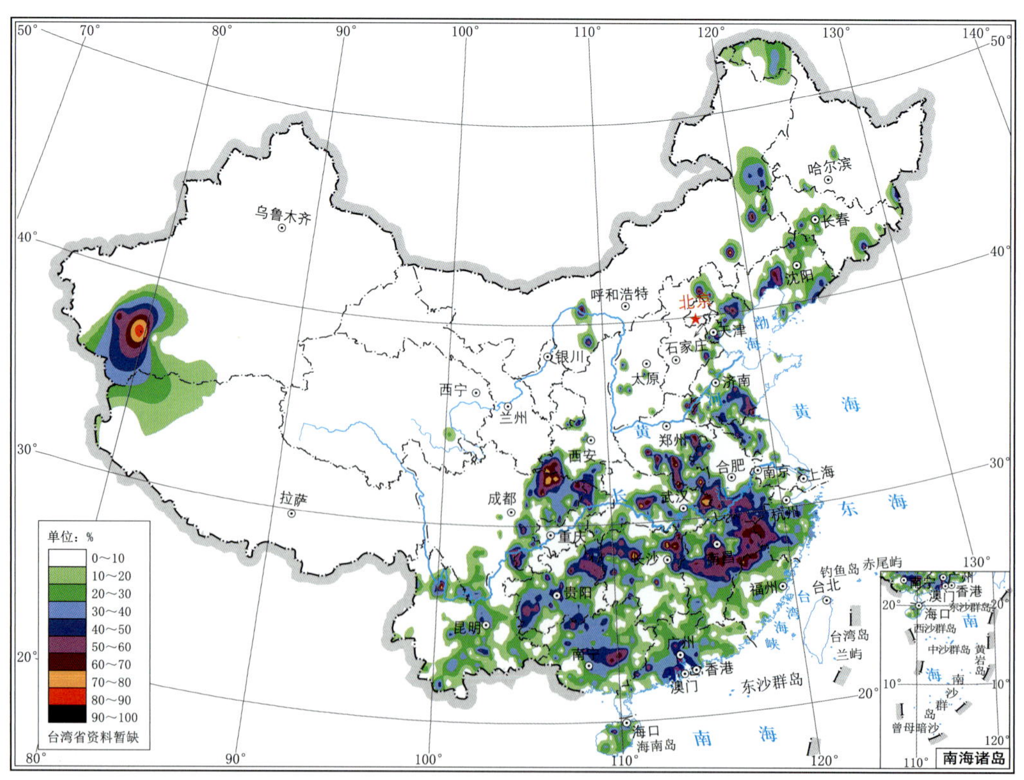

图 1.2.33　2021 年 6 月暴雨雨量占当月总降水量百分比分布

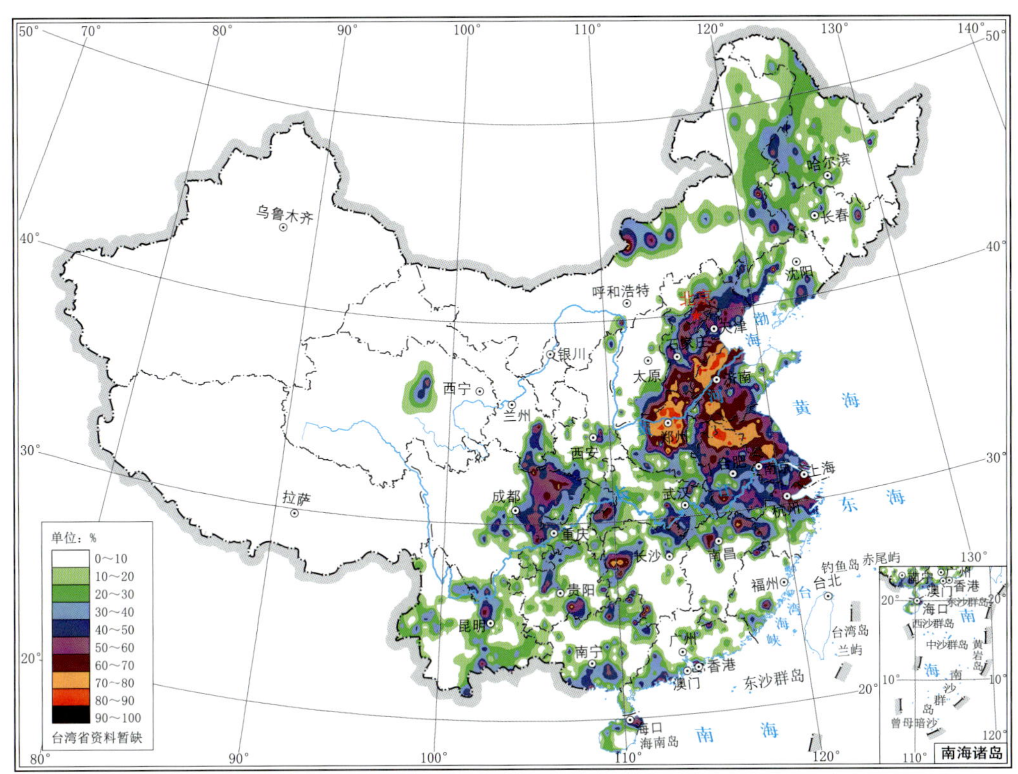

图 1.2.34　2021 年 7 月暴雨雨量占当月总降水量百分比分布

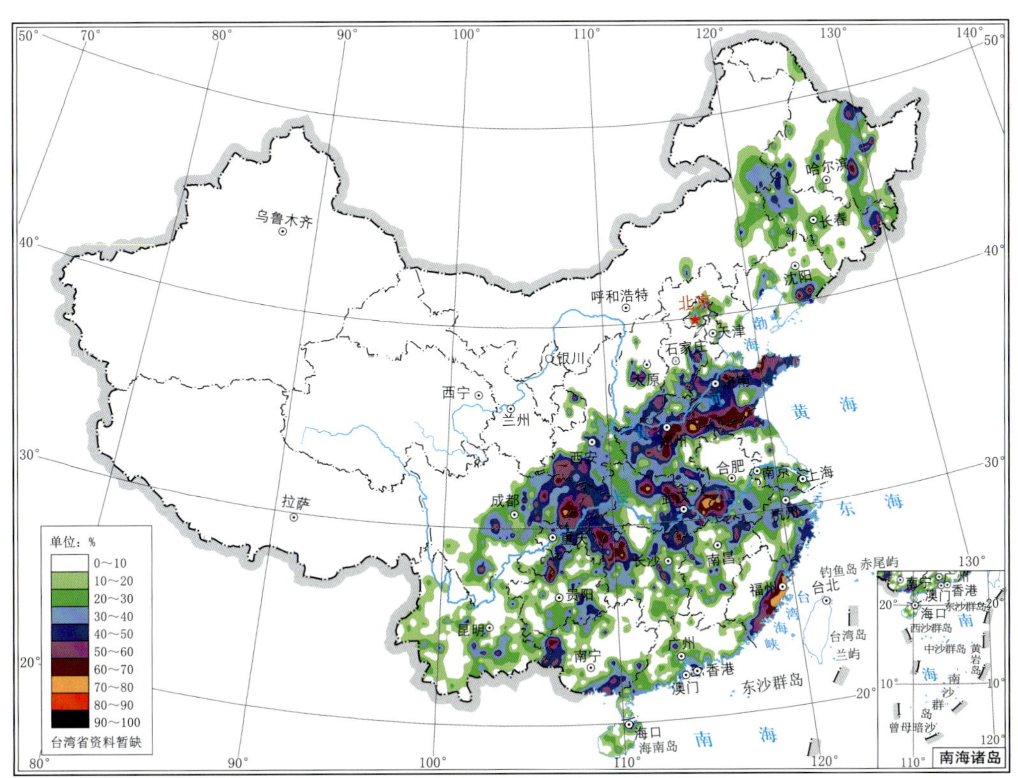

图 1.2.35　2021 年 8 月暴雨雨量占当月总降水量百分比分布

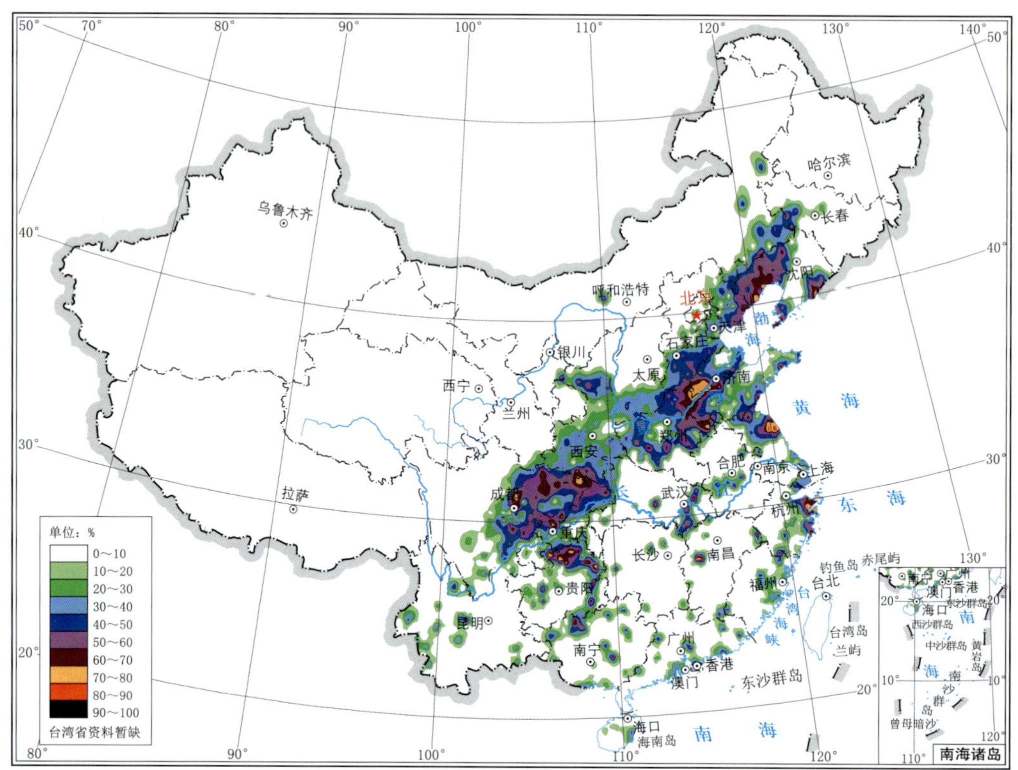

图 1.2.36　2021 年 9 月暴雨雨量占当月总降水量百分比分布

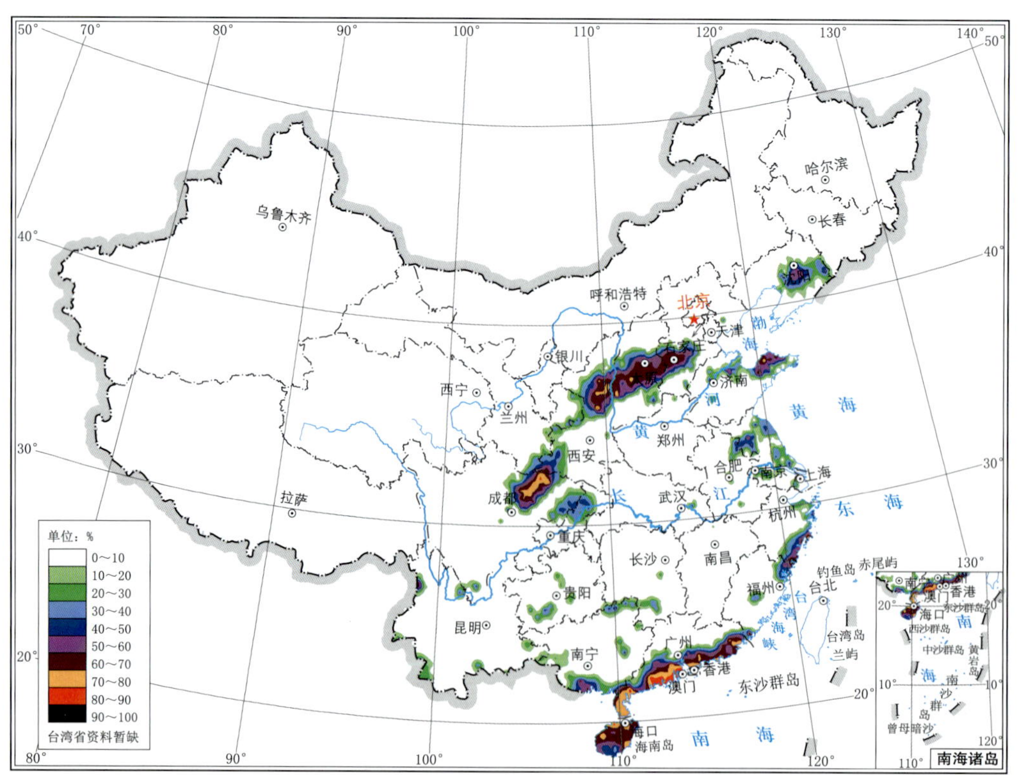

图 1.2.37　2021 年 10 月暴雨雨量占当月总降水量百分比分布

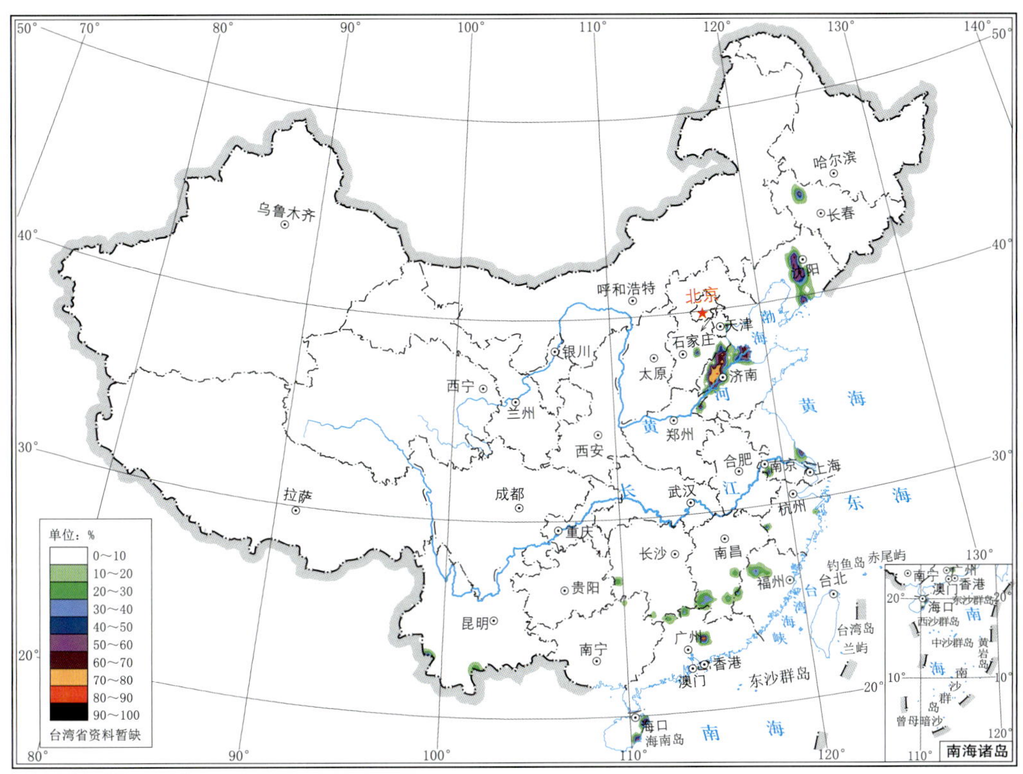

图 1.2.38　2021 年 11 月暴雨雨量占当月总降水量百分比分布

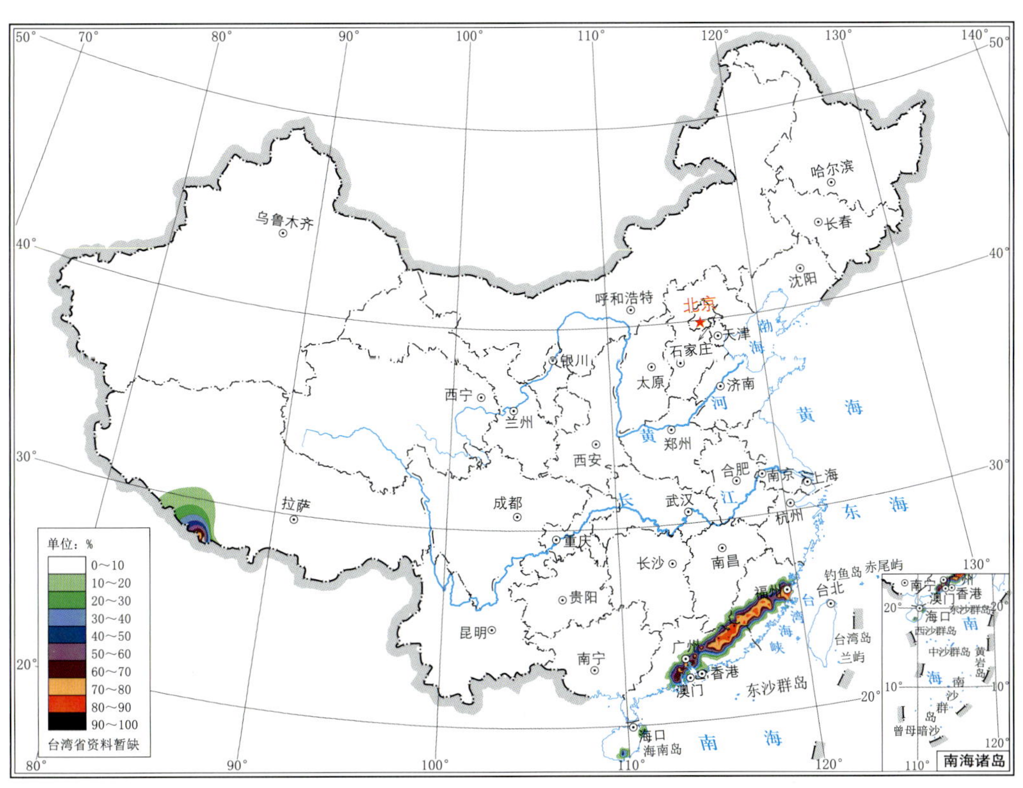

图 1.2.39　2021 年 12 月暴雨雨量占当月总降水量百分比分布

1.3 2021年不同级别暴雨概况

1.3.1 年暴雨(≥50.0 mm/d)日数分布

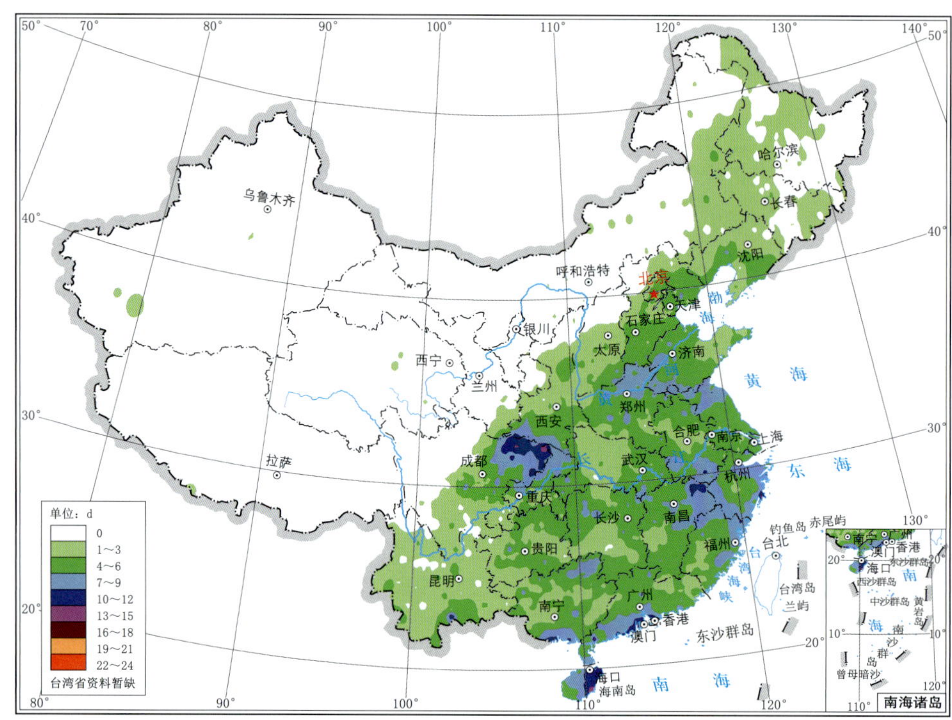

图 1.3.1 2021年暴雨日数分布

1.3.2 月暴雨(≥50.0 mm/d)日数分布

图 1.3.2 2021年1月暴雨日数分布

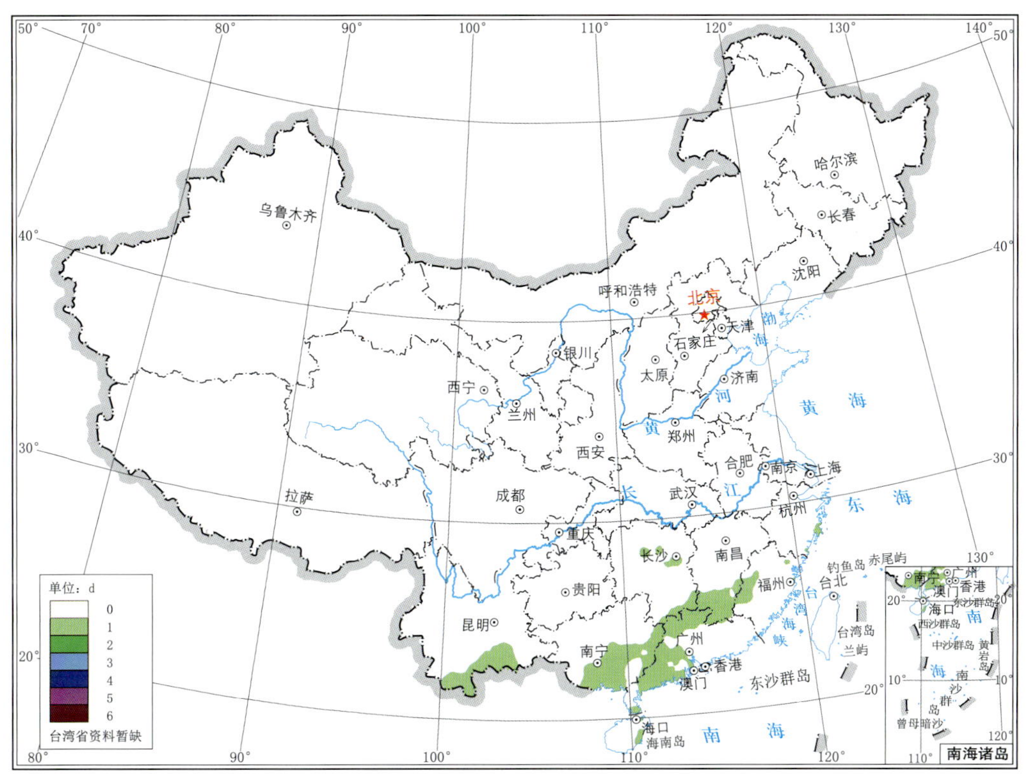

图 1.3.3　2021 年 2 月暴雨日数分布

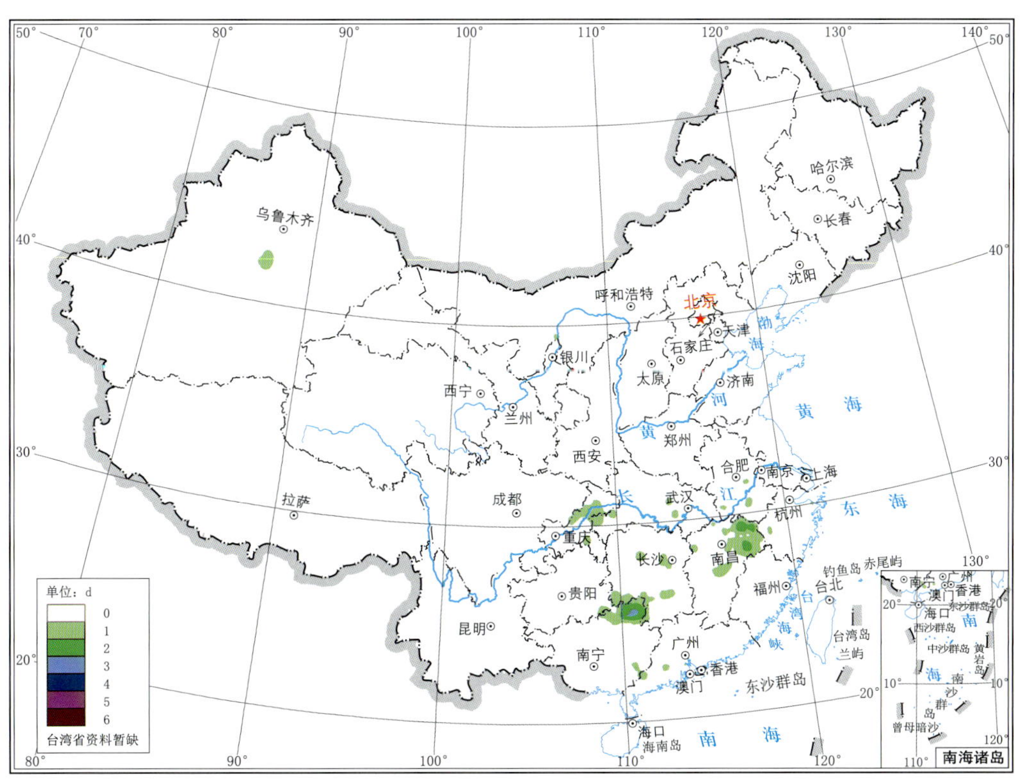

图 1.3.4　2021 年 3 月暴雨日数分布

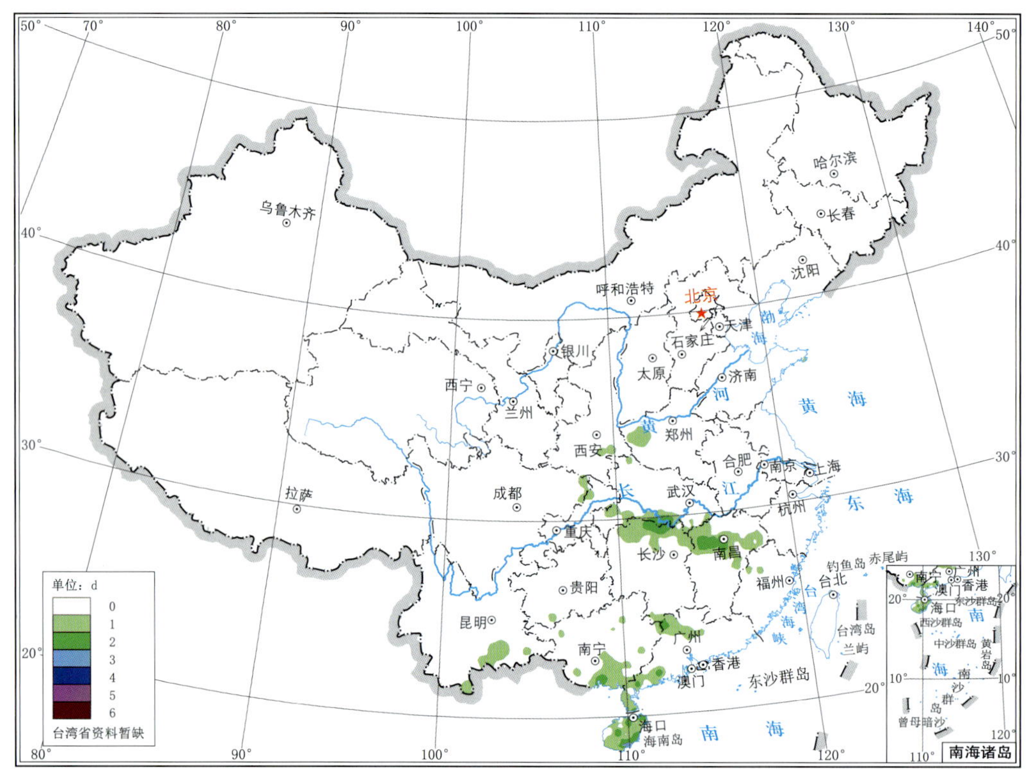

图 1.3.5　2021 年 4 月暴雨日数分布

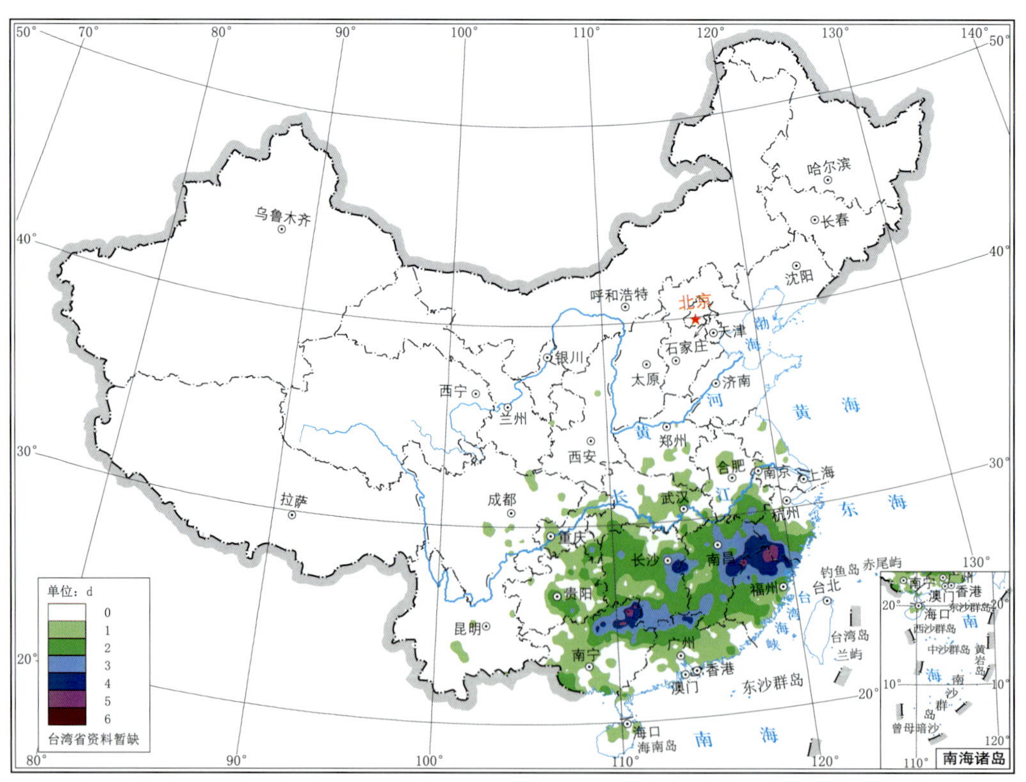

图 1.3.6　2021 年 5 月暴雨日数分布

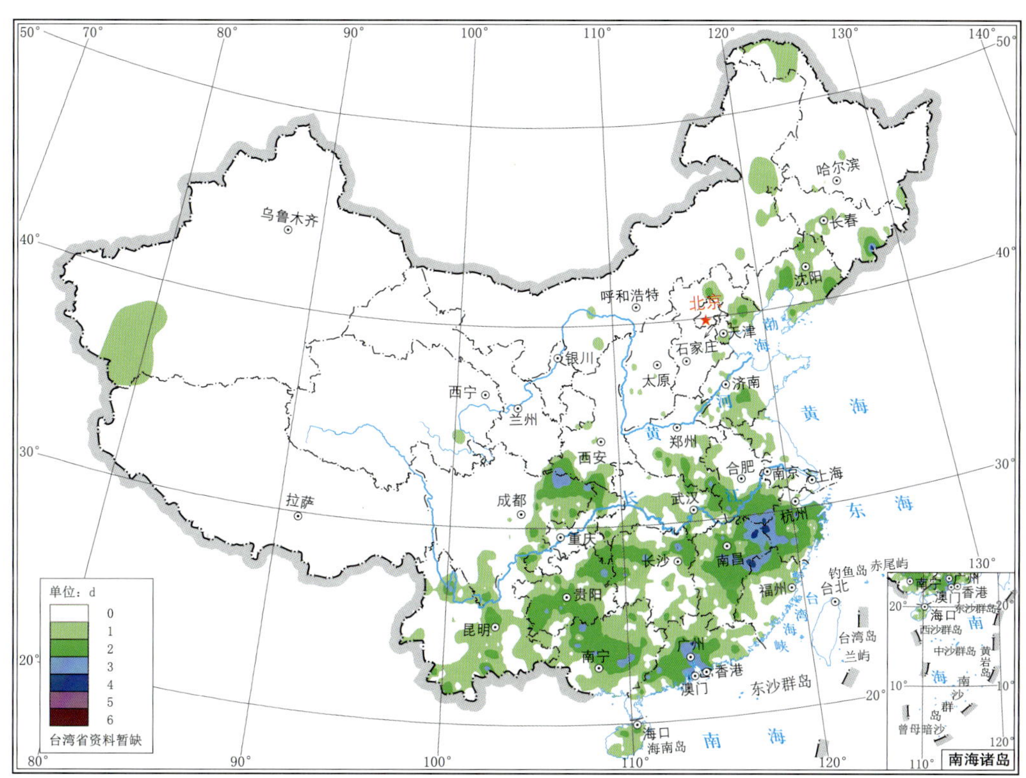

图 1.3.7　2021 年 6 月暴雨日数分布

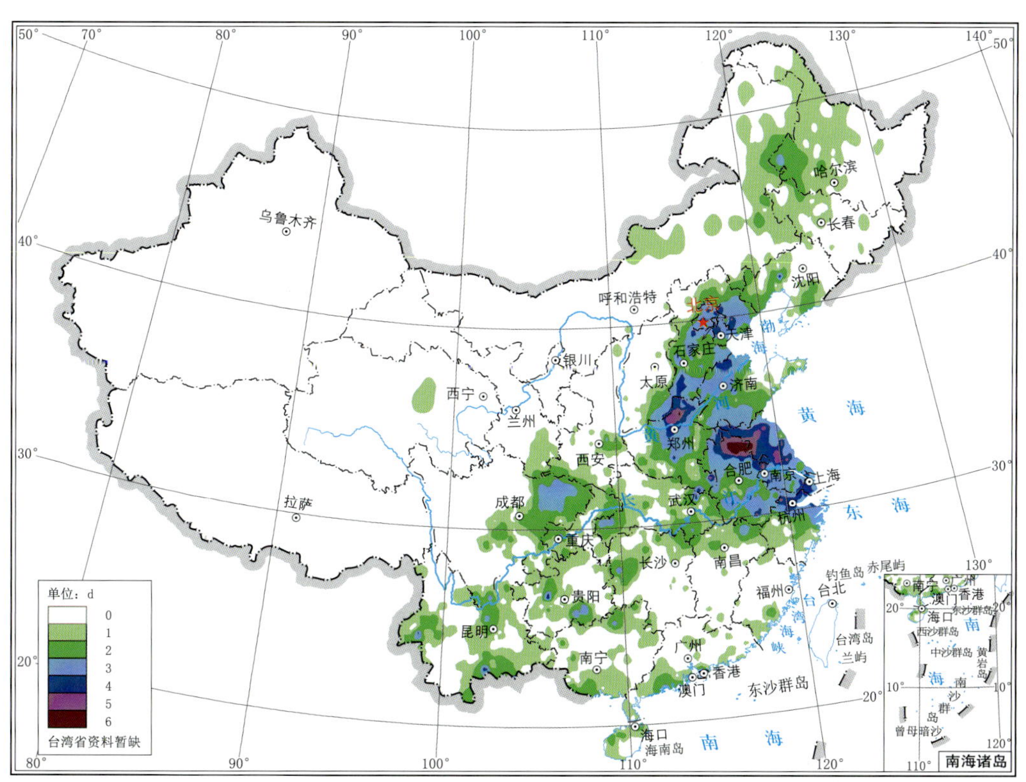

图 1.3.8　2021 年 7 月暴雨日数分布

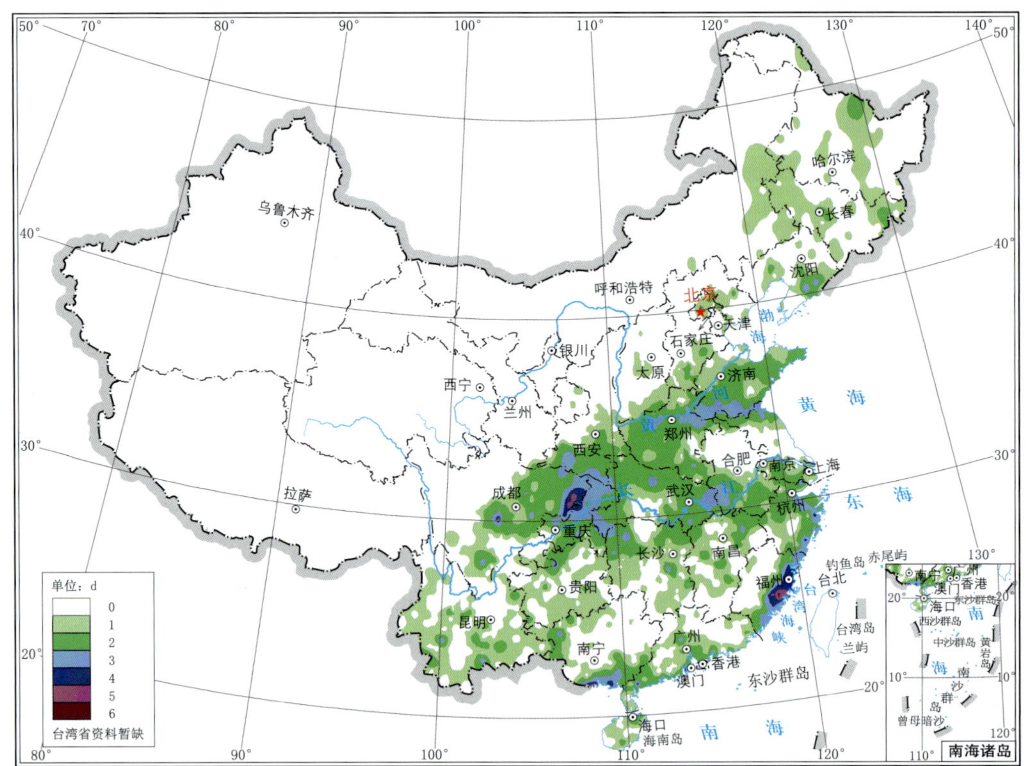

图 1.3.9　2021 年 8 月暴雨日数分布

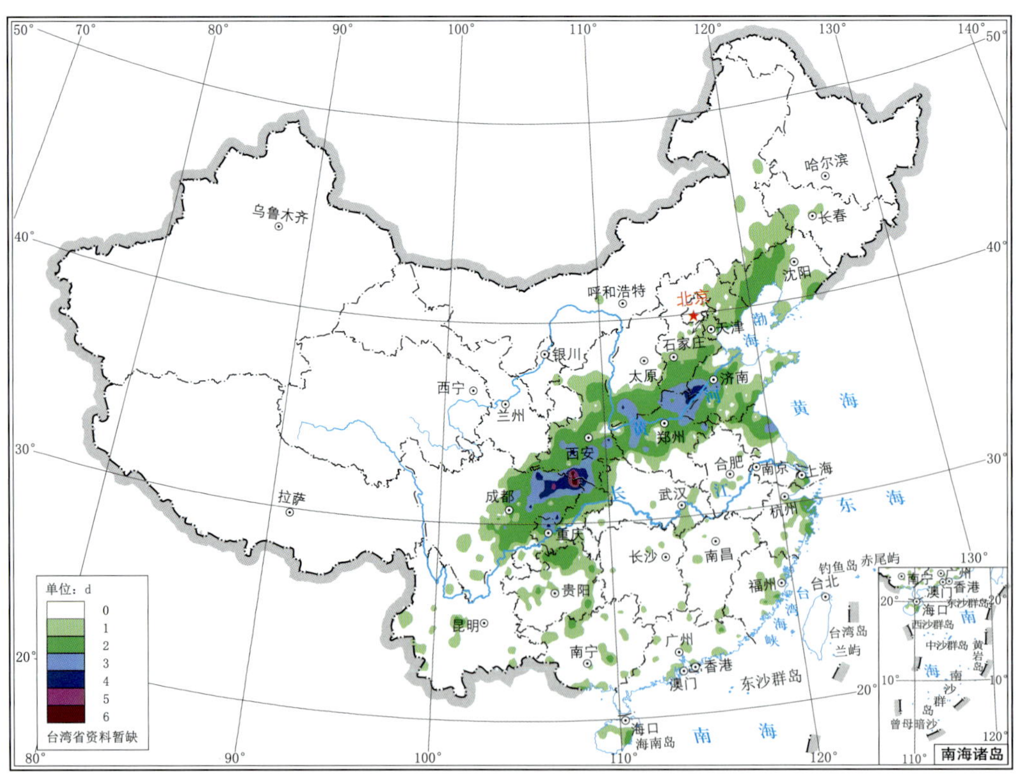

图 1.3.10　2021 年 9 月暴雨日数分布

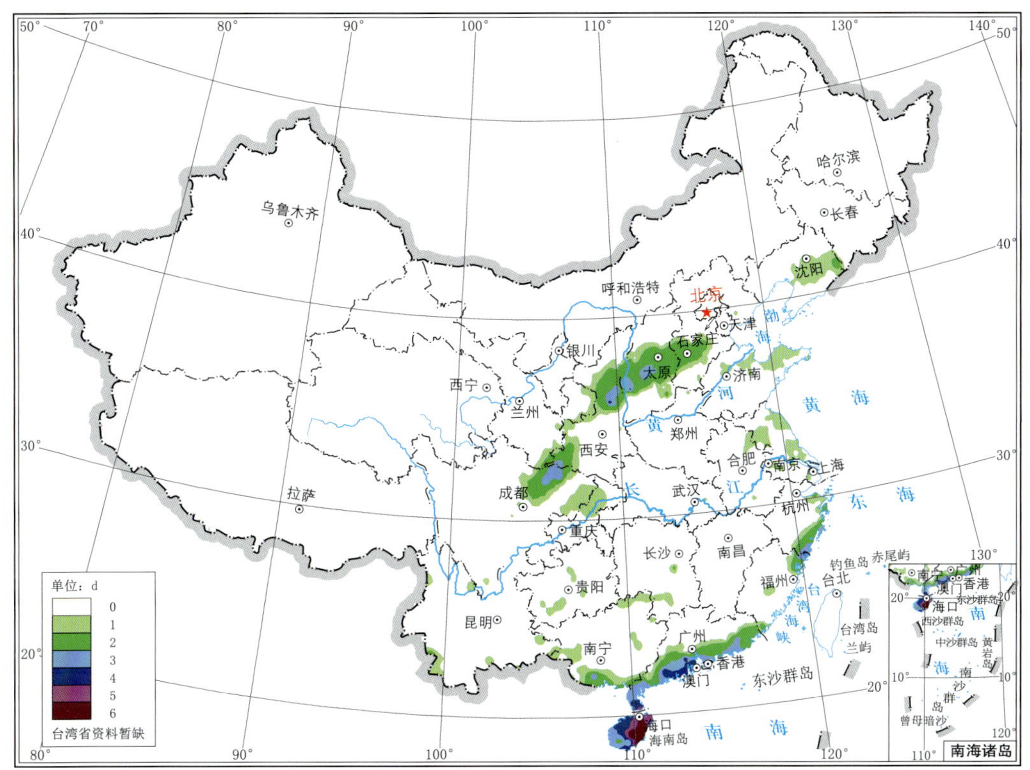

图 1.3.11　2021 年 10 月暴雨日数分布

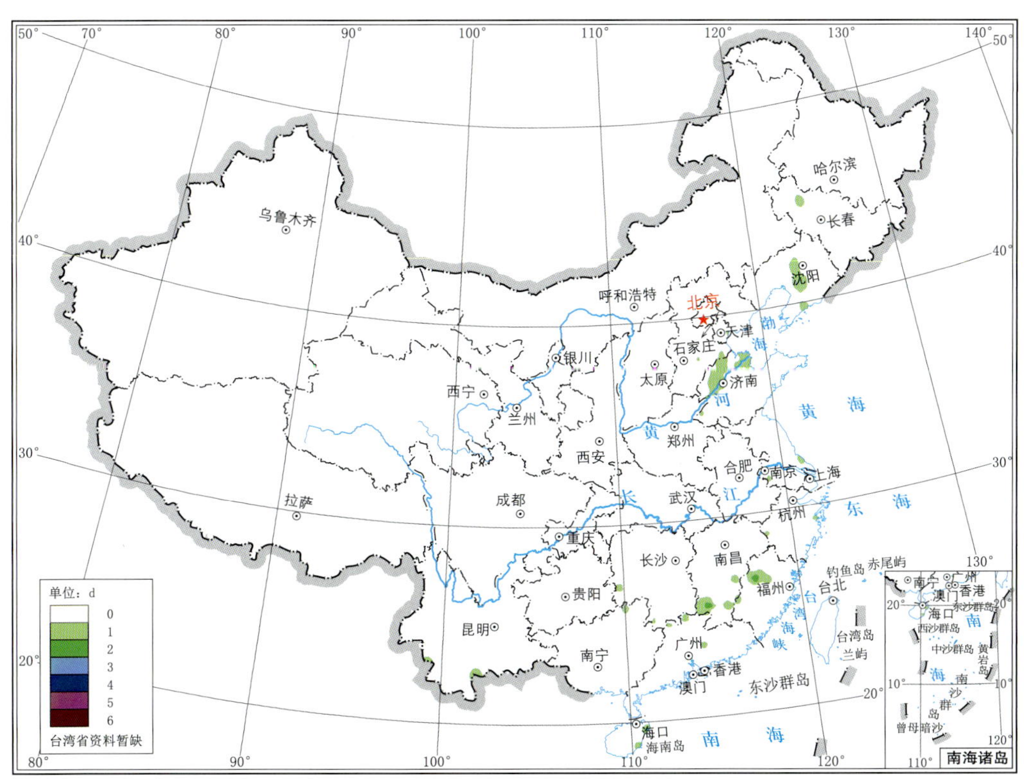

图 1.3.12　2021 年 11 月暴雨日数分布

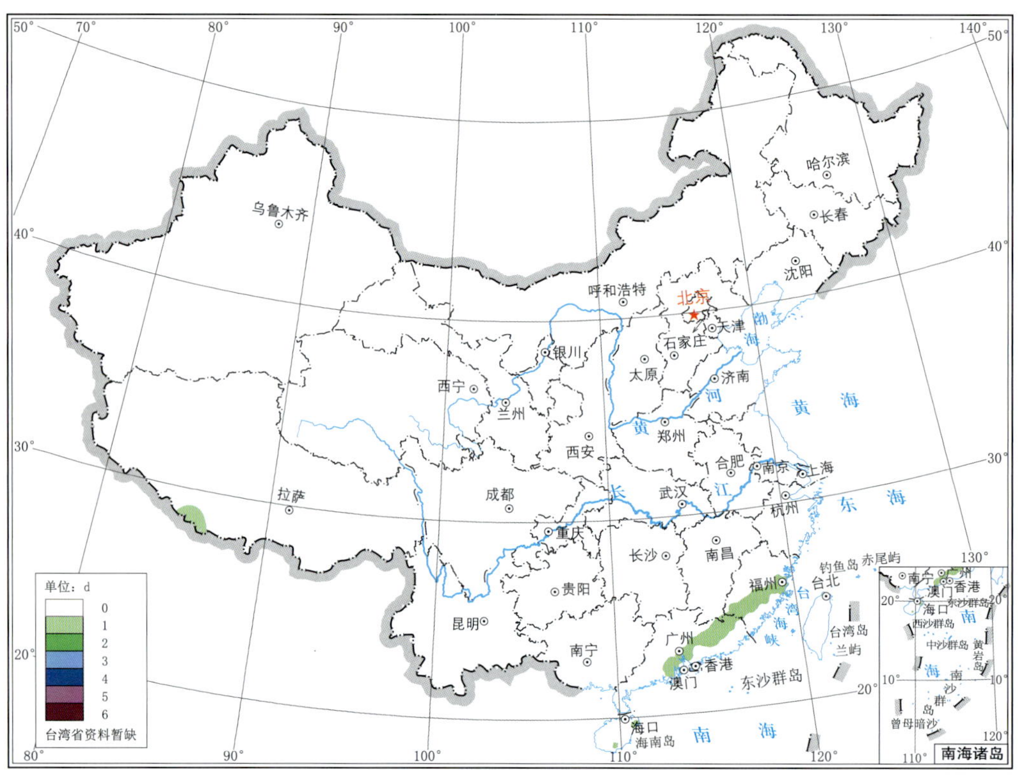

图 1.3.13　2021 年 12 月暴雨日数分布

1.3.3　年大暴雨(100.0～249.9 mm/d)日数分布

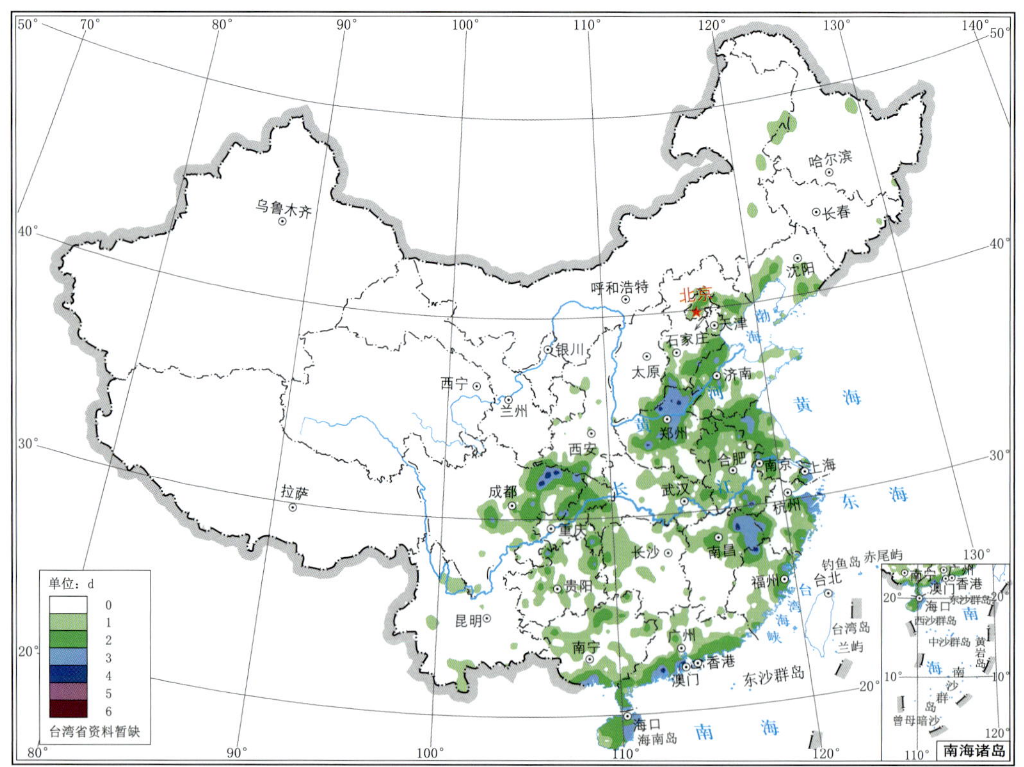

图 1.3.14　2021 年大暴雨日数分布

1.3.4　年特大暴雨(≥250.0 mm/d)日数分布

图 1.3.15　2021 年特大暴雨日数分布

1.3.5　特大暴雨概况表

表 1.3.1　2021 年特大暴雨概况

省(自治区、直辖市)	站名	降水量/mm	出现时间(月-日)	省(自治区、直辖市)	站名	降水量/mm	出现时间(月-日)
广东	珠海	299.6	06-01	江西	上饶	259.2	06-28
河南	偃师	339.7	07-20	广西	资源	270.6	07-02
	荥阳	349.7	07-20	江苏	泗阳	322.3	07-28
	登封	251.3	07-20		洪泽	263.7	07-28
	郑州	552.5*	07-20		高邮	287.1	07-28
	嵩山	426.2	07-20		江都	319.0	07-28
	新密	448.3	07-20	四川	渠县	334.0	08-08
	扶沟	341.0	07-21		大竹	325.3	08-08
	安阳	263.6	07-21		阆中	251.2	08-22
	淇县	353.3	07-21		三台	267.3	09-16
	汤阴	388.2	07-21	湖北	宜城	312.9	08-12
	卫辉	278.8	07-21	湖南	古丈	262.3	08-24
	临颍	276.8	07-21	海南	临高	422.6	10-09
	辉县	343.6	07-22		昌江	325.1	10-09

注：以 * 标注的数值为当年全国最大日降水量。

1.3.6 最大日降水量概况表

表 1.3.2a 2021 年第一季度全国各省(自治区、直辖市)各月最大日降水量概况

省(自治区、直辖市)	1月			2月			3月		
	站名	降水量/mm	出现日期	站名	降水量/mm	出现日期	站名	降水量/mm	出现日期
北京	密云上甸子	2.0	25	霞云岭	9.5	28	佛爷顶	20.8	12
天津	蓟县	0.4	25	武清	9.4	28	塘沽	13.2	01
河北	涉县	4.0	25	抚宁	24.5	14	沽源	27.0	12
山西	壶关	4.8	25	高平	35.3	24	方山	20.7	19
内蒙古	博克图	4.7	29	河南	12.1	28	头道湖	62.0	31
辽宁	丹东	9.9	28	草河口	21.3	14	大连	26.7	01
吉林	集安	9.1	15	集安	15.9	14	珲春	29.7	28
黑龙江	宁安	5.5	15	抚远	11.7	16	鹤岗	18.2	29
上海	嘉定	7.2	22	宝山	20.5	26	春晓油田	22.8	19
江苏	通州	23.7	22	沛县	38.2	25	高淳	25.8	19
浙江	平阳	44.4*	21	温岭	57.8	11	衢州	65.4	30
安徽	芜湖	14.5	23	砀山	28.7	25	巢湖	61.4	19
福建	福鼎	23.8	21	长汀	63.3	10	政和	43.0	05
江西	崇义	17.2	22	会昌	80.5	10	景德镇	91.1	31
山东	烟台	17.0	07	邹城	39.2	25	福山	28.6	01
河南	淮滨	8.9	23	封丘	28.6	25	光山	32.8	19
湖北	麻城	20.0	22	洪湖	35.8	25	建始	74.0	30
湖南	怀化	18.8	21	湘乡	84.2	25	永州	95.9	10
广东	信宜	23.2	21	阳春	96.5*	10	新兴	89.5	06
广西	柳州	10.1	07	钦州	86.5	09	灵川	86.3	09
海南	文昌	13.8	21	琼山	72.1	10	儋州	18.0	08
重庆	万盛	12.6	17	奉节	40.1	23	垫江	105.9*	30
四川	宜宾县	21.0	17	武胜	46.9	25	开江	39.1	30
贵州	赤水	15.6	17	册亨	44.2	08	从江	53.0	10
云南	贡山	30.0	31	元阳	74.1	08	河口	42.8	21
西藏	嘉黎	10.8	30	泽当	18.6	11	波密	45.5	21
陕西	定边	4.0	25	韩城	26.8	24	榆林	22.8	19
甘肃	酒泉	6.1	15	华池	16.4	24	华池	17.2	19
青海	达日	4.4	20	泽库	9.0	13	兴海	13.7	31
宁夏	海原	5.4	24	麻黄山	8.8	24	惠农	39.2	31
新疆	乌鲁木齐	17.8	23	伊宁县	23.1	10	焉耆	62.4	30

注:以 * 标注的数值为当月全国最大日降水量。

表 1.3.2b　2021 年第二季度全国各省(自治区、直辖市)各月最大日降水量概况

省(自治区、直辖市)	4 月			5 月			6 月		
	站名	降水量/mm	出现日期	站名	降水量/mm	出现日期	站名	降水量/mm	出现日期
北京	延庆	4.9	30	霞云岭	31.7	23	佛爷顶	49.2	25
天津	塘沽	14.3	22	天津	7.5	26	静海	72.6	14
河北	秦皇岛	28.3	22	平山	35.0	15	迁西	171.2	26
山西	芮城	36.6	24	临县	36.7	15	晋城	76.6	14
内蒙古	牙克石市	20.5	16	阿尔山	32.2	12	胡尔勒	108.5	14
辽宁	丹东	35.5	27	鞍山	35.2	28	北宁	232.2	27
吉林	通化	22.7	27	大安	45.0	08	长春	86.5	02
黑龙江	逊克	17.5	12	依兰	33.9	08	绥芬河	114.2	30
上海	浦东	48.3	12	嘉定	72.8	11	小洋山	123.0	11
江苏	南京	40.8	01	六合	113.0	15	赣榆	130.4	15
浙江	石浦	48.1	12	江山	101.7	11	开化	169.8	30
安徽	黟县	45.6	01	祁门	151.3	16	黟县	168.9	27
福建	泰宁	56.0	25	屏南	142.5	21	邵武	188.6	28
江西	新建	110.6	01	浮梁	157.9	23	上饶	259.2	28
山东	石岛	58.0	23	微山	42.2	15	嘉祥	140.9	29
河南	洛宁	64.2	24	商水	90.8	15	确山	192.7	15
湖北	通城	74.8	24	孝感	168.6	15	通城	125.7	28
湖南	澧县	93.1	24	靖州	149.4	11	桂东	132.2	01
广东	雷州	137.9	19	化州	186.2	02	珠海	299.6*	01
广西	防城港	140.1*	19	融安	186.8*	12	容县	126.5	23
海南	保亭	113.4	26	白沙	99.9	22	珊瑚	109.8	12
重庆	开县	51.1	24	酉阳	146.7	03	开县	126.1	18
四川	万源	86.2	23	雅安	103.8	04	开江	210.7	18
贵州	望谟	66.5	25	沿河	147.3	03	思南	156.6	28
云南	西畴	96.5	17	禄丰	71.7	27	丽江	188.2	22
西藏	波密	28.7	11	班戈	42.5	27	类乌齐	32.3	08
陕西	山阳	51.7	23	延安	51.7	15	宁强	100.4	14
甘肃	崆峒	36.2	24	华亭	65.1	02	灵台	50.0	16
青海	民和	29.8	24	达日	40.0	25	玛沁	51.8	16
宁夏	同心	23.4	24	六盘山	23.5	14	麻黄山	31.2	14
新疆	拜城	41.0	02	塔中	34.0	14	洛浦	74.1	16

注:以 * 标注的数值为当月全国最大日降水量。

表 1.3.2c　2021 年第三季度全国各省(自治区、直辖市)各月最大日降水量概况

省(自治区、直辖市)	7月			8月			9月		
	站名	降水量/mm	出现日期	站名	降水量/mm	出现日期	站名	降水量/mm	出现日期
北京	顺义	223.3	27	密云上甸子	90.0	05	密云	145.7	04
天津	渤海A平台	127.3	12	蓟县	81.6	15	塘沽	152.4	04
河北	兴隆	211.4	27	馆陶	87.2	20	南宫	132.4	19
山西	晋城	198.1	11	永济	111.5	22	平顺	89.9	26
内蒙古	莫力达瓦达斡尔族自治旗	153.3	18	正蓝旗	82.6	15	科左中旗	81.2	21
辽宁	岫岩	149.6	13	岫岩	150.0	20	绥中	203.0	20
吉林	扶余	68.1	31	龙井	115.3	03	双辽	72.1	21
黑龙江	讷河	140.3	18	乌伊岭	111.6	01	汤原	45.4	21
上海	金山	191.7	26	宝山	70.1	01	南汇	110.4	14
江苏	泗阳	322.3	28	新沂	137.0	23	滨海	109.9	05
浙江	定海	211.3	26	大陈	124.3	12	定海	186.6	13
安徽	黄山	203.5	02	九华山	153.8	13	明光	108.3	05
福建	武夷山	155.5	01	平潭	233.8	06	仙游	84.0	08
江西	景德镇	181.5	01	婺源	157.9	17	玉山	85.4	07
山东	无棣	205.9	14	招远	144.6	31	泰山	150.0	19
河南	郑州	552.5*	20	南召	155.1	22	舞钢	179.9	04
湖北	洪湖	242.6	02	宜城	312.9	12	崇阳	75.1	20
湖南	辰溪	211.5	01	古丈	262.3	24	桃江	68.7	20
广东	上川岛	205.9	20	斗门	194.9	10	陆丰	96.3	06
广西	资源	270.6	02	凌云	156.4	25	东兴	157.1	15
海南	文昌	163.5	23	琼山	95.9	16	琼海	86.5	10
重庆	奉节	153.8	07	涪陵	168.6	08	潼南	137.9	16
四川	邻水	185.4	08	渠县	334.0*	08	三台	267.3*	16
贵州	平塘	198.6	01	丹寨	179.6	14	江口	159.4	17
云南	呈贡	144.8	01	太华山	98.1	10	凤庆	123.5	16
西藏	波密	32.6	02	墨竹工卡	42.0	24	波密	34.7	18
陕西	镇巴	195.0	10	勉县	237.9	22	镇巴	171.7	05
甘肃	礼县	86.2	15	华池	119.1	19	灵台	51.9	18
青海	乌兰	78.0	25	海晏	41.9	18	化隆	35.9	14
宁夏	石炭井	32.2	17	六盘山	46.5	19	麻黄山	78.3	03
新疆	呼图壁	40.6	31	巴里坤	39.6	01	小渠子	30.5	02

注:以 * 标注的数值为当月全国最大日降水量。

表 1.3.2d　2021 年第四季度全国各省(自治区、直辖市)各月最大日降水量概况

省(自治区、直辖市)	10月			11月			12月		
	站名	降水量/mm	出现日期	站名	降水量/mm	出现日期	站名	降水量/mm	出现日期
北京	大兴	24.5	06	密云	29.9	06	通州	5.2	09
天津	静海	42.6	05	塘沽	50.2	07	蓟县	2.4	09
河北	元氏	78.8	05	深州	50.9	07	阜平	8.1	24
山西	榆社	94.6	06	五台山	28.4	07	乡宁	6.0	10
内蒙古	鄂伦春自治旗	27.5	10	通辽	49.1	08	乌拉特中旗	6.3	08
辽宁	本溪	150.0	03	辽中	61.7	08	庄河	9.7	09
吉林	集安	47.5	03	乾安	51.0	08	磐石	5.3	10
黑龙江	虎林	33.9	10	哈尔滨	41.0	08	饶河	8.0	01
上海	青浦	81.6	10	南汇	44.0	05	金山	3.3	17
江苏	东台	117.7	15	通州	54.9	05	东台	7.2	16
浙江	瑞安	159.6	07	宁海	54.9	07	大陈	44.2	16
安徽	凤阳	96.0	10	九华山	40.0	21	青阳	9.2	12
福建	宁德	212.9	14	将乐	64.6	07	福州郊区	66.4	21
江西	庐山	63.4	16	崇义	66.1	06	南康	43.1	21
山东	平度	93.4	04	垦利	75.5	07	荣成	13.6	17
河南	安阳	54.7	03	台前	57.6	07	桐柏	10.7	11
湖北	团风	112.6	10	通城	36.3	05	来凤	12.7	11
湖南	南岳	108.4	16	江华	75.5	07	怀化	33.4	26
广东	珠海	237.1	10	连州	66.2	07	台山	95.1*	21
广西	钦州	148.4	10	龙胜	54.3	07	西林	39.9	26
海南	临高	422.6*	09	珊瑚	119.5*	10	文昌	69.3	20
重庆	开县	83.0	07	开县	32.1	07	秀山	19.3	26
四川	苍溪	103.2	05	邛崃	27.1	06	沐川	15.6	26
贵州	长顺	70.6	10	思南	36.1	07	丹寨	43.3	26
云南	绿春	99.6	22	江城	57.5	15	河口	48.9	26
西藏	波密	46.0	21	察隅	13.3	24	聂拉木	88.9	29
陕西	陇县	107.1	03	化县	17.5	06	岚皋	7.7	11
甘肃	灵台	116.0	03	靖远	7.0	01	康县	9.3	07
青海	乌兰	19.0	19	湟中	10.4	06	久治	7.7	31
宁夏	泾源	26.9	05	海原	11.9	01	泾源	5.4	10
新疆	特克斯	31.6	02	富蕴	22.5	02	沙湾	12.5	09

注:以*标注的数值为当月全国最大日降水量。

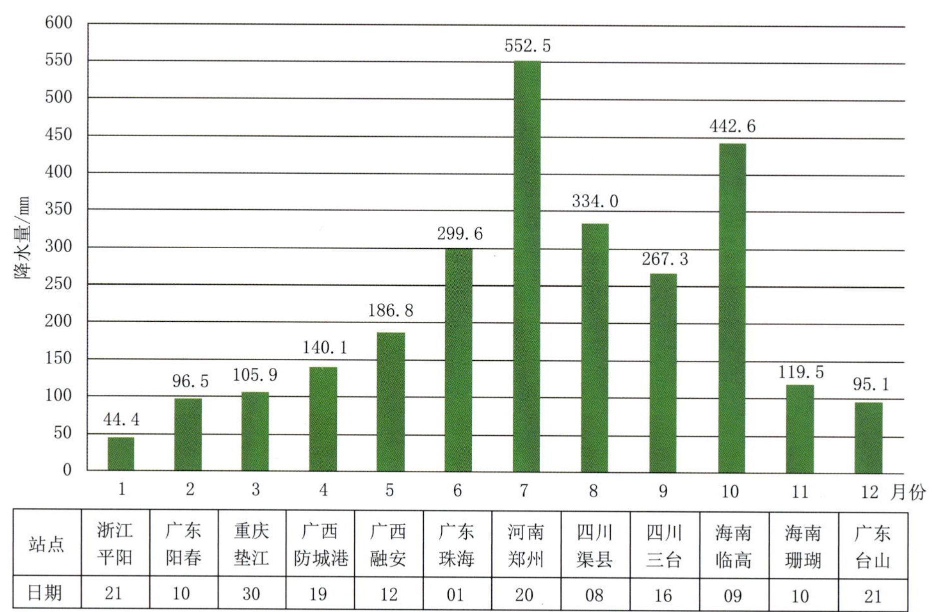

站点	浙江平阳	广东阳春	重庆垫江	广西防城港	广西融安	广东珠海	河南郑州	四川渠县	四川三台	海南临高	海南珊瑚	广东台山
日期	21	10	30	19	12	01	20	08	16	09	10	21

图 1.3.16　2021 年 1—12 月全国最大日降水量直方图

（图下方表格为与横坐标月份对应的最大日降水量出现的站点和日期）

1.3.7　突破 60 a(1961—2020 年)日降水量历史纪录概况

表 1.3.3　2021 年突破 60 a(1961—2020 年)日降水量历史纪录概况

省(自治区、直辖市)	站名	2021 年		历史纪录	
		降水量/mm	出现时间(月-日)	降水量/mm	出现时间(年-月-日)
内蒙古	莫力达瓦达斡尔族自治旗	153.3	07-18	118.8	2009-08-20
	二连浩特	79.3	07-25	74.9	1990-08-28
黑龙江	讷河	140.3	07-18	137.9	1996-07-22
新疆	蔡家湖	31.3	07-31	31.2	2016-06-24
	呼图壁	40.6	07-31	38.5	1987-07-15
	焉耆	62.4	03-30	39.7	1992-07-04
	和硕	61.1	03-30	57.3	1992-07-04
	和田	56.0	06-16	27.7	2019-06-25
辽宁	北宁	232.2	06-27	204.8	2016-07-21
北京	顺义	223.3	07-27	207.0	1994-07-13
青海	都兰	55.2	07-25	43.5	2010-06-07
	玛沁	51.8	06-16	45.4	2018-08-09
山西	陵川	121.2	07-11	114.5	1969-08-10
山东	无棣	205.9	07-14	194.9	1992-07-24
四川	宝兴	129.5	08-05	123.5	1966-08-04
	稻城	51.6	08-14	50.0	2003-08-17

续表

省(自治区、直辖市)	站名	2021年		历史纪录	
		降水量/mm	出现时间(月-日)	降水量/mm	出现时间(年-月-日)
四川	苍溪	206.1	06-17	204.3	1973-09-06
	渠县	334.0	08-08	272.9	2004-09-04
	大竹	325.3	08-08	183.9	1989-07-10
	阆中	251.2	08-22	235.5	1969-09-27
	开江	210.7	06-18	183.1	2016-06-24
重庆	涪陵	168.6	08-08	131.5	2014-09-18
云南	剑川	80.5	06-30	78.9	2017-07-31
	丽江	188.2	06-22	112.8	1999-06-11
贵州	金沙	157.3	07-05	152.1	2015-08-18
	平塘	198.6	07-01	172.0	1970-07-12
河南	郑州	552.5	07-20	189.4	1978-07-02
	新密	448.3	07-20	169.4	2005-07-22
	荥阳	349.7	07-20	295.3	2005-07-22
	偃师	339.7	07-20	109.4	1996-07-28
	伊川	190.8	07-20	154.4	1982-08-01
	孟津	189.9	07-20	134.9	2001-07-21
	汤阴	388.2	07-21	235.1	1994-07-12
	扶沟	341.0	07-21	213.5	2018-08-18
	卫辉	278.8	07-21	240.7	2000-07-05
	安阳	263.6	07-21	249.2	1994-07-12
	焦作	234.9	07-21	168.3	2000-07-14
	博爱	234.5	07-21	167.7	2005-07-22
	尉氏	229.3	07-21	162.4	1984-08-09
陕西	志丹	113.8	09-03	103.1	1977-07-05
	勉县	237.9	08-22	147.5	2008-07-21
湖北	南漳	218.2	08-12	175.3	2001-08-09
	宜城	312.9	08-12	251.5	2001-08-20
湖南	古丈	262.3	08-24	227.4	2014-08-18
江西	上饶	259.2	06-28	255.2	1998-06-21
福建	邵武	188.6	06-28	187.7	1970-06-26
江苏	泗阳	322.3	07-28	189.6	1997-07-18
	江都	319.0	07-28	239.7	1972-07-03
	高邮	287.1	07-28	211.6	1969-07-12
	洪泽	263.7	07-28	193.8	1984-08-31
	楚州	226.0	07-28	224.9	2006-07-21
	金湖	208.2	07-28	195.0	2000-08-28
广西	资源	270.6	07-02	240.6	1983-06-20

1.4　2021 年干旱地区日降水量≥25.0 mm 概况

表 1.4.1　2021 年干旱地区日降水量≥25.0 mm 概况

省(自治区、直辖市)	站名	出现时间(月-日)	降水量/mm	省(自治区、直辖市)	站名	出现时间(月-日)	降水量/mm
内蒙古	满洲里	06-16	31.1	西藏	隆子	09-07	25.3
内蒙古	满洲里	07-31	45.4	新疆	托里	08-17	31.9
内蒙古	满洲里	08-10	38.2	新疆	蔡家湖	07-31	31.3
内蒙古	新巴尔虎右旗	08-26	31.5	新疆	呼图壁	07-31	40.6
内蒙古	新巴尔虎左旗	06-26	37.1	新疆	伊宁	10-11	25.2
内蒙古	新巴尔虎左旗	07-12	41.2	新疆	焉耆	03-30	62.4
内蒙古	新巴尔虎左旗	07-14	35.9	新疆	和硕	03-30	61.1
内蒙古	新巴尔虎左旗	07-23	39.7	新疆	拜城	04-02	41.0
内蒙古	东乌珠穆沁	07-13	39.3	新疆	拜城	09-03	30.0
内蒙古	东乌珠穆沁	07-29	32.9	新疆	尉犁	03-30	43.4
内蒙古	二连浩特	07-25	79.3	新疆	巴楚	07-19	28.8
内蒙古	那仁宝力格	07-25	41.1	新疆	英吉沙	06-16	28.2
内蒙古	那仁宝力格	07-26	49.4	新疆	莎车	06-16	37.2
内蒙古	满都拉	07-05	26.4	新疆	叶城	06-16	33.9
内蒙古	满都拉	07-25	43.6	新疆	泽普	06-16	28.1
内蒙古	阿巴嘎旗	07-25	68.6	新疆	皮山	06-16	56.6
内蒙古	阿巴嘎旗	09-04	34.1	新疆	皮山	07-21	33.8
内蒙古	阿巴嘎旗	09-24	27.5	新疆	墨玉	06-16	59.6
内蒙古	苏尼特左旗	06-25	29.4	新疆	和田	06-16	56.0
内蒙古	苏尼特左旗	07-25	59.7	新疆	洛浦	06-16	74.1
内蒙古	镶黄旗	07-24	36.2	新疆	巴里坤	08-01	39.6
内蒙古	乌拉特中旗	08-18	34.6	甘肃	敦煌	05-18	29.1
内蒙古	五原	06-13	39.6	甘肃	永昌	04-23	29.6
内蒙古	达茂旗	07-25	41.8	甘肃	永昌	09-03	34.8
内蒙古	固阳	06-13	28.4	甘肃	永昌	09-05	27.3
内蒙古	巴彦诺尔公	09-13	29.3	甘肃	武威	09-05	31.7
内蒙古	头道湖	03-31	62.0	甘肃	兰州	04-24	25.5
内蒙古	固阳	08-18	25.4	甘肃	白银	07-14	26.0
内蒙古	固阳	09-03	62.2	宁夏	惠农	03-31	39.2
内蒙古	乌拉特前旗	06-13	54.7	宁夏	贺兰	03-31	27.1
内蒙古	乌海	03-31	40.3	宁夏	平罗	03-31	37.1
内蒙古	杭锦旗	07-17	43.5	宁夏	陶乐	03-31	38.6
内蒙古	杭锦旗	08-14	29.3	宁夏	灵武	09-15	44.0
内蒙古	阿拉善左旗	07-17	31.6	宁夏	中卫	09-15	37.6
内蒙古	阿拉善左旗	09-15	30.7	宁夏	同心	09-03	26.5
内蒙古	锡林浩特	07-25	42.7	青海	德令哈	07-25	27.4
内蒙古	锡林浩特	07-26	25.3	青海	都兰	07-10	33.0
西藏	定日	07-10	26.5	青海	都兰	07-25	55.2
西藏	定日	08-05	28.3	青海	循化	07-25	38.9
西藏	定日	08-25	26.8	青海	循化	08-03	25.1
西藏	隆子	07-27	26.4	青海	托托河	07-25	31.3

第 2 章　年度暴雨索引

2.1　全国各省(自治区、直辖市)暴雨索引(2—12 月)

考虑 1 月未出现暴雨，所以没有 1 月暴雨索引。

表 2.1.1　2021 年 2 月暴雨索引

序号	日期(月-日)	省(自治区、直辖市)	暴雨站数	大暴雨站数	特大暴雨站数	≥50 mm/d 站数
1	02-08	云南	14			14
2	02-09	广东	1			21
		广西	20			
3	02-10	福建	7			64
		江西	14			
		湖南	4			
		广东	32			
		广西	4			
		海南	3			
4	02-11	浙江	5			6
		福建	1			
5	02-25	湖南	5			5

表 2.1.2　2021 年 3 月暴雨索引

序号	日期(月-日)	省(自治区、直辖市)	暴雨站数	大暴雨站数	特大暴雨站数	≥50 mm/d 站数
6	03-05	江西	10			10
7	03-06	江西	3			7
		广东	2			
		广西	2			
8	03-09	广西	3			3
9	03-10	湖南	7			16
		广西	8			
		贵州	1			
10	03-11	湖南	1			3
		广西	2			

续表

序号	日期（月-日）	省（自治区、直辖市）	暴雨站数	大暴雨站数	特大暴雨站数	≥50 mm/d 站数
11	03-14	广东	1			1
12	03-16	江西	4			8
		湖南	4			
13	03-17	重庆	1			1
14	03-18	江西	1			2
		重庆	1			
15	03-19	浙江	1			2
		安徽	1			
16	03-30	浙江	1			14
		江西	4			
		湖北	3			
		重庆	2	2		
		新疆	2			
17	03-31	内蒙古	1			8
		安徽	3			
		江西	3			
		湖北	1			

表 2.1.3　2021 年 4 月暴雨索引

序号	日期（月-日）	省（自治区、直辖市）	暴雨站数	大暴雨站数	特大暴雨站数	≥50 mm/d 站数
18	04-01	江西	17	1		21
		湖南	3			
19	04-06	云南	7			7
20	04-07	湖南	2			2
21	04-08	广东	2			5
		广西	1	1		
		海南	1			
22	04-12	湖南	1			1
23	04-15	广东	1			1
24	04-16	广东	1			1
25	04-17	海南	2			3
		云南	1			

续表

序号	日期（月-日）	省（自治区、直辖市）	暴雨站数	大暴雨站数	特大暴雨站数	≥50 mm/d 站数
26	04-18	海南	2			2
27	04-19	广东	1	1		11
		广西	5	3		
		海南	1			
28	04-20	海南	2			2
29	04-21	湖北	3			4
30	04-22	湖北	2			3
		江西	1			
31	04-23	山东	1			3
		四川	1			
		陕西	1			
32	04-24	江西	6			31
		河南	4			
		湖北	9			
		湖南	9			
		重庆	1			
		四川	1			
		陕西	1			
33	04-25	福建	2			8
		江西	5			
		贵州	1			
34	04-26	湖南	1			20
		广东	6	1		
		广西	4	1		
		海南	6	1		
35	04-27	广东	2			3
		海南	1			
36	04-28	广东	1			2
		海南	1			
37	04-29	海南	1			1

表 2.1.4　2021 年 5 月暴雨索引

序号	日期 (月-日)	省(自治区、直辖市)	暴雨 站数	大暴雨 站数	特大暴雨 站数	≥50 mm/d 站数
38	05-01	海南	3			3
39	05-02	广东	4	1		9
		广西	2			
		海南	1			
		甘肃	1			
40	05-03	河南	2			31
		湖南	9	1		
		广东	4	1		
		重庆	7	1		
		四川	3			
		贵州	2	1		
41	05-04	安徽	5			44
		江西	5			
		湖南	3			
		广东	1			
		广西	17	3		
		四川	4	1		
		贵州	5			
42	05-05	福建	2			8
		广西	3	2		
		海南	1			
43	05-06	广西	1	1		2
44	05-07	江西	2			6
		湖南	3			
		广西	1			
45	05-08	福建	16	1		24
		江西	3			
		广西	4			
46	05-09	江西	1			2
		贵州		1		
47	05-10	江西	2			18
		河南	1			
		湖北	4			
		四川	2			
		贵州	9			
48	05-11	上海	1			
		江苏	1			

续表

序号	日期（月-日）	省（自治区、直辖市）	暴雨站数	大暴雨站数	特大暴雨站数	≥50 mm/d 站数
48	05-11	浙江	13	1		65
		江西	24	10		
		湖南	8	2		
		重庆	1			
		贵州	1	3		
49	05-12	福建	2			24
		江西	2			
		湖南	5			
		广东	1			
		广西	9	4		
		贵州	1			
50	05-13	浙江	2			34
		江西	8			
		湖南	1			
		广西	7	1		
		重庆	3			
		四川	1			
		贵州	9	2		
51	05-14	江苏	1			6
		河南	1			
		湖北	1			
		湖南	2			
		重庆	1			
52	05-15	江苏	6	1		59
		安徽	5			
		河南	11			
		湖北	24	4		
		湖南	1			
		重庆	2	1		
		四川	3			
		陕西	1			
53	05-16	安徽	7	3		56
		江西	13			
		湖北	2			
		湖南	23	3		
		贵州	5			

续表

序号	日期(月-日)	省(自治区、直辖市)	暴雨站数	大暴雨站数	特大暴雨站数	≥50 mm/d站数
54	05-17	江西	10	1		33
		湖南	2			
		广东	8	1		
		广西	8	3		
55	05-18	浙江	17			47
		福建	16			
		江西	1			
		湖南	4			
		广东	8			
		贵州	1			
56	05-19	浙江	4			62
		福建	4			
		江西	21			
		湖南	32			
		广西	1			
57	05-20	浙江	4			60
		福建	12			
		江西	13			
		河南	1			
		湖南	5			
		广东	6	4		
		广西	10	5		
58	05-21	浙江	10			38
		福建	15	5		
		江西	6	2		
59	05-22	浙江	6			34
		福建	8	1		
		江西	12	4		
		湖北	2			
		海南	1			
60	05-23	浙江	7			52
		安徽	9			
		江西	16	8		
		湖南	6			
		广西	2			
		重庆	1			
		贵州	3			

续表

序号	日期（月-日）	省（自治区、直辖市）	暴雨站数	大暴雨站数	特大暴雨站数	≥50 mm/d站数
61	05-24	福建	4			21
		湖南	6			
		广西	10			
		云南	1			
62	05-25	广东	1			1
63	05-26	安徽	13			14
		云南	1			
64	05-27	福建	7			20
		江西	5			
		湖南	4			
		广西	2			
		云南	2			
65	05-28	福建	2			3
		云南	1			
66	05-29	福建	6			22
		江西	9			
		湖南	7			
67	05-30	福建	7	2		21
		江西	1			
		湖南	5			
		广西	5			
		贵州	1			
68	05-31	福建	2			26
		江西	2	1		
		广东	12	9		

表 2.1.5　2021 年 6 月暴雨索引

序号	日期（月-日）	省（自治区、直辖市）	暴雨站数	大暴雨站数	特大暴雨站数	≥50 mm/d站数
69	06-01	江西	3			38
		山东	1			
		湖南	1	1		
		广东	16	2	1	
		广西	5	3		
		贵州	4			
		云南	1			

续表

序号	日期（月-日）	省（自治区、直辖市）	暴雨站数	大暴雨站数	特大暴雨站数	≥50 mm/d站数
70	06-02	辽宁	7			35
		吉林	5			
		上海		1		
		福建	1			
		江西	7	1		
		湖北	1			
		湖南	1			
		广东	5			
		广西	4	2		
71	06-03	辽宁	1			42
		吉林	3			
		黑龙江	1			
		江苏	1			
		浙江	3			
		安徽	1			
		江西	8			
		湖北	3			
		湖南	15			
		广西	1			
		贵州	5			
72	06-04	浙江	12	3		46
		福建	6			
		江西	7			
		广东	5			
		广西	9			
		云南	3	1		
73	06-05	海南	3			3
74	06-06	广东	1			3
		云南	2			
75	06-07	四川	3			10
		云南	7			
76	06-08	广东	2	1		15
		海南	2			
		四川	3	1		
		云南	5	1		

续表

序号	日期（月-日）	省（自治区、直辖市）	暴雨站数	大暴雨站数	特大暴雨站数	≥50 mm/d站数
77	06-09	山西	2			7
		海南	1	1		
		云南	3			
78	06-10	辽宁	12	2		74
		上海	2			
		江苏	1			
		浙江	3			
		安徽	3	1		
		江西	4	1		
		湖南	4			
		广西	4			
		海南	1			
		贵州	27	5		
		云南	4			
79	06-11	吉林	1			17
		上海		1		
		浙江	4	1		
		福建	1			
		江西	3			
		广西	4			
		海南	2			
80	06-12	浙江	1	1		8
		河南	1			
		广东	1			
		海南	2	1		
		云南	1			
81	06-13	河北	1			32
		内蒙古	2			
		浙江	6	1		
		安徽	6	1		
		江西	1			
		河南	3	1		
		广东	2			
		四川	5	1		
		云南	2			

续表

序号	日期 (月-日)	省(自治区、直辖市)	暴雨 站数	大暴雨 站数	特大暴雨 站数	≥50 mm/d 站数
82	06-14	天津	5			55
		河北	3			
		山西	3			
		内蒙古	4	1		
		江苏	6			
		山东	10	2		
		河南	8	2		
		四川	3			
		云南	1			
		陕西	6	1		
83	06-15	辽宁	1			30
		黑龙江	2			
		江苏	2	2		
		安徽	3			
		山东	12			
		河南	5	1		
		湖北	1			
		四川	1			
84	06-16	浙江	1			28
		安徽	4			
		河南	2	1		
		广东	1			
		四川	7			
		云南	1			
		陕西	5			
		甘肃	1			
		青海	1			
		新疆	4			
85	06-17	黑龙江	1			25
		江苏	2			
		安徽	1			
		河南	1			
		湖北	4			
		四川	9	3		
		陕西	4			

续表

序号	日期（月-日）	省（自治区、直辖市）	暴雨站数	大暴雨站数	特大暴雨站数	≥50 mm/d站数
86	06-18	吉林	1			19
		浙江	1			
		安徽	2			
		江西	2	1		
		湖北	2			
		重庆	3	1		
		四川	1	1		
		贵州	1			
		云南	1			
		陕西	2			
87	06-19	浙江	2			24
		安徽	13	1		
		江西	2			
		湖北	4			
		重庆	2			
88	06-20	浙江	12			21
		福建	1			
		江西	4			
		广东	1			
		贵州	3			
89	06-21	浙江	1			17
		福建	2			
		江西	4			
		湖南	2	1		
		广东	1			
		广西	4	1		
		贵州	1			
90	06-22	福建	7	1		32
		广东	17	1		
		广西	2			
		云南	3	1		
91	06-23	广东	11	3		23
		广西	4	1		
		云南	4			

续表

序号	日期（月-日）	省(自治区、直辖市)	暴雨站数	大暴雨站数	特大暴雨站数	≥50 mm/d站数
92	06-24	广东	5	1		11
		广西	3			
		贵州	1			
		云南	1			
93	06-25	河北	3			16
		湖南	1			
		广东	2	1		
		四川	5			
		贵州	2			
		云南	2			
94	06-26	河北	4	4		28
		内蒙古	1			
		辽宁	1			
		上海	1			
		安徽	2			
		河南	2			
		广东	2			
		重庆	1			
		四川	6			
		陕西	4			
95	06-27	河北	2	1		74
		辽宁	5	1		
		江苏	3			
		浙江	5			
		安徽	18	3		
		江西	1			
		河南	4	1		
		湖北	17	3		
		广东	2			
		广西	2			
		重庆	1			
		四川	2	3		
96	06-28	辽宁	1	1		88
		吉林	2			
		上海	2			

续表

序号	日期（月-日）	省(自治区、直辖市)	暴雨站数	大暴雨站数	特大暴雨站数	≥50 mm/d 站数
96	06-28	浙江	5	1		88
		安徽	3			
		福建	4	4		
		江西	17	7	1	
		湖北	1	1		
		湖南	9	1		
		广东	4	1		
		广西	4			
		重庆	1	1		
		四川	1			
		贵州	10	6		
97	06-29	河北	2			78
		辽宁	1			
		吉林	1			
		上海	1			
		浙江	4	1		
		福建	8			
		江西	6	1		
		山东	6	1		
		湖南	8	1		
		广东	2			
		广西	10	2		
		重庆	1			
		四川	7	4		
		贵州	6	1		
		云南	4			
98	06-30	河北	1			94
		辽宁	2			
		黑龙江	2	1		
		浙江	7	5		
		安徽	2			
		福建	4	1		
		江西	26	4		
		山东	1			
		湖南	11	1		

续表

序号	日期（月-日）	省（自治区、直辖市）	暴雨站数	大暴雨站数	特大暴雨站数	≥50 mm/d站数
98	06-30	广东	1			94
		广西	7	2		
		贵州	6	1		
		云南	9			

表 2.1.6　2021 年 7 月暴雨索引

序号	日期（月-日）	省（自治区、直辖市）	暴雨站数	大暴雨站数	特大暴雨站数	≥50 mm/d站数
99	07-01	北京	1			92
		河北	2			
		内蒙古	1	1		
		黑龙江	4			
		江苏	1			
		浙江	2	3		
		安徽	2			
		福建	1	1		
		江西	8	8		
		河南	1			
		湖北	11	1		
		湖南	6	5		
		广东	1			
		广西	6			
		四川	1			
		贵州	12	1		
		云南	10	2		
100	07-02	河北	1			74
		山西	5			
		上海	1			
		江苏	1	1		
		浙江	6			
		安徽	16	6		
		江西	3			
		河南		1		
		湖北	6	2		
		湖南	6			

续表

序号	日期（月-日）	省（自治区、直辖市）	暴雨站数	大暴雨站数	特大暴雨站数	≥50 mm/d 站数
100	07-02	广东	1			74
		广西	3		1	
		四川	4			
		云南	2			
		陕西	8			
101	07-03	北京	9			76
		天津	2			
		河北	13			
		辽宁	1			
		黑龙江	1			
		江苏	4	1		
		安徽	13	5		
		江西	1			
		山东	6	1		
		河南	2			
		湖北	3			
		湖南	7	2		
		广西	1			
		四川	1			
		贵州	3			
102	07-04	江苏	7			27
		浙江		1		
		安徽	7	1		
		江西	1			
		湖北	2			
		湖南	3			
		广西	3			
		贵州	2			
103	07-05	北京	1			42
		天津	1			
		河北	1			
		江苏	8	4		
		安徽	4	2		
		山东	1			
		湖北	5			

续表

序号	日期(月-日)	省(自治区、直辖市)	暴雨站数	大暴雨站数	特大暴雨站数	≥50 mm/d站数
103	07-05	广西	1			42
		海南	1			
		重庆	1			
		贵州	8	2		
		云南	1			
		陕西	1			
104	07-06	北京	1			60
		天津	1			
		河北	5			
		内蒙古	2			
		吉林	2			
		江苏	9	1		
		安徽	10	3		
		江西	1			
		河南	3	1		
		湖北	2			
		海南	2	1		
		四川	7			
		云南	8	1		
105	07-07	河北	1			42
		吉林	3			
		黑龙江	1			
		江苏	9	2		
		安徽	5	2		
		山东	2			
		湖北	6	2		
		海南	1	1		
		重庆	2	1		
		云南	3			
		陕西	1			
106	07-08	河北	1			43
		内蒙古	1			
		吉林	1			
		黑龙江	2			
		上海	1			

续表

序号	日期（月-日）	省（自治区、直辖市）	暴雨站数	大暴雨站数	特大暴雨站数	≥50 mm/d 站数
106	07-08	江苏	8			43
		安徽	5	1		
		山东	1			
		河南		1		
		湖北	1			
		湖南	1			
		广西	2	2		
		重庆	4			
		四川	8	3		
107	07-09	辽宁	1	1		7
		浙江	1			
		安徽	1			
		重庆	1			
		四川	2			
108	07-10	上海	2			26
		江苏	1	1		
		山东	1			
		四川	15	3		
		陕西	2	1		
109	07-11	河北	20	5		63
		山西	7	4		
		河南	13	3		
		海南	1	1		
		重庆	1			
		四川	3	2		
		陕西	3			
110	07-12	北京	11	8		164
		天津	6	1		
		河北	64	10		
		山西	1			
		内蒙古	1			
		黑龙江	1			
		山东	31	14		
		河南	6	3		
		湖北	2	2		
		重庆	3			

续表

序号	日期 (月-日)	省(自治区、直辖市)	暴雨 站数	大暴雨 站数	特大暴雨 站数	≥50 mm/d 站数
111	07-13	北京	2			54
		天津	2	1		
		河北	12	7		
		山西	1			
		内蒙古	3			
		辽宁	9	1		
		安徽	3			
		山东	5			
		河南	2			
		湖北	5			
		云南	1			
112	07-14	河北	1	1		32
		辽宁	7			
		黑龙江	2			
		山东	12	4		
		河南	1			
		海南	1			
		四川	2			
		贵州	1			
113	07-15	河北	1			89
		内蒙古	1			
		辽宁	1			
		江苏	6	1		
		安徽	8	1		
		福建	1			
		山东	8	1		
		河南	8	8		
		湖北	1			
		四川	18	9		
		云南	1			
		陕西	4	2		
		甘肃	9			
114	07-16	河北	2			87
		山西	1			
		江苏	21	5		

续表

序号	日期（月-日）	省（自治区、直辖市）	暴雨站数	大暴雨站数	特大暴雨站数	≥50 mm/d站数
114	07-16	安徽	10	5		87
		福建	1			
		山东	5			
		河南	4	1		
		湖北	3			
		重庆	5	1		
		四川	15	6		
		云南	1	1		
115	07-17	河北	1	1		64
		山西	1			
		江苏	4	1		
		安徽	21	6		
		江西	2			
		河南	4			
		湖北	7			
		湖南	2			
		广东	1			
		广西	1			
		重庆	1			
		四川	3			
		贵州	7			
		云南	1			
116	07-18	北京	4	3		69
		河北	16			
		内蒙古	1	2		
		黑龙江	2	2		
		安徽	2			
		江西	5	2		
		河南	5			
		湖北	1			
		湖南	2			
		广西	4			
		重庆	1			
		贵州	7			
		云南	6			
		陕西	3	1		

续表

序号	日期(月-日)	省(自治区、直辖市)	暴雨站数	大暴雨站数	特大暴雨站数	≥50 mm/d站数
117	07-19	北京	2			59
		天津	1			
		河北	3			
		山西	5	1		
		内蒙古	1			
		吉林	1			
		黑龙江	2			
		江西	2			
		河南	21	4		
		湖北	3			
		湖南	1			
		广东	5			
		广西	2			
		重庆	2			
		四川	1			
		云南	2			
118	07-20	山西	1			74
		福建	1			
		河南	20	33	6	
		湖南	1			
		广东	4	3		
		广西	1			
		海南	1			
		云南	2	1		
119	07-21	河北	24	14		119
		山西	6			
		河南	24	29	6	
		湖北	2	1		
		广东	8	3		
		广西	1			
		云南	1			
120	07-22	河北	13	5		60
		山西	2	1		
		内蒙古	1			
		浙江	1			

续表

序号	日期（月-日）	省（自治区、直辖市）	暴雨站数	大暴雨站数	特大暴雨站数	≥50 mm/d站数
120	07-22	河南	9	9	1	60
		湖北	1			
		广东	1	1		
		广西	6	3		
		海南	1			
		云南	5			
121	07-23	内蒙古	1			18
		浙江	3			
		广西	4			
		海南	1	1		
		重庆	1			
		四川	1			
		贵州	1			
		云南	1			
		陕西	4			
122	07-24	吉林	1			45
		上海	3			
		浙江	23	2		
		湖南	1			
		海南	1			
		四川	8	1		
		云南	5			
123	07-25	内蒙古	5			79
		吉林	1			
		黑龙江	4			
		上海	6	7		
		江苏	2			
		浙江	18	13		
		安徽	1			
		广东	1			
		重庆	1			
		贵州	1			
		云南	16	1		
		青海	2			

续表

序号	日期（月-日）	省（自治区、直辖市）	暴雨站数	大暴雨站数	特大暴雨站数	≥50 mm/d 站数
124	07-26	山西	1			62
		内蒙古	2			
		黑龙江	8			
		上海	2	8		
		江苏	11	1		
		浙江	15	8		
		安徽		1		
		广东	1			
		四川	1			
		陕西	2			
		甘肃	1			
125	07-27	北京	5	3		85
		天津	1			
		河北		1		
		上海	5	2		
		江苏	22	7		
		浙江	4			
		安徽	27	4		
		江西	1			
		广东	1			
		四川	2			
126	07-28	河北	1			133
		上海	1			
		江苏	24	27	4	
		浙江	4			
		安徽	13	10		
		山东	16	13		
		河南	5	3		
		广东	2			
		广西	2			
		贵州	2			
		云南	6			
127	07-29	天津	8	2		142
		河北	10	16		
		辽宁	1			

续表

序号	日期（月-日）	省（自治区、直辖市）	暴雨站数	大暴雨站数	特大暴雨站数	≥50 mm/d站数
127	07-29	江苏	6	1		142
		安徽	1			
		福建	3			
		江西	1			
		山东	63	18		
		河南	5	1		
		湖北	1			
		广东	2			
		贵州	1			
		云南	1	1		
128	07-30	天津	8	1		50
		河北	10	1		
		内蒙古	4			
		辽宁	9			
		吉林	1			
		浙江	4			
		福建	5	1		
		湖南	4			
		广东	1	1		
129	07-31	河北	1			37
		内蒙古	1			
		辽宁	4			
		吉林	4			
		黑龙江	7			
		上海	1			
		江苏	1			
		浙江	4	1		
		福建	2			
		江西	2			
		广西	7			
		四川	1	1		

表 2.1.7　2021 年 8 月暴雨索引

序号	日期(月-日)	省(自治区、直辖市)	暴雨站数	大暴雨站数	特大暴雨站数	≥50 mm/d站数
130	08-01	天津	1			51
		河北	8			
		内蒙古	1			
		辽宁	3			
		黑龙江	3	1		
		上海	1			
		福建	10			
		山东	2			
		河南	2			
		广东	2	2		
		广西	9			
		海南	1			
		云南	5			
131	08-02	辽宁	3			20
		吉林	6			
		黑龙江	2			
		福建	4	2		
		山东	2			
		广西	1			
132	08-03	吉林	3	1		13
		黑龙江	1			
		浙江	3			
		福建	2			
		广东	3			
133	08-04	浙江	6			31
		福建	13	1		
		江西	2			
		河南	1			
		广东	4			
		广西	1			
		海南	1			
		四川	1			
		陕西	1			

续表

序号	日期（月-日）	省（自治区、直辖市）	暴雨站数	大暴雨站数	特大暴雨站数	≥50 mm/d站数
134	08-05	北京	2			76
		河北	1			
		辽宁	1			
		浙江	1			
		福建	15	9		
		江西	1			
		山东	5			
		河南	1			
		湖南	9			
		广东	6	1		
		广西	4	1		
		四川	15	2		
		陕西	2			
135	08-06	黑龙江	1			40
		江苏	2			
		浙江	6	1		
		福建	13	14		
		广东	2			
		广西	1			
136	08-07	福建	2	3		18
		湖南	1			
		广东	3			
		重庆		1		
		四川	5	3		
137	08-08	福建	2			39
		湖南	1			
		广东	3			
		重庆	2	2		
		四川	15		2	
		贵州	1			
		云南	1			
		陕西	10			
138	08-09	北京	4			65
		河北	3			
		内蒙古	1			

续表

序号	日期(月-日)	省(自治区、直辖市)	暴雨站数	大暴雨站数	特大暴雨站数	≥50 mm/d站数
138	08-09	辽宁	1			65
		黑龙江	1			
		浙江	2			
		安徽	1			
		福建	1			
		江西	1			
		河南	4			
		湖北	11			
		湖南	6			
		广东	7	2		
		广西	2			
		重庆	5	1		
		四川	3			
		贵州	7			
		云南	2			
139	08-10	辽宁	1			59
		吉林	2			
		上海	1			
		浙江	12			
		安徽	1			
		福建	2			
		江西	2	1		
		山东	4	1		
		湖北	5			
		湖南	8			
		广东	7	1		
		广西	1			
		海南	1			
		重庆	1			
		云南	8			
140	08-11	辽宁	1			61
		吉林	2			
		上海	1			
		江苏	3	1		
		浙江	4	1		

续表

序号	日期（月-日）	省（自治区、直辖市）	暴雨站数	大暴雨站数	特大暴雨站数	≥50 mm/d站数
140	08-11	安徽	11			61
		江西	6	1		
		湖北	8	1		
		湖南	2			
		广东	2			
		广西	2	1		
		海南	4			
		重庆	2			
		四川	3			
		贵州	4			
		云南	1			
141	08-12	河北	1			52
		吉林	1			
		江苏	1			
		浙江	12	1		
		安徽	3	3		
		江西	5			
		山东	1			
		湖北	8	7	1	
		广东	1			
		海南	1			
		云南	3			
		陕西	3			
142	08-13	河北	1			98
		上海	2			
		浙江	7			
		安徽	21	3		
		福建	1			
		江西	3			
		河南	8	1		
		湖北	16	6		
		湖南	5	1		
		广东	1			
		广西	4			
		重庆	8	1		

续表

序号	日期（月-日）	省(自治区、直辖市)	暴雨站数	大暴雨站数	特大暴雨站数	≥50 mm/d站数
142	08-13	四川	4			98
		贵州	2			
		云南	2			
		陕西	1			
143	08-14	北京	1			78
		江苏	2			
		浙江	6			
		安徽	2			
		福建	2			
		江西	8	2		
		湖南	7			
		广东	5			
		广西	8	1		
		重庆	1			
		四川	1			
		贵州	14	2		
		云南	16			
144	08-15	北京	2			45
		天津	1			
		河北	1			
		内蒙古	1			
		上海	7			
		江苏	3			
		浙江	3	3		
		安徽	1			
		江西	2			
		湖南	1			
		广东	1			
		广西	12			
		海南	1			
		贵州	2			
		云南	4			
145	08-16	北京	1			24
		天津	2			
		河北	1			

续表

序号	日期（月-日）	省（自治区、直辖市）	暴雨站数	大暴雨站数	特大暴雨站数	≥50 mm/d 站数
145	08-16	内蒙古	2			24
		辽宁	2			
		浙江	2	1		
		安徽	1			
		福建	1			
		江西	1	1		
		广东	1			
		广西	1			
		海南	2			
		云南	5			
146	08-17	北京	3			43
		天津	1			
		辽宁	1			
		浙江	16			
		福建	5			
		江西	2	1		
		湖南	1			
		四川	9	1		
		云南	3			
147	08-18	福建	3	1		44
		湖北	2			
		湖南	2	1		
		广东	7			
		广西	1			
		重庆	2			
		四川	18	3		
		云南	4			
148	08-19	河北	12			36
		山西	9			
		福建	4			
		江西	4			
		河南	1			
		湖北	1			
		广东	1			
		四川	2			
		甘肃	1	1		

续表

序号	日期(月-日)	省(自治区、直辖市)	暴雨站数	大暴雨站数	特大暴雨站数	≥50 mm/d站数
149	08-20	河北	2			72
		辽宁	4	1		
		江苏	6			
		安徽	1			
		福建	1			
		山东	20	2		
		河南	19	1		
		湖北	3			
		广西	1			
		四川	6			
		陕西	4	1		
150	08-21	辽宁	3			20
		吉林	2			
		黑龙江	4			
		江苏	2			
		浙江	2			
		湖南	4			
		重庆	1			
		陕西	2			
151	08-22	山西	2	1		113
		吉林	6			
		黑龙江	9			
		浙江	1			
		河南	32	9		
		四川	13	10	1	
		陕西	23	6		
152	08-23	河北	1			69
		江苏	8	4		
		安徽	4			
		福建	1			
		山东	18	1		
		河南	11			
		湖北	4			
		湖南	2			
		重庆	3	4		
		四川	7			
		贵州	1			

续表

序号	日期 (月-日)	省(自治区、直辖市)	暴雨 站数	大暴雨 站数	特大暴雨 站数	≥50 mm/d 站数
153	08-24	北京	1			77
		内蒙古	4			
		辽宁	3			
		江苏	1			
		安徽	8			
		江西	1			
		湖北	25	3		
		湖南	9	3	1	
		广西	1			
		贵州	7	1		
		云南	9			
154	08-25	内蒙古	3			40
		辽宁	2			
		吉林	3			
		黑龙江	1			
		江苏	10			
		浙江	3			
		安徽	1			
		江西	3	2		
		湖南	3	2		
		广东	1			
		广西		1		
		重庆	1			
		四川	2	1		
		贵州	1			
155	08-26	浙江	1			35
		河南	1			
		湖北	8			
		重庆	14	1		
		四川	4			
		贵州	5			
		陕西	1			
156	08-27	浙江	1			8
		江西	4			
		广西	2	1		

续表

序号	日期(月-日)	省(自治区、直辖市)	暴雨站数	大暴雨站数	特大暴雨站数	≥50 mm/d站数
157	08-28	江苏	1			13
		浙江	2			
		江西	2			
		广西	1			
		海南	1			
		重庆	1			
		四川	5			
158	08-29	山东	5	3		76
		河南	36	6		
		湖北	5			
		重庆	3	1		
		四川	8	1		
		云南	1			
		陕西	6	1		
159	08-30	江苏	3			36
		安徽	1	1		
		山东	6	1		
		河南	16	2		
		广西	2			
		海南	1			
		四川	2			
		陕西	1			
160	08-31	河北	19			121
		山西	14	1		
		山东	61	15		
		河南	5	1		
		湖南	1			
		广东	1			
		海南	1			
		四川	1			
		陕西	1			

表 2.1.8　2021 年 9 月暴雨索引

序号	日期 (月-日)	省(自治区、直辖市)	暴雨 站数	大暴雨 站数	特大暴雨 站数	≥50 mm/d 站数
161	09-01	江苏	1			19
		河南	6			
		广西	1			
		四川	3			
		陕西	8			
162	09-02	江苏	11			15
		江西	2			
		海南	2			
163	09-03	内蒙古	1			20
		辽宁	2			
		上海	1			
		四川	2	1		
		陕西	10	1		
		甘肃	1			
		宁夏	1			
164	09-04	北京	1	2		103
		天津	1	1		
		河北	7			
		山西	1			
		江苏	2			
		浙江	1			
		安徽	3			
		山东	7	1		
		河南	28	5		
		四川	29	6		
		云南	2			
		陕西	5	1		
165	09-05	辽宁	1			27
		江苏	6	2		
		安徽		1		
		山东	3			
		重庆	3			
		四川	8	1		
		陕西	1	1		

续表

序号	日期(月-日)	省(自治区、直辖市)	暴雨站数	大暴雨站数	特大暴雨站数	≥50 mm/d站数
166	09-06	内蒙古	2			30
		江西	3			
		山东	2			
		广东	1			
		海南	1			
		重庆	8	2		
		四川	8			
		云南	1			
		陕西	2			
167	09-07	浙江	2			22
		福建	7			
		江西	2			
		广西	5			
		贵州	2	3		
		云南	1			
168	09-08	浙江	2			9
		福建	3			
		江西	1			
		湖南	1			
		广东	1			
		云南	1			
169	09-09	吉林	2			4
		江苏	2			
170	09-10	江苏	1			7
		浙江	1	1		
		海南	3			
		贵州	1			
171	09-11	辽宁	3	2		17
		上海	3	2		
		浙江	6			
		海南	1			
172	09-12	河北	1			13
		上海	1			
		浙江	1			
		重庆	3			
		贵州	4	3		

续表

序号	日期（月-日）	省（自治区、直辖市）	暴雨站数	大暴雨站数	特大暴雨站数	≥50 mm/d站数
173	09-13	河北	1			33
		上海	1			
		浙江	9	11		
		安徽	1			
		四川	3	1		
		贵州	4	1		
		云南		1		
174	09-14	上海	3	1		24
		江苏	1			
		浙江	2	1		
		广东	7			
		四川	7	1		
		云南	1			
175	09-15	上海	1			20
		广东	1			
		广西	2	2		
		四川	11	3		
176	09-16	广东	2			37
		广西	1			
		重庆	7	1		
		四川	21	1	1	
		贵州	1			
		云南	1	1		
177	09-17	广东	2			24
		重庆	2			
		四川	3			
		贵州	11	1		
		陕西	5			
178	09-18	山西	29			76
		福建	2			
		山东	2			
		四川	1			
		贵州		2		
		陕西	39			
		甘肃	1			

续表

序号	日期(月-日)	省(自治区、直辖市)	暴雨站数	大暴雨站数	特大暴雨站数	≥50 mm/d站数
179	09-19	河北	50	13		201
		山西	8			
		山东	39	5		
		河南	40	12		
		湖北	5			
		湖南	1			
		广西	3			
		重庆	8			
		四川	3	1		
		贵州	2			
		云南	4			
		陕西	7			
180	09-20	天津	10			127
		河北	27	2		
		内蒙古	4			
		辽宁	19	13		
		江苏	4			
		安徽	3			
		福建	1			
		山东	29			
		湖北	9			
		湖南	2			
		广西	2			
		云南	2			
181	09-21	内蒙古	5			12
		辽宁	3			
		吉林	2			
		广西	2			
182	09-22	广东	1			2
		广西	1			
183	09-23	山西	1			7
		浙江	1			
		福建	1			
		广东	1			
		广西	1			
		海南	2			

续表

序号	日期（月-日）	省（自治区、直辖市）	暴雨站数	大暴雨站数	特大暴雨站数	≥50 mm/d 站数
184	09-24	山西	6			27
		河南	8	2		
		四川	4	1		
		陕西	6			
185	09-25	河北	6			80
		江苏	2			
		安徽	1			
		山东	22	2		
		河南	31	6		
		四川	3	2		
		陕西	5			
186	09-26	河北	10			100
		山西	23			
		山东	17	1		
		河南	6			
		海南	1			
		四川	10	4		
		陕西	27	1		
187	09-27	山东	7			21
		四川	11			
		陕西	3			
188	09-28	山西	1			21
		河南	11			
		湖北	1			
		重庆	1			
		四川	4	1		
		陕西	1	1		
189	09-29	江苏	4			9
		安徽	3			
		云南	2			
190	09-30	湖南	1			3
		广西	1			
		云南	1			

表 2.1.9　2021 年 10 月暴雨索引

序号	日期（月-日）	省(自治区、直辖市)	暴雨站数	大暴雨站数	特大暴雨站数	≥50 mm/d站数
191	10-01	福建	1	1		3
		广东	1			
192	10-02	广西	1			1
193	10-03	河北	3			37
		山西	4			
		辽宁	11	3		
		山东	2			
		河南	1			
		云南	1			
		陕西	6	3		
		甘肃	2	1		
194	10-04	山西	25			82
		辽宁	1			
		山东	18			
		四川	12	1		
		云南	1			
		陕西	21			
		甘肃	3			
195	10-05	河北	18			95
		山西	36			
		山东	1			
		广东		1		
		海南	7	5		
		四川	12	1		
		陕西	14			
196	10-06	河北	36			64
		山西	19			
		海南	1	1		
		四川	3			
		陕西	4			
197	10-07	江苏	3			27
		浙江	2	3		
		福建	3	1		
		海南	3	1		
		重庆	4			
		四川	7			

续表

序号	日期 （月-日）	省（自治区、直辖市）	暴雨 站数	大暴雨 站数	特大暴雨 站数	≥50 mm/d 站数
198	10-08	江苏	1			41
		福建	1			
		广东	15	12		
		海南	6	5		
		四川	1			
199	10-09	浙江	1			52
		福建	1			
		广东	24	10		
		广西	3	1		
		海南	5	4	2	
		云南	1			
200	10-10	上海	1			56
		江苏	7	1		
		安徽	3			
		山东	1			
		湖北		1		
		广东	9	12		
		广西	8	4		
		贵州	8			
		云南	1			
201	10-11	浙江	2			7
		广东	3			
		广西	1	1		
202	10-12	浙江	5	1		7
		福建	1			
203	10-13	上海	1			50
		浙江	11	6		
		福建	6			
		广东	7	2		
		海南	12	5		
204	10-14	江苏	1			17
		浙江	3			
		福建	3	2		
		广东	4	3		
		广西	1			

续表

序号	日期(月-日)	省(自治区、直辖市)	暴雨站数	大暴雨站数	特大暴雨站数	≥50 mm/d站数
205	10-15	江苏	7	1		29
		浙江	1			
		安徽	1			
		福建	1	1		
		湖南	1			
		广东	10	2		
		海南	3			
		重庆	1			
206	10-16	浙江	2			7
		安徽	1			
		江西	1			
		湖南		1		
		海南	2			
207	10-17	海南	3			3
208	10-18	海南	5	4		9
209	10-19	海南	2			2
210	10-21	广西	1			3
		云南	2			
211	10-22	云南	2			2
212	10-23	海南	1			1
213	10-24	云南	2			2
214	10-27	海南	1			1
215	10-28	海南	7	1		8
216	10-31	湖南	3			7
		广西	4			

表 2.1.10　2021 年 11 月暴雨索引

序号	日期(月-日)	省(自治区、直辖市)	暴雨站数	大暴雨站数	特大暴雨站数	≥50 mm/d站数
217	11-03	海南	2			2
218	11-04	福建	2			3
		江西	1			
219	11-05	江苏	3			4
		浙江	1			

续表

序号	日期（月-日）	省(自治区、直辖市)	暴雨站数	大暴雨站数	特大暴雨站数	≥50 mm/d 站数
220	11-06	江西	4			5
		湖南	1			
221	11-07	天津	1			35
		河北	2			
		浙江	1			
		福建	4			
		江西	2			
		山东	20			
		河南	1			
		湖南	1			
		广东	2			
		广西	1			
222	11-08	辽宁	7			9
		吉林	1			
		广东	1			
223	11-10	海南		1		1
224	11-14	云南	1			1
225	11-15	云南	1			1

表 2.1.11　2021 年 12 月暴雨索引

序号	日期（月-日）	省(自治区、直辖市)	暴雨站数	大暴雨站数	特大暴雨站数	≥50 mm/d 站数
226	12-21	福建	16			34
		广东	18			
227	12-29	西藏	1			1

2.2　单站连续性暴雨索引

表 2.2.1　2021 年全国单站连续性暴雨索引

序号	月份	起止日	省(自治区、直辖市)	站名	日期	降水量/mm
1	3	9—11	广西	兴安	9	54.9
					10	53.8
					11	53.3

续表

序号	月份	起止日	省(自治区、直辖市)	站名	日期	降水量/mm
2	3	9—11	广西	灵川	9	86.3
					10	59.3
					11	56.6
3	5	18—22	福建	光泽	18	72.4
					19	63.3
					20	58.4
					21	67.8
					22	72.0
4			浙江	龙泉	18	75.2
					19	51.4
					20	77.1
					21	68.9
					22	95.0
5				庆元	18	96.4
					19	50.1
					20	88.7
					21	79.5
					22	83.9
6		19—21	福建	建阳	19	61.2
					20	68.8
					21	85.7
7		20—22		松溪	20	69.4
					21	84.6
					22	69.3
8			浙江	景宁	20	59.9
					21	76.2
					22	63.8
9			江西	资溪	20	64.3
					21	61.7
					22	55.4
10			福建	武夷山	20	58.6
					21	60.3
					22	110.1
11				浦城	20	62.7
					21	65.8
					22	97.8

续表

序号	月份	起止日	省(自治区、直辖市)	站名	日期	降水量/mm
12	5	20—22	福建	政和	20	75.5
					21	92.1
					22	67.2
13			浙江	云和	20	64.5
					21	74.4
					22	58.0
14	6	22—24	广东	珠海	22	101.3
					23	54.9
					24	147.0
15		28—30	浙江	常山	28	111.7
					29	28.3
					30	135.5
16			江西	三清山	28	167.6
					29	30.5
					30	130.0
17			福建	武夷山	28	171.9
					29	10.4
					30	139.5
18				光泽	28	180.4
					29	83.2
					30	80.6
19				邵武	28	188.6
					29	54.9
					30	81.9
20			湖南	汨罗	28	93.5
					29	70.0
					30	102.5
21		6月28日—7月1日	浙江	江山	28	60.1
					29	105.3
					30	64.5
					1	83.9
22		6月29日—7月1日	贵州	贵阳	29	65.7
					30	52.4
					1	90.1

续表

序号	月份	起止日	省(自治区、直辖市)	站名	日期	降水量/mm
23	6	6月29日—7月1日	江西	乐平	29	143.2
					30	133.4
					1	109.8
24		6月29日—7月2日	浙江	开化	29	33.6
					30	169.8
					1	114.2
					2	39.5
25		6月30日—7月2日	江西	浮梁	30	85.1
					1	156.4
					2	64.0
26		6月30日—7月3日		景德镇	30	63.4
					1	181.5
					2	65.2
					3	53.1
27		6月30日—7月1日		三清山	30	130.0
					1	173.7
28			福建	武夷山	30	139.5
					1	155.5
29			浙江	常山	30	135.5
					1	131.0
30				衢州	30	145.4
					1	101.9
31	7	2—3	安徽	黄山	2	203.5
					3	105.7
32		2—4		怀宁	2	90.4
					3	155.8
					4	76.4
33		11—13	河北	丰润	11	59.6
					12	65.3
					13	112.6
34		12—14	山东	无棣	12	128.0
					13	3.9
					14	205.9
35				商河	12	128.5
					13	2.0
					14	109.3

续表

序号	月份	起止日	省(自治区、直辖市)	站名	日期	降水量/mm
36	7	12—14	山东	惠民	12	128.2
					13	1.8
					14	124.8
37				庆云	12	148.7
					13	13.6
					14	112.5
38		15—17	安徽	宿州	15	97.8
					16	52.7
					17	51.7
39				固镇	15	63.1
					16	58.0
					17	71.6
40		19—20	河南	巩义	19	176.6
					20	210.4
41		19—21		温县	19	68.4
					20	187.7
					21	73.6
42				荥阳	19	69.9
					20	349.7
					21	92.0
43				登封	19	97.3
					20	251.3
					21	77.8
44				郑州	19	60.2
					20	552.5
					21	176.0
45				嵩山	19	125.0
					20	426.2
					21	75.2
46				新郑	19	73.5
					20	227.9
					21	129.7
47				中牟	19	63.3
					20	181.8
					21	108.7

续表

序号	月份	起止日	省(自治区、直辖市)	站名	日期	降水量/mm
48	7	19—21	河南	舞钢	19	91.0
					20	56.4
					21	61.4
49				宝丰	19	55.9
					20	117.9
					21	103.8
50		19—22		新密	19	104.4
					20	448.3
					21	96.6
					22	60.0
51				焦作	19	147.7
					20	114.5
					21	234.9
					22	68.8
52				修武	19	90.9
					20	134.4
					21	226.1
					22	119.3
53				辉县	19	53.3
					20	128.1
					21	209.6
					22	343.6
54				武陟	19	51.6
					20	157.7
					21	139.3
					22	56.0
55		20—21		沁阳	20	124.1
					21	143.0
56				长葛	20	213.3
					21	106.6
57				许昌	20	168.5
					21	126.5
58				开封	20	109.6
					21	215.6
59				南召	20	140.9
					21	107.4

续表

序号	月份	起止日	省(自治区、直辖市)	站名	日期	降水量/mm
60	7	20—21	河南	郏县	20	129.1
					21	106.5
61				临颍	20	129.9
					21	276.8
62				博爱	20	122.2
					21	234.5
63				延津	20	223.4
					21	141.7
64		20—22		通许	20	71.1
					21	163.4
					22	50.6
65				淇县	20	110.7
					21	353.3
					22	166.7
66				封丘	20	215.2
					21	79.6
					22	63.3
67				新乡	20	215.3
					21	122.3
					22	86.8
68				获嘉	20	149.8
					21	181.6
					22	193.6
69				原阳	20	155.3
					21	185.4
					22	84.4
70				浚县	20	67.1
					21	99.6
					22	110.6
71				卫辉	20	178.7
					21	278.8
					22	159.8
72				滑县	20	111.3
					21	116.9
					22	82.1

续表

序号	月份	起止日	省(自治区、直辖市)	站名	日期	降水量/mm
73	7	20—22	广东	阳江	20	81.0
					21	90.2
					22	116.8
74		21—22	河北	平山	21	148.5
					22	141.9
75				武安	21	153.7
					22	138.7
76				峰峰	21	140.7
					22	205.4
77				磁县	21	156.8
					22	142.2
78			河南	安阳	21	263.6
					22	233.1
79				汤阴	21	388.2
					22	101.8
80		21—23	广西	涠洲岛	21	61.4
					22	192.1
					23	95.1
81		23—25	浙江	奉化	23	88.5
					24	85.1
					25	126.9
82		24—26	上海	小洋山	24	60.5
					25	153.0
					26	167.1
83				奉贤	24	63.4
					25	131.8
					26	173.1
84				金山	24	87.5
					25	93.6
					26	191.7
85			浙江	德清	24	58.5
					25	52.7
					26	53.9
86				杭州	24	55.9
					25	77.8
					26	103.6

续表

序号	月份	起止日	省(自治区、直辖市)	站名	日期	降水量/mm
87	7	24—26	浙江	萧山	24	64.9
					25	77.7
					26	72.1
88				嘉兴	24	66.8
					25	60.5
					26	59.2
89				绍兴	24	191.4
					25	123.0
					26	85.0
90				临平	24	75.3
					25	62.7
					26	61.6
91				富阳	24	55.7
					25	60.6
					26	87.7
92				嘉善	24	57.2
					25	59.7
					26	91.5
93				定海	24	57.7
					25	131.2
					26	211.3
94				岱山	24	58.5
					25	153.2
					26	169.5
95				上虞	24	57.1
					25	78.5
					26	108.9
96				镇海	24	73.8
					25	110.1
					26	94.0
97				平湖	24	59.7
					25	82.6
					26	125.7
98				慈溪	24	57.5
					25	120.1
					26	130.9

续表

序号	月份	起止日	省(自治区、直辖市)	站名	日期	降水量/mm
99	7	25—27	浙江	安吉	25	69.3
					26	57.0
					27	86.1
100				嵊泗	25	143.7
					26	80.8
					27	85.2
101		25—26		余姚	25	175.0
					26	116.2
102				普陀	25	119.2
					26	109.9
103			上海	南汇	25	126.4
					26	114.8
104		25—27		青浦	25	72.5
					26	106.4
					27	79.0
105				松江	25	90.0
					26	133.3
					27	76.0
106				闵行	25	103.7
					26	111.3
					27	105.2
107				徐家汇	25	117.5
					26	106.7
					27	61.8
108				浦东	25	112.1
					26	80.2
					27	50.6
109		25—28	江苏	吴江	25	56.7
					26	101.2
					27	75.6
					28	58.7
110			安徽	黄山	25	68.3
					26	133.6
					27	177.3
					28	59.5

续表

序号	月份	起止日	省(自治区、直辖市)	站名	日期	降水量/mm
111	7	26—28	江苏	六合	26	73.2
					27	105.0
					28	53.4
112				海安	26	77.7
					27	89.1
					28	51.9
113		26—29		泰州	26	62.6
					27	69.0
					28	79.7
					29	82.0
114		27—29		扬中	27	71.7
					28	139.8
					29	154.6
115		27—28		江都	27	101.6
					28	319.0
116				扬州	27	103.7
					28	156.2
117	8	4—6	浙江	平阳	4	87.1
					5	85.9
					6	73.2
118			福建	罗源	4	61.8
					5	62.7
					6	109.7
119				宁德	4	130.9
					5	119.5
					6	179.7
120				福州	4	64.7
					5	112.2
					6	158.6
121				仙游	4	60.0
					5	80.5
					6	122.4
122				福州郊区	4	93.5
					5	63.0
					6	131.3

续表

序号	月份	起止日	省(自治区、直辖市)	站名	日期	降水量/mm
123	8	4—6	福建	莆田	4	76.5
					5	133.9
					6	153.7
124		4—7		秀屿	4	87.0
					5	75.9
					6	146.8
					7	88.7
125		6—7		长乐	6	207.0
					7	177.3
126				福清	6	211.3
					7	127.9
127				平潭	6	233.8
					7	126.1
128		11—13	浙江	嘉善	11	69.1
					12	50.1
					13	51.7
129		28—30	四川	大竹	28	59.8
					29	88.5
					30	53.8
130	9	13—14	浙江	定海	13	186.6
					14	131.2
131		13—15	四川	绵竹	13	155.7
					14	26.7
					15	167.7
132	10	3—6	山西	大宁	3	70.0
					4	63.1
					5	83.2
					6	68.9
133			陕西	洛川	3	103.1
					4	52.2
					5	50.9
					6	50.8
134		4—6	山西	孝义	4	62.6
					5	89.6
					6	51.4

续表

序号	月份	起止日	省(自治区、直辖市)	站名	日期	降水量/mm
135	10	4—6	四川	广元	4	94.4
					5	93.5
					6	50.7
136				剑阁	4	63.6
					5	65.7
					6	52.3
137				旺苍	4	55.0
					5	75.5
					6	83.8
138			陕西	宁强	4	51.4
					5	89.1
					6	70.9
139		5—8	海南	万宁	5	248.5
					6	106.8
					7	123.4
					8	89.6
140		7—9		琼海	7	69.0
					8	125.6
					9	63.7
141		8—9		海口	8	108.3
					9	114.7
142		8—10	广东	鹤山	8	50.3
					9	89.7
					10	108.5
143				新会	8	86.7
					9	114.2
					10	163.3
144				台山	8	80.7
					9	119.9
					10	99.9
145				顺德	8	62.3
					9	86.3
					10	61.5
146				中山	8	114.0
					9	116.1
					10	143.2

续表

序号	月份	起止日	省(自治区、直辖市)	站名	日期	降水量/mm
147	10	8—10	广东	斗门	8	151.0
					9	76.4
					10	228.9
148				珠海	8	133.8
					9	74.4
					10	237.1
149				上川岛	8	76.4
					9	50.6
					10	66.5
150		9—11		遂溪	9	84.5
					10	109.7
					11	88.9
151				吴川	9	78.3
					10	78.4
					11	54.2
152		12—14	福建	柘荣	12	65.9
					13	94.4
					14	132.0
153			浙江	洞头	12	57.4
					13	117.5
					14	56.5
154		16—18	海南	万宁	16	66.6
					17	96.3
					18	83.5
155		17—19		琼中	17	75.6
					18	187.9
					19	57.6

2.3　区域性暴雨日索引

表 2.3.1　2021 年全国区域性暴雨日索引

序号	日期（月-日）	区域	暴雨站数	大暴雨站数	特大暴雨站数	≥50 mm/d 站数	暴雨中心		
							降水量/mm	地点	
								省（自治区、直辖市）	站名
1	02-09	华南地区	21			21	86.5	广西	钦州
2	02-10	江南地区 华南地区	64			64	96.5	广东	阳春
3	03-10	江南地区 华南西部	16			16	95.9	湖南	永州
4	04-01	江南北部	20	1		21	110.6	江西	新建
5	04-24	西南东部 西北东部 黄淮西部 江汉地区 江南北部	31			31	96.5	江西	修水
6	04-26	江南西部 华南地区	17	3		20	114.7	广东	廉江
7	05-03	西南东部 江南西部 江汉地区 江淮西部 黄淮西部	23	3		26	147.3	贵州	沿河
8	05-04	江淮地区 江南地区 华南地区 西南东部	40	4		44	164.7	广西	融安
9	05-08	江南南部 华南北部	23	1		24	135.4	福建	宁化
10	05-10	江淮西部 江汉东部 江南北部 西南东部	18			18	87.1	江西	共青城
11	05-11	江南地区 西南东部	49	16		65	149.4	湖南	靖州
12	05-12	江南南部 华南北部	20	4		24	186.8	广西	融安

续表

序号	日期（月-日）	区域	暴雨站数	大暴雨站数	特大暴雨站数	≥50 mm/d站数	暴雨中心		
							降水量/mm	地点	
								省(自治区、直辖市)	站名
13	05-13	江南地区 华南西部 西南东部	31	3		34	150.4	广西	资源
14	05-15	黄淮地区 江淮地区 江汉地区 西南东部	52	6		58	168.6	湖北	孝感
15	05-16	江淮地区 江南地区 西南东部	50	6		56	151.3	安徽	祁门
16	05-17	江南南部 华南北部	29	4		33	144.2	广西	罗城
17	05-18	江南南部 华南地区	47			47	96.4	浙江	庆元
18	05-19	江南地区	62			62	90.5	湖南	宁远
19	05-20	江南南部 华南北部	50	9		59	167.3	广东	乳源
20	05-21	江南地区	31	7		38	142.5	福建	屏南
21	05-22	江南地区	29	5		34	113.3	江西	贵溪
22	05-23	江南北部 华南西部 西南东部	44	8		52	157.9	江西	浮梁
23	05-24	江南南部 华南西部	20			20	89.7	广西	恭城
24	05-27	江南地区	18			18	83.6	湖南	茶陵
25	05-29	江南地区	22			22	84.8	江西	上栗
26	05-30	江南南部 华南北部	19	2		21	111.7	福建	漳平
27	05-31	江南南部 华南地区	16	10		26	178.8	广东	龙门
28	06-01	江南南部 华南地区	29	6	1	36	299.6	广东	珠海
29	06-02	江南地区 华南地区	18	3		21	126.4	广西	上林

续表

序号	日期（月-日）	区域	暴雨站数	大暴雨站数	特大暴雨站数	≥50 mm/d 站数	暴雨中心		
							降水量/mm	地点	
								省（自治区、直辖市）	站名
30	06-03	江南地区 西南东部	36			36	90.3	湖北	嘉鱼
31	06-04	江南地区 华南地区	39	3		42	110.9	浙江	洪家
32	06-10	江南地区 云贵高原	53	7		60	145.4	贵州	普安
33	06-14	华北南部 黄淮地区 西北东部	48	6		54	141.7	河南	濮阳
34	06-15	黄淮地区 江淮东部	23	3		26	192.7	河南	确山
35	06-19	长江流域	23	1		24	115.8	安徽	九华山
36	06-20	江南地区	20			20	89.8	安徽	庐山
37	06-21	江南南部 华南北部	15	2		17	119.7	湖南	江华
38	06-22	江南南部 华南地区	26	2		28	114.8	福建	大田
39	06-23	华南地区	14	4		18	132.9	广东	信宜
40	06-26	四川盆地 秦巴山地 淮河上游	15			15	95.5	陕西	安康
41	06-27	江淮地区 江汉地区 江南北部 西南东部	52	9		61	168.9	安徽	黟县
42	06-28	江南地区 华南地区 云贵高原	59	22	1	82	259.2	江西	上饶
43	06-29	江南地区 华南地区 西南东部 西南南部	56	10		66	143.2	江西	乐平
44	06-30	江南地区 华南地区 云贵高原	73	14		87	169.8	浙江	开化

续表

序号	日期（月-日）	区域	暴雨站数	大暴雨站数	特大暴雨站数	≥50 mm/d站数	暴雨中心		
							降水量/mm	地点	
								省（自治区、直辖市）	站名
45	07-01	江南地区 华南地区 云贵高原	58	21		79	211.5	湖南	辰溪
46	07-02	江淮西部 江汉地区 江南北部 华南西部 云贵高原	45	10	1	56	270.6	广西	资源
47	07-03	黄淮地区 江淮地区 江南地区 西南东部	39	9		48	155.8	安徽	怀宁
		华北地区	27			27	95.6	天津	宁河
48	07-04	江淮地区 江南地区 华南北部	25	2		27	114.3	浙江	镇海
49	07-05	江淮地区 江汉地区 西南东部	27	8		35	216.1	江苏	东台
50	07-06	淮河流域 江汉地区 西南东部 西南南部	39	6		45	160.6	安徽	阜南
51	07-07	黄淮南部 江汉地区 三峡地区	23	7		30	153.8	重庆	奉节
52	07-08	长江流域 西南东部	29	5		34	188.6	安徽	合肥
53	07-10	四川盆地 秦巴山地	17	4		21	195.0	陕西	镇巴
54	07-11	华北地区 西北东部 四川盆地	47	14		61	198.1	山西	晋城
55	07-12	华北地区 黄淮北部	120	36		156	185.9	山东	乐陵

续表

序号	日期 （月-日）	区域	暴雨 站数	大暴雨 站数	特大 暴雨 站数	≥50 mm/d 站数	暴雨中心		
							降水量/ mm	地点	
								省（自治区、 直辖市）	站名
56	07-13	华北东部 东北南部 内蒙古东部	33	9		42	149.6	辽宁	岫岩
57	07-14	华北东部 东北南部 黄淮东部	20	5		25	205.9	山东	无棣
58	07-15	黄淮地区	31	11		42	172.0	河南	襄城
		西北东部 四川盆地	31	11		42	164.0	四川	梓潼
59	07-16	黄淮南部 江淮地区	33	11		44	162.1	江苏	泗阳
		四川盆地	20	7		27	158.1	四川	资中
60	07-17	黄淮南部 江淮地区 江汉东部 江南北部	52	6		58	162.9	安徽	金寨
61	07-18	西南东部 西南南部 华南西部	19			19	91.2	广西	西林
		华北东部	24	3		27	165.2	北京	昌平
62	07-19	华北东部 黄淮西部	35	5		40	176.6	河南	巩义
63	07-20	华北南部 黄淮西部	21	33	6	60	552.5	河南	郑州
64	07-21	华北地区 黄淮西部	54	43	6	103	388.2	河南	汤阴
65	07-22	华北地区 黄淮西部	24	15	1	40	343.6	河南	辉县
66	07-24	江南东部	26	2		28	191.4	浙江	绍兴
67	07-25	江南东部 江淮东部	27	20		47	175.0	浙江	余姚
		云贵高原	18	1		19	101.2	云南	江城

续表

序号	日期（月-日）	区域	暴雨站数	大暴雨站数	特大暴雨站数	≥50 mm/d站数	暴雨中心		
							降水量/mm	地点	
								省(自治区、直辖市)	站名
68	07-26	江南东部 江淮东部	28	18		46	191.7	上海	金山
69	07-27	江南东部 江淮地区 黄淮南部	59	13		72	177.3	安徽	黄山
70	07-28	黄淮地区 江淮地区 江南东部	64	53	4	121	322.3	江苏	泗阳
71	07-29	华北东部 黄淮东部 江淮东部	94	38		132	157.4	河北	景县
72	07-30	华北东部 东北南部	31	2		33	109.9	天津	汉沽区
73	07-31	东北地区	17			17	72.8	黑龙江	大庆
74	08-01	华南地区 江南东部	21	2		23	118.1	广东	南海
75	08-04	江南南部 华南地区	27	1		28	130.9	福建	宁德
76	08-05	江南地区 华南地区	36	11		47	133.9	福建	莆田
		四川盆地	15	2		17	129.5	四川	宝兴
77	08-06	江南东部	22	15		37	233.8	福建	平潭
78	08-08	西北东部 西南东部	29	2	2	33	334.0	四川	渠县
79	08-09	黄淮西部 江淮西部 江汉地区 西南东部	32	1		33	106.1	重庆	万盛
80	08-10	江南地区	30	1		31	116.1	江西	南昌县
81	08-11	江淮地区 江汉地区 江南地区 华南地区 西南东部 西南南部	53	5		58	127.6	广西	马山

续表

序号	日期（月-日）	区域	暴雨站数	大暴雨站数	特大暴雨站数	≥50 mm/d 站数	暴雨中心		
							降水量/mm	地点	
								省(自治区、直辖市)	站名
82	08-12	江汉地区 江淮西部 江南北部	32	11	1	44	312.9	湖北	宜城
83	08-13	西北东部 黄淮地区 江淮地区 江汉地区 江南北部 西南东部	81	12		93	153.8	安徽	九华山
84	08-14	江南地区 华南地区 云贵高原	71	5		76	179.6	贵州	丹寨
85	08-15	江南地区 华南地区 云贵高原	37	3		40	115.6	浙江	宁海
86	08-17	江南地区	24	1		25	157.9	江西	婺源
87	08-18	西南东部 西南南部	26	3		29	227.3	四川	雅安
88	08-19	华北地区 西北东部	25	1		26	119.1	甘肃	华池
89	08-20	华北南部 黄淮地区 江淮西部	51	3		54	141.0	山东	莒南
90	08-22	华北南部 黄淮西部 西北东部 四川盆地	70	26	1	97	251.2	四川	阆中
		东北地区	15			15	92.1	黑龙江	方正
91	08-23	黄淮地区 江汉地区 西南东部	54	13		67	137.0	江苏	新沂
92	08-24	江淮西部 江汉地区 江南北部 云贵高原	60	7	1	68	262.3	湖南	古丈

续表

序号	日期(月-日)	区域	暴雨站数	大暴雨站数	特大暴雨站数	≥50 mm/d站数	暴雨中心		
							降水量/mm	地点	
								省(自治区、直辖市)	站名
93	08-25	江南北部 华南西部	17	5		22	156.4	广西	凌云
94	08-26	江汉地区 西南东部	33	1		34	105.1	重庆	巫溪
95	08-29	华北南部 黄淮地区 江汉西部 四川盆地	63	12		75	126.0	重庆	开县
96	08-30	黄淮地区	27	4		31	137.5	河南	唐河
97	08-31	华北南部 黄淮北部	101	17		118	144.6	山东	招远
98	09-01	黄淮西部 西北东部 四川盆地	17			17	87.0	四川	南江
99	09-03	西北东部 四川盆地	14	2		16	134.1	四川	广元
100	09-04	华北地区 黄淮地区 西北东部 四川盆地	87	16		103	179.9	河南	舞钢
101	09-06	西北东部 江汉西部 四川盆地	19	2		21	102.9	重庆	万州
102	09-13	江南东部	11	11		22	186.6	浙江	定海
103	09-16	四川盆地	28	2	1	31	267.3	四川	三台
104	09-17	西北东部 西南东部	21	1		22	159.4	贵州	江口
105	09-18	华北南部 西北东部 西南东部	72	2		74	120.6	贵州	织金
106	09-19	华北地区 黄淮地区 江汉地区 西北东部 西南东部 西南南部 华南西部	170	31		201	150.0	山东	泰山

续表

序号	日期（月-日）	区域	暴雨站数	大暴雨站数	特大暴雨站数	≥50 mm/d 站数	暴雨中心		
							降水量/mm	地点	
								省（自治区、直辖市）	站名
107	09-20	东北南部 华北东部 黄淮东部 江淮地区 江南北部	111	15		126	203.0	辽宁	绥中
108	09-24	华北南部 黄淮西部 西北东部 四川盆地	24	3		27	136.3	河南	南召
109	09-25	华北南部 黄淮地区 西北东部 四川盆地	69	10		79	162.7	河南	叶县
110	09-26	华北南部 黄淮北部 西北东部 四川盆地	92	6		98	171.7	贵州	梓潼
111	09-28	黄淮西部 西北东部 四川盆地	19	2		21	112.7	四川	仪陇
112	10-03	东北南部 华北地区 西北东部	29	7		36	150.0	辽宁	本溪
113	10-04	华北地区 黄淮北部 西北东部 四川盆地	80	1		81	102.6	四川	中江
114	10-05	华北地区 西北东部 四川盆地	81	1		82	103.2	四川	苍溪
115	10-06	华北地区 西北东部 四川盆地	62			62	94.6	山西	榆社
116	10-08	华南地区	22	17		39	193.6	广东	汕头
117	10-09	华南地区	33	15	2	50	422.6	海南	临高

续表

序号	日期（月-日）	区域	暴雨站数	大暴雨站数	特大暴雨站数	≥50 mm/d站数	暴雨中心		
							降水量/mm	地点	
								省（自治区、直辖市）	站名
118	10-10	华南地区 西南东部	26	16		42	237.1	广东	珠海
119	10-13	华南南部 江南东部	37	13		50	193.9	海南	昌江
120	11-07	华北地区 黄淮地区	23			23	75.5	山东	垦利
121	12-21	华南地区 江南东部	34			34	95.1	广东	台山

2.4 主要暴雨过程索引

表 2.4.1 2021 年全国主要暴雨过程索引

序号	月份	暴雨过程		过程累积最大降水量			备注
		起止日	区域	降水量/mm	地点		
					省（自治区、直辖市）	站名	
1	4	26	江南西部 华南地区	131	广西	合浦	
2	5	3—4	黄淮西部 江淮地区 江汉地区 江南地区 华南地区 西南东部	165	广东	鹤山	
3		10—13	江淮西部 江汉东部 江南地区 华南地区 西南东部	225	湖南	靖州	
4		14—18	黄淮地区 江淮地区 江汉地区 江南地区 华南地区	187	湖北	孝感	重大暴雨事件 1

续表

序号	月份	暴雨过程		过程累积最大降水量			备注
		起止日	区域	降水量/mm	地点		
					省(自治区、直辖市)	站名	
5	5	19—22	江南地区 华南北部	302	浙江	庆元	
6		23—24	江南地区 华南西部 云贵高原	159	江西	景德镇	
7		5月29日—6月2日	江南地区 华南地区 云贵高原	281	湖南	桂东	
8	6	3—4	江南地区 华南地区 西南东部	122	浙江	永嘉	
9		10—11	江南地区 华南北部 云贵高原	148	贵州	普安	
10		13—16	四川盆地 西北东部 华北地区 黄淮地区 江淮地区 江南东部	217	河南	确山	
11		16—24	西北东部 西南东部 西南南部 江汉地区 江淮地区 江南地区 华南地区	310	广东	珠海	
12		6月25日—7月4日	西北东部 西南东部 西南南部 黄淮地区 江淮地区 江汉地区 江南地区 华南地区	536	江西	上饶	重大暴雨事件 2

续表

序号	月份	暴雨过程		过程累积最大降水量			备注
		起止日	区域	降水量/mm	地点		
					省(自治区、直辖市)	站名	
13	7	5—8	黄淮南部 江淮地区 江汉地区 江南北部 西南东部 西南南部	307	河南	固始	
14	7	10—14	西南东部 西北东部 黄淮北部 华北地区 东北南部 内蒙古东部	338	山东	无棣	重大暴雨事件 3
15	7	15—18	黄淮地区 江淮地区 江汉地区 江南北部	272	安徽	淮北	
16	7	15—18	西北东部 西南东部 西南南部	224	四川	旺苍	
17	7	18—22	华北地区 黄淮西部 江汉地区	820	河南	郑州	重大暴雨事件 4
18	7	7 月 24 日—8 月 1 日	江南东部 江淮地区 黄淮地区 华北东部 东北地区 内蒙古东部	471	上海	金山	2106 号强台风“烟花”(In-Fa) 重大暴雨事件 5
19	7	7 月 29 日—8 月 7 日	江南地区 华南地区	575	福建	宁德	2109 号热带风暴“卢碧”(Lupit)
20	8	5	四川盆地	130	四川	宝兴	
21	8	7—17	西北东部 黄淮地区 江淮地区 江汉地区 江南地区 华南地区 西南东部 西南南部	468	湖北	宜城	重大暴雨事件 6

续表

<table>
<tr><th rowspan="3">序号</th><th rowspan="3">月份</th><th colspan="2">暴雨过程</th><th colspan="3">过程累积最大降水量</th><th rowspan="3">备注</th></tr>
<tr><th rowspan="2">起止日</th><th rowspan="2">区域</th><th rowspan="2">降水量/mm</th><th colspan="2">地点</th></tr>
<tr><th>省(自治区、直辖市)</th><th>站名</th></tr>
<tr><td>22</td><td rowspan="4">8</td><td>17—18</td><td>四川盆地</td><td>268</td><td>四川</td><td>雅安</td><td></td></tr>
<tr><td>23</td><td>19—20</td><td>西北东部
华北地区
黄淮地区
江淮西部</td><td>141</td><td>山东</td><td>莒南</td><td></td></tr>
<tr><td>24</td><td>22—25</td><td>西北东部
西南东部
西南南部
黄淮地区
江淮地区
江汉地区
江南地区</td><td>288</td><td>四川</td><td>阆中</td><td>重大暴雨事件 7</td></tr>
<tr><td>25</td><td>28—31</td><td>四川盆地
西北东部
华北南部
黄淮地区</td><td>202</td><td>四川</td><td>大竹</td><td></td></tr>
<tr><td>26</td><td rowspan="4">9</td><td>3—6</td><td>西南东部
西北东部
华北地区
黄淮地区
江淮东部</td><td>274</td><td>陕西</td><td>镇巴</td><td></td></tr>
<tr><td>27</td><td>13—14</td><td>江南东部</td><td>318</td><td>浙江</td><td>定海</td><td>2114 号超强台风“灿都”(Chanthu)</td></tr>
<tr><td>28</td><td>15—21</td><td>东北地区
华北地区
黄淮地区
西北东部
西南东部
西南南部
江南西部
华南西部</td><td>301</td><td>四川</td><td>三台</td><td>重大暴雨事件 8</td></tr>
<tr><td>29</td><td>24—29</td><td>华北南部
黄淮地区
西北东部
四川盆地</td><td>276</td><td>河南</td><td>叶县</td><td>重大暴雨事件 9</td></tr>
</table>

续表

序号	月份	暴雨过程		过程累积最大降水量			备注
		起止日	区域	降水量/mm	地点		
					省(自治区、直辖市)	站名	
30	10	3—7	东北南部 华北地区 黄淮北部 西北东部 四川盆地	285	山西	大宁	重大暴雨事件 10
31	10	8—11	华南地区 西南东部 江南西部	468	海南	临高	2117 号热带风暴“狮子山”(Lionrock)
32	10	12—15	江南东部 华南南部	313	福建	宁德	2118 号台风“圆规”(Kompasu)

第 3 章 主要暴雨过程

本章对 2021 年 32 次主要暴雨过程的基本天气形势和降水演变特征进行简要叙述，并给出过程每天的降水量分布图及过程总降水量分布图。

3.1 4 月主要暴雨过程(No. 1)

第 1 次主要暴雨过程(No. 1):4 月 26 日

4 月 26 日，500 hPa 华南西部有短波槽发展东移，700 hPa 华南西部有弱暖切变形成，850 hPa 江南西部至华南西部有暖切变发展加强，受其影响，江南西部、华南地区出现降水，暴雨分布较为零散，华南南部局地出现大暴雨(图 3.1.1)。

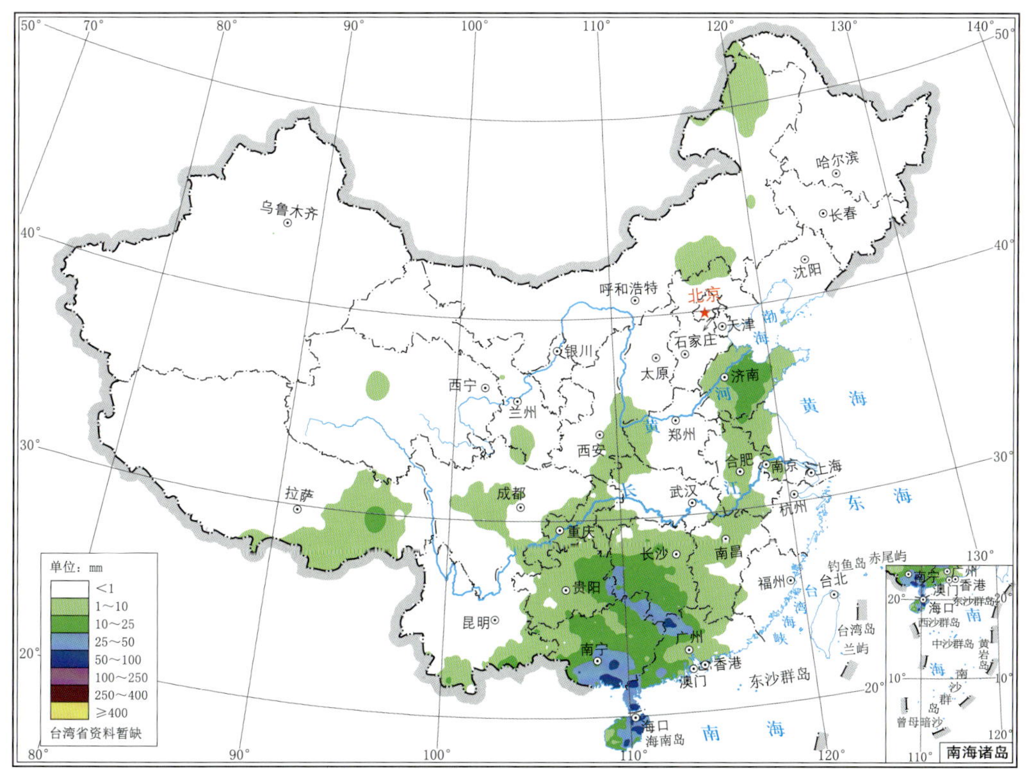

图 3.1.1 2021 年 4 月 26 日全国降水量分布

3.2　5月主要暴雨过程(No. 2—No. 7)

第2次主要暴雨过程(No. 2):5月3—4日

5月3日,500 hPa青藏高原东侧有西风短波槽发展东移到华北西部至四川盆地东部,700 hPa华北西部至四川盆地有切变发展加强,850 hPa四川盆地东部有低涡发展,江南、华南西南暖湿气流发展加强,受其影响,西南东部、江汉地区、江南西部、江淮西部及黄淮西部出现较大范围降水,暴雨主要出现在湘、渝、黔交界的地区,局部出现大暴雨(图3.2.1);4日,500 hPa短波槽快速东移南压,中低层低涡切变也随之东移南压,受其影响,江淮地区、江南地区及华南地区出现大范围降水,暴雨分布较为零散,桂东北出现暴雨到大暴雨(图3.2.2)。图3.2.3为此次暴雨过程总降水量分布。

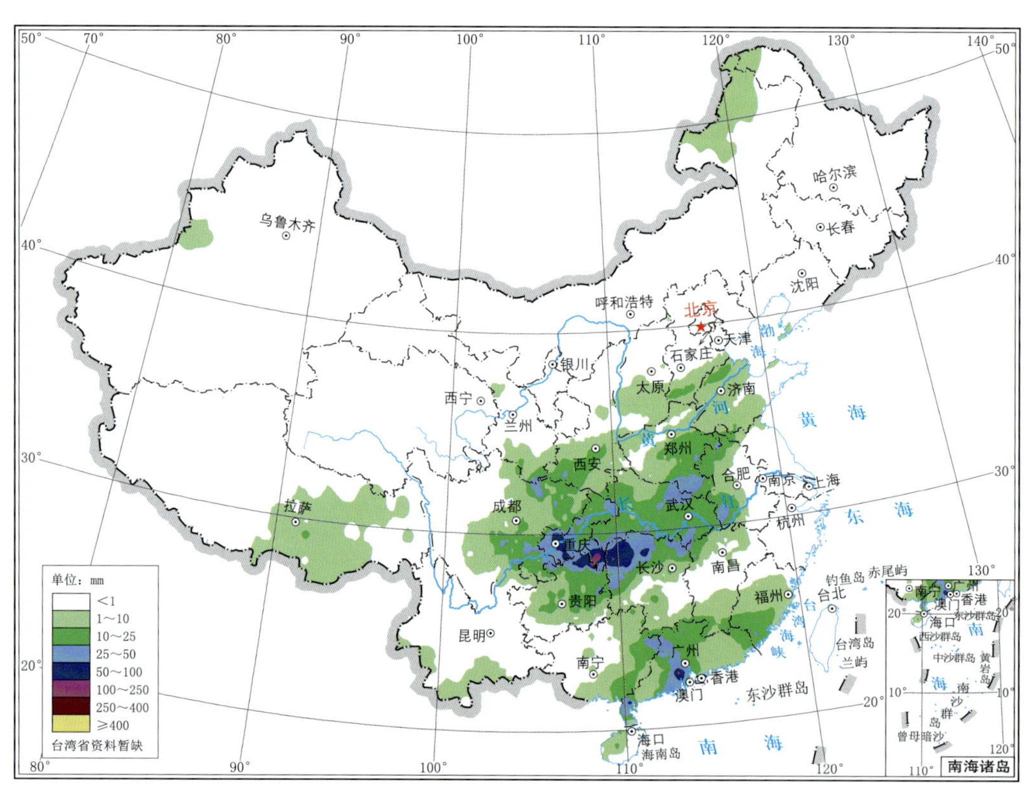

图3.2.1　2021年5月3日全国降水量分布

第3次主要暴雨过程(No. 3):5月10—13日

5月10日,500 hPa四川盆地有低涡、短波槽发展,700 hPa四川盆地有西南低涡形成,850 hPa低涡中心位于贵州北部,低涡东侧有暖切变伸展至江淮西部,江南地区暖湿气流发展加强,受其影响,西南东部至长江中游地区出现降水,暴雨分布较为零散(图3.2.4);11日,500 hPa低涡、短波槽东移发展,中低层西南低涡缓慢东移,而江淮西部则有气旋形成发展,江南、华南地区有低空急流发展加强,受其影响,雨区东移南压至江南地区,江西北部至浙江中部出现暴雨带,贵州东部至湘西南也出现暴雨区,两个暴雨区中局部都出现大暴雨(图3.2.5);12日,500 hPa短波槽东移南压,中低层江南北部有切变形成,受其影响,雨区

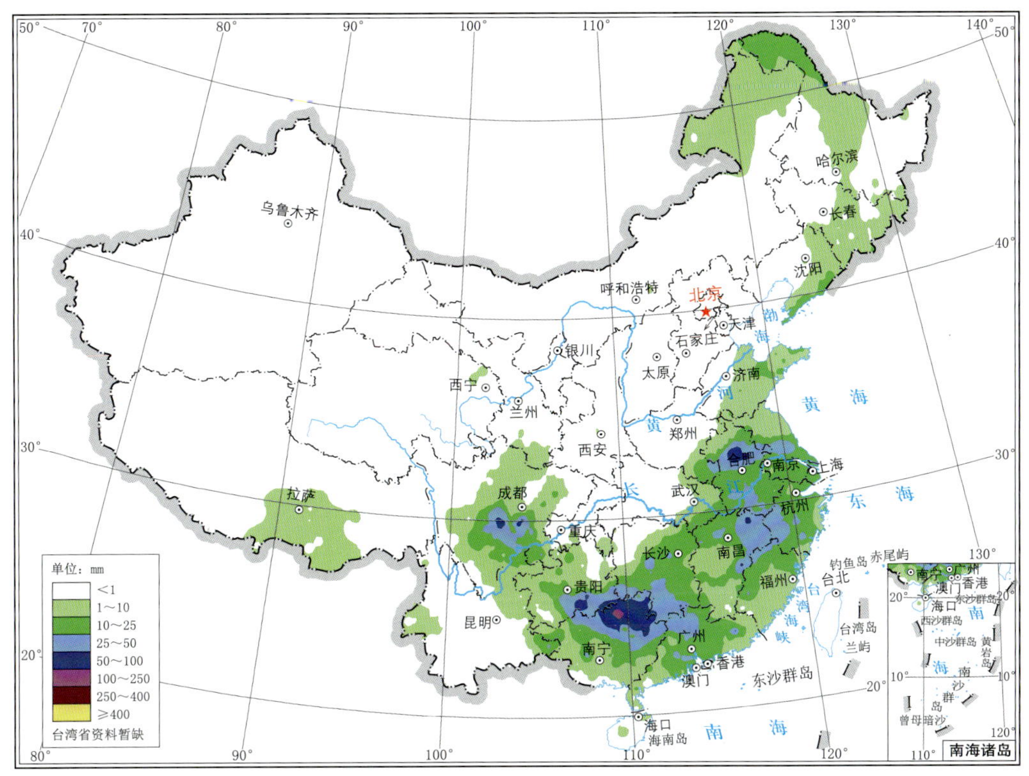

图 3.2.2 2021 年 5 月 4 日全国降水量分布

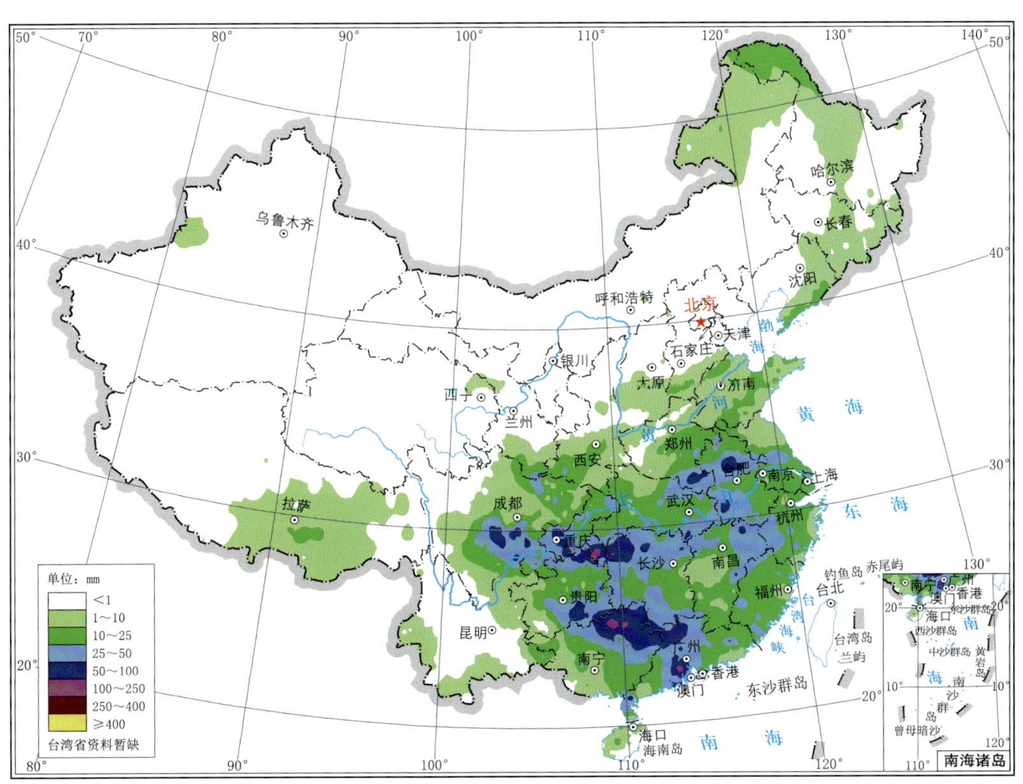

图 3.2.3 2021 年 5 月 3—4 日全国总降水量分布

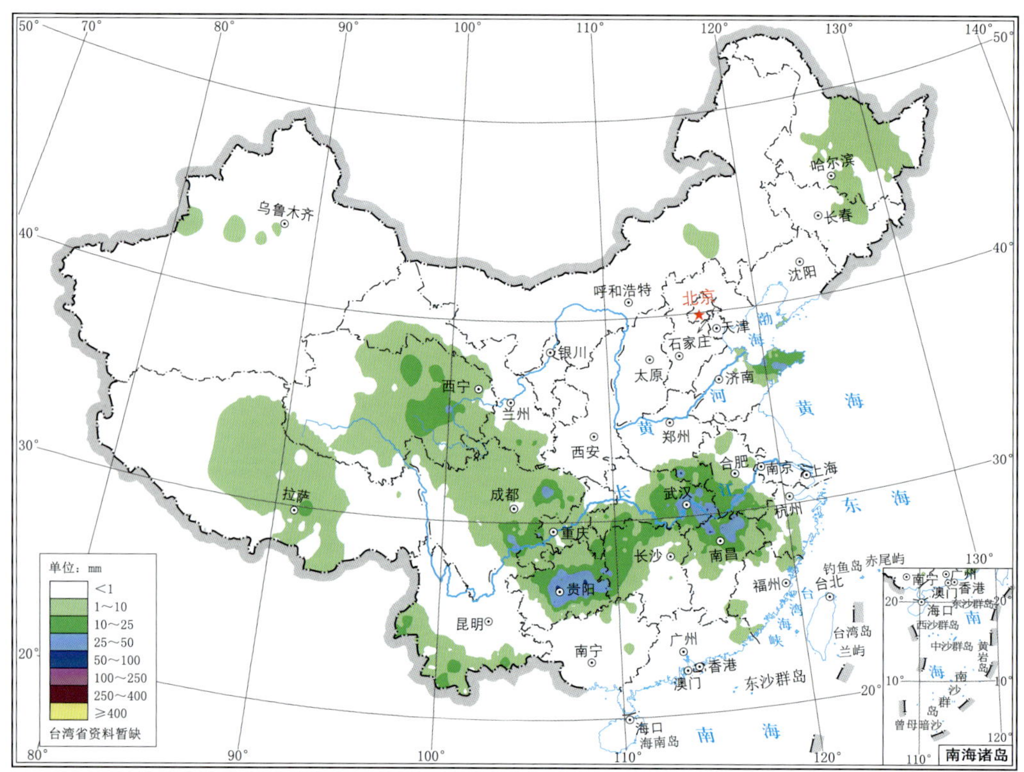

图 3.2.4　2021 年 5 月 10 日全国降水量分布

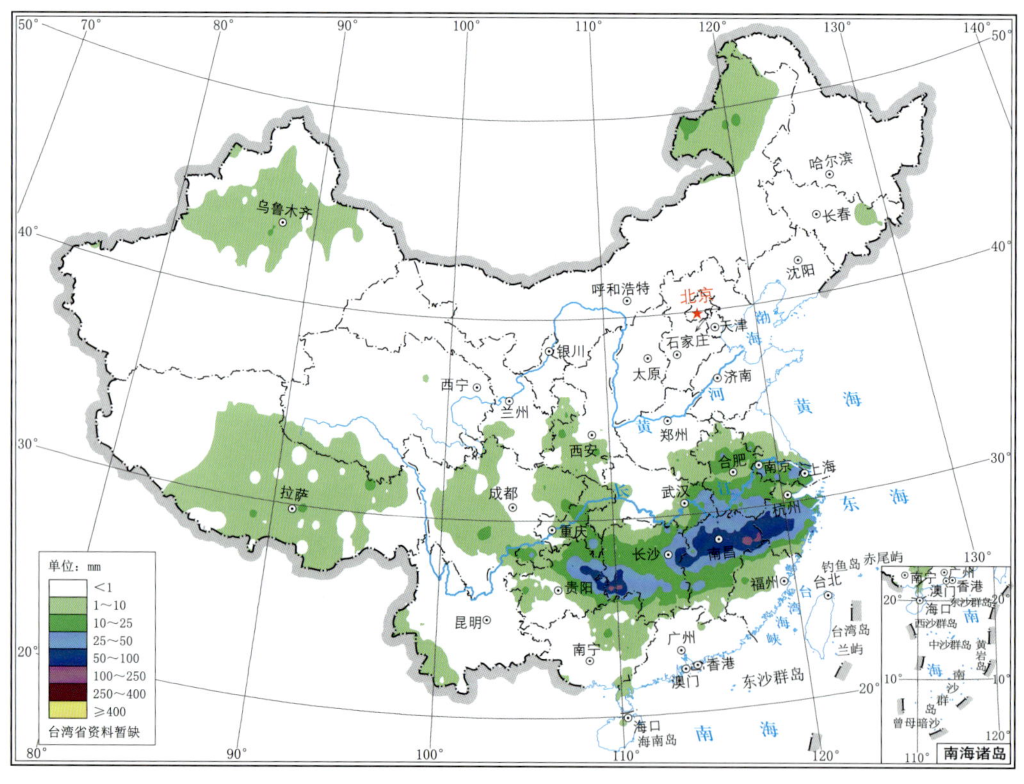

图 3.2.5　2021 年 5 月 11 日全国降水量分布

整体南压减弱，暴雨主要出现在广西东北部和湖南南部部分地区，广西局部出现大暴雨（图 3.2.6）；13 日，500 hPa 江南西部有短波槽形成，中低层切变有所北抬，受其影响，雨区有所北抬，暴雨分布较为零散，广西、贵州局部出现大暴雨（图 3.2.7）。图 3.2.8 为此次暴雨过程总降水量分布。

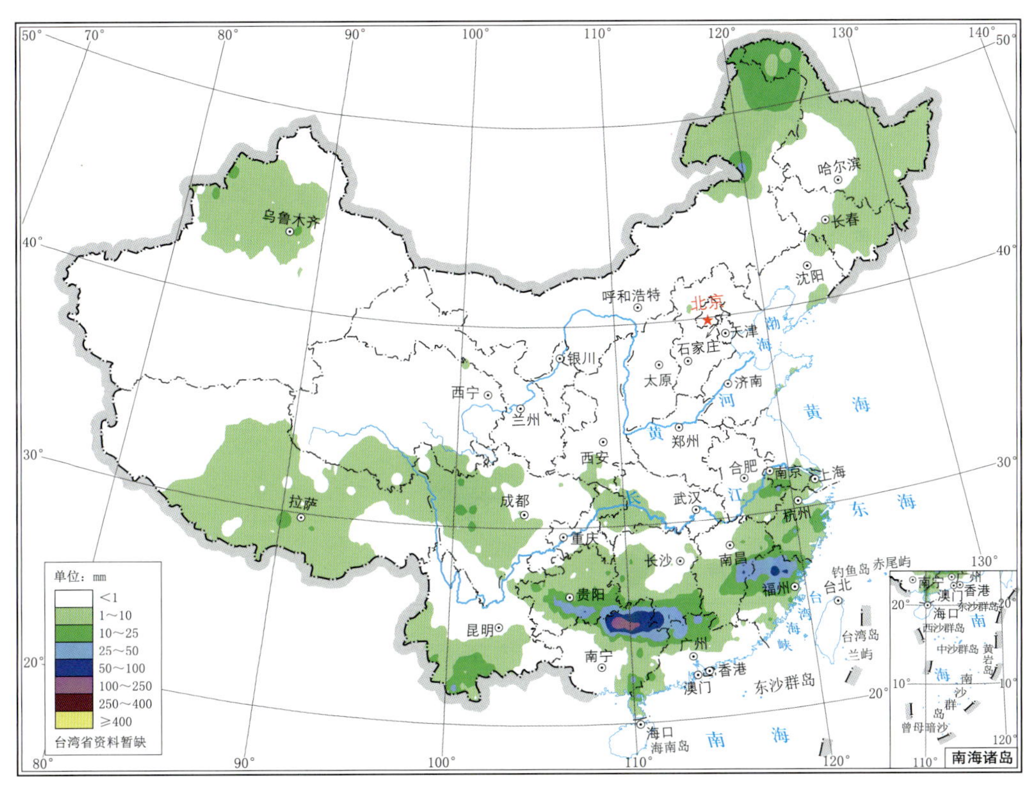

图 3.2.6　2021 年 5 月 12 日全国降水量分布

第 4 次主要暴雨过程（No. 4）：5 月 14—18 日

5 月 14 日，500 hPa 四川盆地有西风短波槽形成，中低层四川盆地有西南低涡发展，江汉平原至淮河流域有暖切变发展，受其影响，淮河流域及长江中下游地区出现降水，局部地区出现暴雨（图 3.2.9）；15 日，500 hPa 短波槽快速东移，同时四川盆地又有新的短波槽形成，中低层四川盆地西南低涡缓慢东移，黄淮地区至四川盆地暖切变明显发展加强，江南地区西南低空急流发展加强，受其影响，黄淮大部、江淮地区、江汉地区、江南北部及重庆地区出现大范围降水，暴雨分布范围较广，但较为零散，湖北、重庆、江苏局部地区出现大暴雨（图 3.2.10）；16 日，500 hPa 短波槽继续东移，同时四川盆地又有新的短波槽形成，中低层低涡切变整体东移南压，江南地区西南低空急流维持加强，受其影响，雨带整体南压至江南地区，暴雨主要出现在湖南中部、江西北部至安徽南部，湖南中部、安徽南部局地出现大暴雨（图 3.2.11）；17 日，500 hPa 短波槽继续东移，同时云贵高原上空有新的短波槽形成，中低层低涡切变整体继续东移南压，受其影响，雨带整体南压至江南南部、华南北部，暴雨主要出现在华南北部，局地出现大暴雨（图 3.2.12）；18 日，500 hPa 云贵高原上空的短波槽东移，中低层低涡切变继续东移南压，受其影响，雨带整体东移至江南南部、华南中部地区，暴雨分布范围较广（图 3.2.13）。图 3.2.14 为此次暴雨过程总降水量分布。

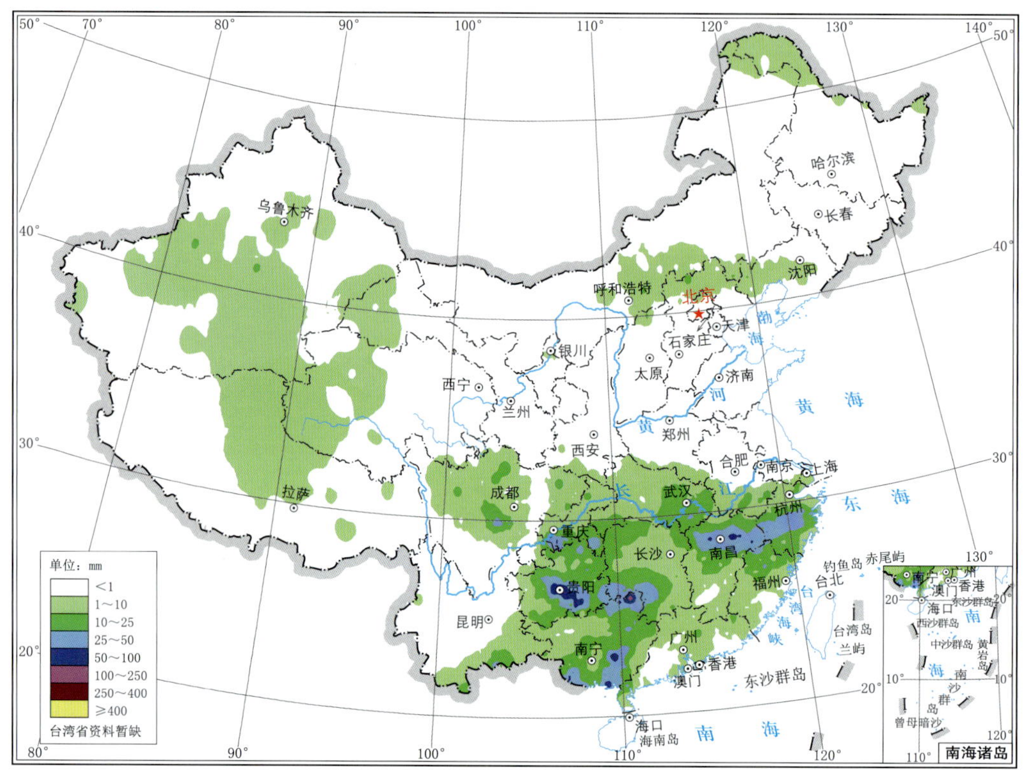

图 3.2.7　2021 年 5 月 13 日全国降水量分布

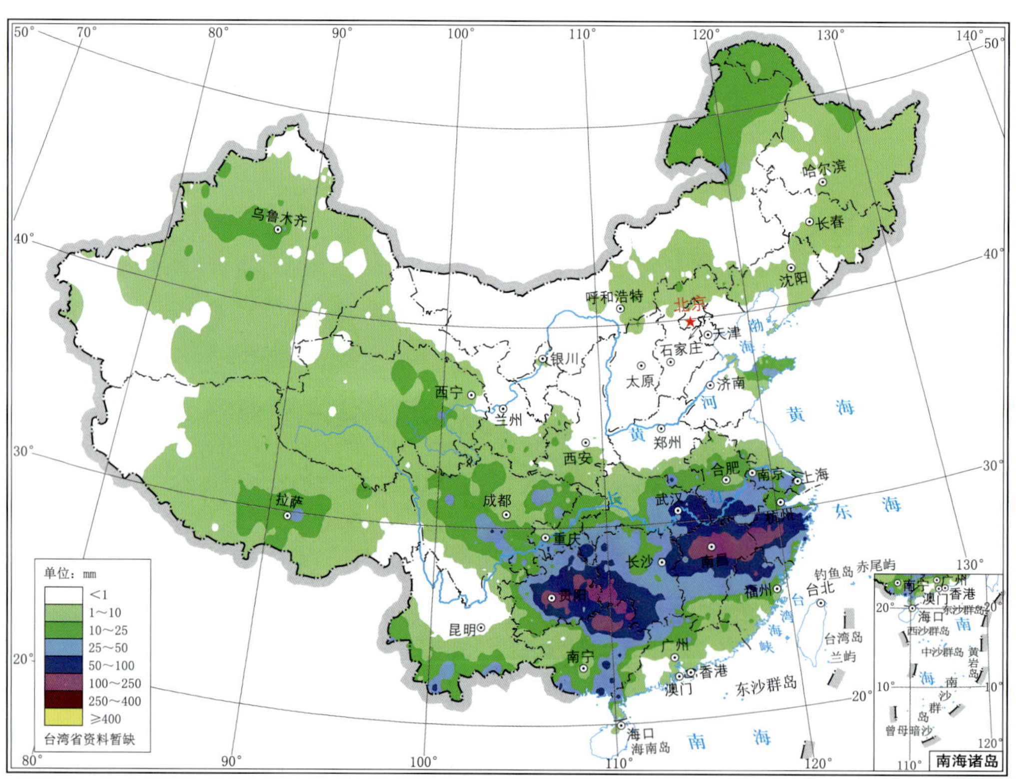

图 3.2.8　2021 年 5 月 10—13 日全国总降水量分布

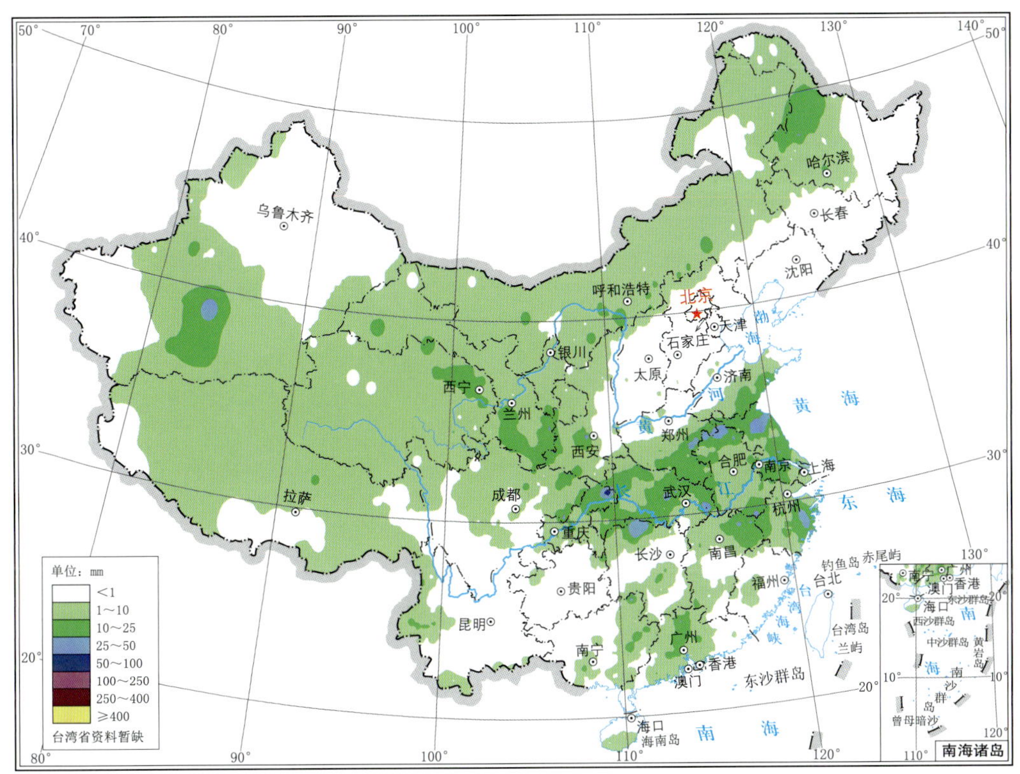

图 3.2.9　2021 年 5 月 14 日全国降水量分布

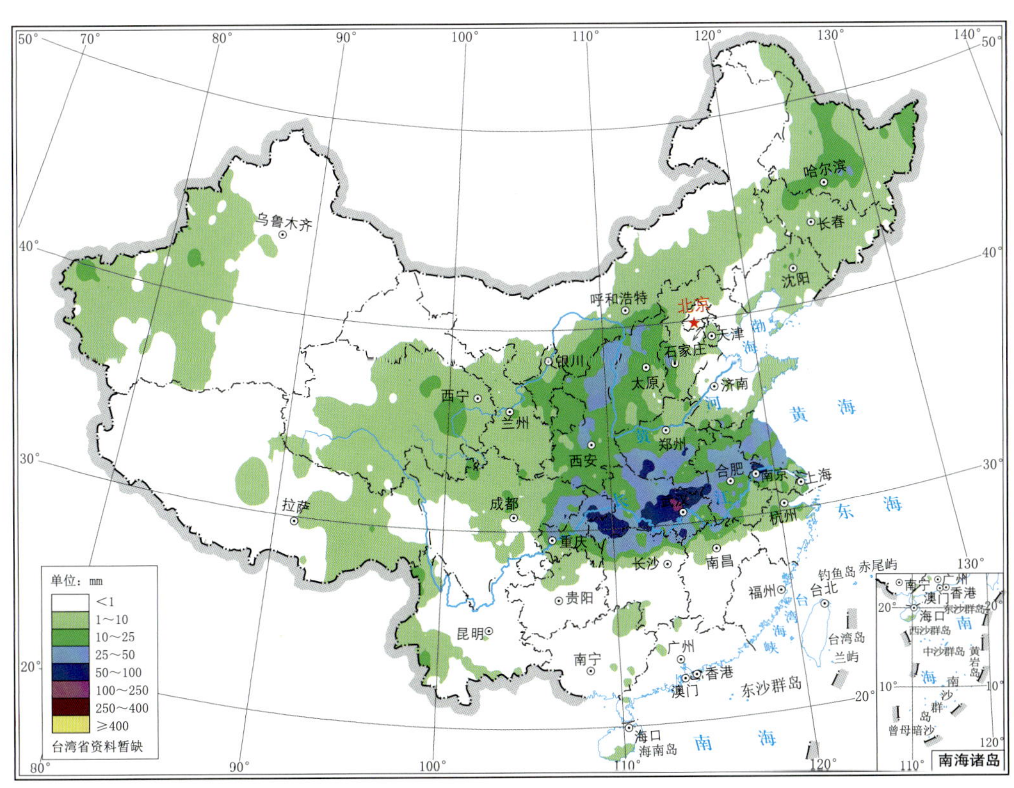

图 3.2.10　2021 年 5 月 15 日全国降水量分布

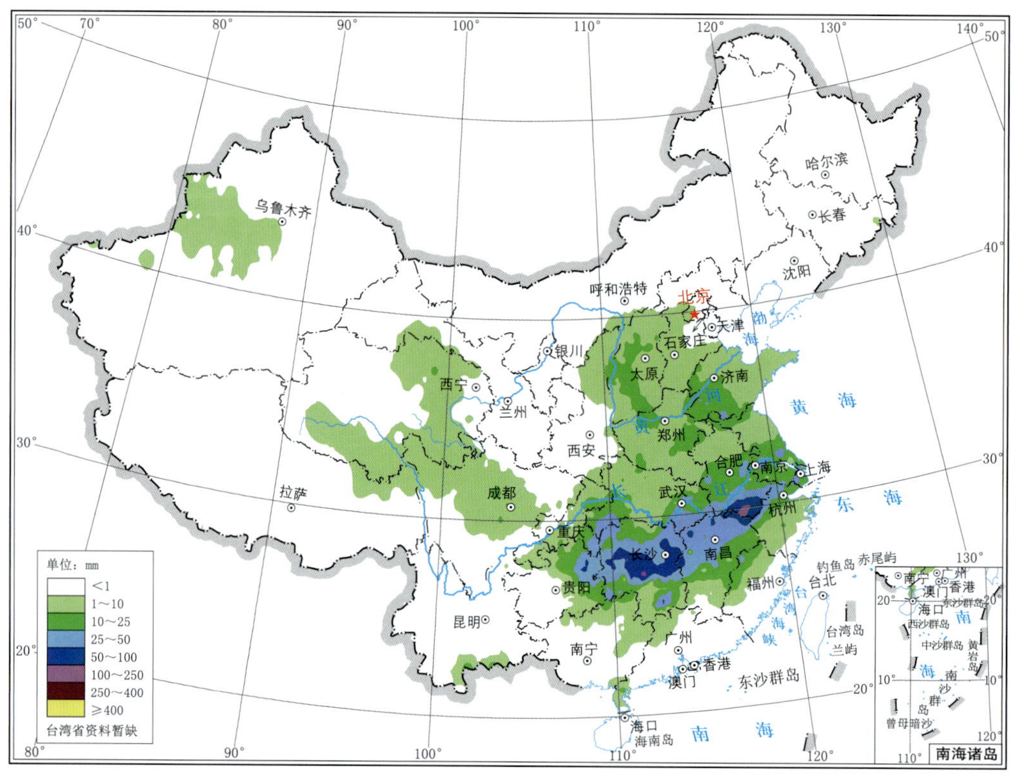

图 3.2.11　2021 年 5 月 16 日全国降水量分布

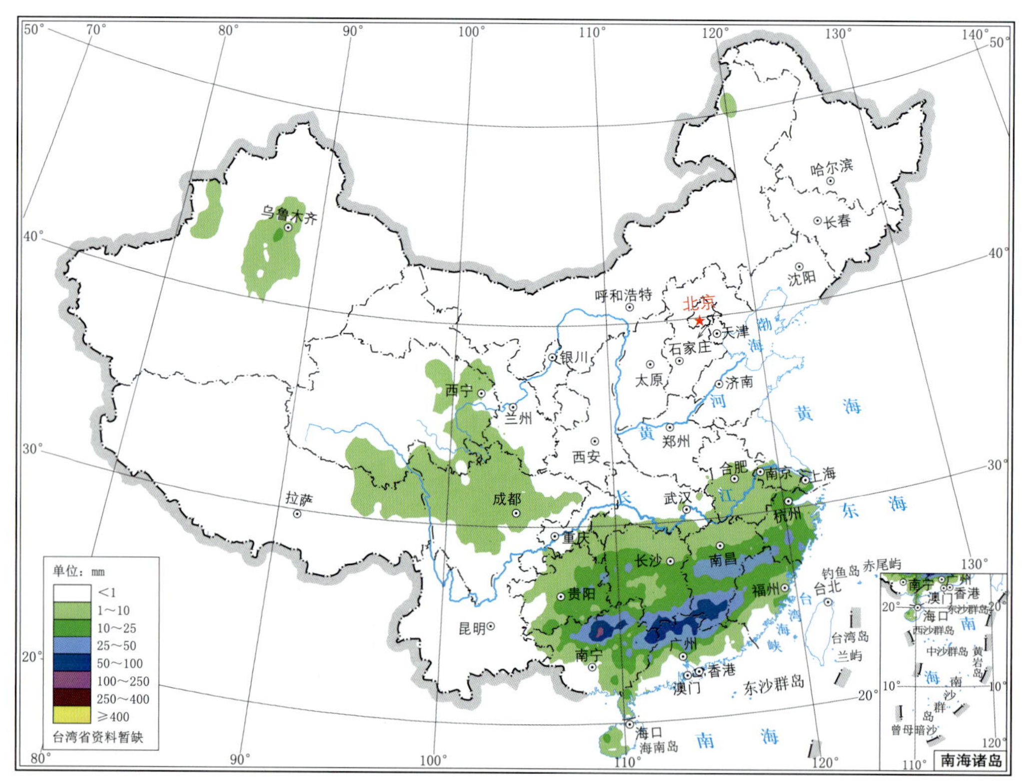

图 3.2.12　2021 年 5 月 17 日全国降水量分布

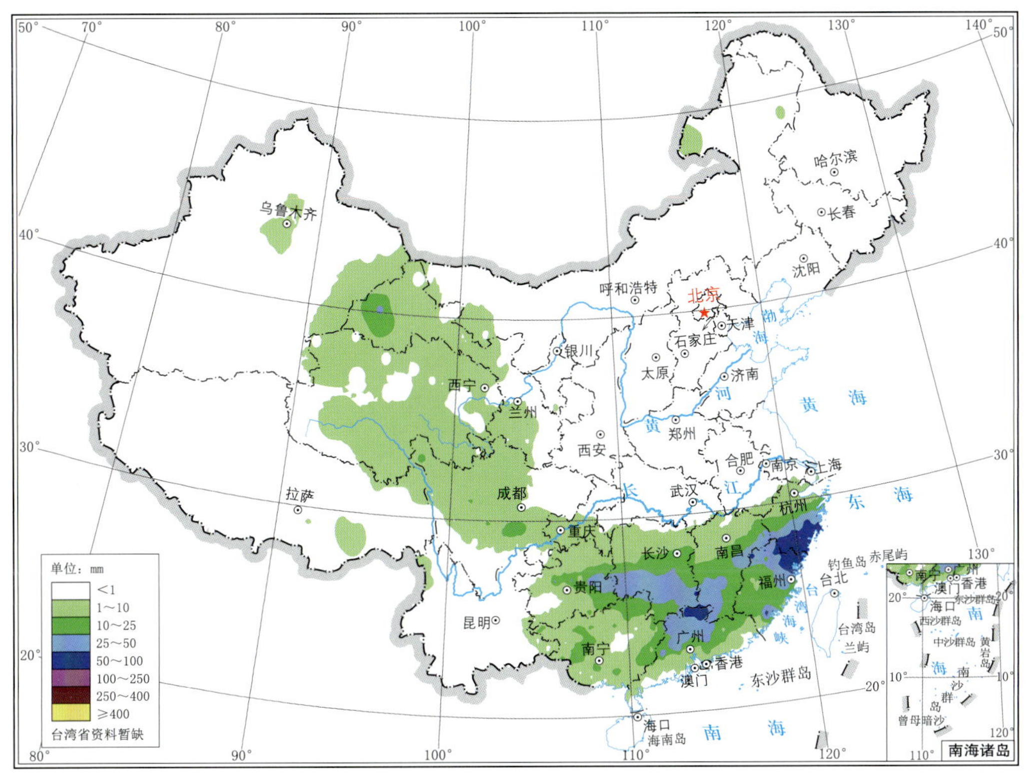

图 3.2.13　2021 年 5 月 18 日全国降水量分布

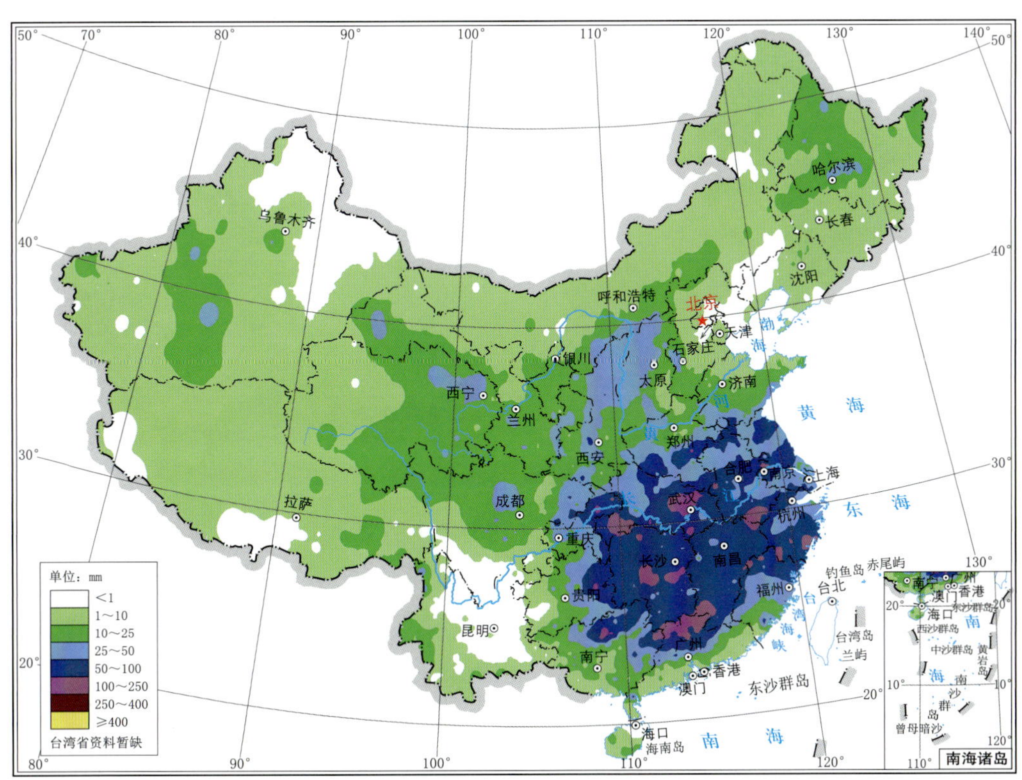

图 3.2.14　2021 年 5 月 14—18 日全国总降水量分布

第 5 次主要暴雨过程(No.5):5 月 19—22 日

5 月 19 日,500 hPa 四川盆地有西风短波槽东移至重庆上空,中低层华中地区有低涡发展,沿长江流域有切变形成,受其影响,江南地区出现降水,暴雨分布范围较广,主要集中在湖南、江西交界的区域(图 3.2.15);20 日,500 hPa 重庆上空的短波槽东移至华中地区,同时贵州上空又有短波槽形成,中低层华中地区的低涡东移至江淮地区,切变线南压至江南地区,受其影响,雨带整体略有南压,浙江南部至广西西部出现东北—西南向的暴雨带,广西中部、广东北部局地出现大暴雨(图 3.2.16);21—22 日,500 hPa 短波槽不断缓慢东移入海,中低层江南地区维持切变线活动,受其影响,雨带连续两天出现在江南中东部地区,暴雨主要出现在江西、浙江、福建三省交界的区域,部分地区出现大暴雨(图 3.2.17—图 3.2.18)。图 3.2.19 为此次暴雨过程总降水量分布。

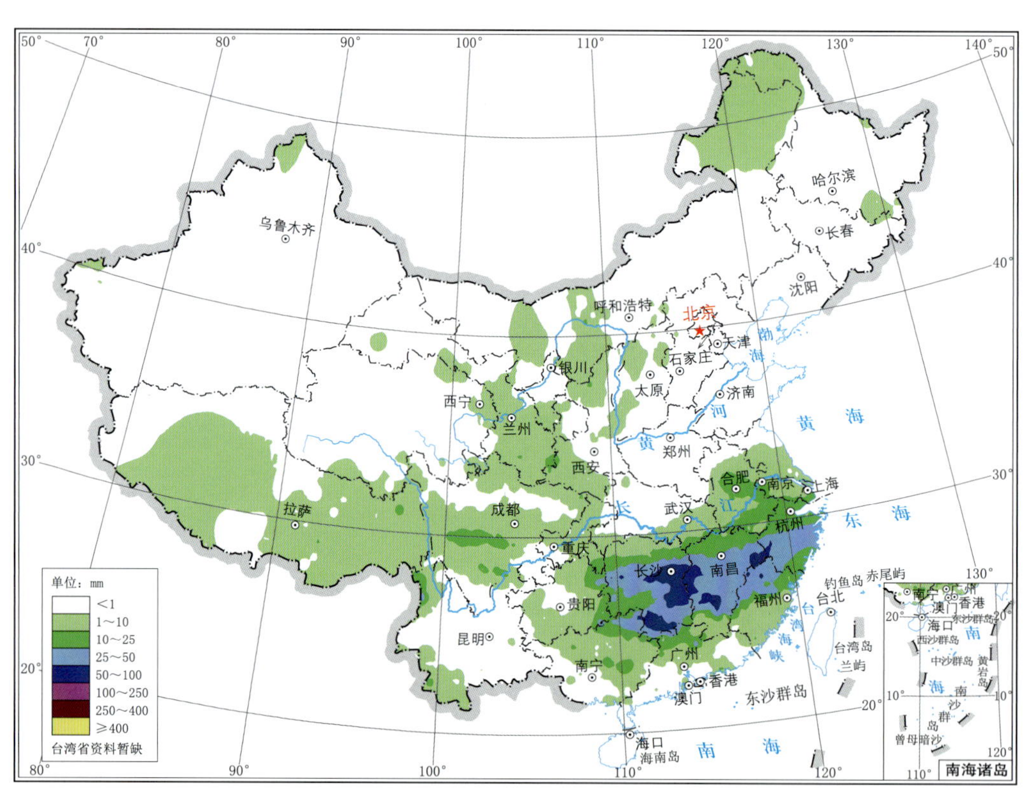

图 3.2.15　2021 年 5 月 19 日全国降水量分布

第 6 次主要暴雨过程(No.6):5 月 23—24 日

5 月 23 日,500 hPa 长江流域多短波槽活动,中低层长江下游地区有低涡切变发展,同时云贵高原上空也有切变形成,受其影响,江南北部及贵州地区出现降水,暴雨主要出现在江西、安徽、浙江三省交界的区域,江西北部多站出现大暴雨(图 3.2.20);24 日,500 hPa 短波槽东移南压,中低层低涡切变也随之东移南压至江南南部、华南北部,受其影响,雨带整体南压至江南南部、华南西部,暴雨主要出现在湖南、广西交界的区域(图 3.2.21)。图 3.2.22 为此次暴雨过程总降水量分布。

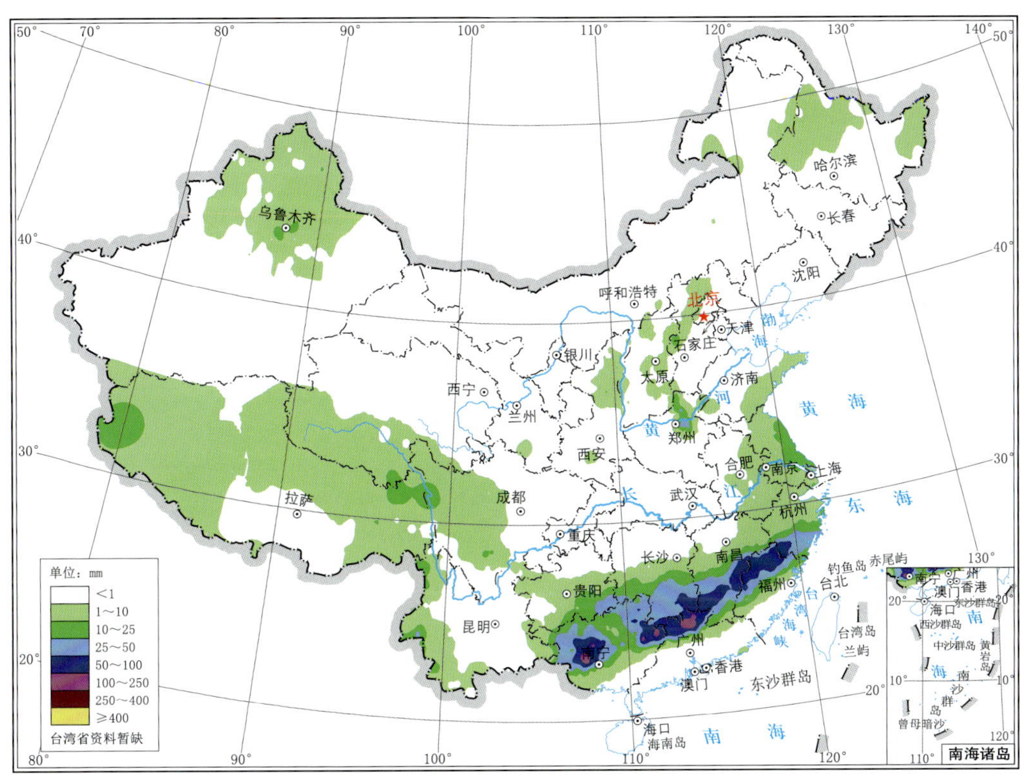

图 3.2.16　2021 年 5 月 20 日全国降水量分布

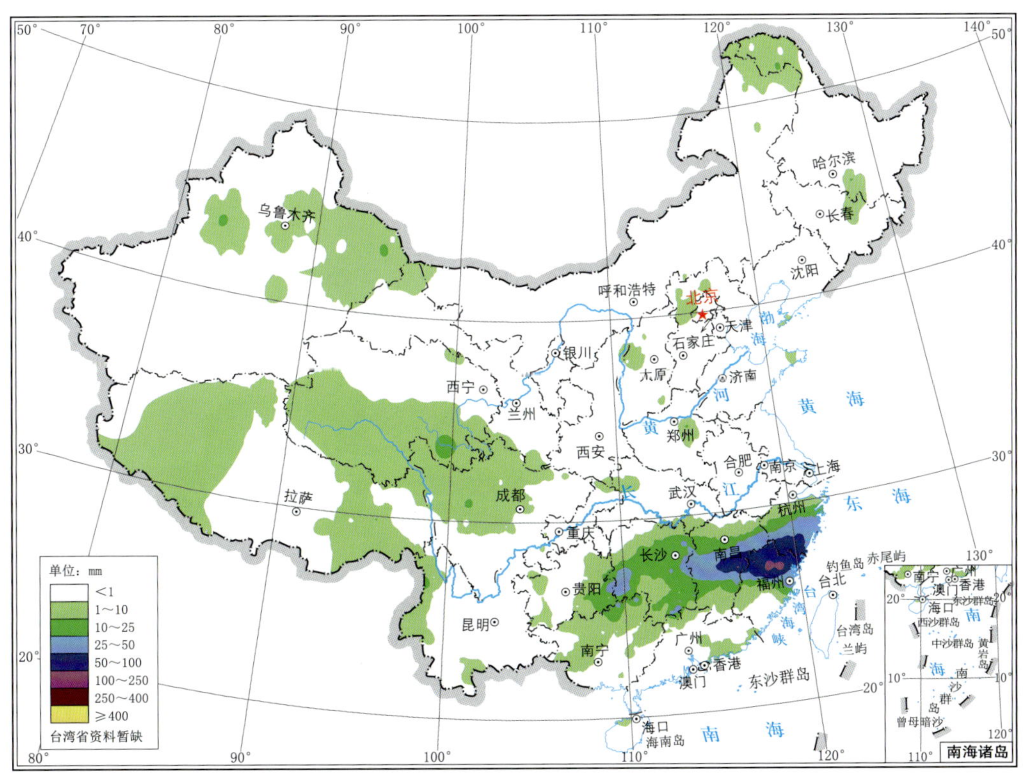

图 3.2.17　2021 年 5 月 21 日全国降水量分布

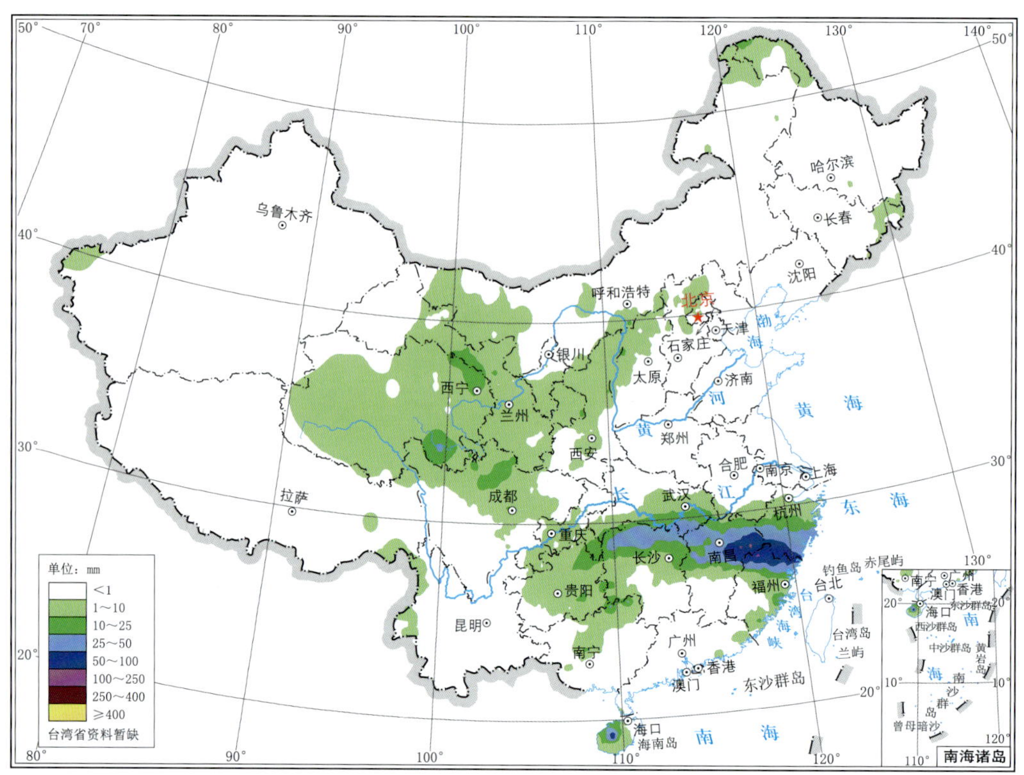

图 3.2.18　2021 年 5 月 22 日全国降水量分布

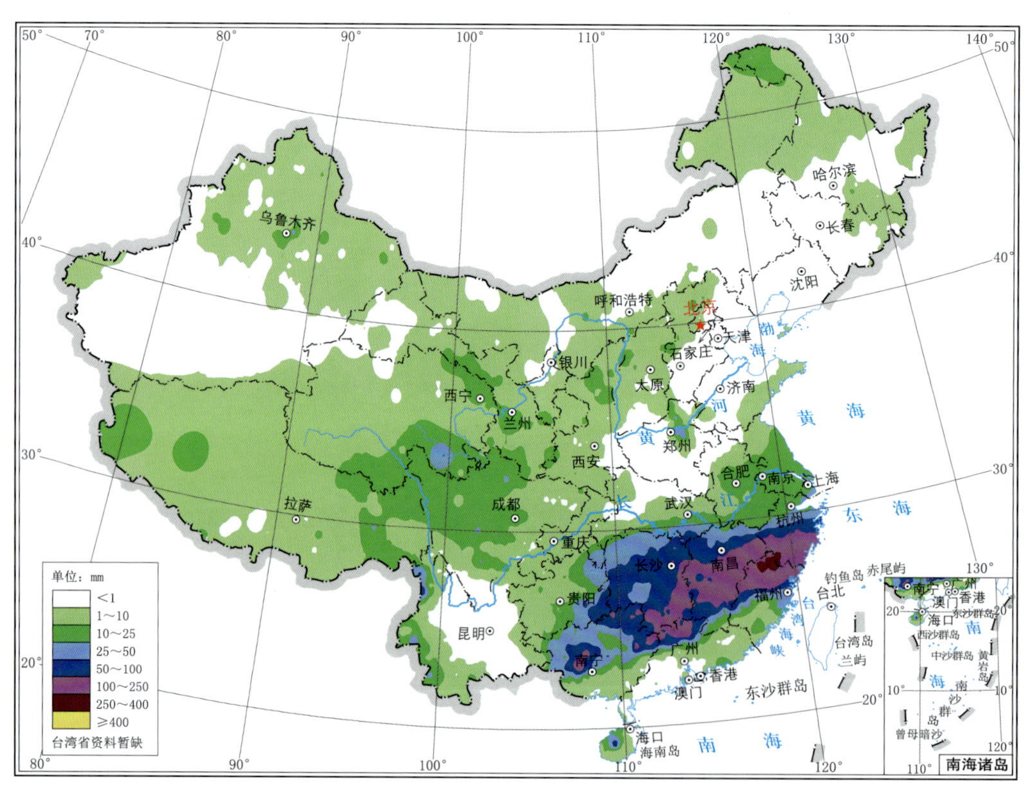

图 3.2.19　2021 年 5 月 19—22 日全国总降水量分布

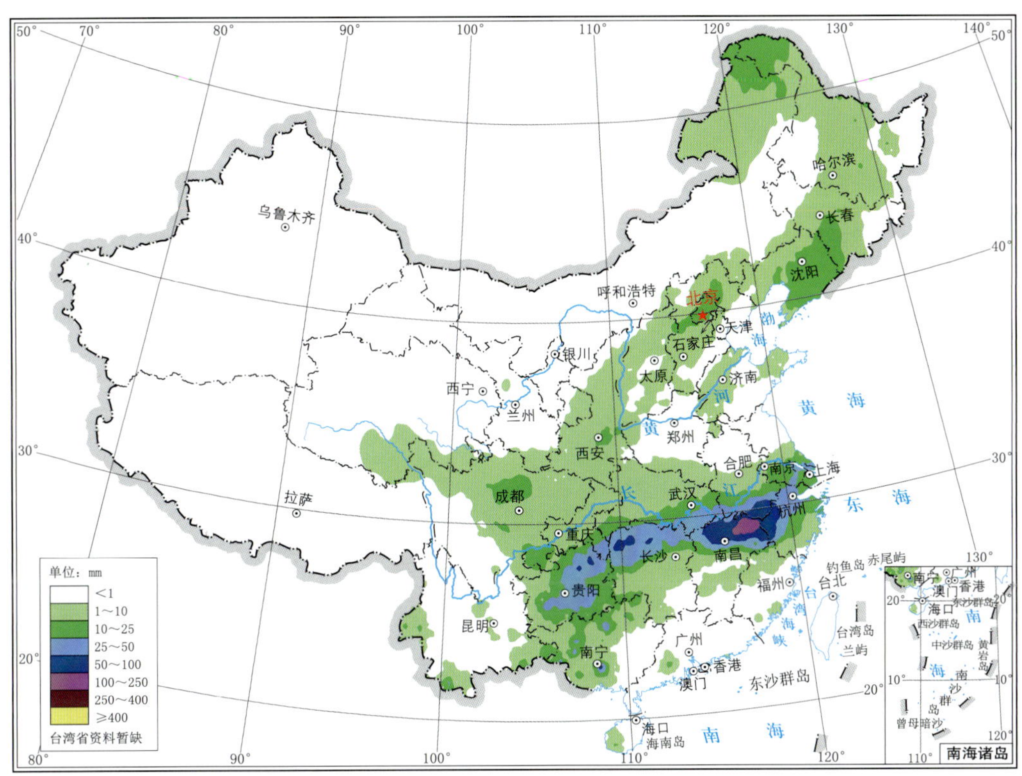

图 3.2.20　2021 年 5 月 23 日全国降水量分布

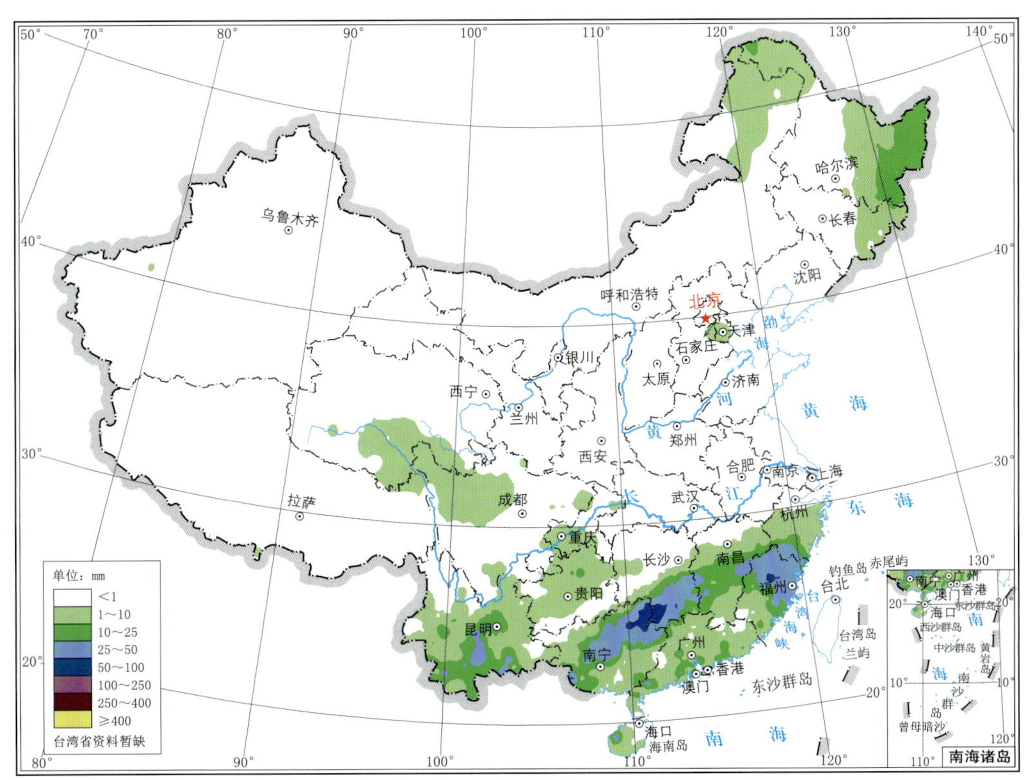

图 3.2.21　2021 年 5 月 24 日全国降水量分布

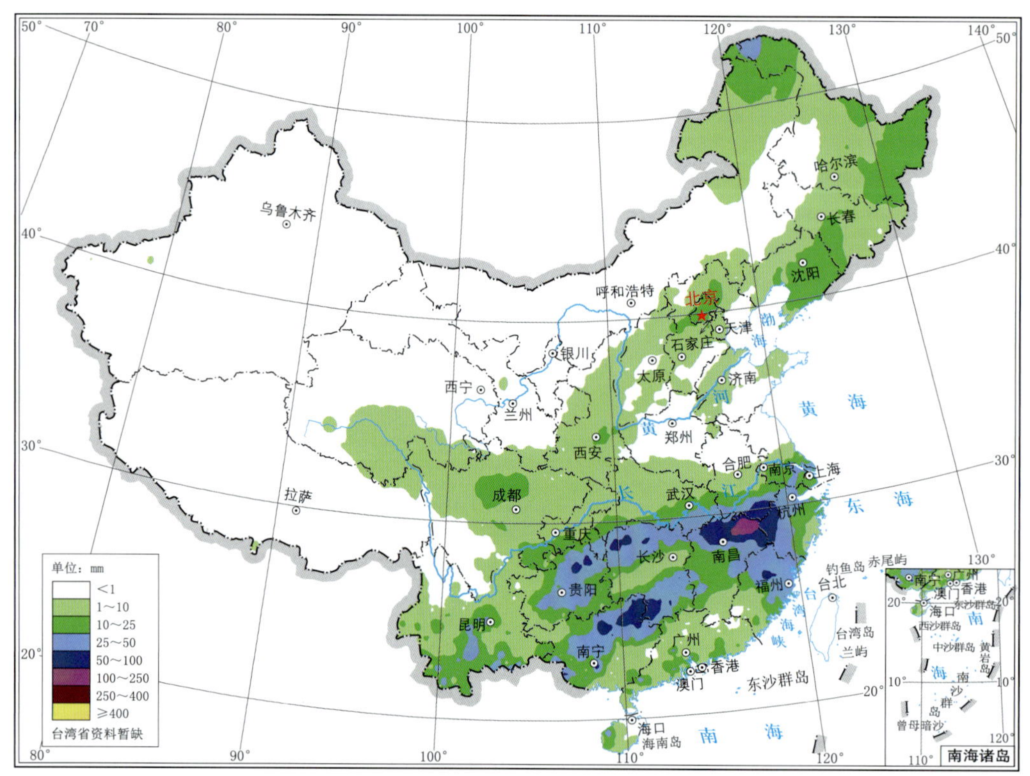

图 3.2.22　2021 年 5 月 23—24 日全国总降水量分布

第 7 次主要暴雨过程(No. 7):5 月 29 日—6 月 2 日

5 月 29 日,500 hPa 江南地区有弱短波槽形成,中低层江南北部有弱切变形成,受其影响,江南大部出现降水,暴雨分布较为零散(图 3.2.23);30 日,500 hPa 短波槽有所东移南压,中低层切变也随之南压,受其影响,雨带整体南压至江南南部、华南北部,暴雨零散地分布在江南南部、华南西部,福建南部局地出现大暴雨(图 3.2.24);31 日,500 hPa 华南地区有短波槽形成,中低层湖南南部有低涡形成,江南南部切变有所加强,受其影响,江西南部、福建南部、广东大部出现降水,暴雨主要出现在广东东部地区,多站出现大暴雨(图 3.2.25);6 月 1 日,500 hPa 贵州、广西又有新的短波槽形成,中低层贵州南部至江南南部有切变活动,受其影响,华南地区、江南南部及贵州南部出现降水,暴雨分布范围较广,局地零散出现大暴雨,其中广东珠海出现 299.6 mm 的特大暴雨(图 3.2.26);2 日,500 hPa 短波槽缓慢东移至广东上空,中低层切变维持少动,受其影响,华南地区及江南南部出现降水,暴雨分布范围较广,局地出现大暴雨(图 3.2.27)。图 3.2.28 为此次暴雨过程总降水量分布。

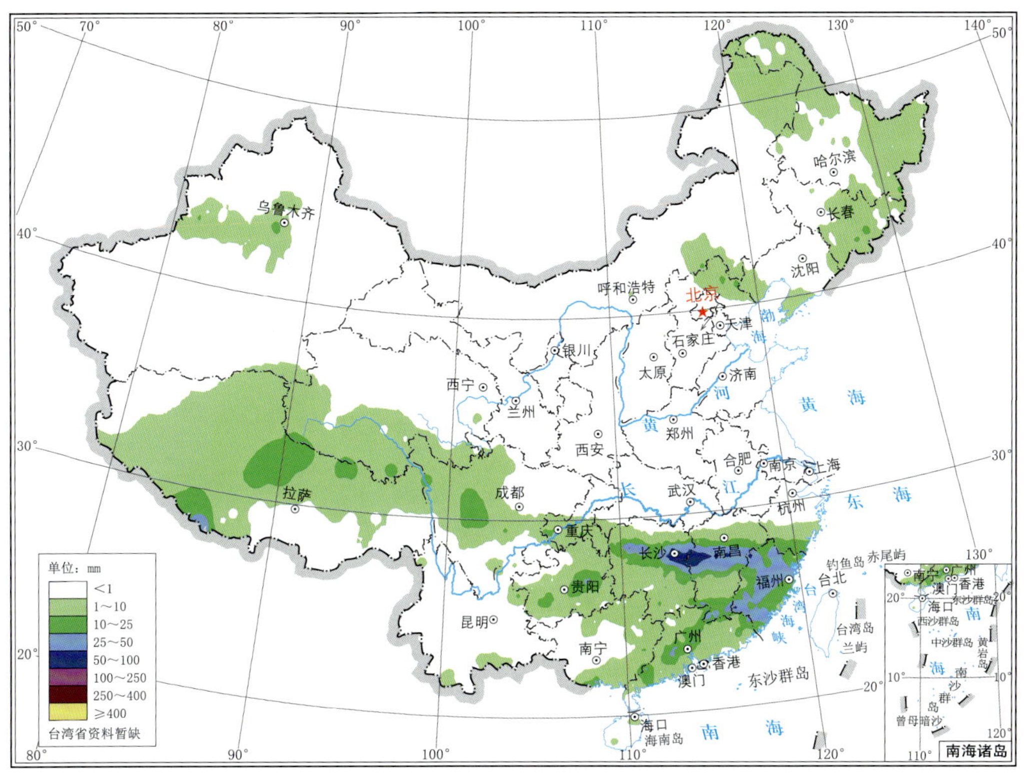

图 3.2.23　2021 年 5 月 29 日全国降水量分布

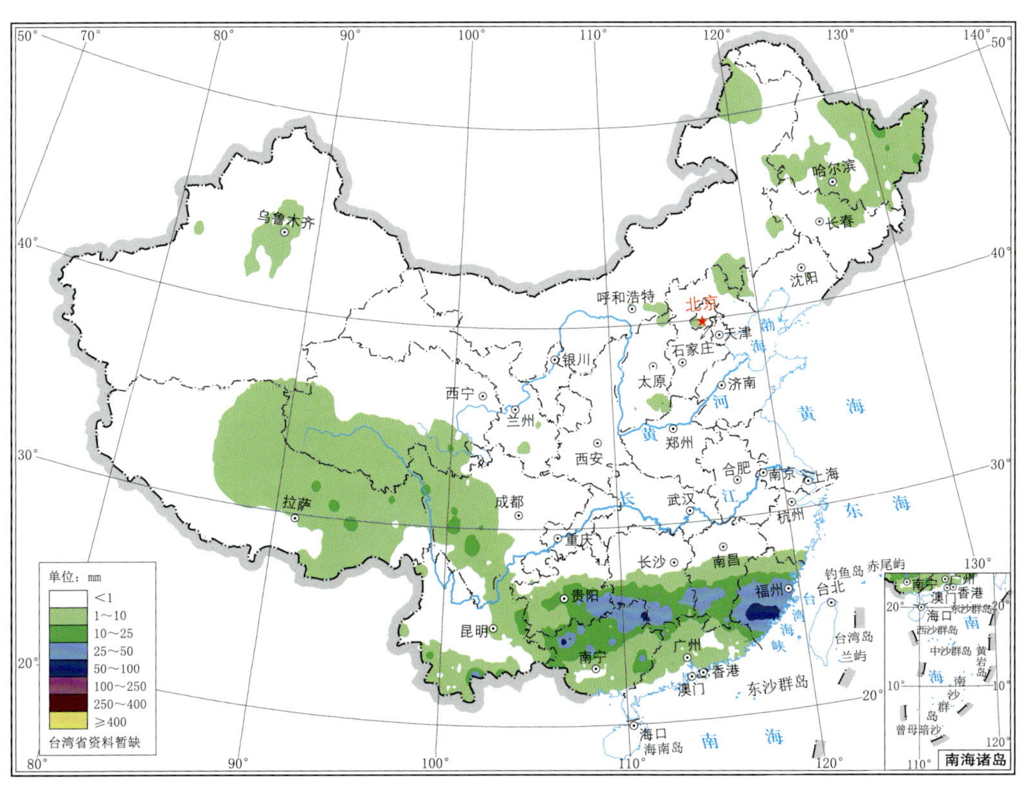

图 3.2.24　2021 年 5 月 30 日全国降水量分布

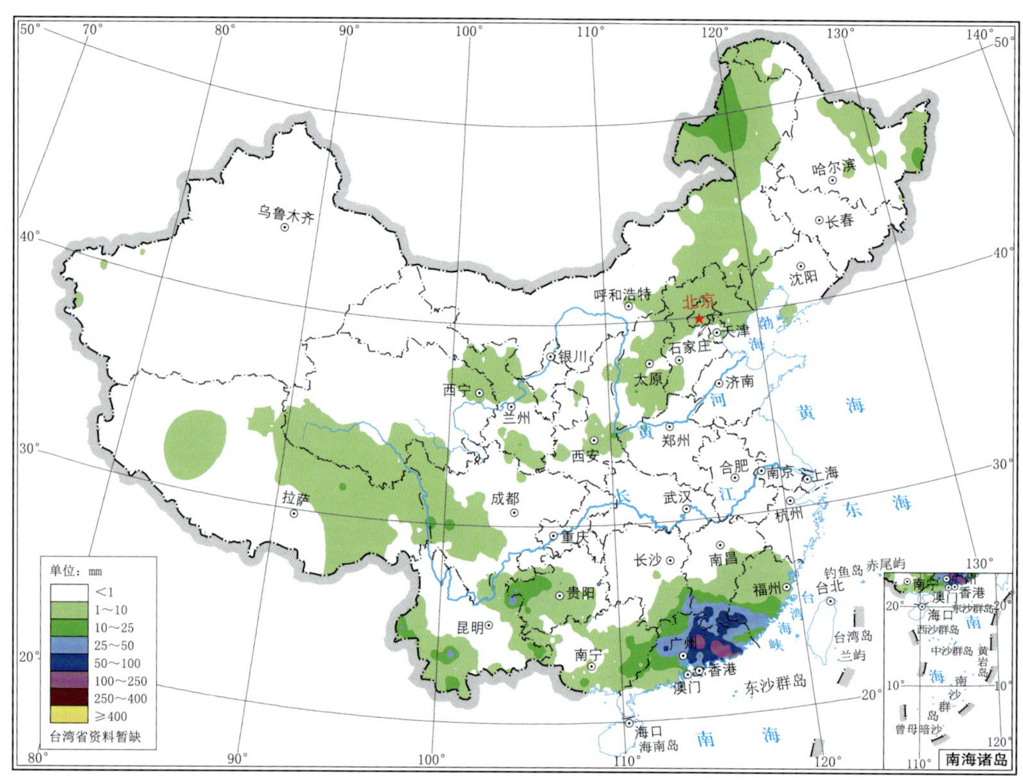

图 3.2.25　2021 年 5 月 31 日全国降水量分布

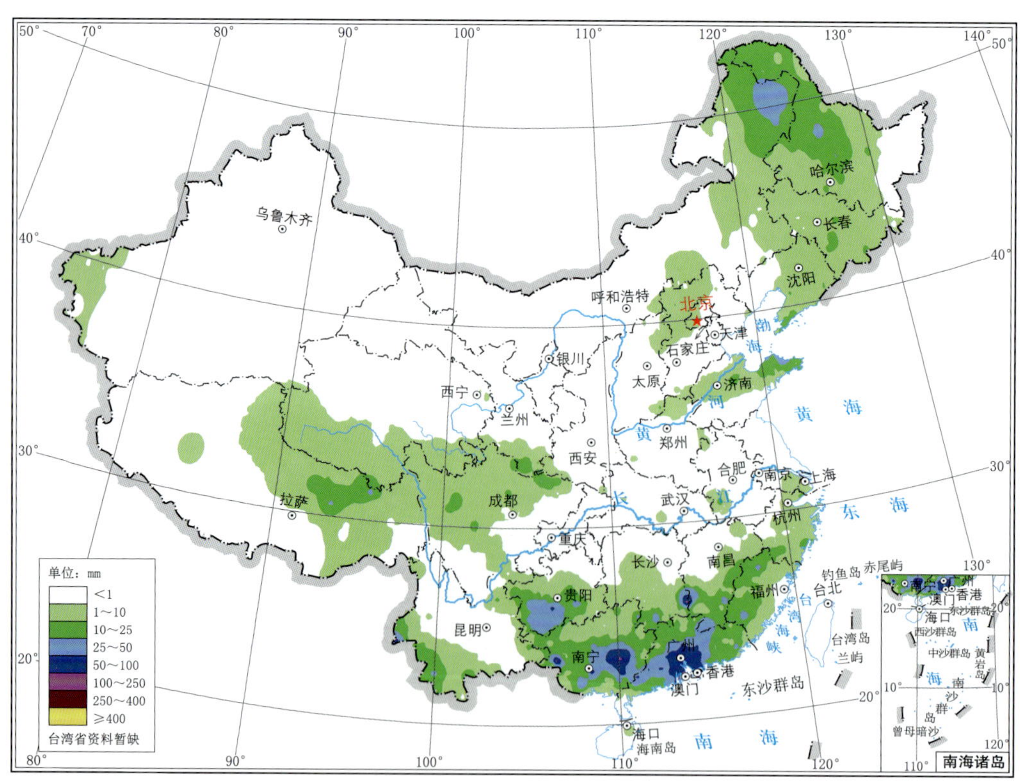

图 3.2.26　2021 年 6 月 1 日全国降水量分布

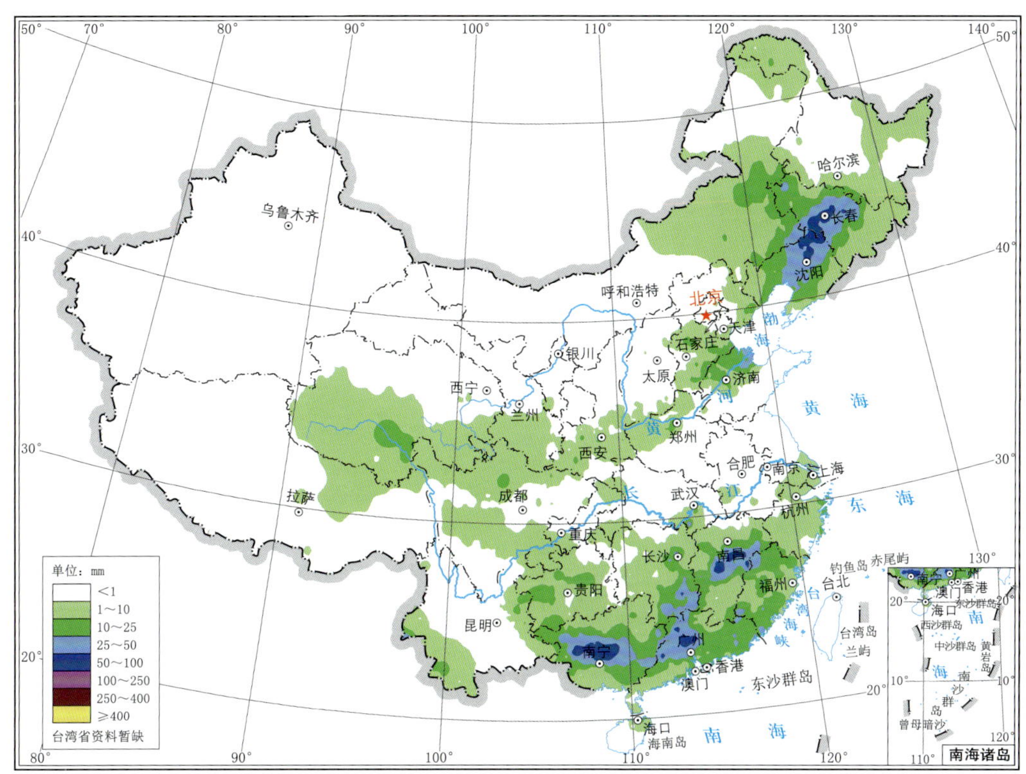

图 3.2.27　2021 年 6 月 2 日全国降水量分布

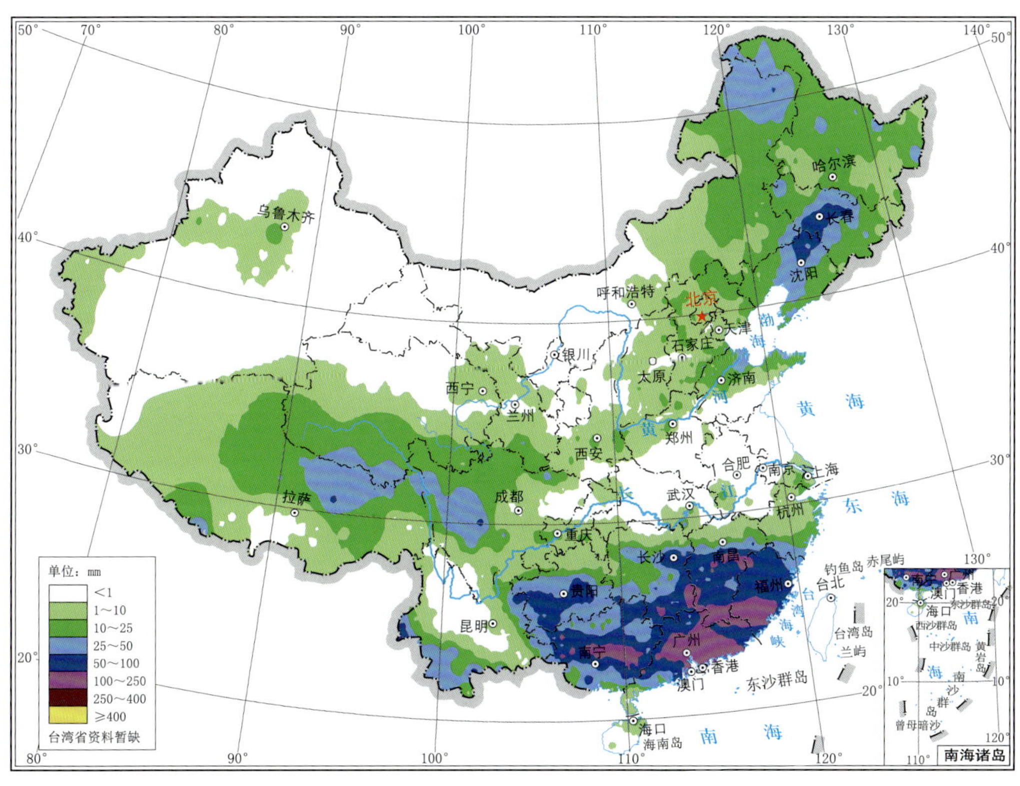

图 3.2.28　2021 年 5 月 29 日—6 月 2 日全国总降水量分布

3.3　6 月主要暴雨过程(No. 8—No. 12)

第 8 次主要暴雨过程(No. 8):6 月 3—4 日

6 月 3 日,500 hPa 四川盆地及云贵高原有短波槽形成,中低层四川盆地有西南低涡形成,江淮流域有切变活动,受其影响,西南东部、江南大部出现较大范围降水,暴雨主要出现在湖南中部及江西北部(图 3.3.1);4 日,500 hPa 短波槽东移南压至江南中部地区,中低层切变也随之东移南压至江南、华南地区,受其影响,雨带整体东移南压至江南中东部和华南地区,浙江南部至广西东部出现东北—西南向的狭长暴雨带,浙江局部出现大暴雨(图 3.3.2)。图 3.3.3 为此次暴雨过程总降水量分布。

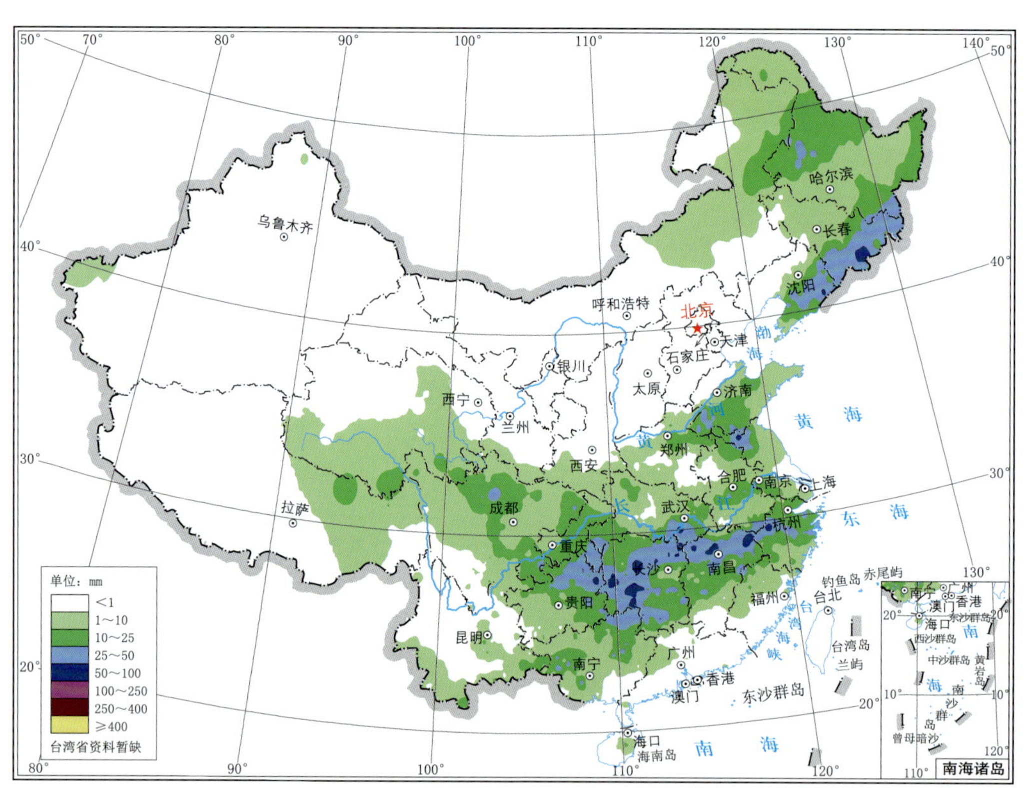

图 3.3.1　2021 年 6 月 3 日全国降水量分布

第 9 次主要暴雨过程(No. 9):6 月 10—11 日

6 月 10 日,500 hPa 黄淮地区至贵州北部有西风槽形成,中低层江淮至贵州北部有切变形成,受其影响,江南至云贵高原出现降水,暴雨主要出现在贵州中部一线,局地出现大暴雨(图 3.3.4);11 日,500 hPa 西风槽东移南压,中低层江淮切变也随之东移南压,受其影响,江南南部至华南北部出现降水,暴雨分布较为零散,局地出现大暴雨(图 3.3.5)。图 3.3.6 为此次暴雨过程总降水量分布。

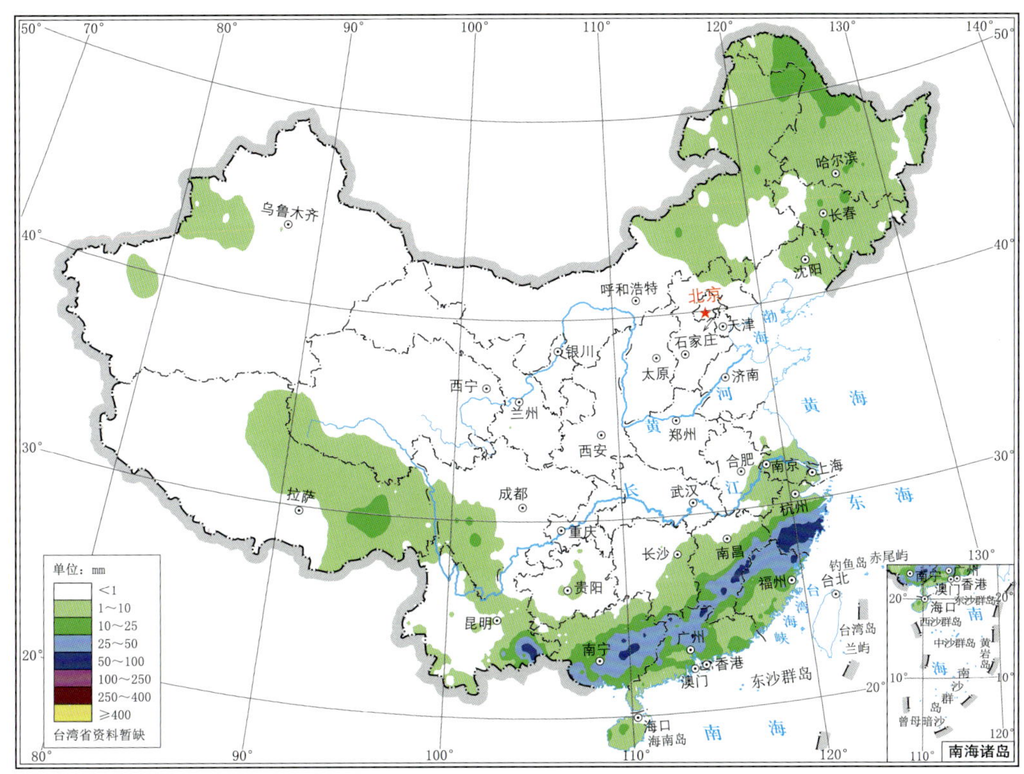

图 3.3.2　2021 年 6 月 4 日全国降水量分布

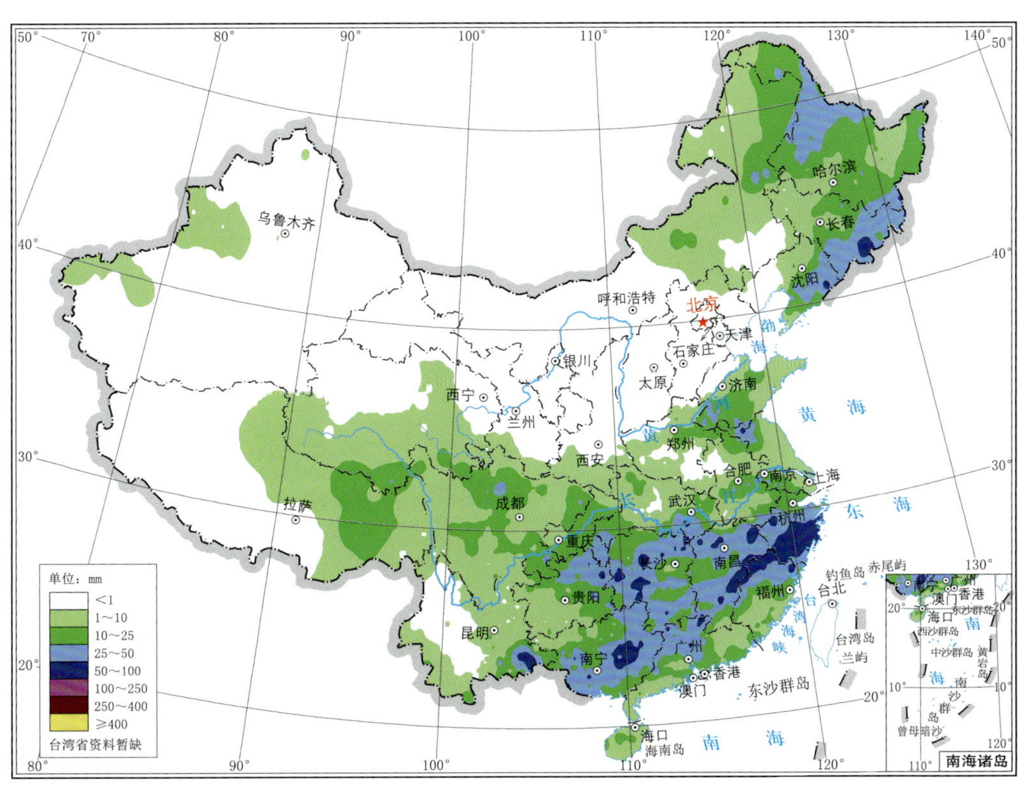

图 3.3.3　2021 年 6 月 3—4 日全国总降水量分布

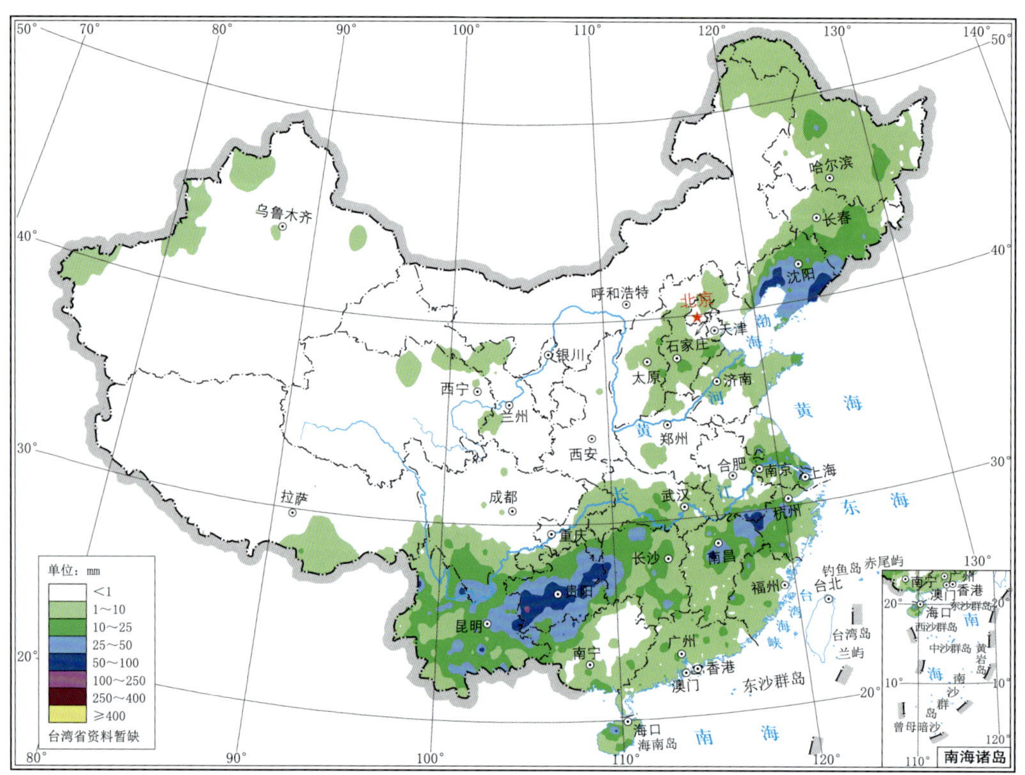

图 3.3.4　2021 年 6 月 10 日全国降水量分布

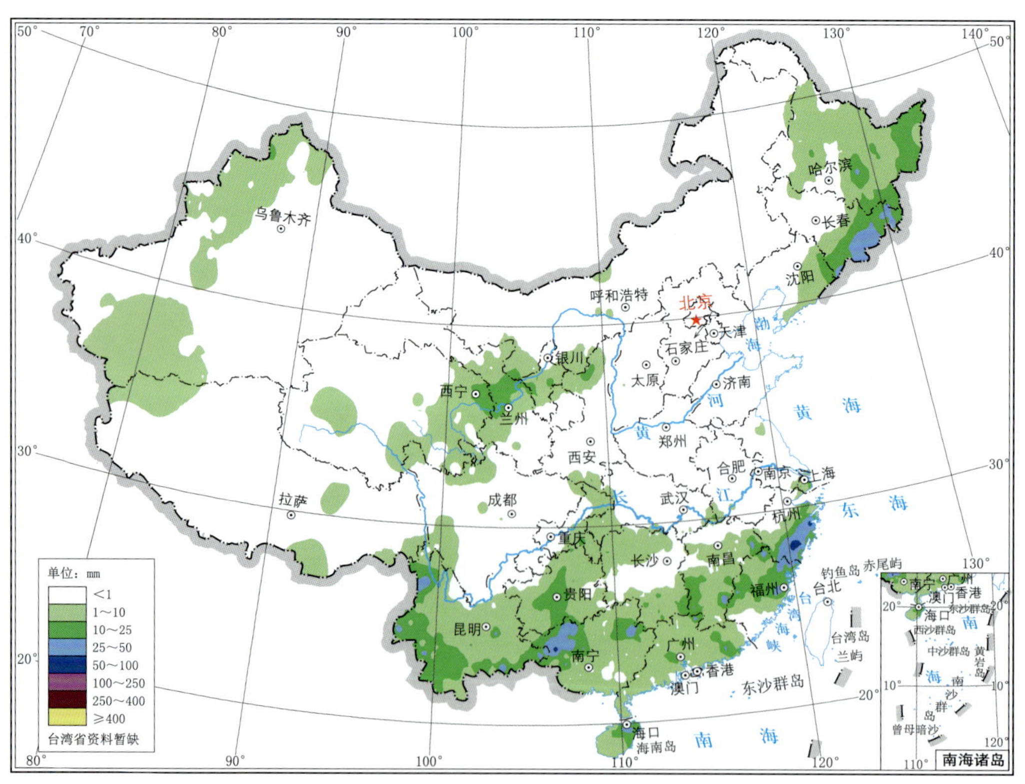

图 3.3.5　2021 年 6 月 11 日全国降水量分布

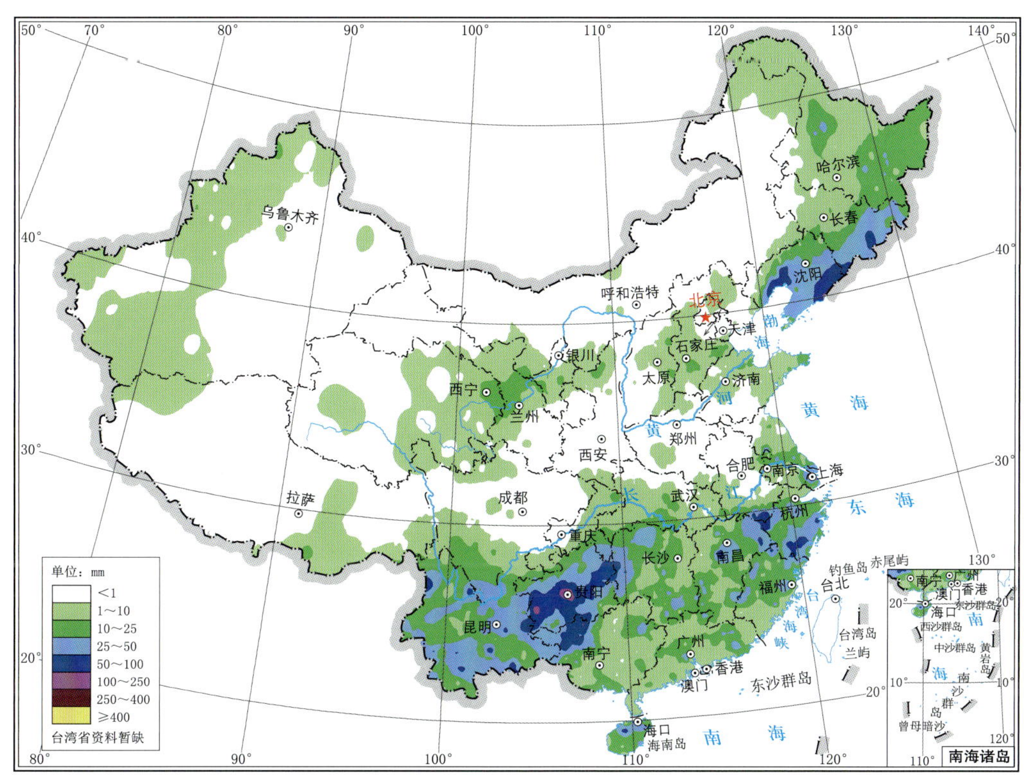

图 3.3.6　2021 年 6 月 10—11 日全国总降水量分布

第 10 次主要暴雨过程(No. 10):6 月 13—16 日

6 月 13 日，500 hPa 甘肃南部地区有短波槽形成，中低层甘肃南部至四川盆地北部有低涡形成，受其影响，陕西南部至川东北地区出现降水，局地出现暴雨到大暴雨(图 3.3.7)；14 日，500 hPa 甘肃南部的短波槽快速东移，同时在河套地区又有新的短波槽形成，中低层四川盆地北部低涡维持少动，黄淮地区有切变形成，受其影响，华北南部、黄淮地区、西北地区东南部及川东北地区出现降水，暴雨分布范围较广，山东、河南、陕西局部出现大暴雨(图 3.3.8)；15 日，500 hPa 短波槽发展东移进入黄海，中低层黄淮东部及黄海有气旋发展，受其影响，黄淮大部、江淮东部出现降水，暴雨主要出现在山东南部至河南南部，局部地区出现大暴雨(图 3.3.9)；16 日，500 hPa 位于黄海的短波槽继续东移，中低层黄淮气旋东移入海，受其影响，江淮西部、江南东北部出现降水，局部地区出现暴雨(图 3.3.10)。图 3.3.11 为此次暴雨过程总降水量分布。

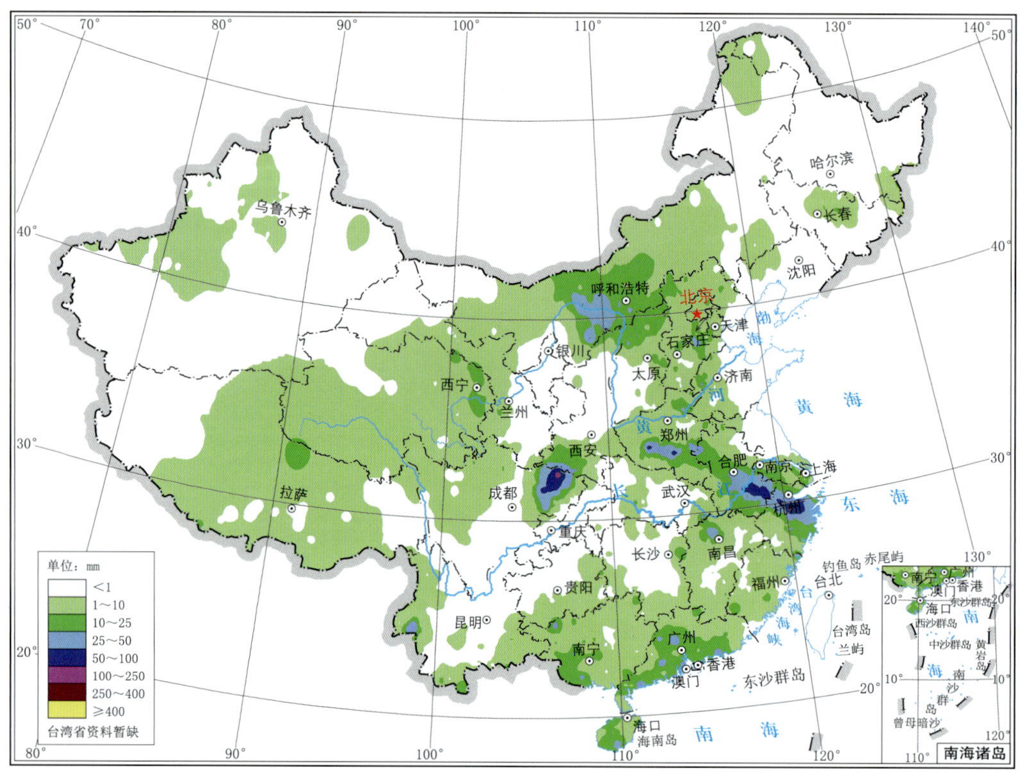

图 3.3.7　2021 年 6 月 13 日全国降水量分布

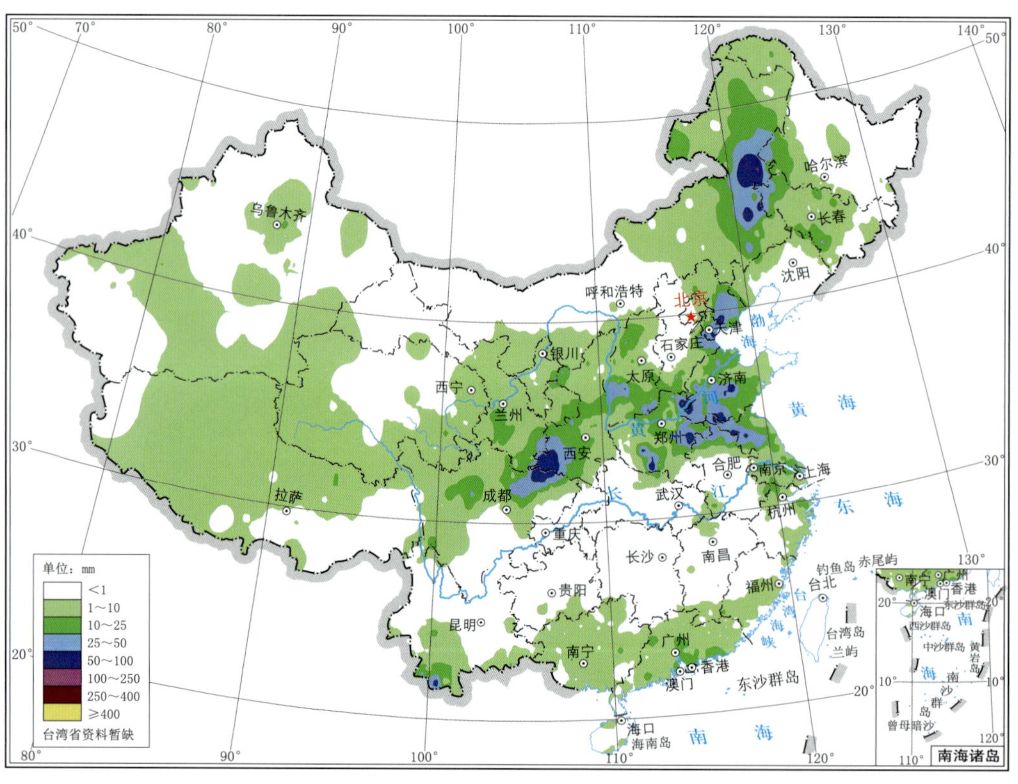

图 3.3.8　2021 年 6 月 14 日全国降水量分布

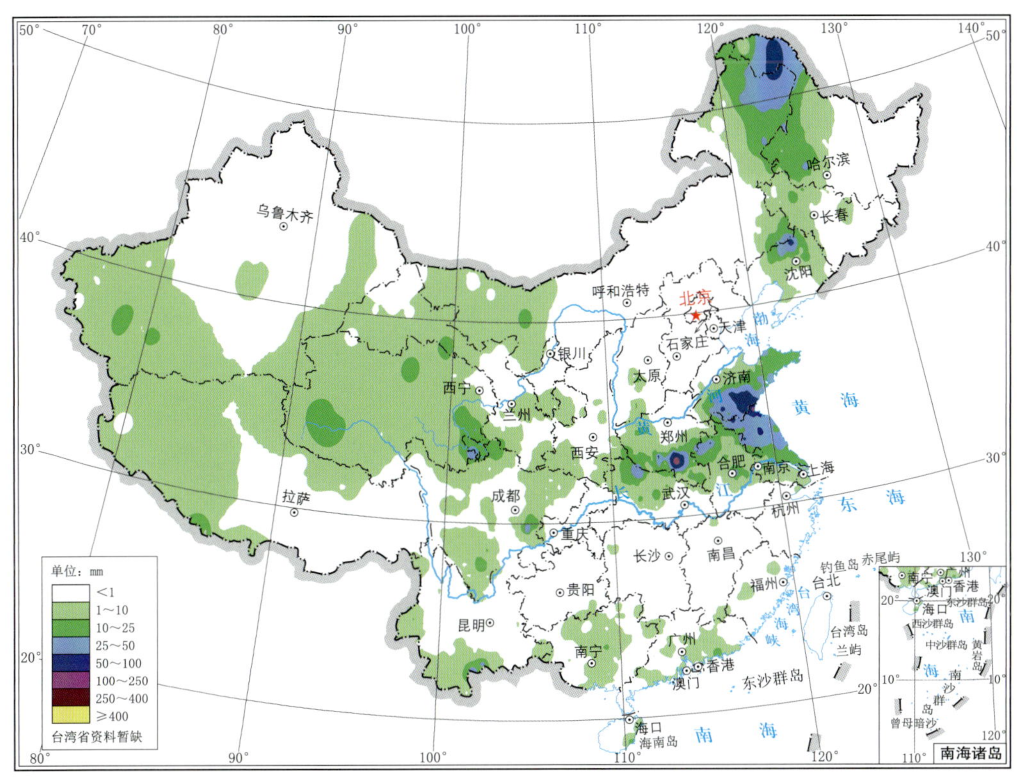

图 3.3.9　2021 年 6 月 15 日全国降水量分布

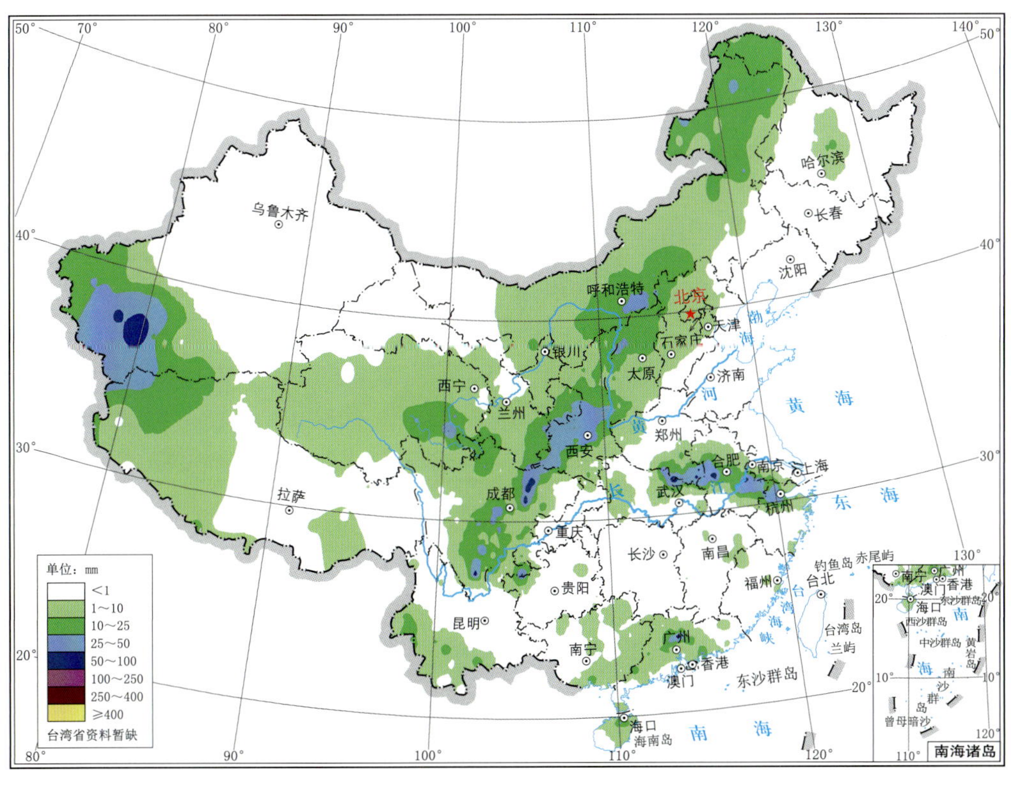

图 3.3.10　2021 年 6 月 16 日全国降水量分布

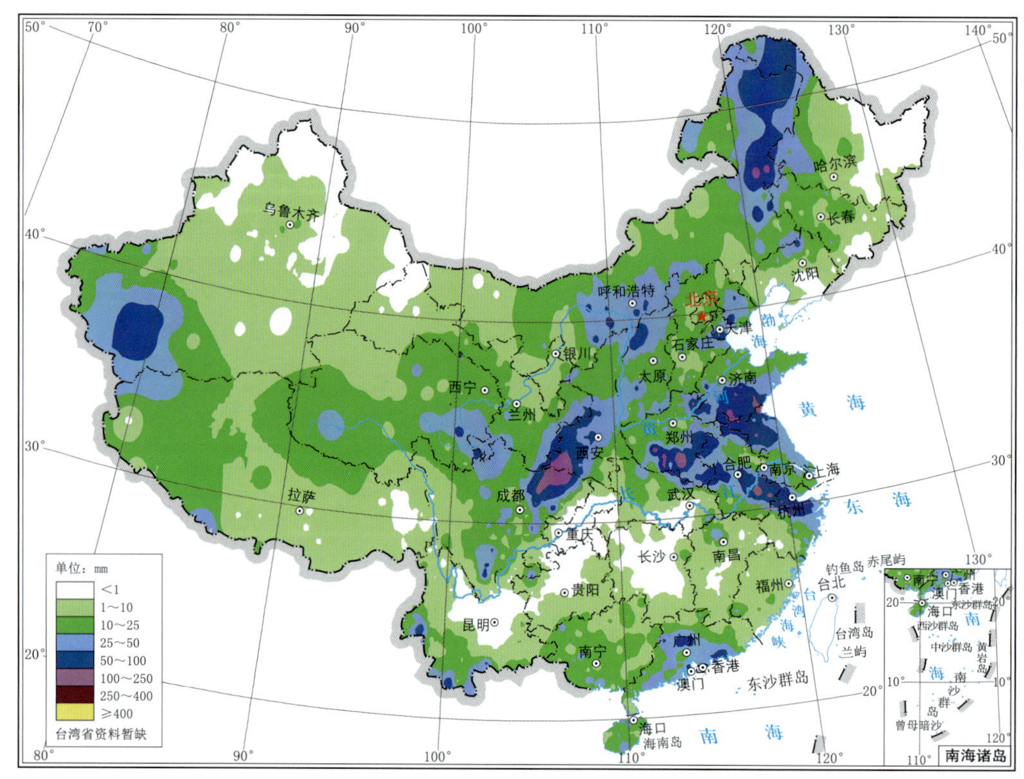

图 3.3.11　2021 年 6 月 13—16 日全国总降水量分布

第 11 次主要暴雨过程(No. 11)：6 月 16—24 日

6 月 16 日，500 hPa 青藏高原东侧有短波槽形成，中低层川西高原至四川盆地有西南低涡形成，受其影响，四川盆地出现降水，局部出现暴雨(图 3.3.10)；17 日，500 hPa 青藏高原东侧短波槽静止少动，中低层西南低涡维持少动、有所加强，受其影响，四川盆地至陕西南部降水加强，暴雨范围有所扩大，盆地北部局地出现大暴雨(图 3.3.12)；18 日，500 hPa 高原东侧短波槽东移至四川盆地，中低层西南低涡随之东移至盆地中部，受其影响，雨区东移至陕南、渝北及鄂西一带，局部出现暴雨到大暴雨(图 3.3.13)；19 日，500 hPa 短波槽快速东移，中低层长江流域多切变活动，受其影响，长江流域出现降水，暴雨主要出现在安徽南部，局部出现大暴雨(图 3.3.14)；20 日，500 hPa 云贵高原上空又有短波槽发展东移，中低层长江流域切变维持，受其影响，降水区整体南压至江南地区，暴雨分布较为零散(图 3.3.15)；21 日，500 hPa 云贵高原短波槽快速东移至江南、华南地区，中低层切变南压，受其影响，降水区整体南压至江南南部、华南北部，暴雨分布较为零散，局地出现大暴雨(图 3.3.16)；22 日，500 hPa 短波槽继续东移南压，华南南部有低涡形成，中低层江南南部至华南西部有切变活动，受其影响，雨带继续东移南压至华南地区，暴雨主要出现在广东、福建，局地出现大暴雨(图 3.3.17)；23—24 日，500 hPa 华南南部低涡南压并维持在广东近海地区，中低层该区域一直有切变维持活动，受其影响，降水维持在华南南部，部分地区出现暴雨、局部大暴雨(图 3.3.18—图 3.3.19)。图 3.3.20 为此次暴雨过程总降水量分布。

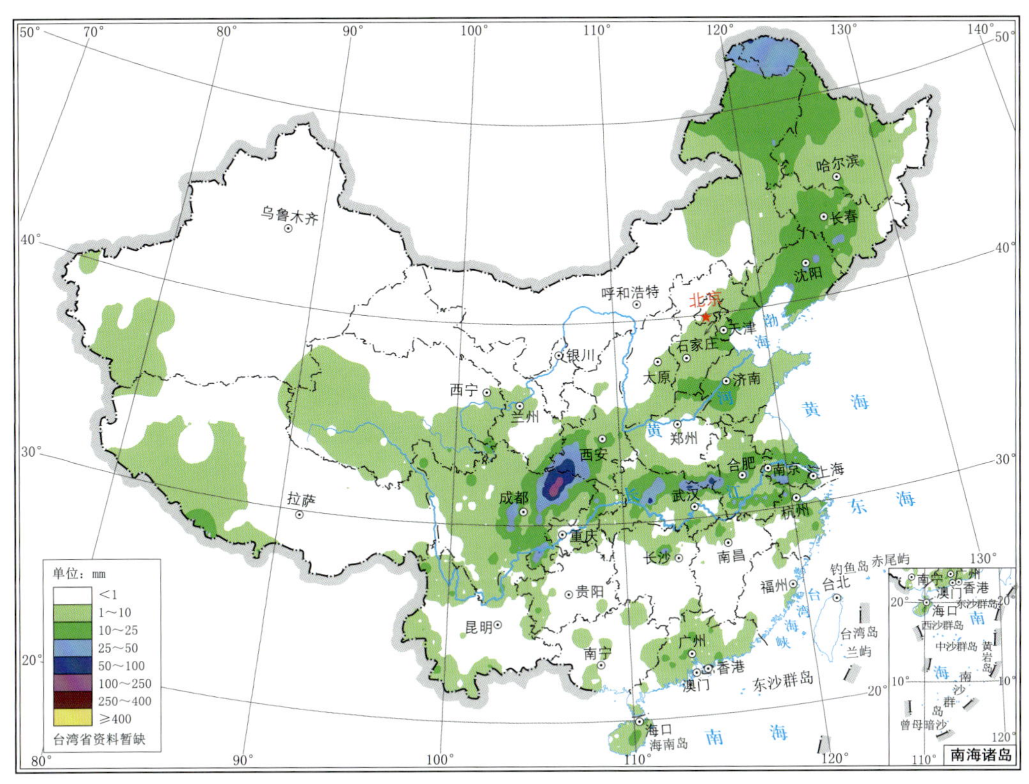

图 3.3.12　2021 年 6 月 17 日全国降水量分布

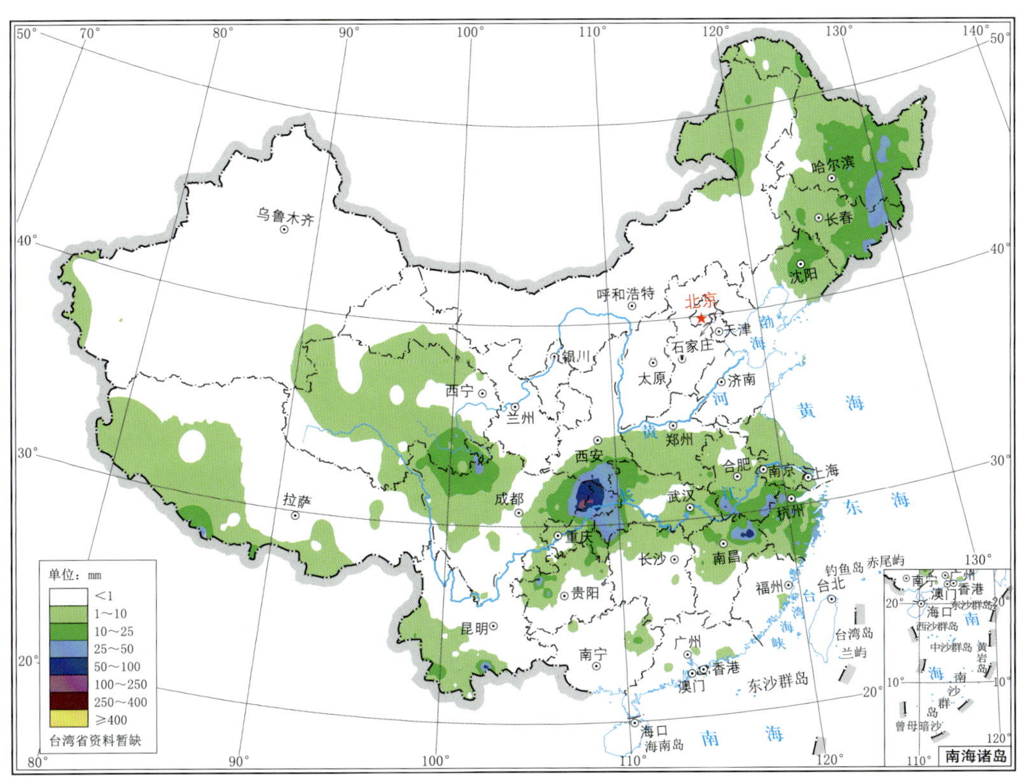

图 3.3.13　2021 年 6 月 18 日全国降水量分布

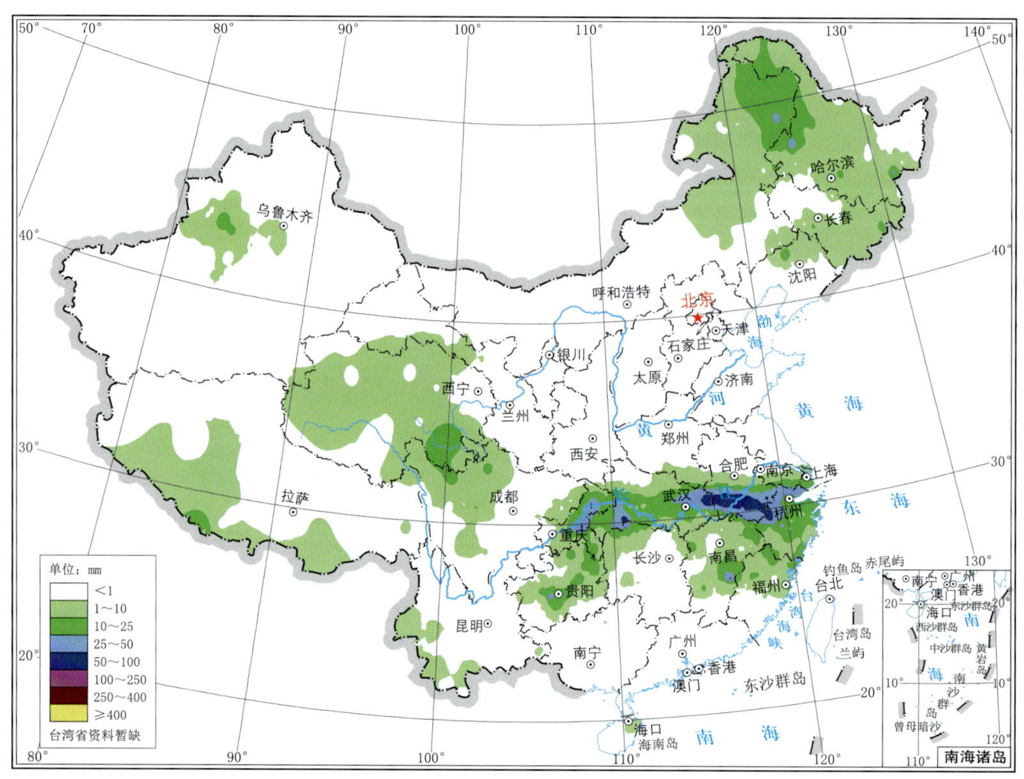

图 3.3.14　2021 年 6 月 19 日全国降水量分布

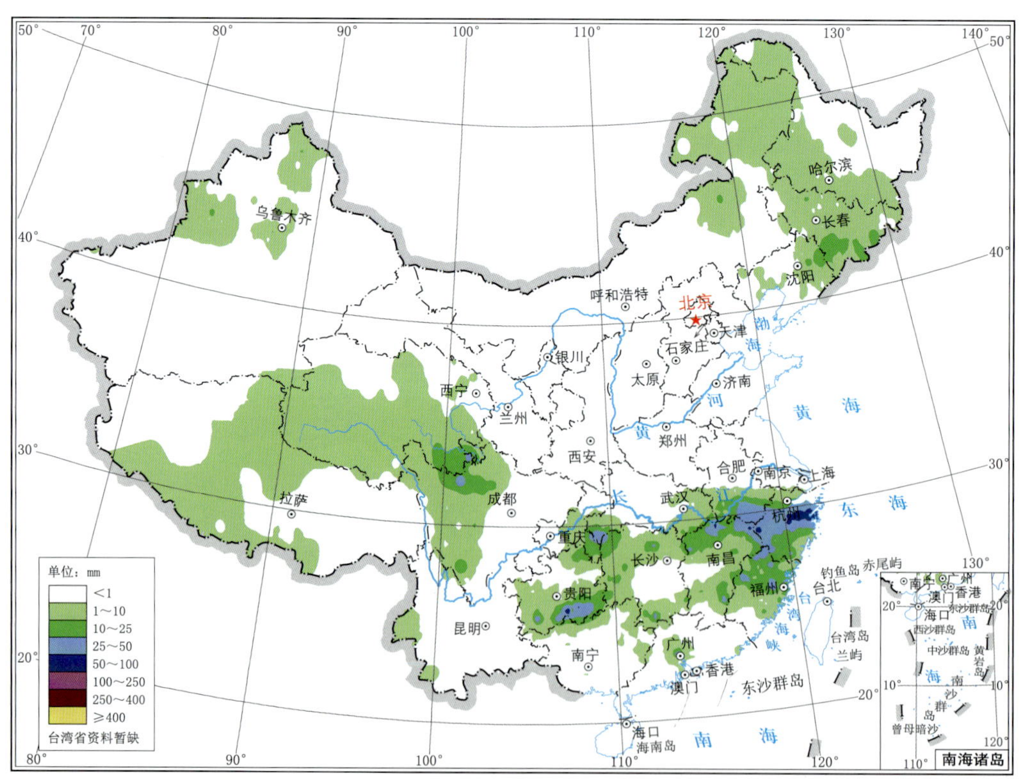

图 3.3.15　2021 年 6 月 20 日全国降水量分布

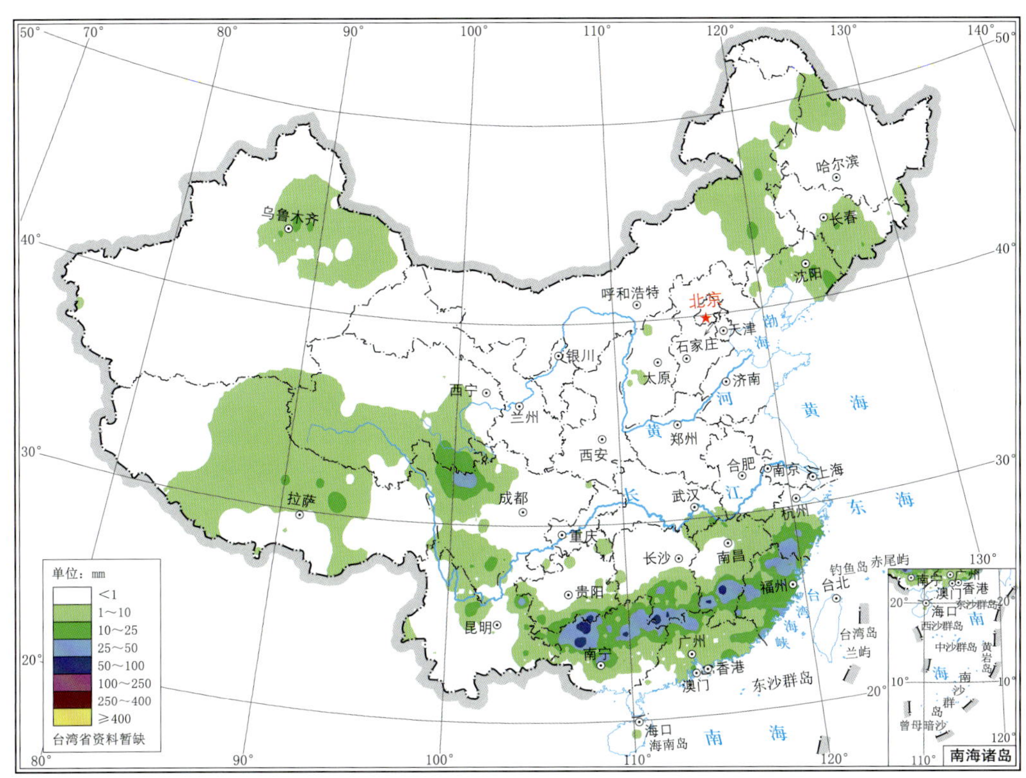

图 3.3.16　2021 年 6 月 21 日全国降水量分布

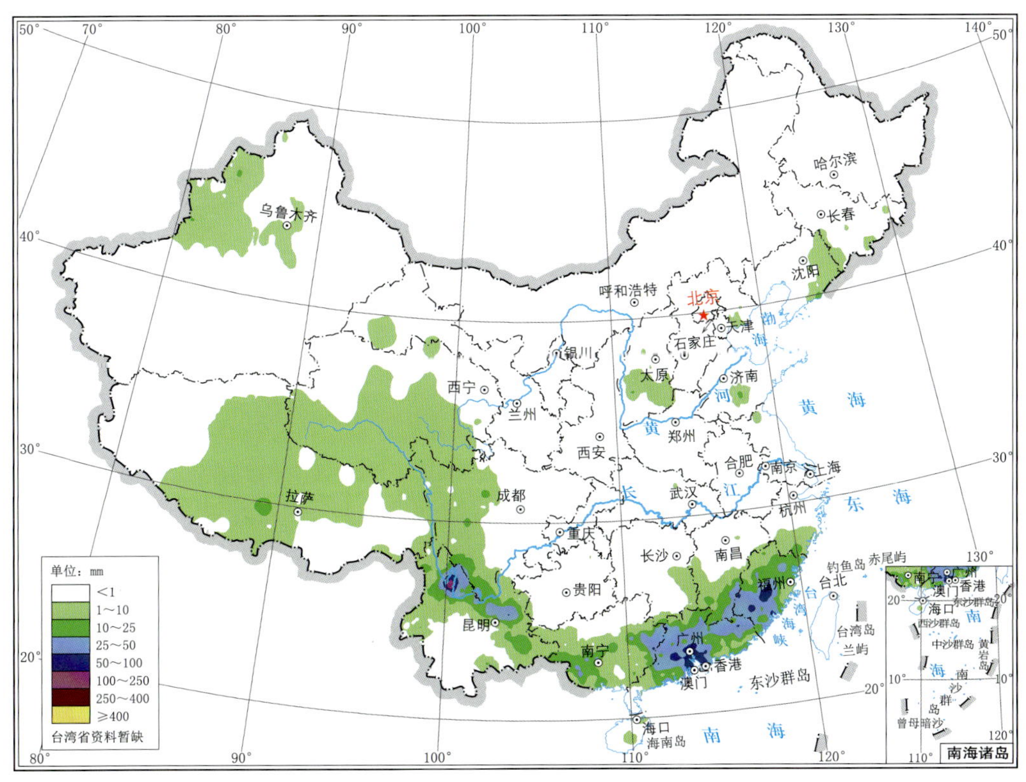

图 3.3.17　2021 年 6 月 22 日全国降水量分布

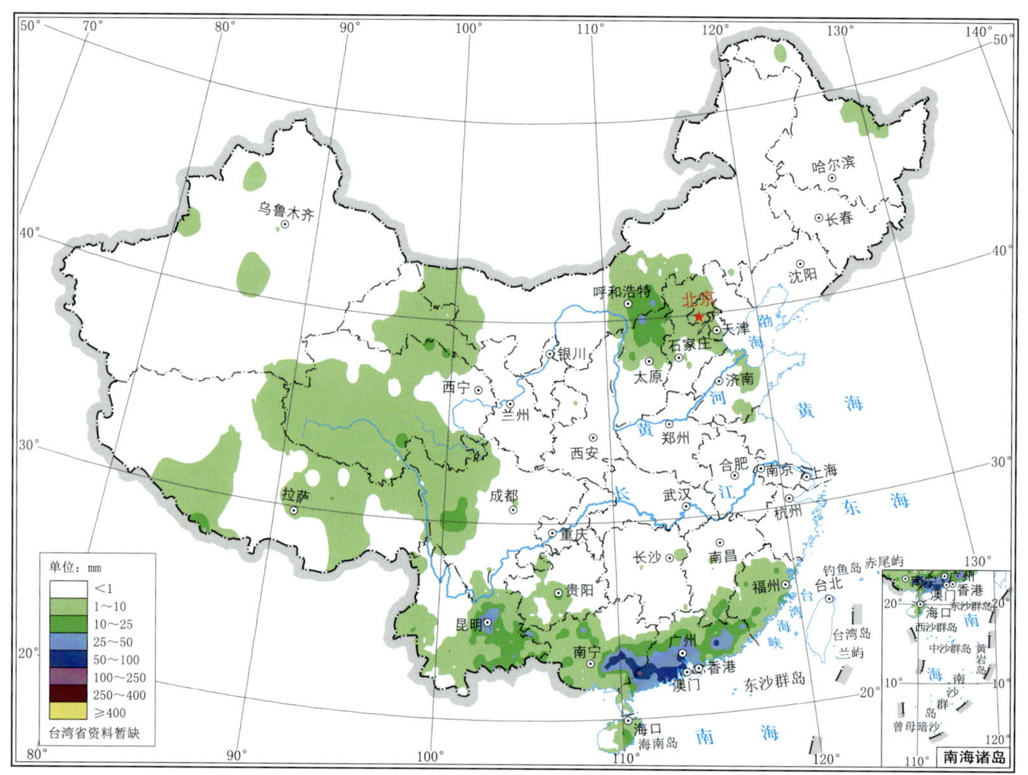

图 3.3.18　2021 年 6 月 23 日全国降水量分布

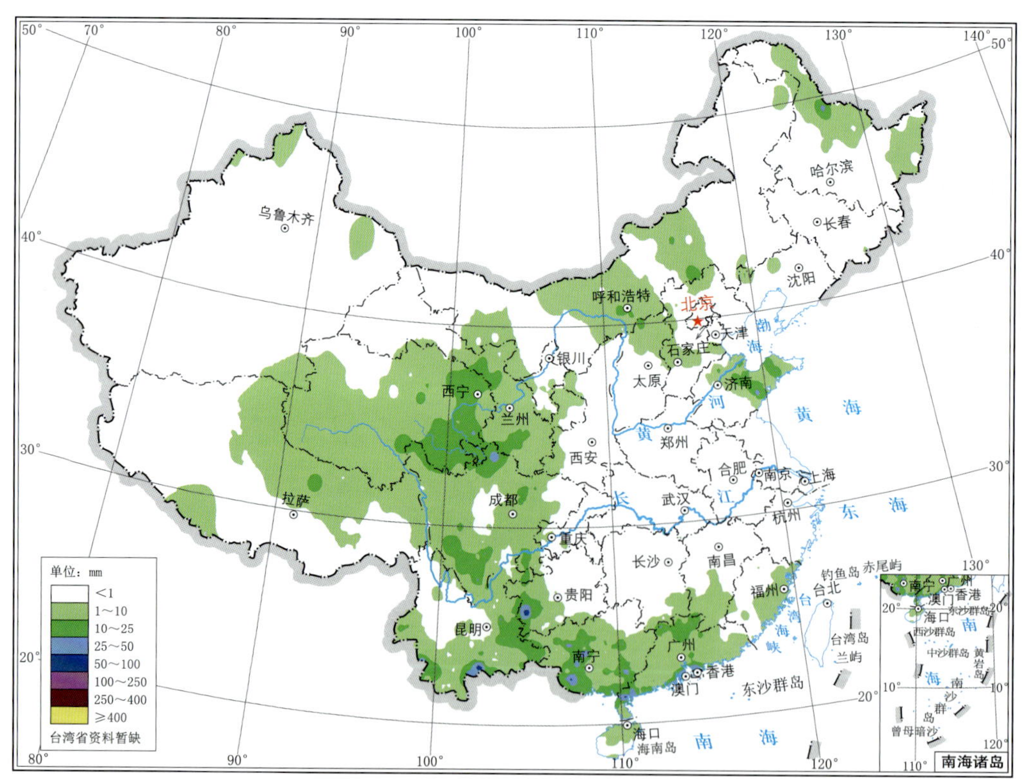

图 3.3.19　2021 年 6 月 24 日全国降水量分布

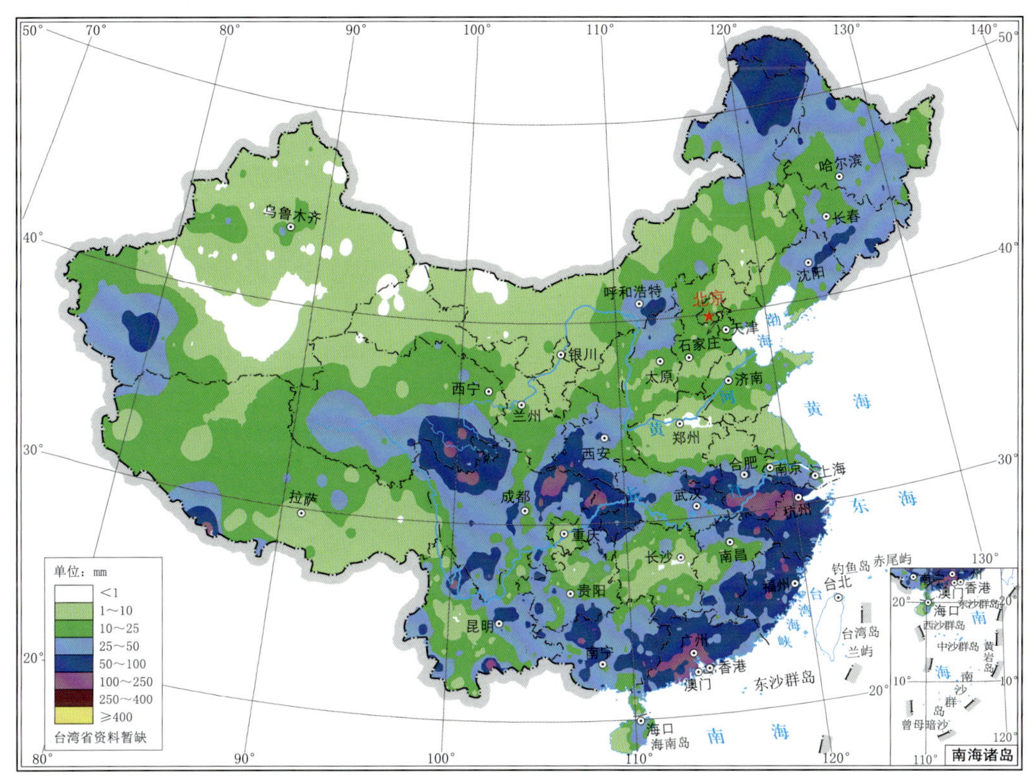

图 3.3.20　2021 年 6 月 16—24 日全国总降水量分布

第 12 次主要暴雨过程(No. 12):6 月 25 日—7 月 4 日

6 月 25 日,500 hPa 青藏高原东侧有短波槽形成,中低层四川盆地有西南低涡形成,受其影响,四川盆地出现降水,局部出现暴雨(图 3.3.21);26 日,500 hPa 青藏高原东侧短波槽快速东移,同时四川盆地又有短波槽新生,中低层淮河流域至四川盆地有弱切变形成,受其影响,四川盆地东北部至淮河上游地区出现降水,部分地区出现暴雨(图 3.3.22);27 日,500 hPa 长江中下游及四川盆地有短波槽形成,中低层四川盆地有西南低涡形成,江淮流域、江汉地区有切变形成,受其影响,长江流域出现较大范围降水,暴雨主要集中在湖北中东部地区及安徽南部地区,部分地区出现大暴雨(图 3.3.23);28 日,500 hPa 长江中下游短波槽东移入海,四川盆地短波槽向东南方向移动至云贵高原并有低涡生成,中低层西南低涡向东南方向移动至川、渝、黔地区,江淮切变南压至江南北部,受其影响,降水区整体南压至江南地区及贵州,两个暴雨区分别位于江西、浙江、福建交界的区域和贵州、湖南交界的区域,两个区域中有多站出现大暴雨,其中江西上饶出现 259.2 mm 的特大暴雨(图 3.3.24);29 日,500 hPa 云贵高原上空的低涡东移南压至贵州、广西、湖南交界的区域,中低层西南低涡也缓慢东移南压至该区域,江南北部切变有所减弱,受其影响,江南、华南、西南东部出现较大范围降水,暴雨出现范围较广,但不集中,多地出现零散大暴雨(图 3.3.25);30 日,500 hPa 贵州、广西交界区域的低涡维持少动,江南北部有短波槽形成,中低层西南低涡维持在贵州上空,江南北部又有新的低涡生成,受其影响,江南、华南西部、云贵高原出现大范围降水,江南北部出现较为集中的暴雨区,江西、浙江部分地区出现大暴雨,其他地区暴雨较为分散,局地大暴雨(图 3.3.26);7 月 1 日,500 hPa 贵州、广西交界的区域有短波槽活动，江南北部短波槽维持少动，中低层贵州上空的低涡缓慢东移，江南北部有切变活动，受其影响，雨区整体维持少动，暴雨带从浙江西部伸展至云南东部，部分地区出现大暴雨(图 3.3.27)；2 日，500 hPa 四川盆地、云贵高原及长江中游地区多短波槽活动，中低层四川盆地有西南低涡形成发展，江淮地区至江汉地区有切变生成，受其影响，雨区整体向东北方向伸展，暴雨主要集中在湖北东部至安徽南部地区，部分地区出现大暴雨，此外，广西资源出现了 270.6 mm 的特大暴雨(图 3.3.28)；3 日，500 hPa 四川盆地、云贵高原短波槽东移南压，同时黄淮地区有短波槽生成，中低层西南低涡东移至重庆上空，黄淮地区有气旋生成，受其影响，黄淮、江淮、江南北部至贵州南部出现降水，暴雨主要出现在黄淮南部和江南北部，局部地区出现大暴雨(图 3.3.29)；4 日，500 hPa 贵州上空的短波槽减弱，黄淮地区短波槽东移北收，中低层西南低涡减弱填塞，黄淮气旋东移入海，江淮及江汉地区有弱切变维持，受其影响，长江下游至广西北部出现降水，暴雨分布较为零散(图 3.3.30)。图 3.3.31为此次暴雨过程总降水量分布。

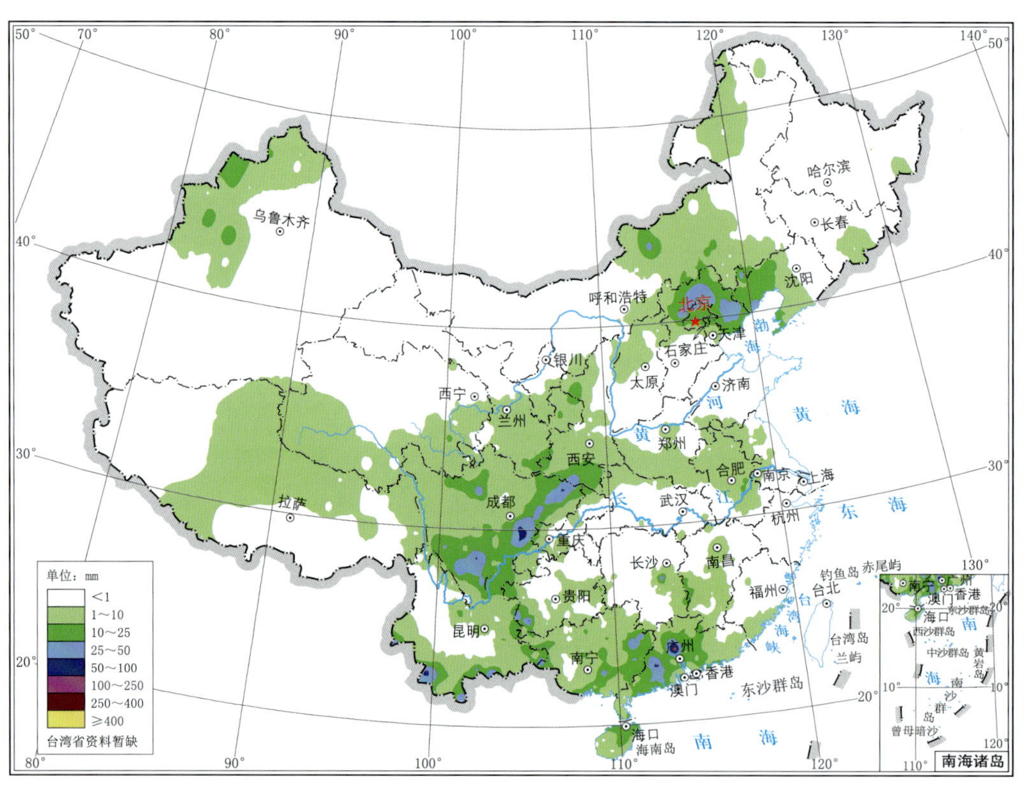

图 3.3.21　2021 年 6 月 25 日全国降水量分布

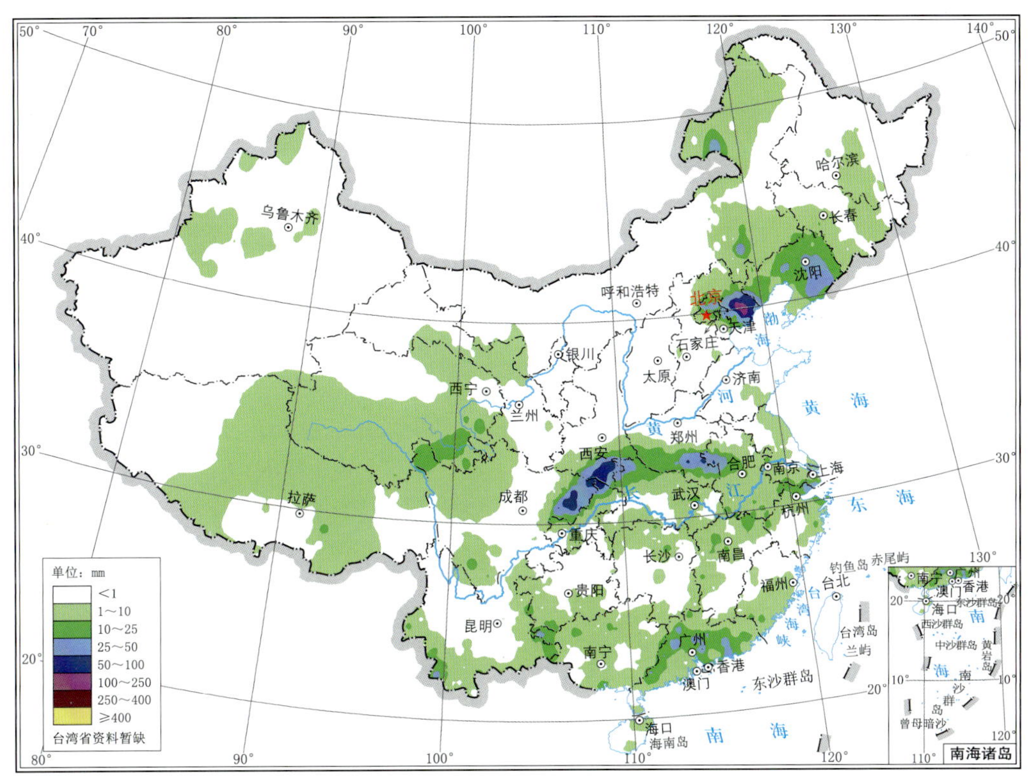

图 3.3.22　2021 年 6 月 26 日全国降水量分布

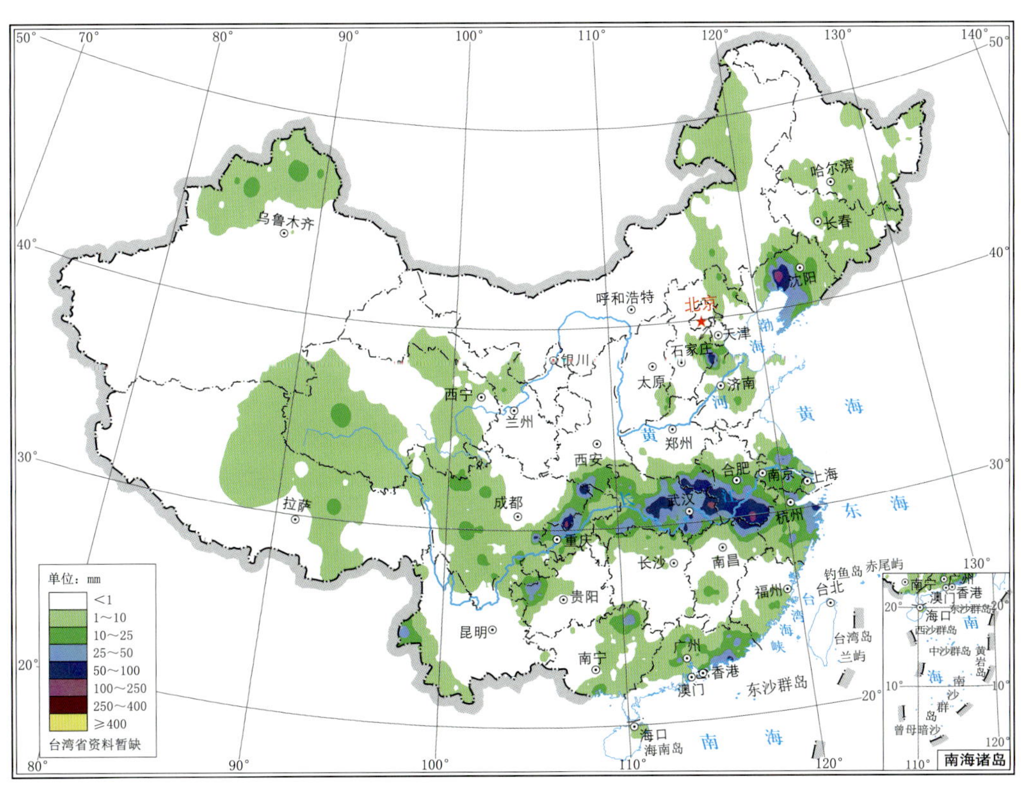

图 3.3.23　2021 年 6 月 27 日全国降水量分布

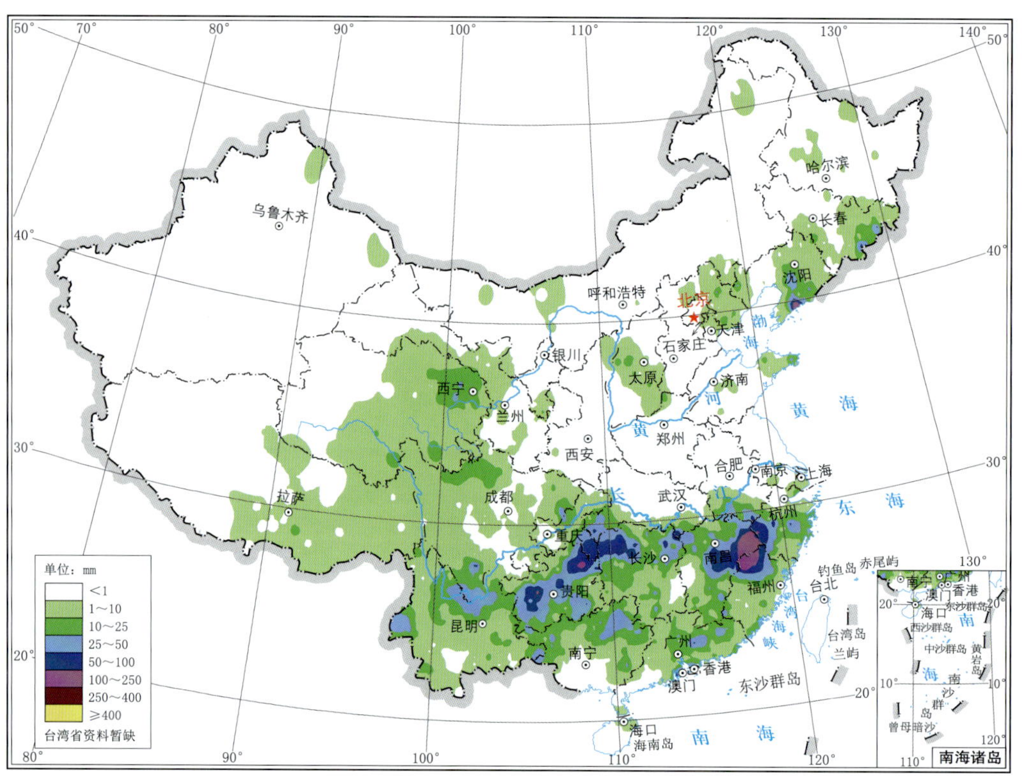

图 3.3.24　2021 年 6 月 28 日全国降水量分布

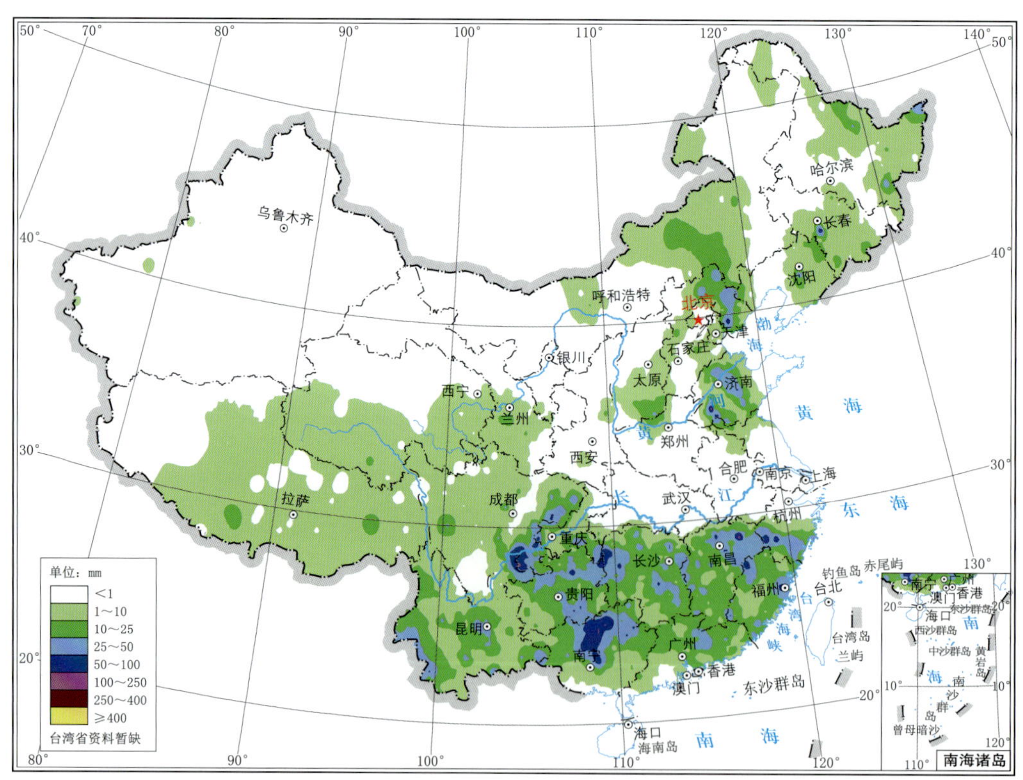

图 3.3.25　2021 年 6 月 29 日全国降水量分布

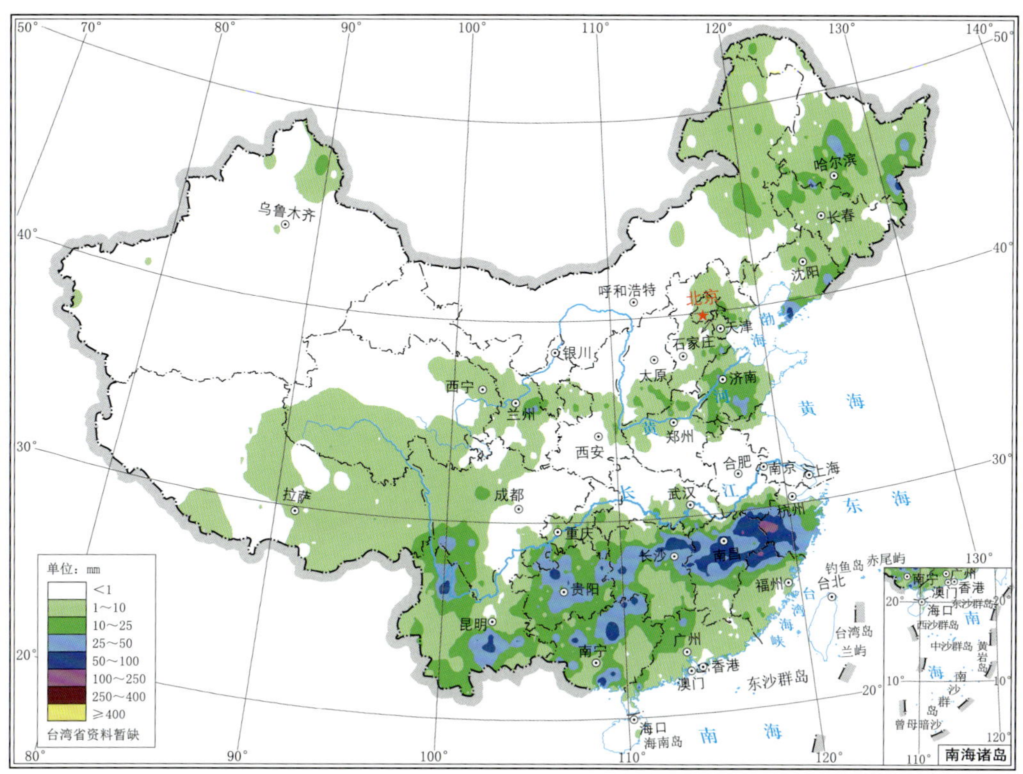

图 3.3.26 2021 年 6 月 30 日全国降水量分布

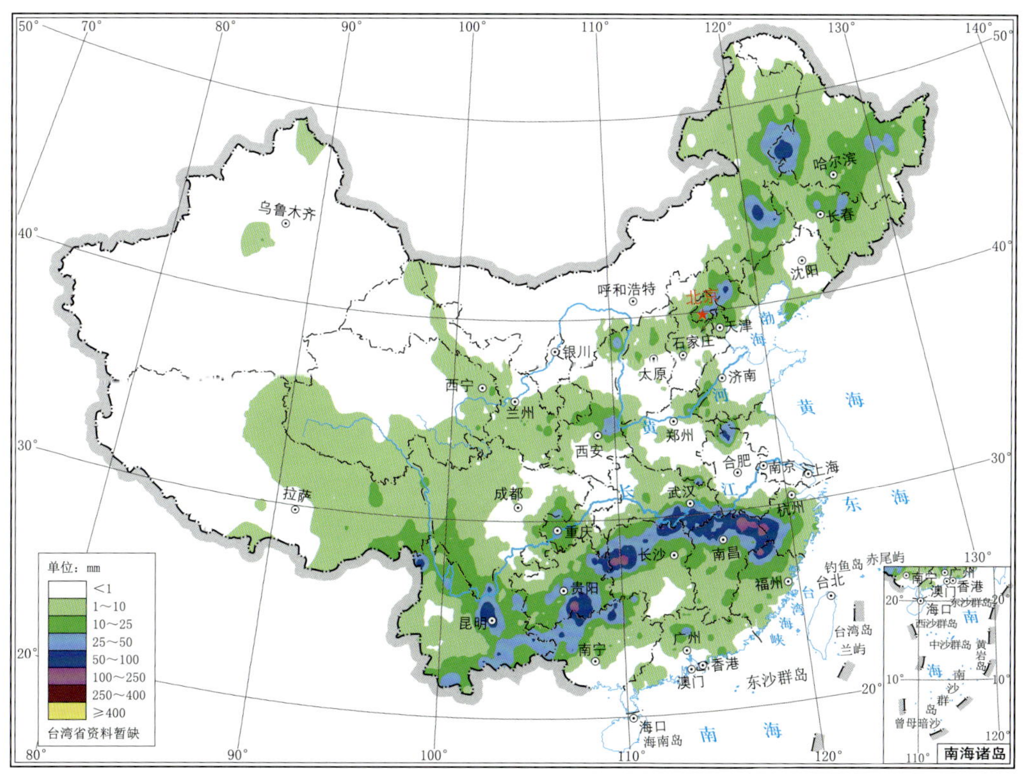

图 3.3.27 2021 年 7 月 1 日全国降水量分布

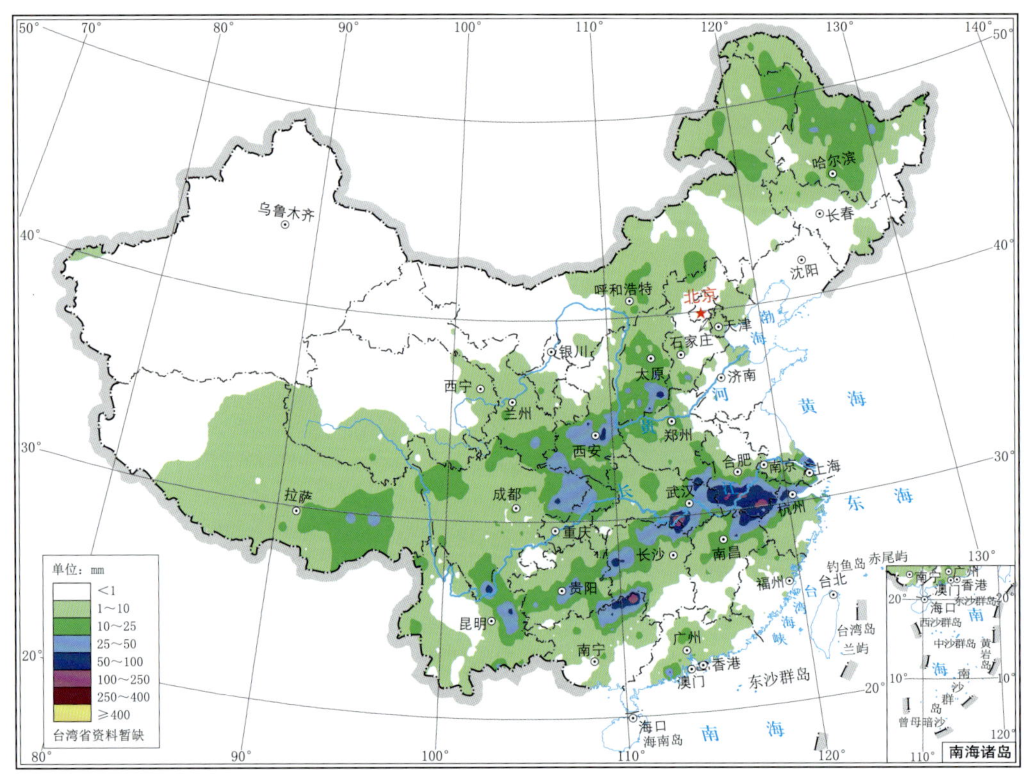

图 3.3.28　2021 年 7 月 2 日全国降水量分布

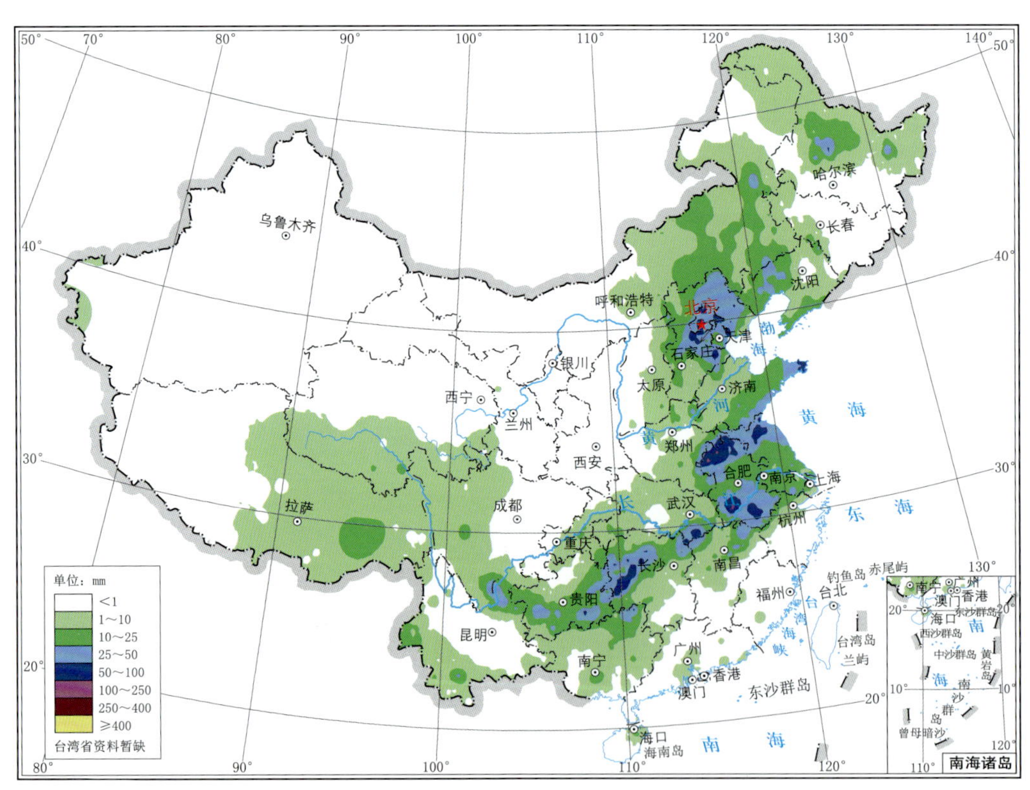

图 3.3.29　2021 年 7 月 3 日全国降水量分布

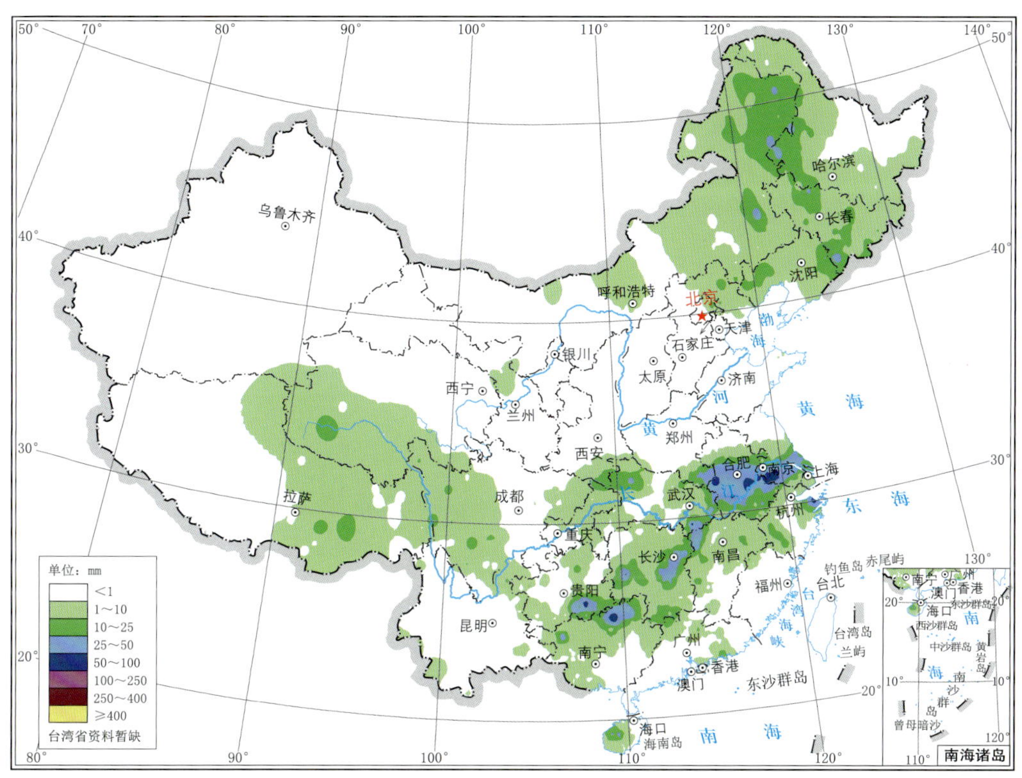

图 3.3.30　2021 年 7 月 4 日全国降水量分布

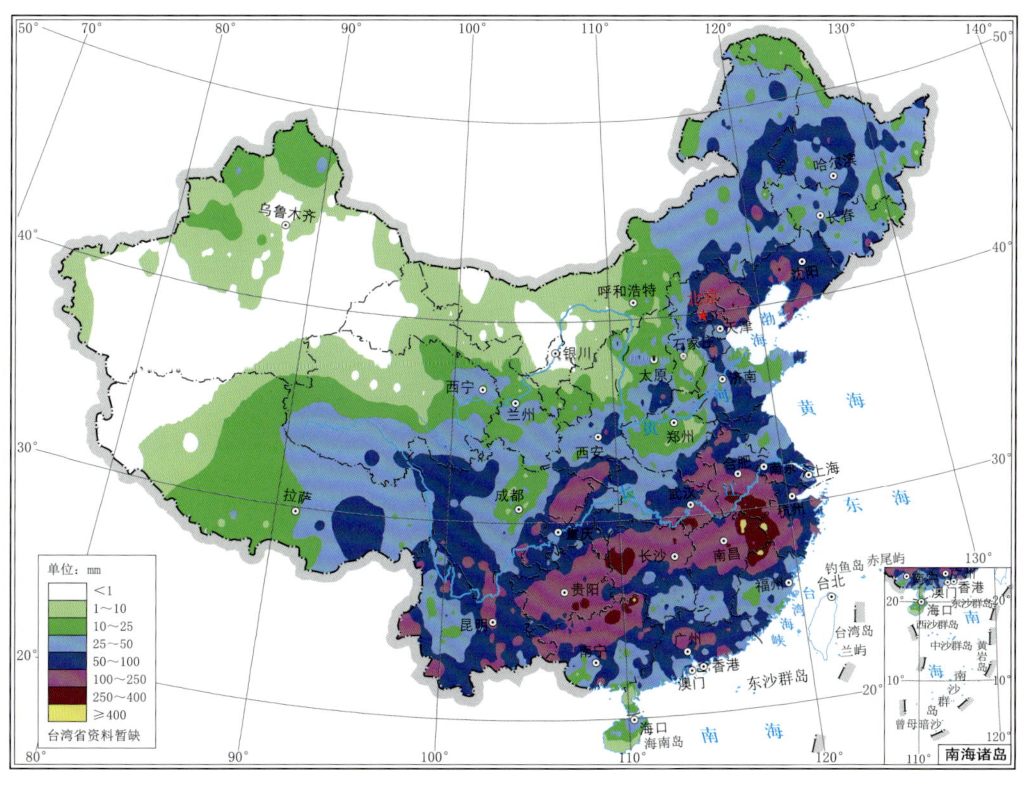

图 3.3.31　2021 年 6 月 25 日—7 月 4 日全国总降水量分布

3.4　7 月主要暴雨过程(No. 13—No. 19)

第 13 次主要暴雨过程(No. 13):7 月 5—8 日

7 月 5 日,500 hPa 河套地区至四川盆地多短波槽活动,700 hPa 陕西南部有低涡形成,低涡东侧至黄淮地区有切变活动,850 hPa 重庆、贵州交界处有低涡形成,低涡东侧至江淮地区有切变活动,受其影响,江淮地区、江汉地区至贵州西部出现东北—西南向的雨带,暴雨范围狭窄,江淮东部局地出现大暴雨(图 3.4.1);6 日,500 hPa 短波槽东移,云贵高原有低涡形成,700 hPa 陕西南部低涡南移至四川盆地,黄淮地区切变维持,850 hPa 黄淮地区有气旋生成,低涡切变从黄淮东部一直伸展到重庆南部,受其影响,淮河流域至云南北部出现东北—西南向的雨带,暴雨主要出现在淮河流域,局部出现大暴雨(图 3.4.2);7 日,500 hPa 河南至湖北西部有短波槽形成,中低层黄淮地区至四川盆地有切变活动,受其影响,黄淮南部及长江三峡地区出现暴雨,局部出现大暴雨(图 3.4.3);8 日,500 hPa 华中地区短波槽东移北收,同时四川盆地又有短波槽形成,中低层黄淮切变南压至江淮、江汉地区,四川盆地有低涡形成,受其影响,长江流域出现降水,暴雨主要出现在长江下游及四川盆地附近,局部出现大暴雨(图 3.4.4)。图 3.4.5 为此次暴雨过程总降水量分布。

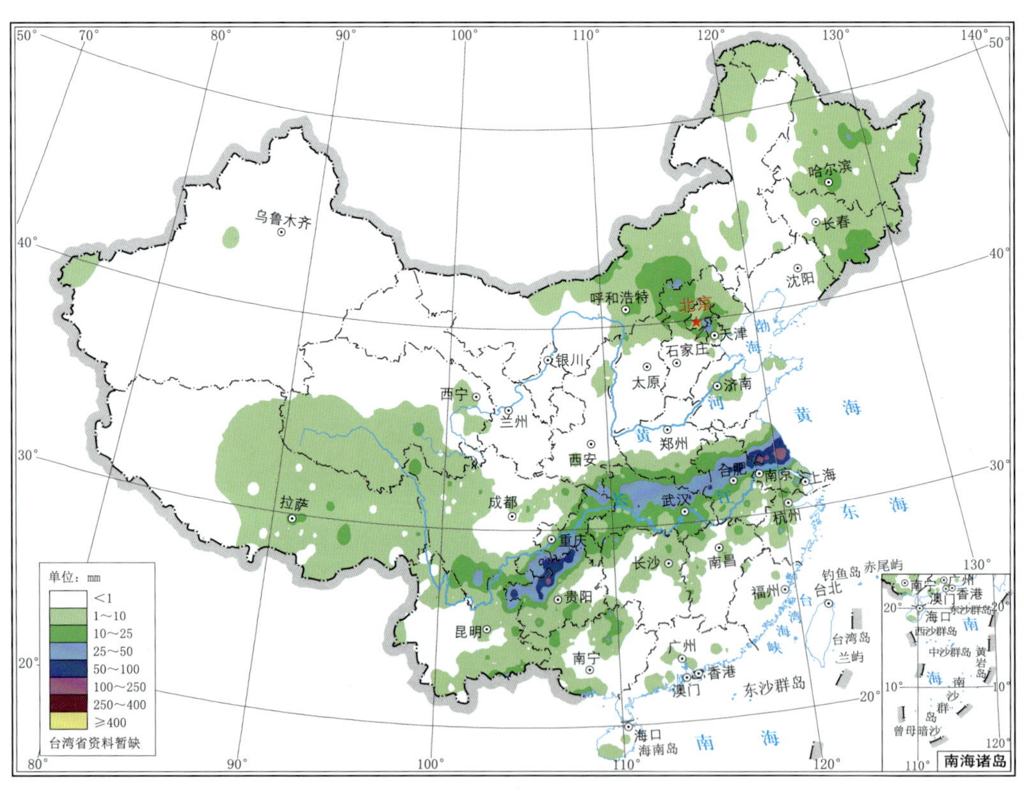

图 3.4.1　2021 年 7 月 5 日全国降水量分布

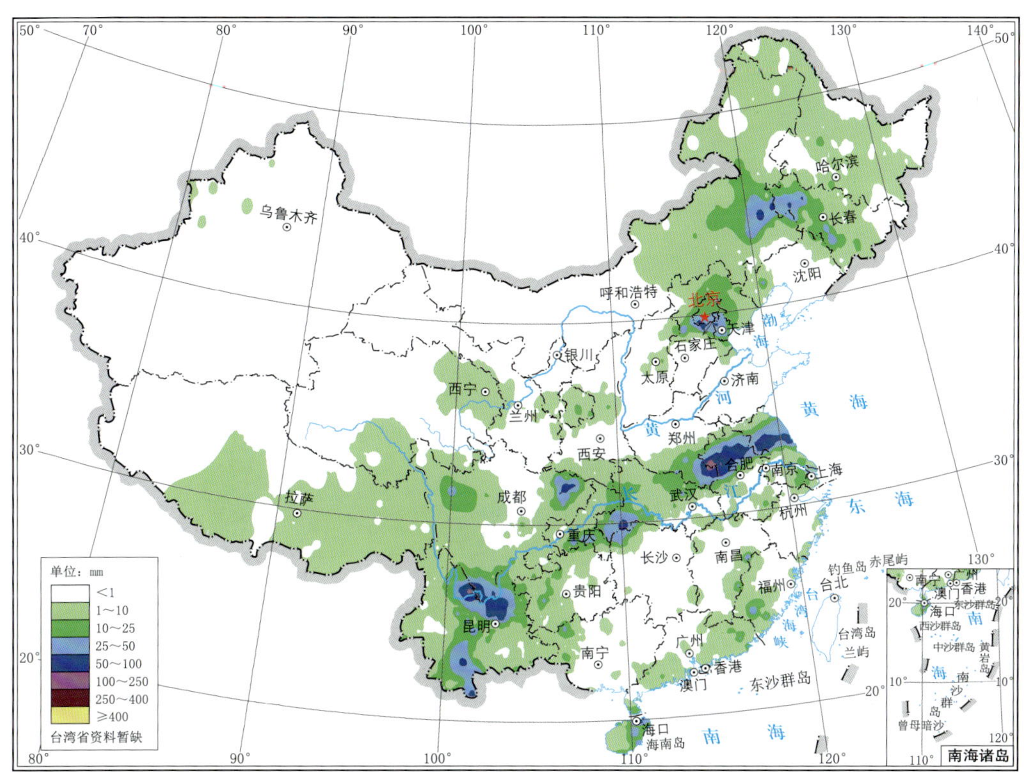

图 3.4.2　2021 年 7 月 6 日全国降水量分布

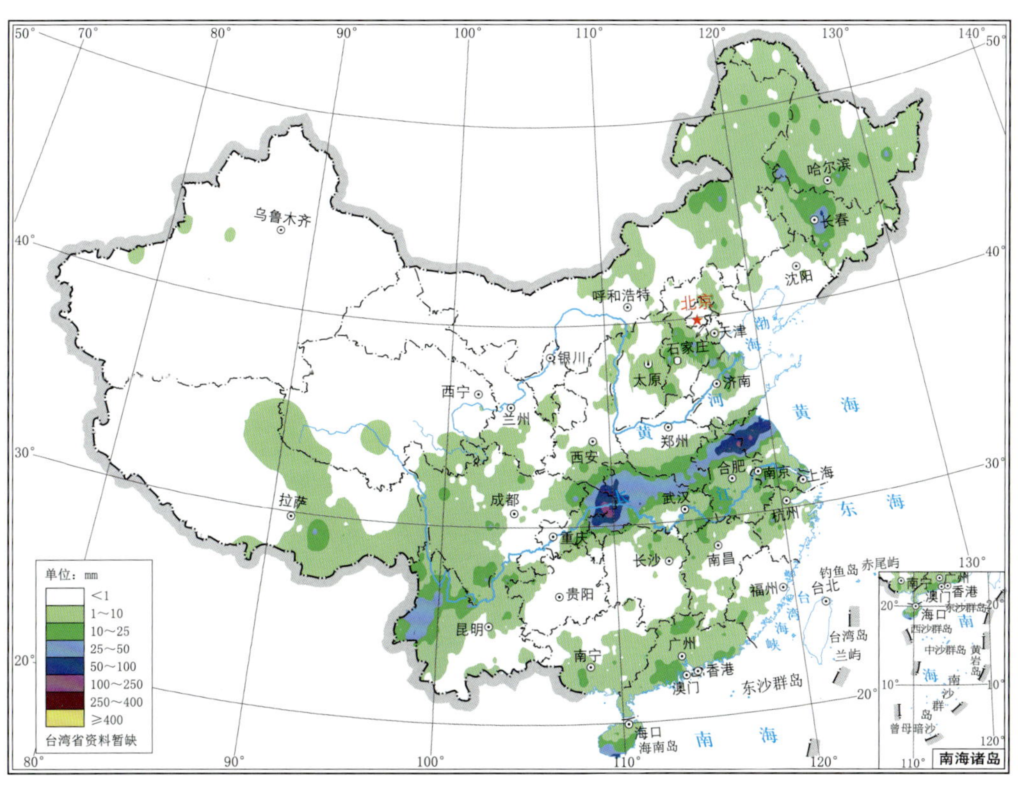

图 3.4.3　2021 年 7 月 7 日全国降水量分布

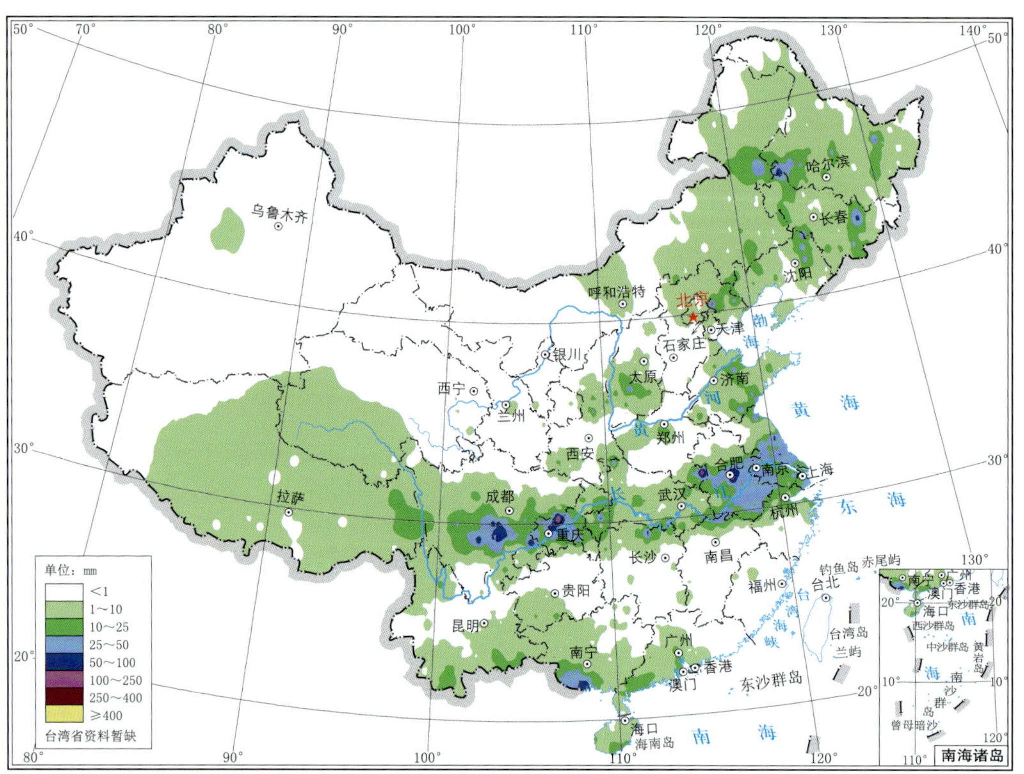

图 3.4.4　2021 年 7 月 8 日全国降水量分布

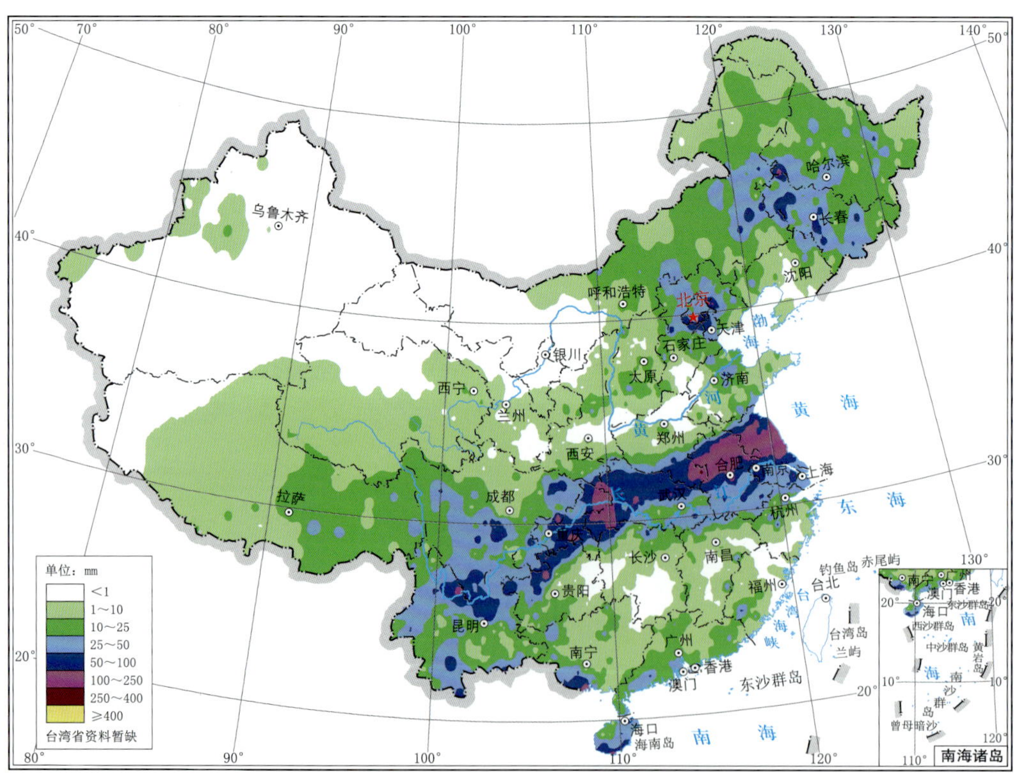

图 3.4.5　2021 年 7 月 5—8 日全国总降水量分布

第 14 次主要暴雨过程(No. 14):7 月 10—14 日

7 月 10 日,500 hPa 青藏高原东侧有短波槽形成发展,中低层四川盆地有西南低涡形成,受其影响,四川盆地及陕南地区出现暴雨,两省交界处局部出现大暴雨(图 3.4.6);11 日,500 hPa 短波槽东移发展,河套地区有低涡形成,中低层四川盆地西南低涡向东北方向移动至陕西、山西交界的区域,受其影响,华北地区至四川盆地东部出现降水,暴雨主要集中在华北中南部地区,河北、河南、山西交界处多站出现大暴雨(图 3.4.7);12 日,500 hPa 河套低涡向东北方向移动至山西、河北交界的北部地区,中低层低涡也随之移动至该区域,低涡东侧西南低空急流发展旺盛,受其影响,华北大部、黄淮北部出现强降水,暴雨集中出现在华北东部至黄淮北部,并有多站出现大暴雨(图 3.4.8);13 日,500 hPa 低涡继续向东北方向移动至河北、内蒙古交界的区域,中低层低涡也随之移动至该区域,受其影响,华北东部、辽宁西南部、内蒙古东部出现降水,暴雨主要出现在河北、辽宁交界的区域范围,部分地区出现大暴雨(图 3.4.9);14 日,500 hPa 华北地区有短波槽形成,中低层低涡东移减弱并在河北东部形成切变,受其影响,山东北部至辽宁出现降水,部分地区出现暴雨,山东北部局部出现大暴雨(图 3.4.10)。图 3.4.11 为此次暴雨过程总降水量分布。

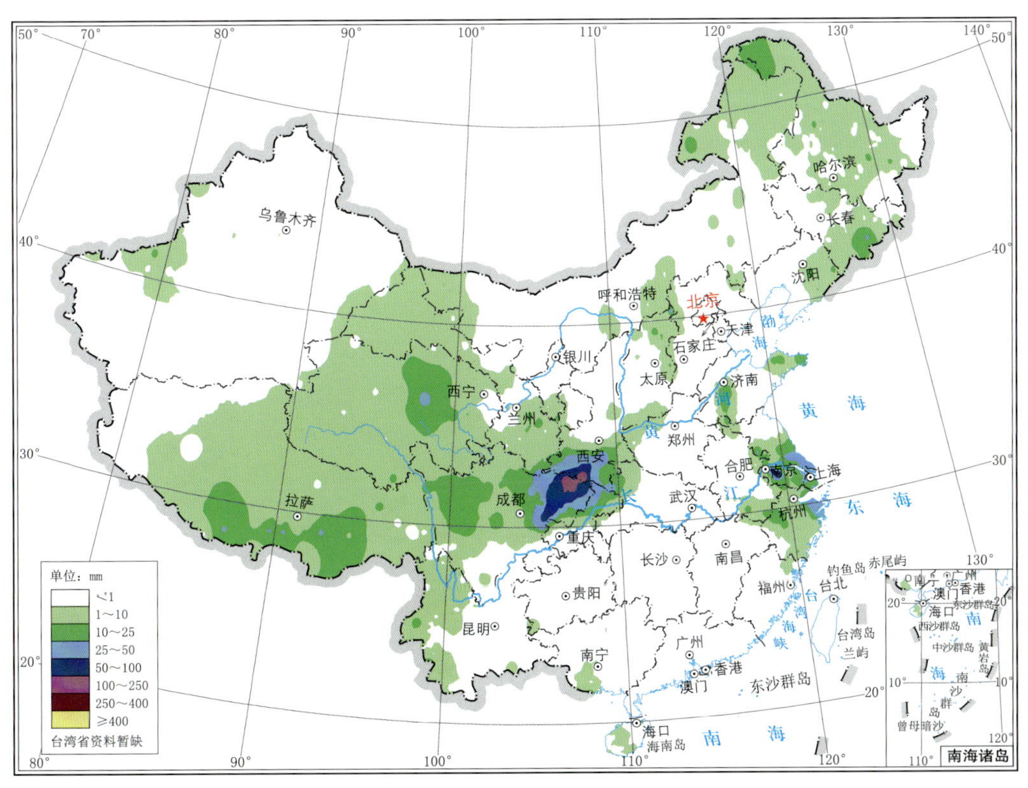

图 3.4.6　2021 年 7 月 10 日全国降水量分布

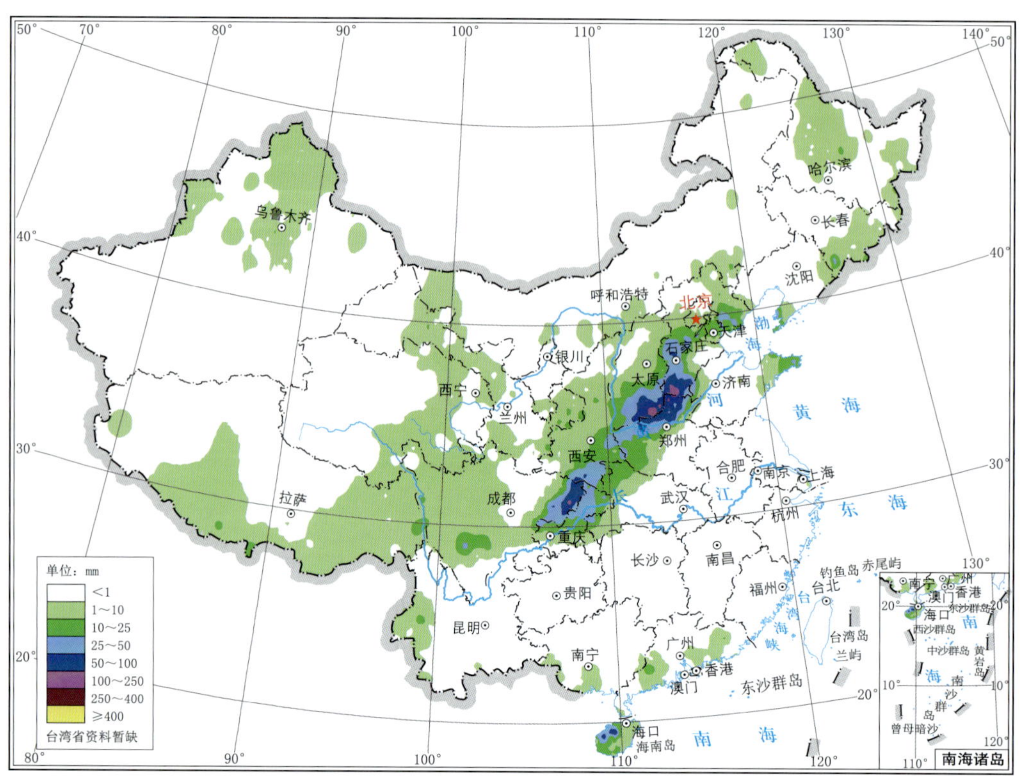

图 3.4.7　2021 年 7 月 11 日全国降水量分布

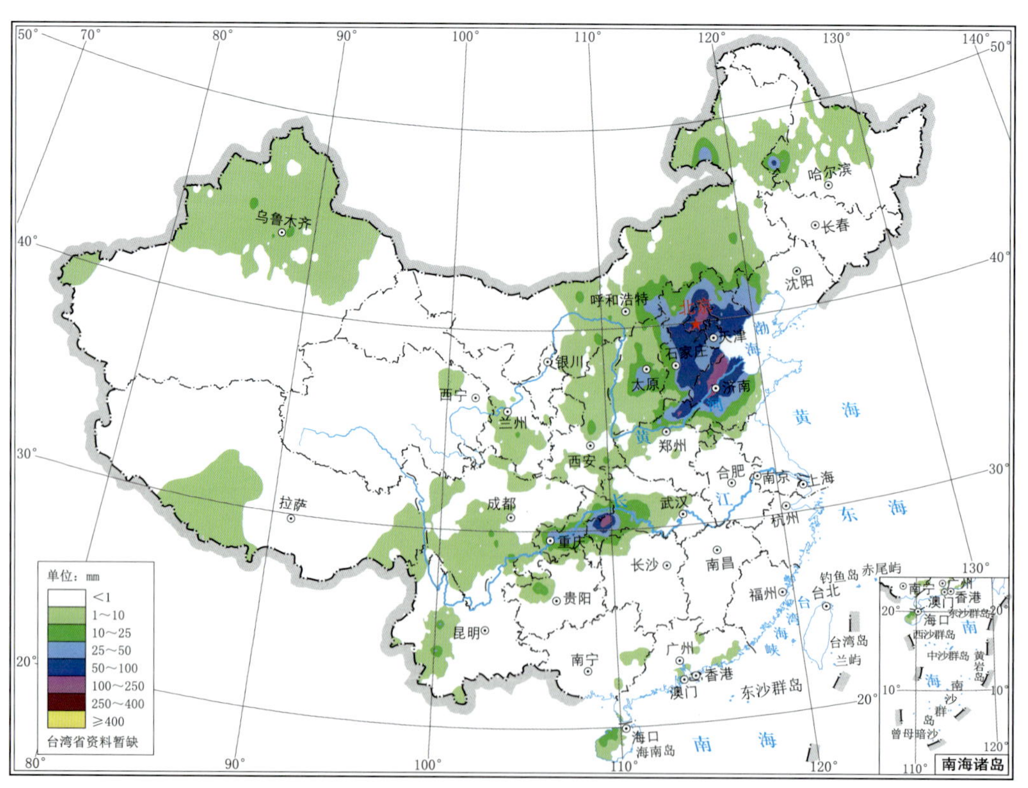

图 3.4.8　2021 年 7 月 12 日全国降水量分布

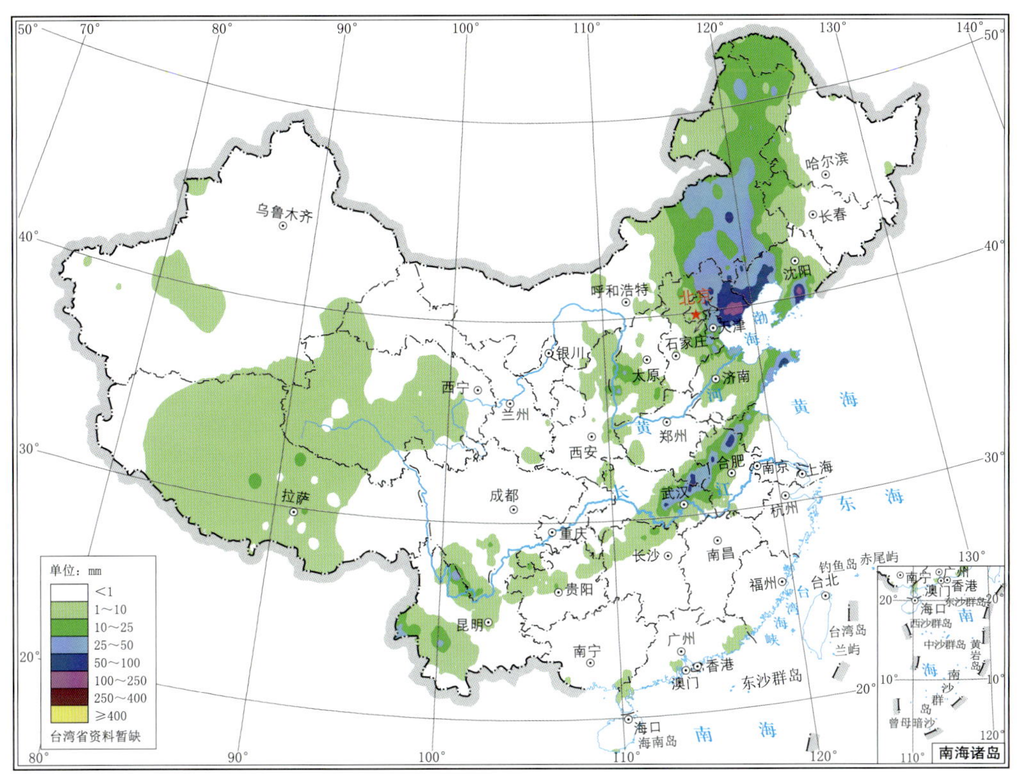

图 3.4.9　2021 年 7 月 13 日全国降水量分布

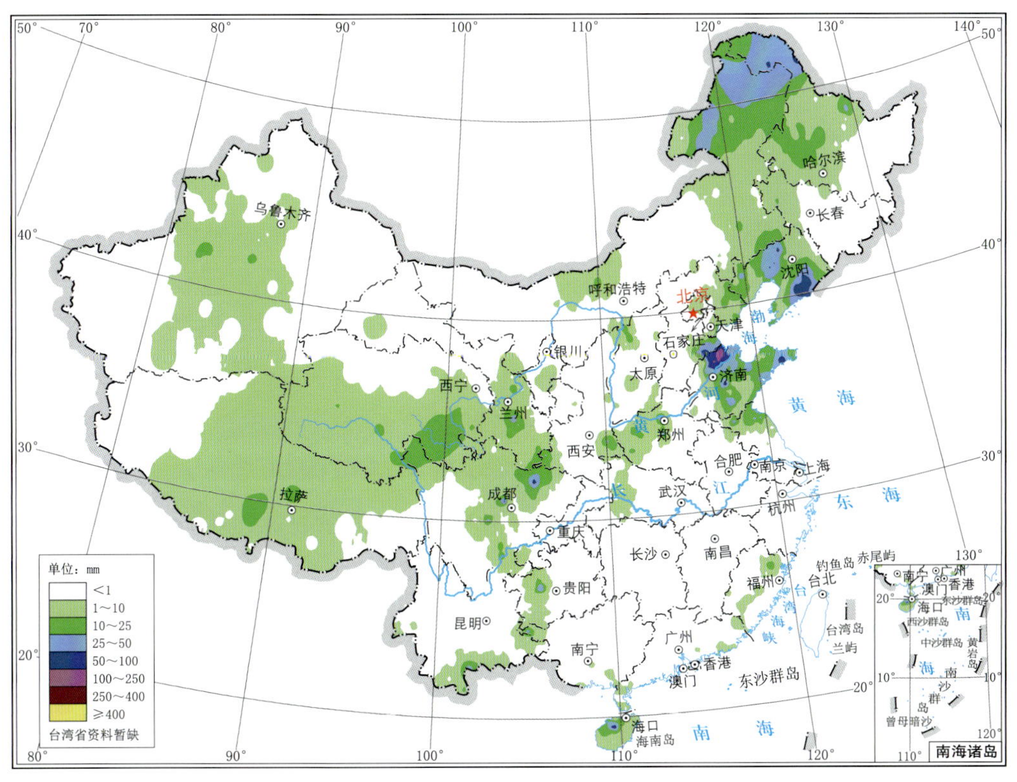

图 3.4.10　2021 年 7 月 14 日全国降水量分布

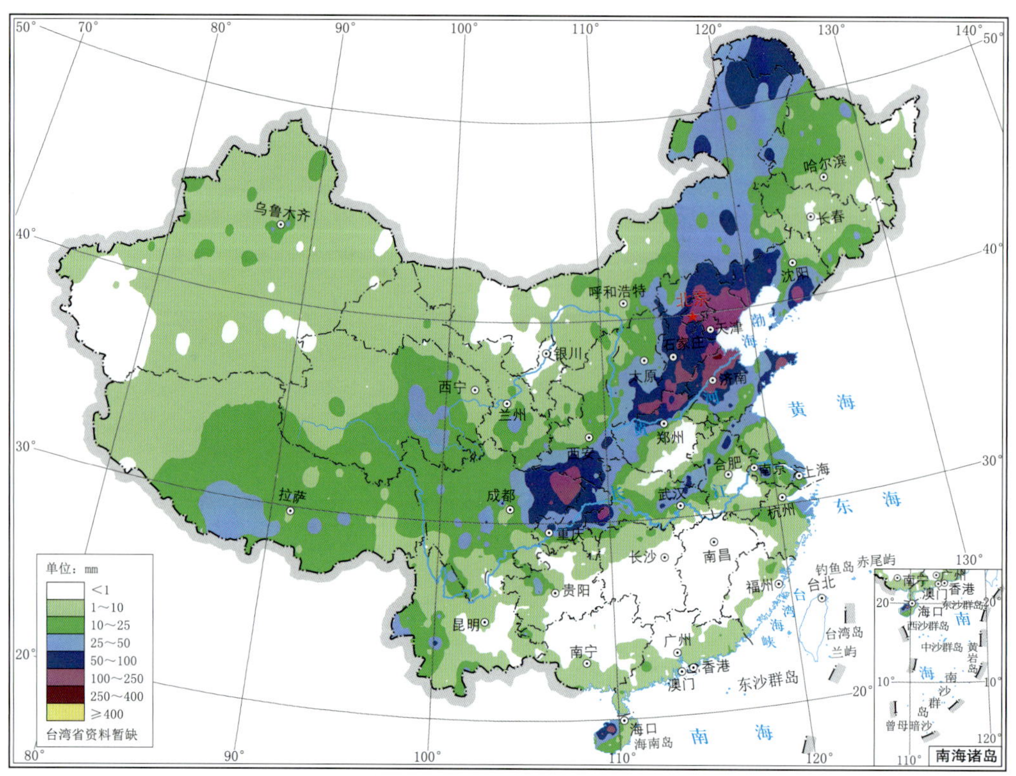

图 3.4.11　2021 年 7 月 10—14 日全国总降水量分布

第 15 次主要暴雨过程(No. 15):7 月 15—18 日

7 月 15 日,500 hPa 山东境内有低涡形成,中低层黄淮北部有切变生成,受其影响,黄淮地区出现降水,江苏北部至河南中部出现近东西向的暴雨带,部分地区出现大暴雨(图 3.4.12);16 日,500 hPa 山东境内低涡缓慢南压,中低层黄淮北部切变有所南压并有气旋发展,受其影响,雨区有所南压,黄淮南部、江淮大部出现较为集中的暴雨,多站出现大暴雨(图 3.4.13);17 日,500 hPa 位于黄淮流域的低涡继续南压至长江下游地区,中低层黄淮气旋也有所南压,受其影响,雨区继续南压,暴雨主要出现在江淮流域及周边地区,安徽局部出现大暴雨(图 3.4.14);18 日,500 hPa 低涡仍维持在长江中下游地区但强度减弱,中低层黄淮气旋缓慢南压至江淮流域,受其影响,江淮西部、江汉东部、江南北部出现降水,暴雨分布零散,江西局部出现大暴雨(图 3.4.15)。图 3.4.16 为此次暴雨过程总降水量分布。

第 16 次主要暴雨过程(No. 16):7 月 15—18 日

7 月 15 日,500 hPa 甘肃南部有低涡形成发展,中低层四川盆地有西南低涡生成,受其影响,西北地区东部及四川盆地出现降水,暴雨集中出现在甘肃、陕西、四川三省交界的区域至四川盆地西部,盆地西部多站出现大暴雨(图 3.4.12);16 日,500 hPa 甘肃南部的低涡南压至四川盆地,中低层西南低涡维持少动,受其影响,降水区整体南压至四川盆地,暴雨集中出现在盆地中部地区,多站出现大暴雨(图 3.4.13);17 日,500 hPa 盆地低涡南压至川、渝、黔交界的区域,中低层西南低涡也随之移动至该区域,受其影响,川、渝、黔交界的区域出现降水,部分地区出现暴雨(图 3.4.14);18 日,500 hPa 低涡继续南压至云南、贵州、广西交界的区域,中低层西南低涡也随之移动至该区域,受其影响,该区域出现降水,部分地区出现暴雨(图 3.4.15)。图 3.4.16 为此次暴雨过程总降水量分布。

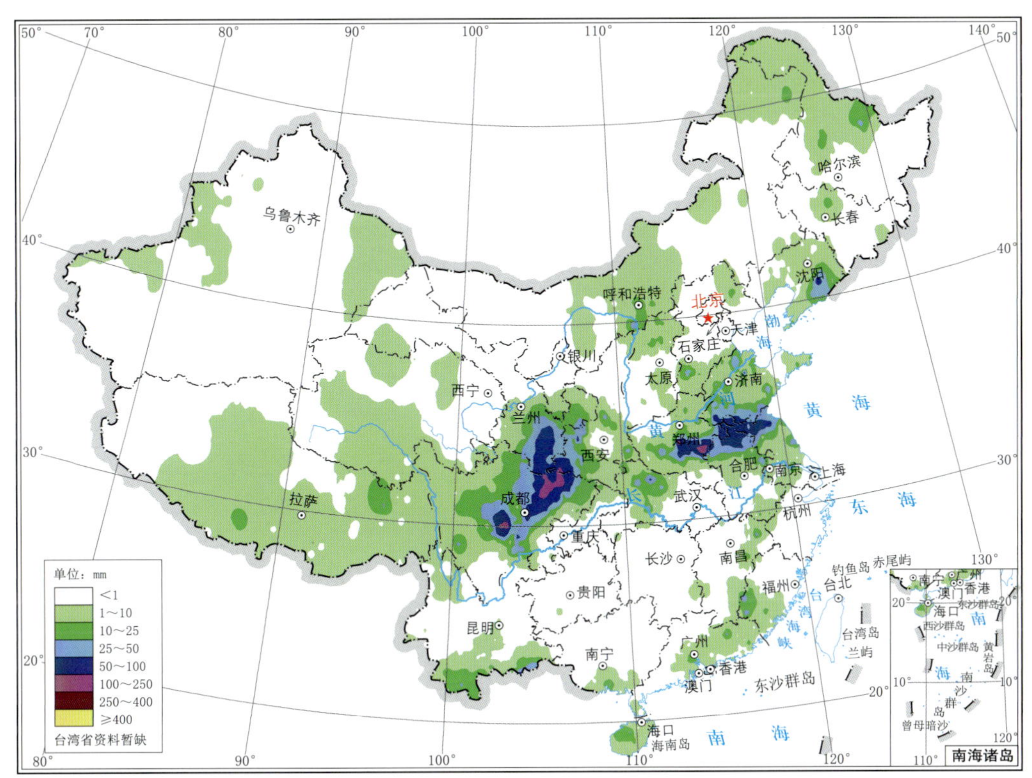

图 3.4.12　2021 年 7 月 15 日全国降水量分布

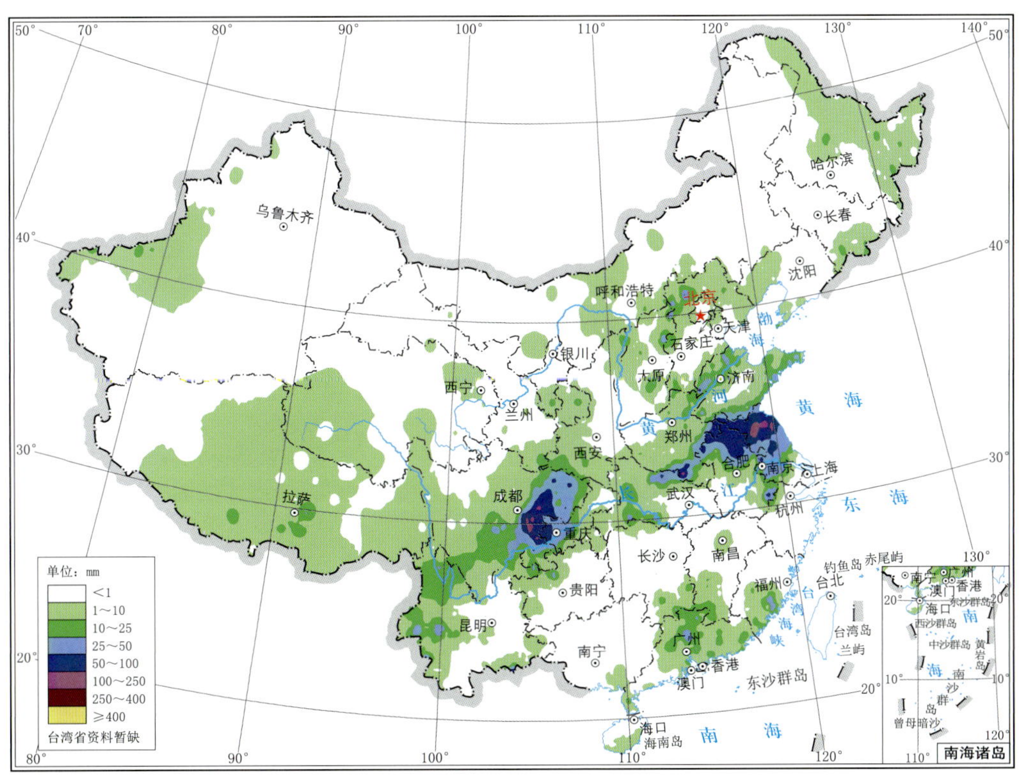

图 3.4.13　2021 年 7 月 16 日全国降水量分布

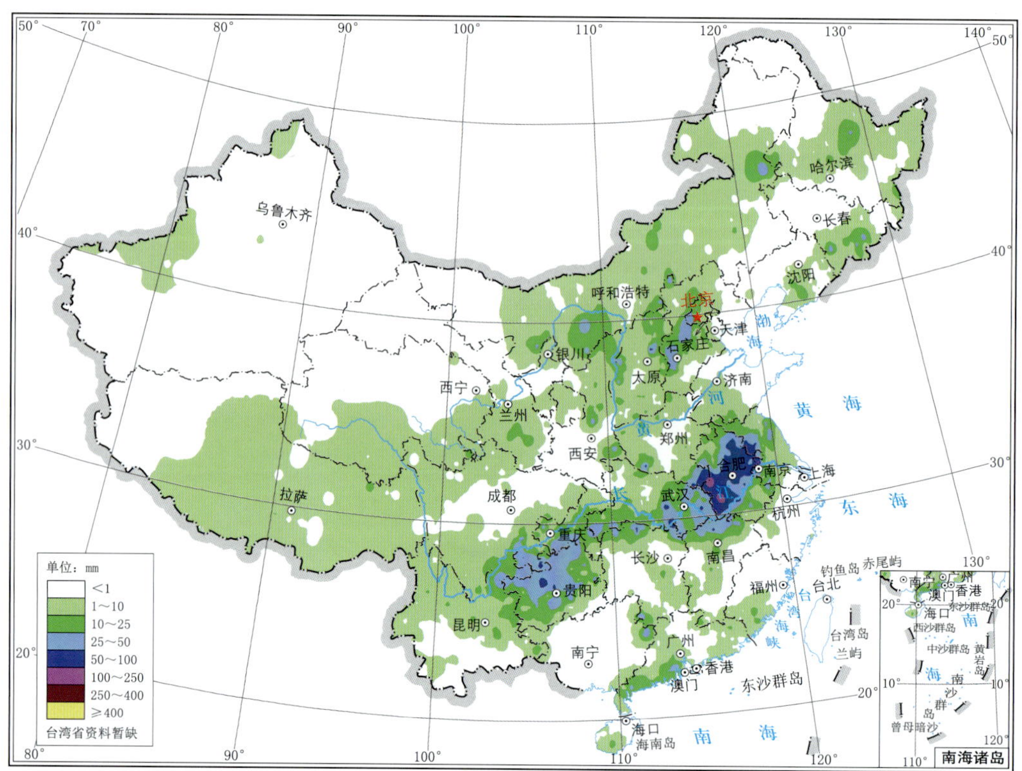

图 3.4.14 2021 年 7 月 17 日全国降水量分布

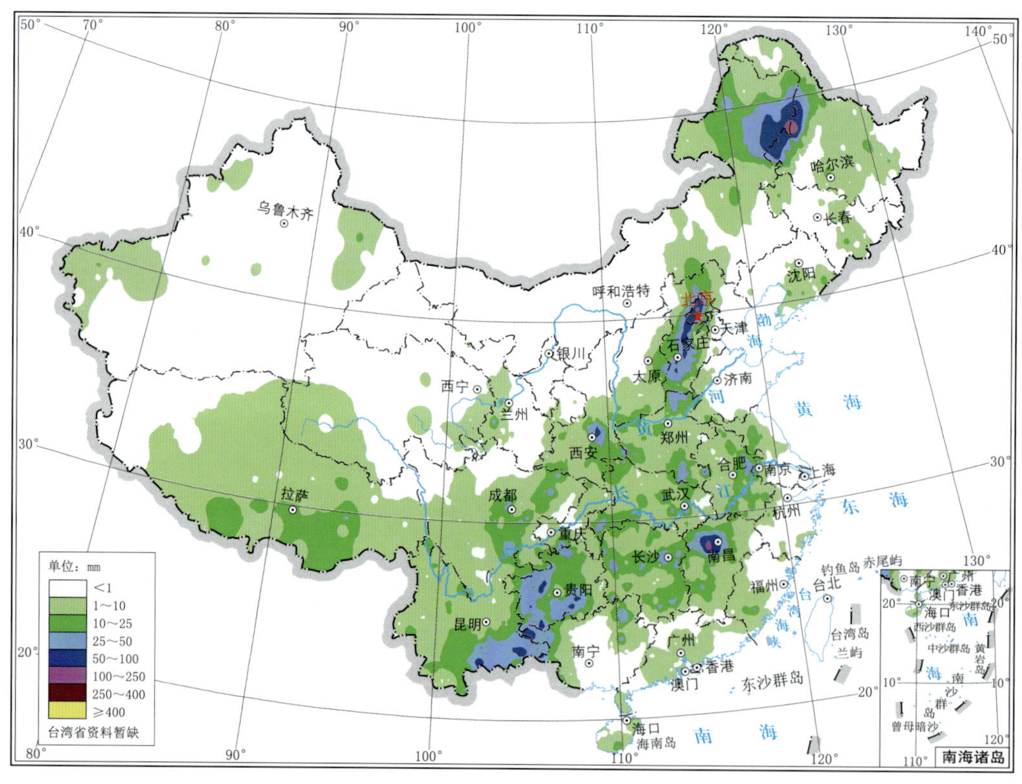

图 3.4.15 2021 年 7 月 18 日全国降水量分布

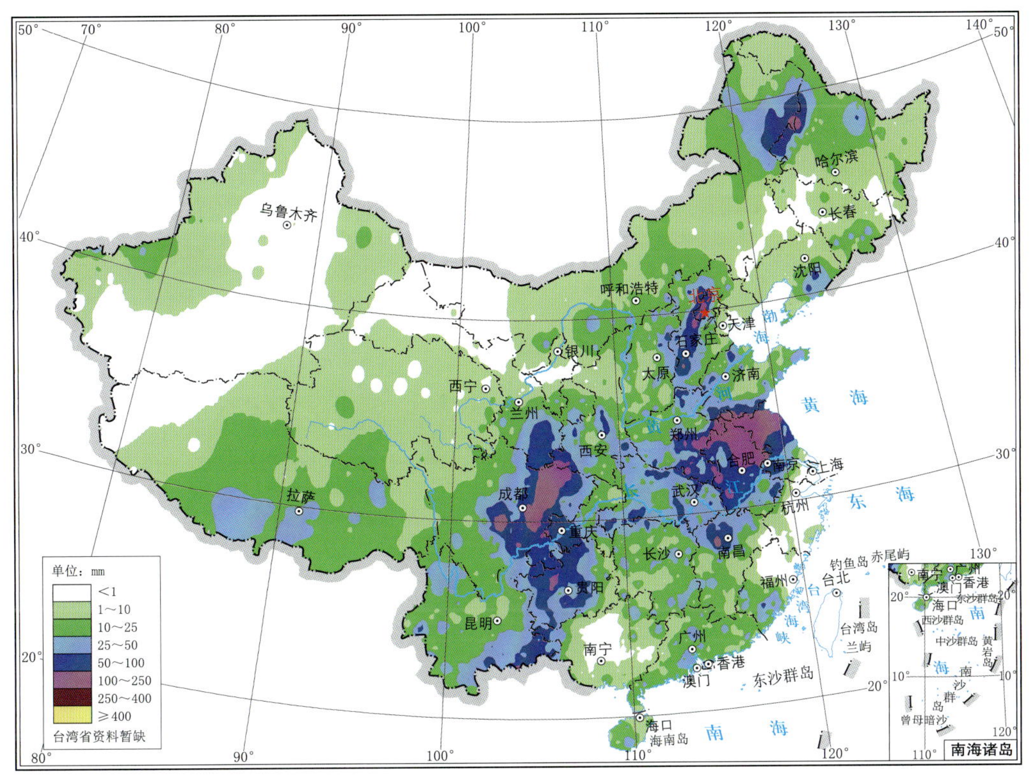

图 3.4.16　2021 年 7 月 15—18 日全国总降水量分布

第 17 次主要暴雨过程(No. 17):7 月 18—22 日

7 月 18 日,500 hPa 内蒙古中部有西风短波槽形成,中低层内蒙古中部至华北北部有切变形成,受其影响,华北东部出现降水,暴雨呈狭窄的南北向分布,北京局部出现大暴雨(图 3.4.15);19 日,500 hPa 华北东部至黄淮西部有短波槽形成,中低层陕西、重庆、湖北交界的区域有低涡新生,低涡东北侧至华北东部有切变形成,受其影响,华北东部至黄淮西部出现降水,暴雨主要出现在河南中北部,局部出现大暴雨(图 3.4.17);20 日,500 hPa 山西、陕西、河南三省交界的区域有低涡形成,中低层该区域也有低涡新生,受其影响,河南出现强降水,暴雨集中在河南中部及周边地区,共有 33 站出现大暴雨、6 站出现特大暴雨(郑州 552.5 mm、新密 448.3 mm、嵩山 426.2 mm、荥阳 349.7 mm、偃师 339.7 mm、登封 251.3 mm)(图 3.4.18);21 日,500 hPa 河套地区有低涡发展,中低层黄河下游地区有暖切变形成,受其影响,雨区向北扩展,河南、河北出现大范围强降水,暴雨主要出现在河南中北部至河北南部,共有 43 站出现大暴雨,河南安阳、汤阴、淇县、卫辉、扶沟和临颍自北向南分别出现了 263.6 mm、388.2 mm、353.3 mm、278.8 mm、341.0 mm 及 276.8 mm 的特大暴雨(图 3.4.19);22 日,500 hPa 河套低涡东移至陕西、山西交界的区域,中低层黄河下游暖切变略有北移,受其影响,雨区北移至华北中南部地区,暴雨主要出现在河北南部至河南北部,共有 14 站出现大暴雨,河南辉县出现了 343.6 mm 的特大暴雨(图 3.4.20)。图 3.4.21 为此次暴雨过程总降水量分布。

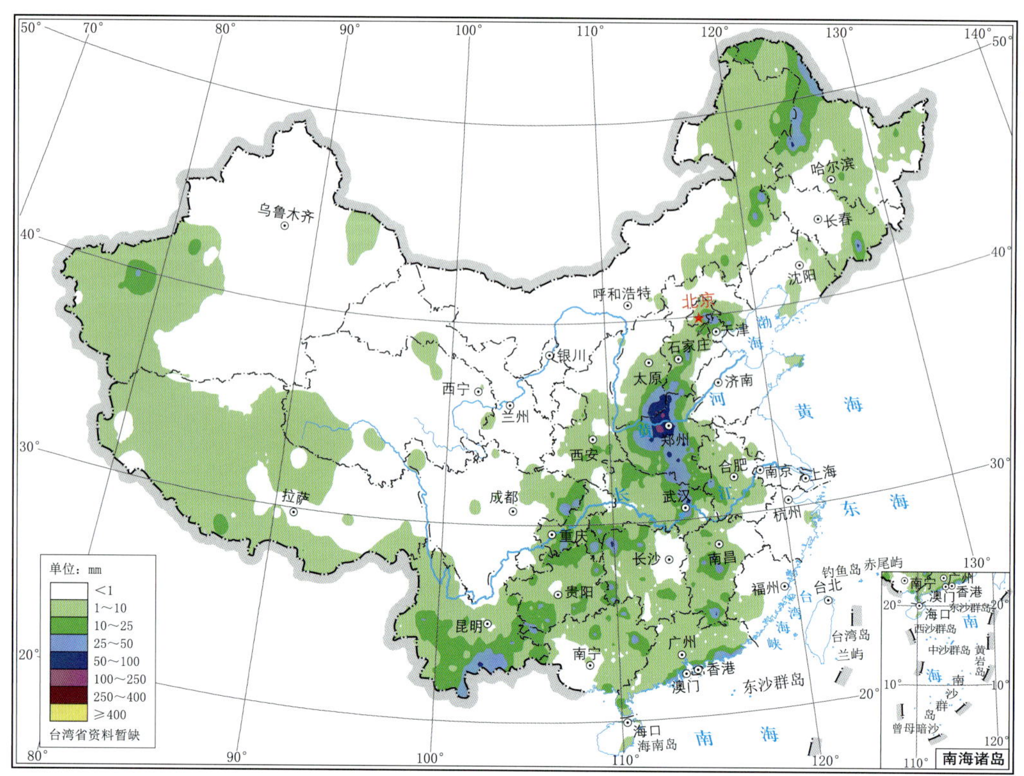

图 3.4.17　2021 年 7 月 19 日全国降水量分布

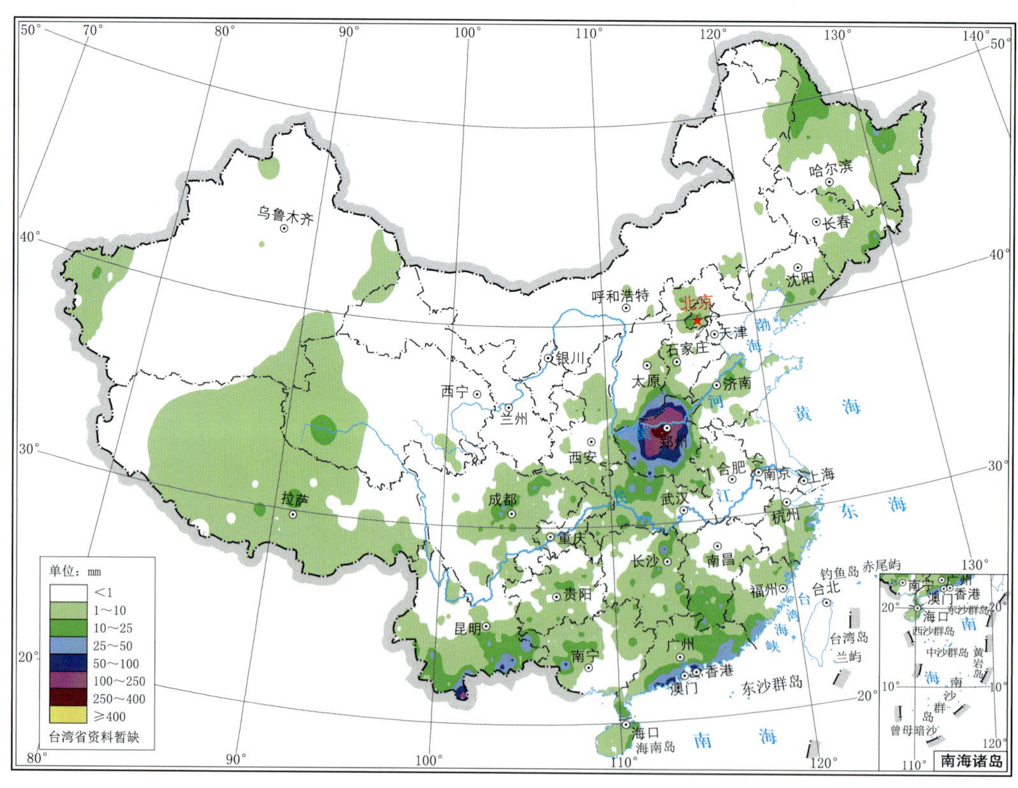

图 3.4.18　2021 年 7 月 20 日全国降水量分布

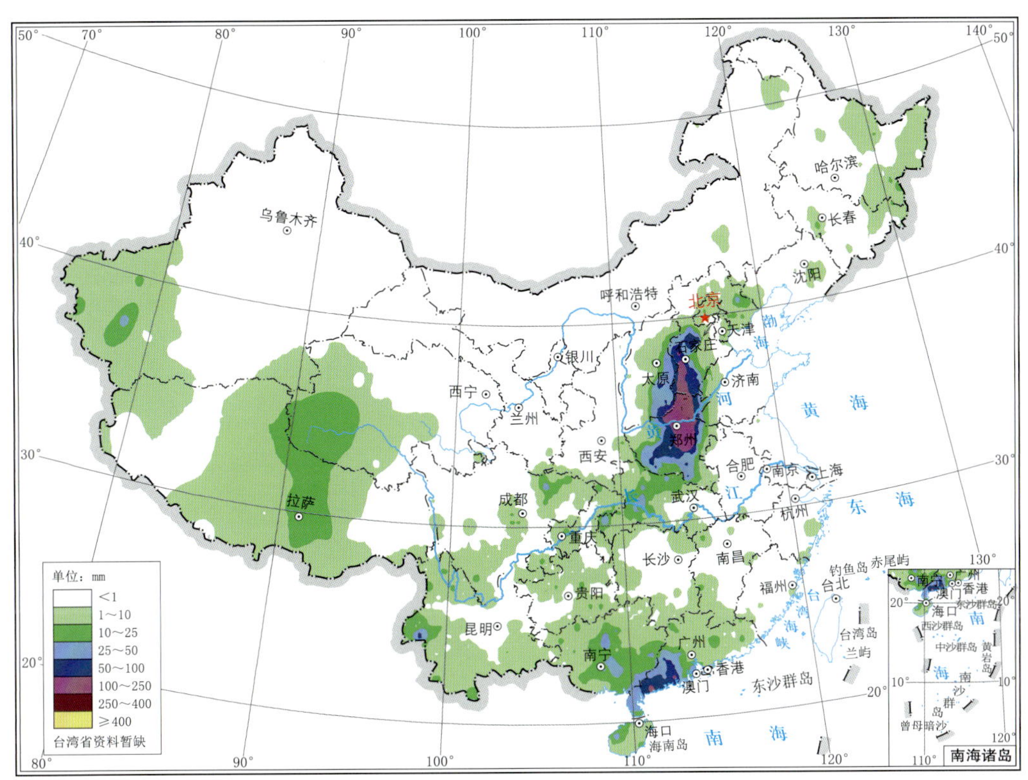

图 3.4.19　2021 年 7 月 21 日全国降水量分布

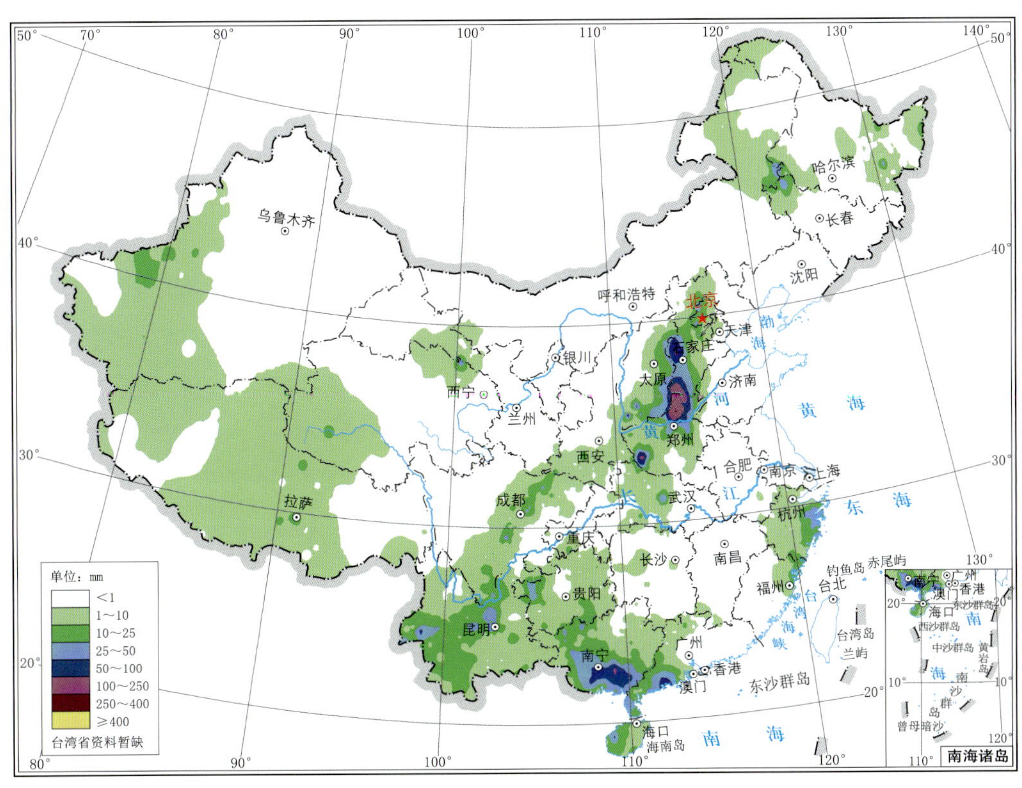

图 3.4.20　2021 年 7 月 22 日全国降水量分布

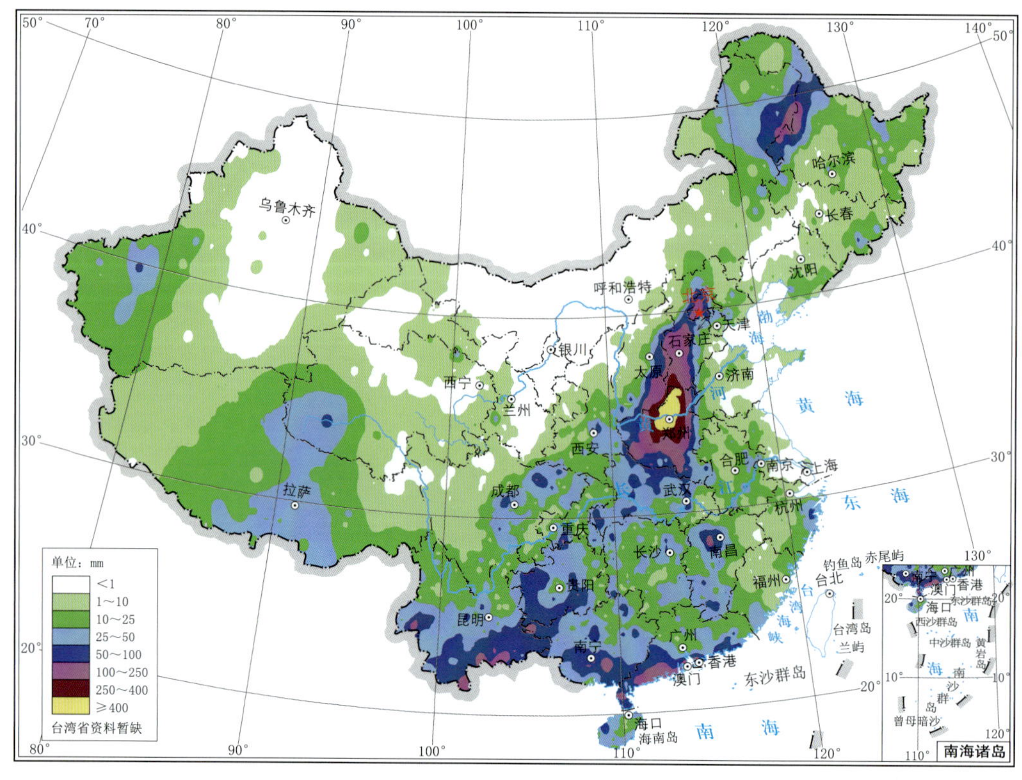

图 3.4.21　2021 年 7 月 18—22 日全国总降水量分布

第 18 次主要暴雨过程(No. 18):7 月 24 日—8 月 1 日

7 月 24 日,2106 号强台风“烟花”(In-Fa)从西北太平洋进入我国东海海域,强度减弱为台风,其后向北偏西方向逐渐靠近华东沿海,受其影响,浙江大部、安徽南部出现降水,暴雨主要出现在浙江中北部,局部出现大暴雨(图 3.4.22);25 日,“烟花”在浙江舟山登陆,强度明显减弱,当日夜间进入杭州湾,受其影响,降水范围略微向北扩展,浙江大部、安徽南部、江苏南部及上海市出现降水,暴雨主要出现在浙江中北部及上海市,沿海多站出现大暴雨(图 3.4.23);26 日,“烟花”在浙江平湖二次登陆,强度进一步减弱,并缓慢向西北方向移动,受其影响,降水范围继续向北缓慢扩展,暴雨主要出现在浙江北部、上海及江苏中部部分地区,杭州湾及上海市多站出现大暴雨(图 3.4.24);27 日,“烟花”向西北方向移动进入江苏境内,受其影响,雨区继续向北扩展,暴雨主要集中在江苏南部、安徽南部和上海市,部分地区出现大暴雨(图 3.4.25);28 日,“烟花”向西北方向移动进入安徽境内,受其影响,雨区迅速向北扩展,江苏大部、安徽北部、山东南部及河南东部部分地区出现大范围暴雨到大暴雨,其中江苏洪泽、高邮、江都和泗阳分别出现 263.7 mm、287.1 mm、319.0 mm 和 322.3 mm 的特大暴雨(图 3.4.26);29 日,“烟花”强度减弱为低压,向偏北方向经江苏进入山东境内,受其影响,雨区继续向北扩展,暴雨主要集中在山东、河北东南部及天津,其中山东、河北交界的区域出现较大面积的大暴雨(图 3.4.27);30 日,“烟花”经河北折向偏东移入渤海海域,随即变性为温带气旋,受其影响,雨区北移至天津、辽西地区,部分地区出现暴雨、局部大暴雨(图 3.4.28);31 日,“烟花”加速向东北方向移动,在渤海海域快速消散,受其影响,雨区继续北移,东北部分地区出现暴雨(图 3.4.29);8 月 1 日,受“烟花”残余环流及东北冷涡的影响,东北局部出现暴雨(图 3.4.30)。图 3.4.31 为此次暴雨过程总降水量分布。

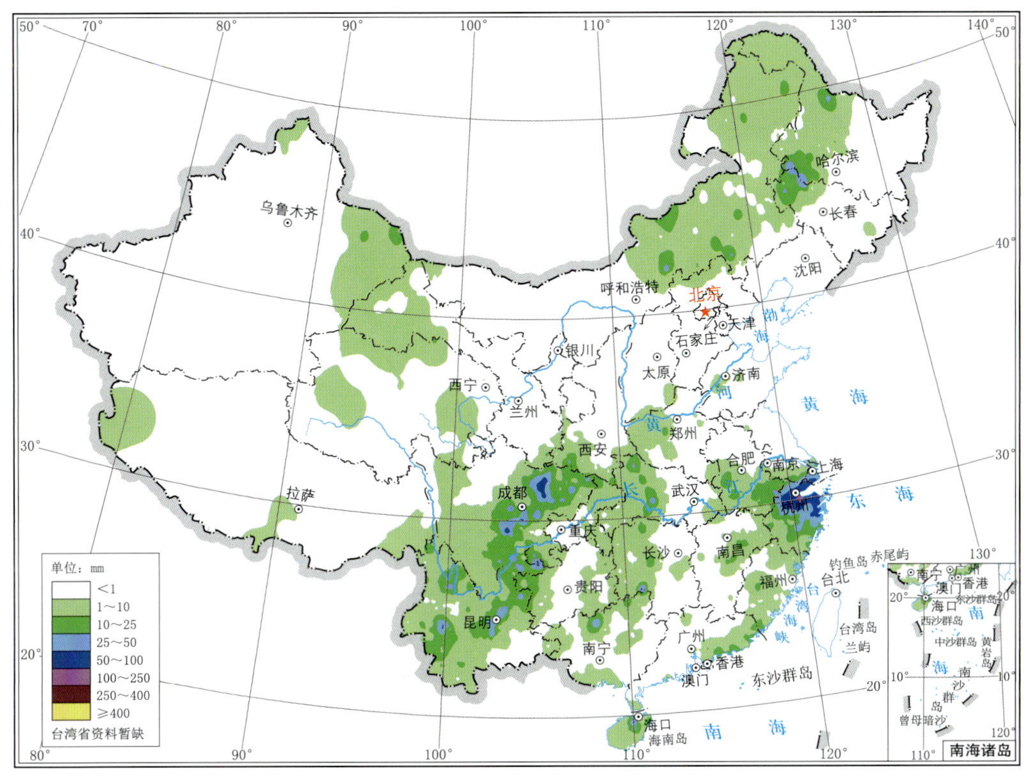

图 3.4.22　2021 年 7 月 24 日全国降水量分布

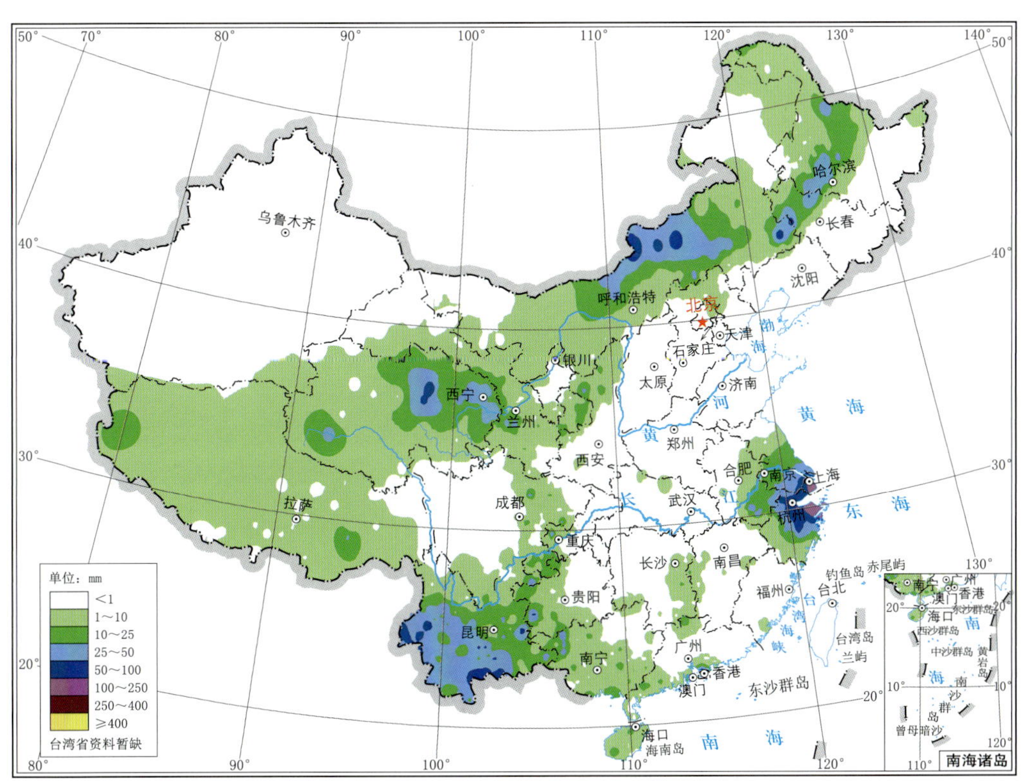

图 3.4.23　2021 年 7 月 25 日全国降水量分布

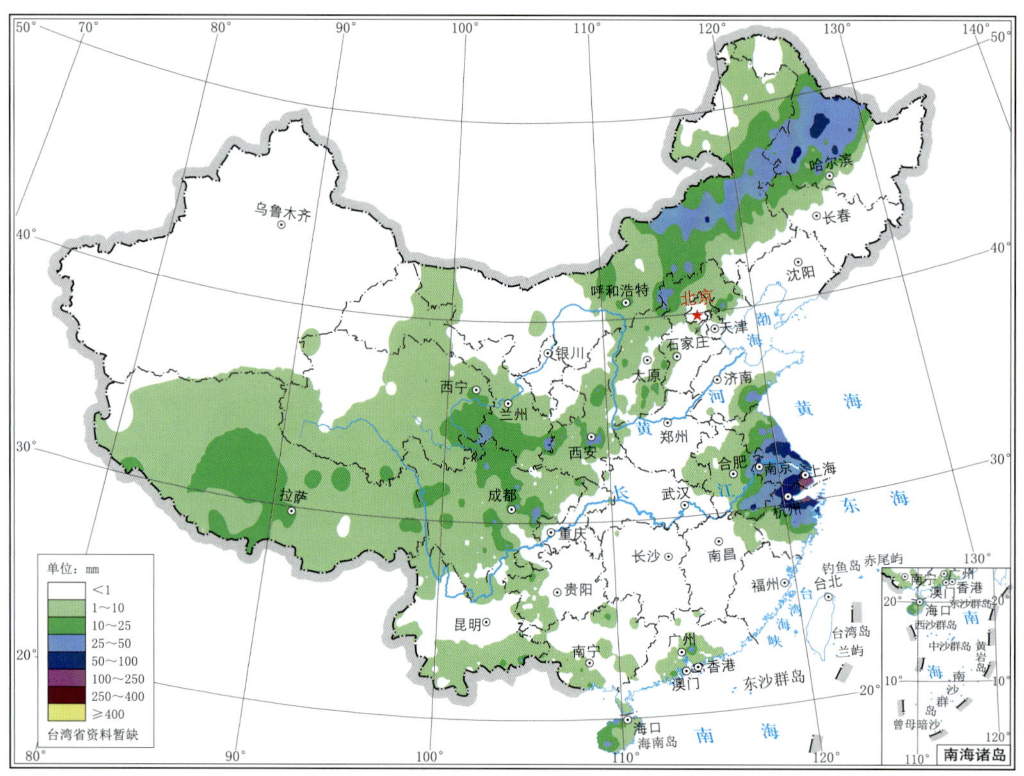

图 3.4.24　2021 年 7 月 26 日全国降水量分布

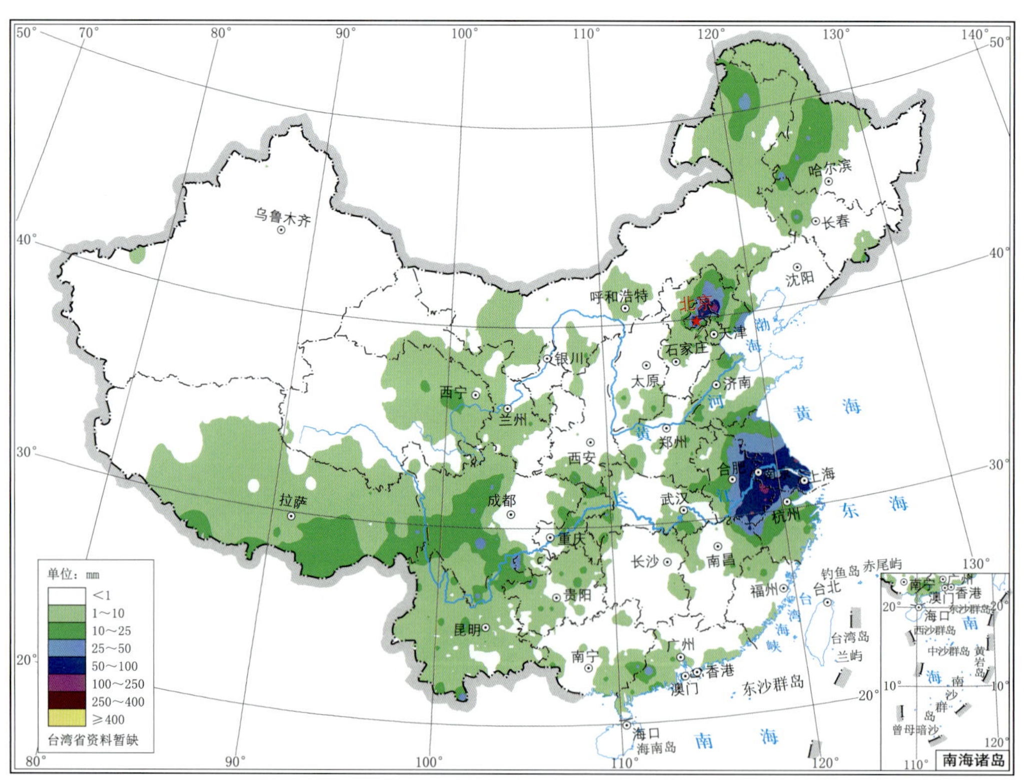

图 3.4.25　2021 年 7 月 27 日全国降水量分布

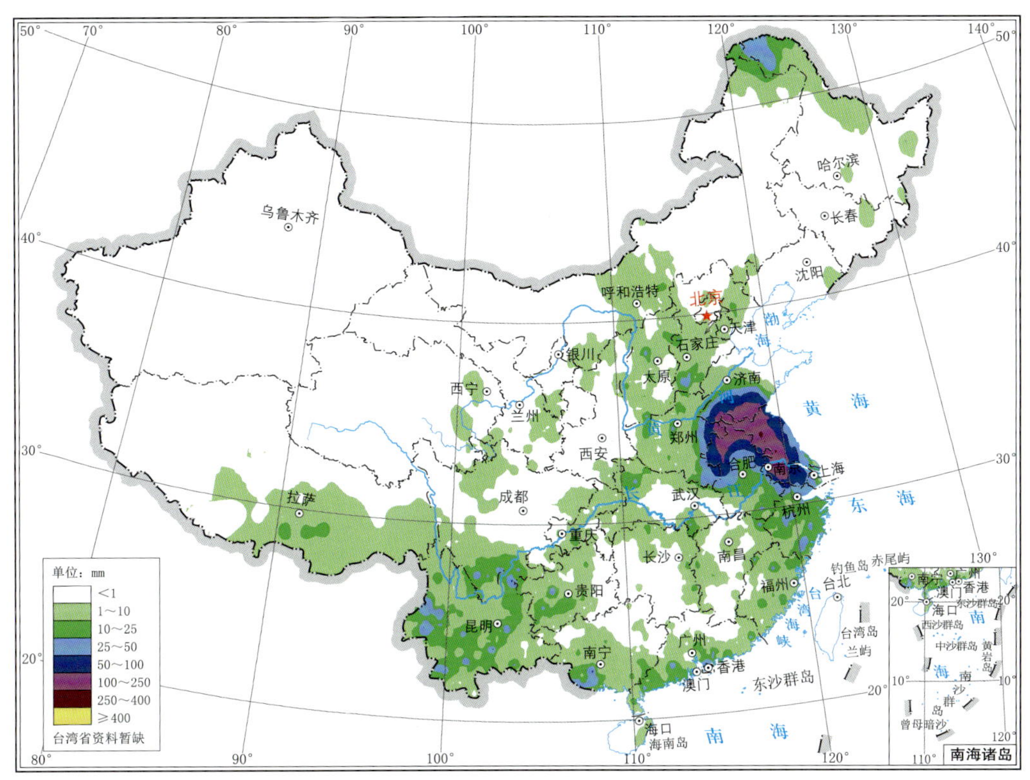

图 3.4.26　2021 年 7 月 28 日全国降水量分布

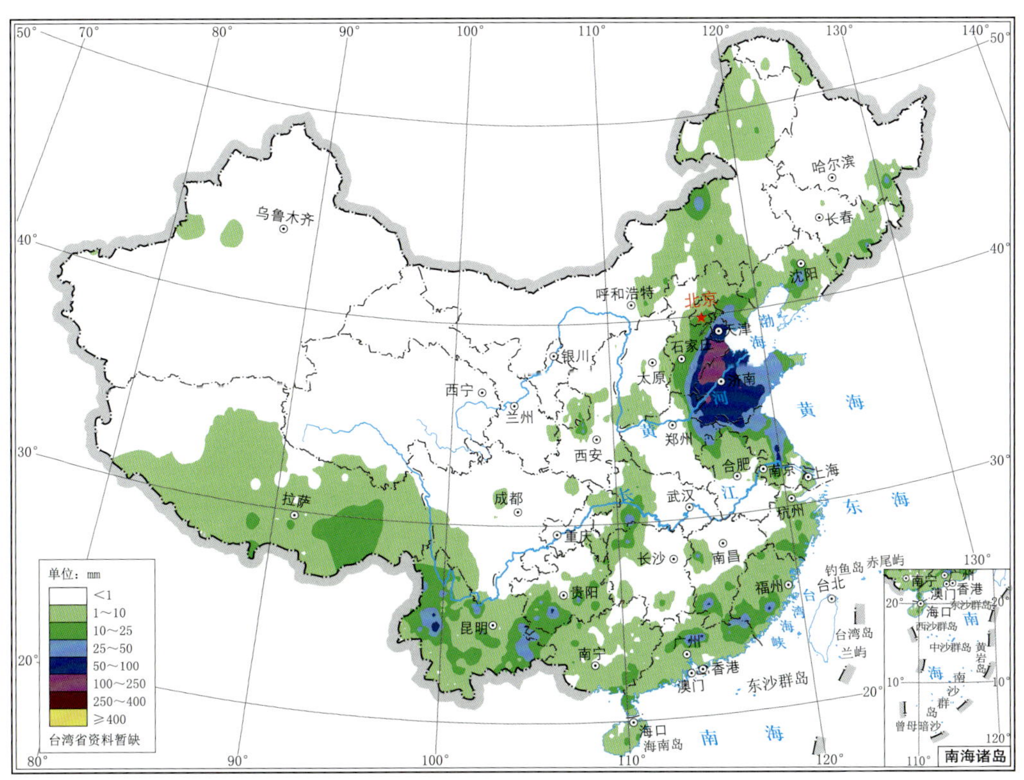

图 3.4.27　2021 年 7 月 29 日全国降水量分布

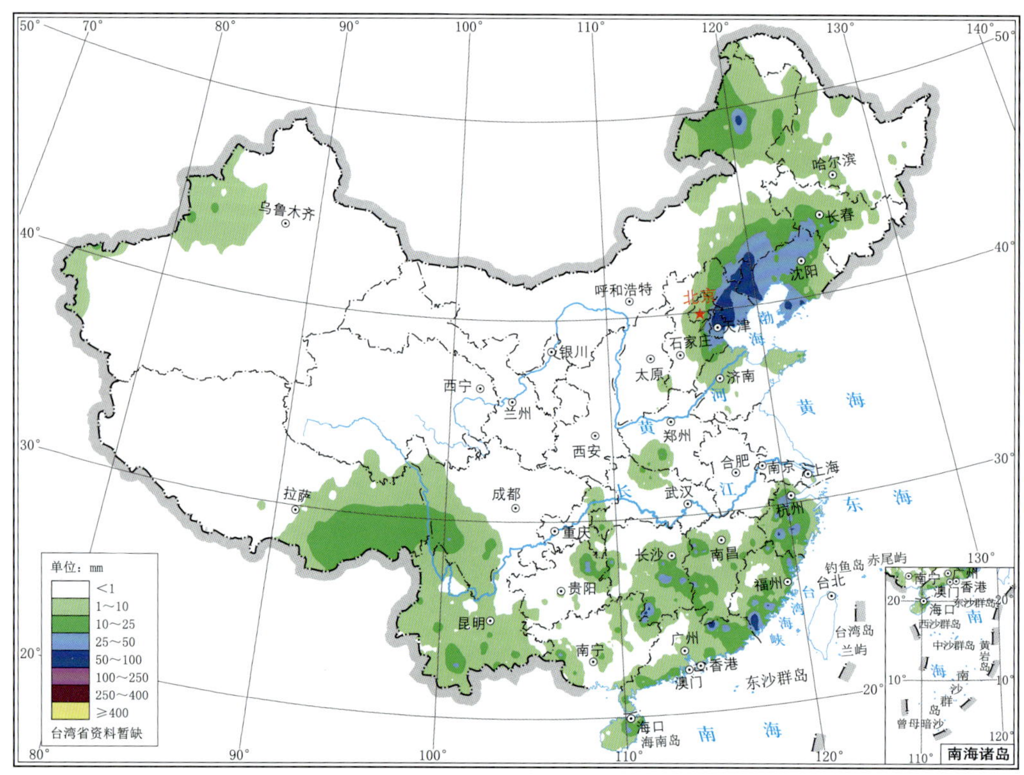

图 3.4.28　2021 年 7 月 30 日全国降水量分布

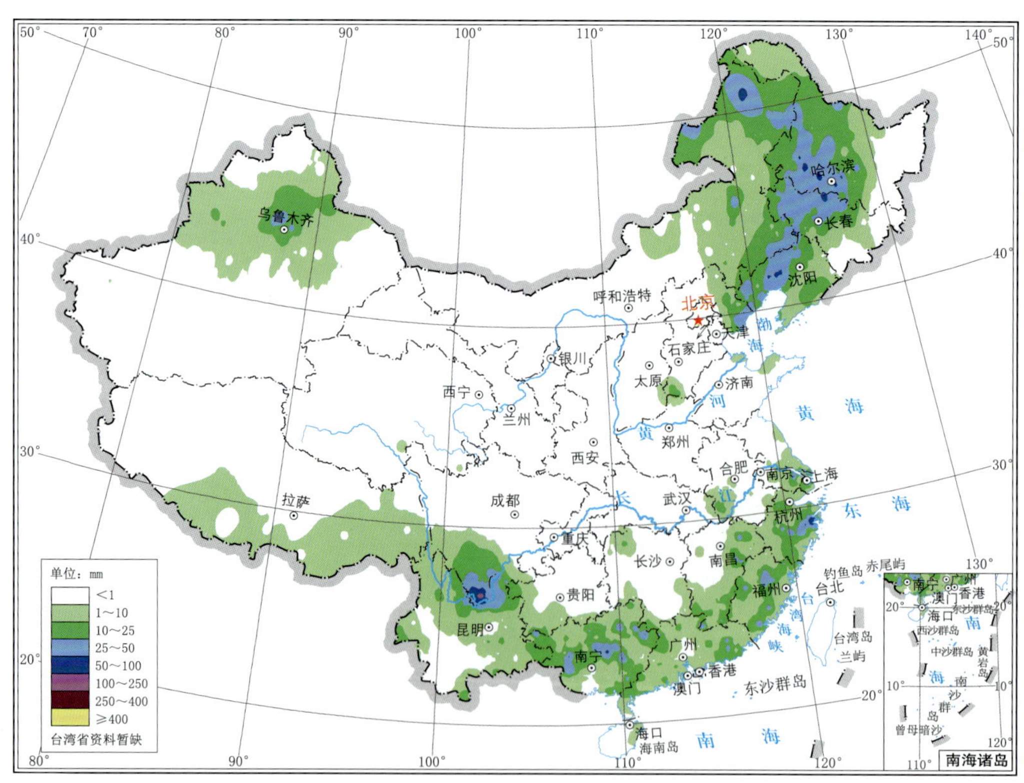

图 3.4.29　2021 年 7 月 31 日全国降水量分布

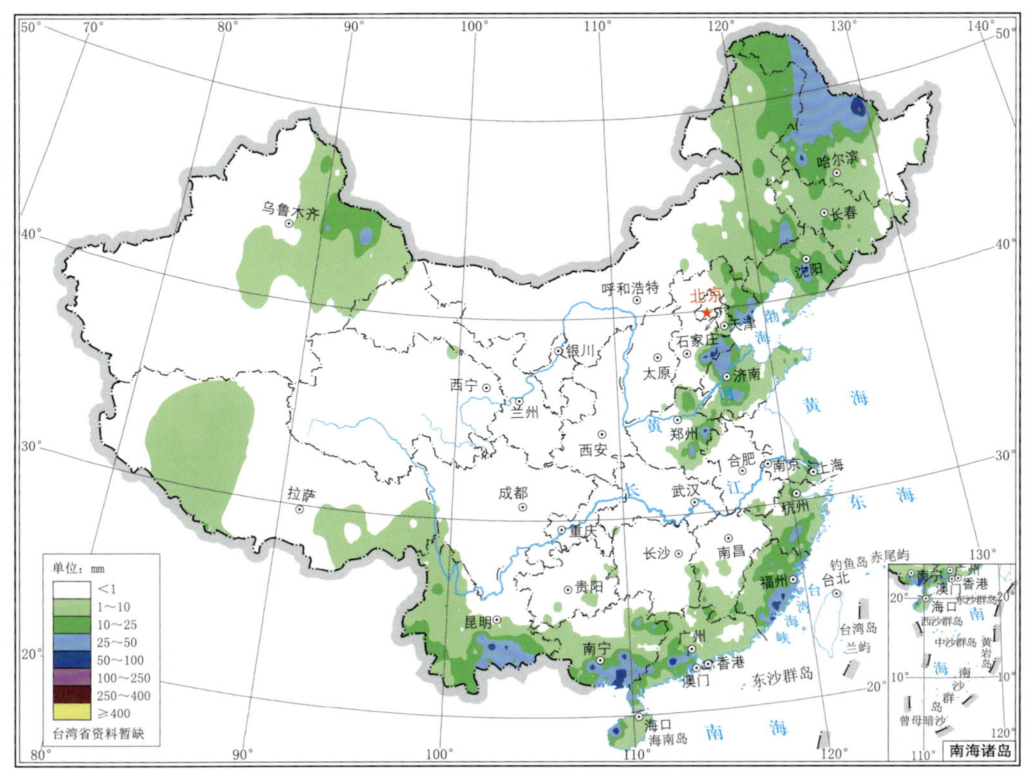

图 3.4.30　2021 年 8 月 1 日全国降水量分布

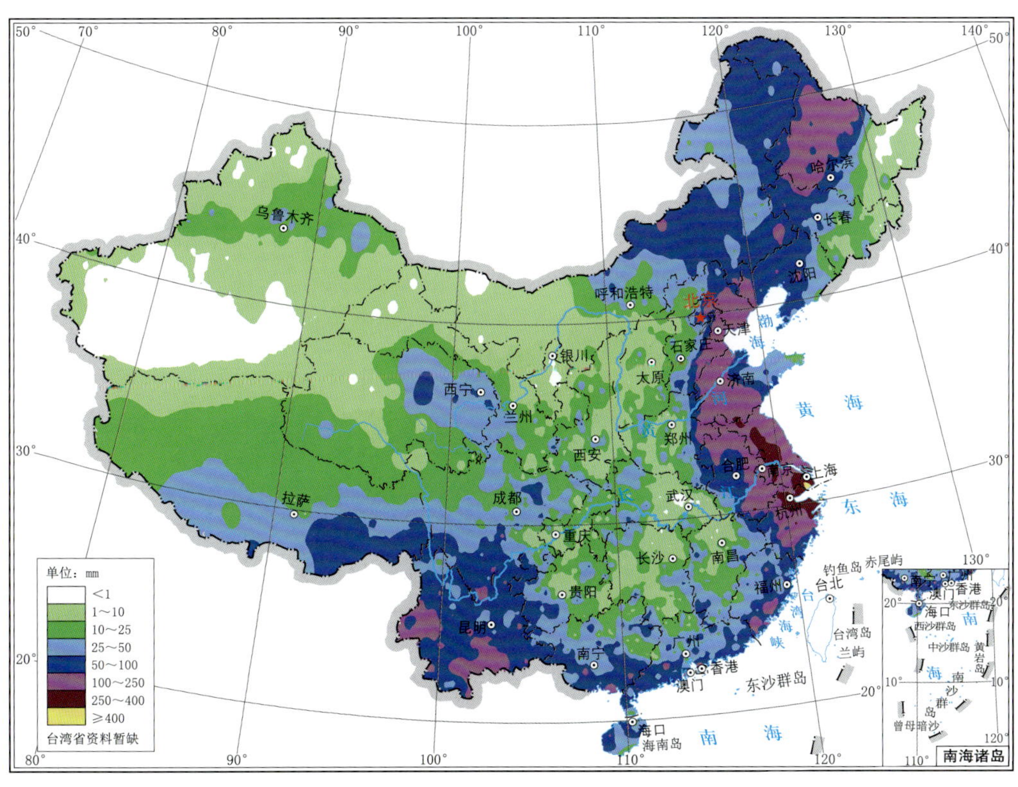

图 3.4.31　2021 年 7 月 24 日—8 月 1 日全国总降水量分布

第 19 次主要暴雨过程(No. 19):7 月 29 日—8 月 7 日

7 月 29 日,500 hPa 华南西部有短波槽形成,中低层华南地区有弱切变活动,受其影响,广东、福建、江西局部出现暴雨(图 3.4.27);30 日,500 hPa 华南短波槽缓慢东移,中低层华南地区切变维持少动,受其影响,江南南部、华南东部出现降水,部分地区暴雨、局部大暴雨(图 3.4.28);31 日,500 hPa 江南西部至华南西部又有新的短波槽形成,中低层江南至华南地区也有弱切变维持,受其影响,华南地区至江南东部出现降水,部分地区暴雨、局部大暴雨(图 3.4.29);8 月 1 日,500 hPa 江南西部短波槽东移,同时在华南西部地区又有低涡形成,中低层江南东部至华南西部有明显的切变形成,受其影响,华南地区至江南东部出现降水,暴雨主要出现在华南南部及福建东部沿海,局部出现大暴雨(图 3.4.30);2 日,500 hPa 华南西部的低涡南移进入北部湾形成热带低压,东南沿海及华南沿海有短波槽形成,中低层北部湾有低涡形成,江南至华南的切变南压至东南沿海及华南沿海地区,受其影响,东南沿海及华南沿海出现降水,福建沿海局部出现暴雨、大暴雨(图 3.4.32);3 日,500 hPa 热带低压东移越过雷州半岛进入广东以南海域,中低层热带低压也随之东移,东南及华南沿海切变维持,受其影响,东南及华南沿海降水维持,局部地区出现暴雨(图 3.4.33);4 日,热带低压继续向偏东方向移动并发展为 2109 号热带风暴“卢碧”(Lupit),受其影响,降水范围向江南地区扩展,江南、华南部分地区出现暴雨,局部大暴雨(图 3.4.34);5 日,热带风暴“卢碧”(Lupit)依次在广东汕头和福建东山登陆,受其影响,降水主要出现在江南、华南地区,除湖南东南部出现暴雨区外,暴雨主要出现在东南、华南沿海地区,其中福建沿海多站出现大暴雨(图 3.4.35);6 日,“卢碧”继续沿福建东南部海岸线向东北方向移动,受其影响,暴雨主要出现在福建沿海及浙江南部沿海,福建沿海多站出现大暴雨(图 3.4.36);7 日,“卢碧”

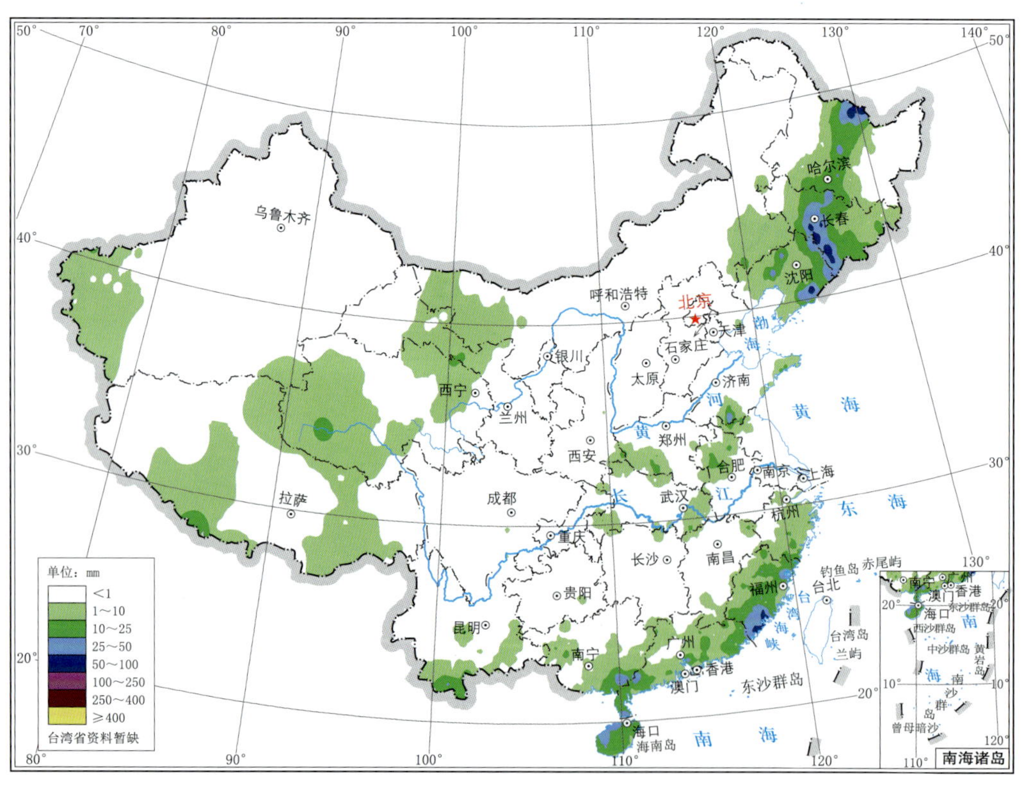

图 3.4.32　2021 年 8 月 2 日全国降水量分布

转向偏东，穿过台湾海峡，第三次登陆台湾新竹，随即进入东海南部海域，其后加速向东北方向移去，受其影响，降水随即减弱，福建沿海中部出现暴雨到大暴雨（图 3.4.37）。图 3.4.38 为此次暴雨过程总降水量分布。

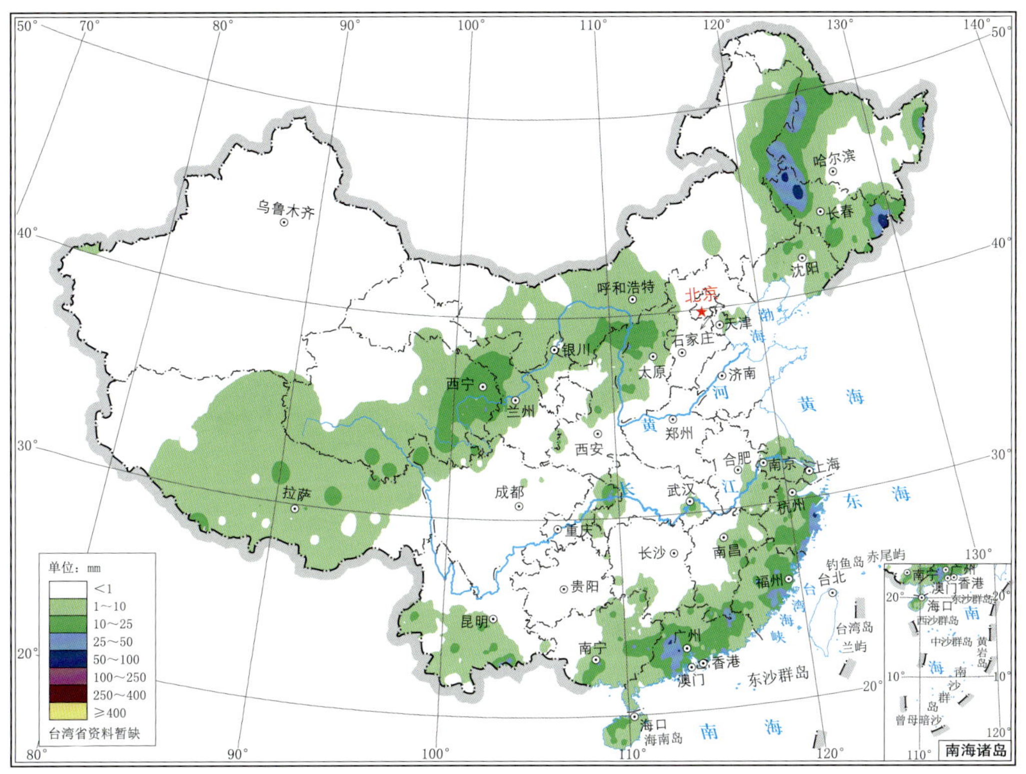

图 3.4.33　2021 年 8 月 3 日全国降水量分布

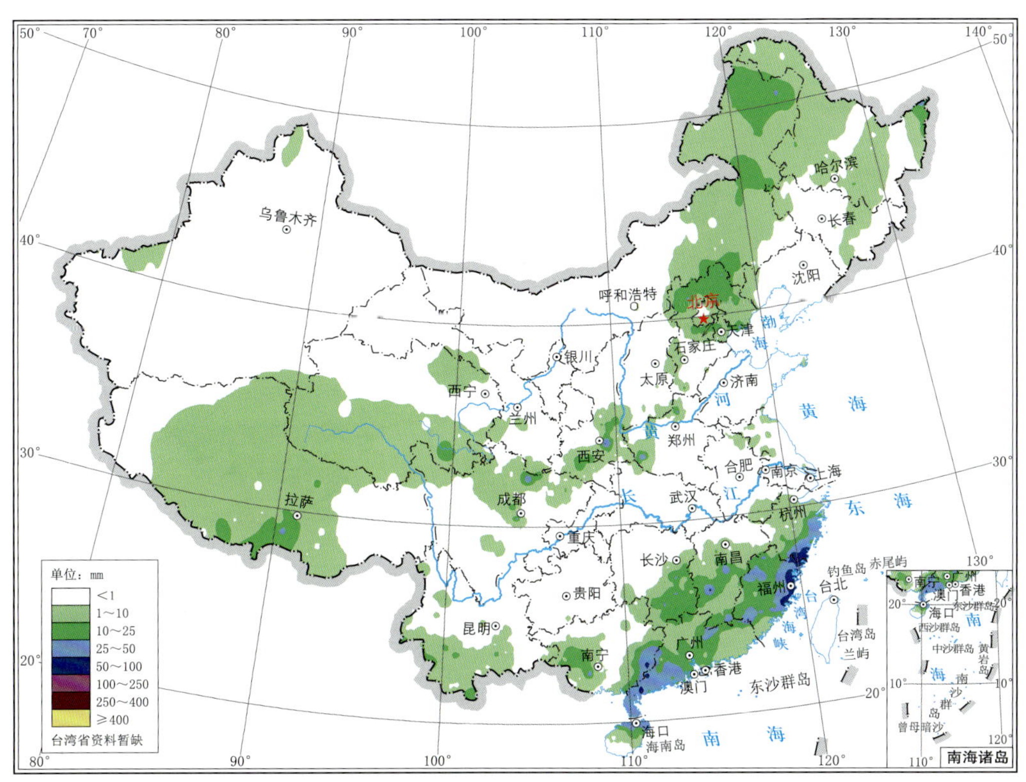

图 3.4.34　2021 年 8 月 4 日全国降水量分布

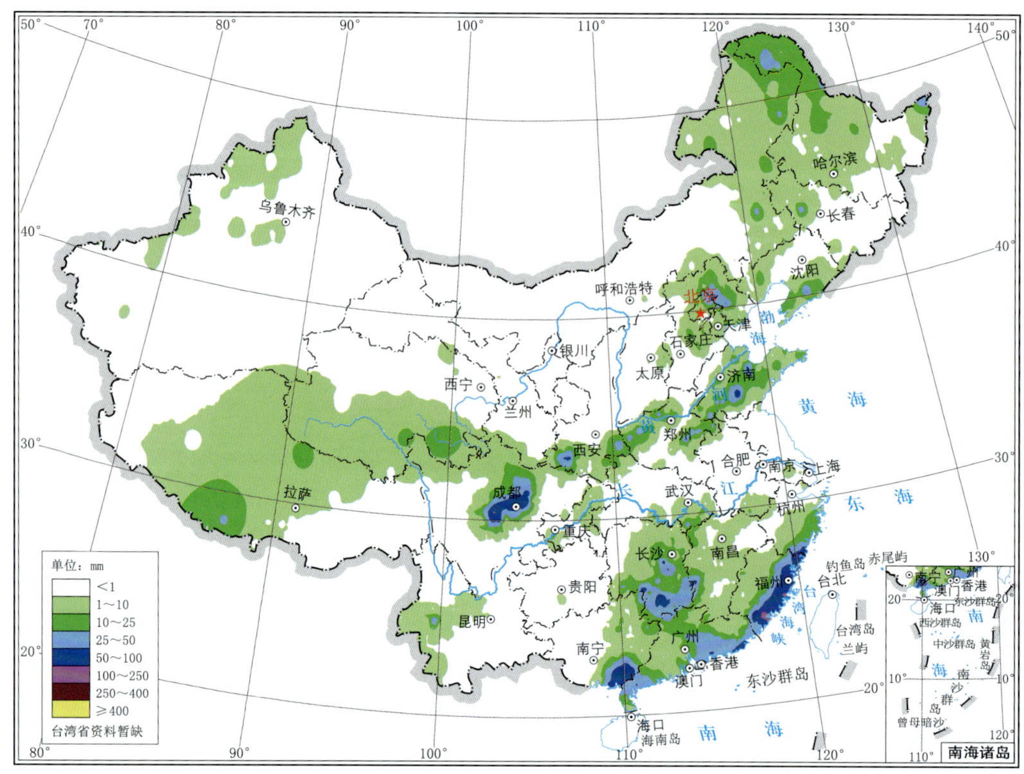

图 3.4.35　2021 年 8 月 5 日全国降水量分布

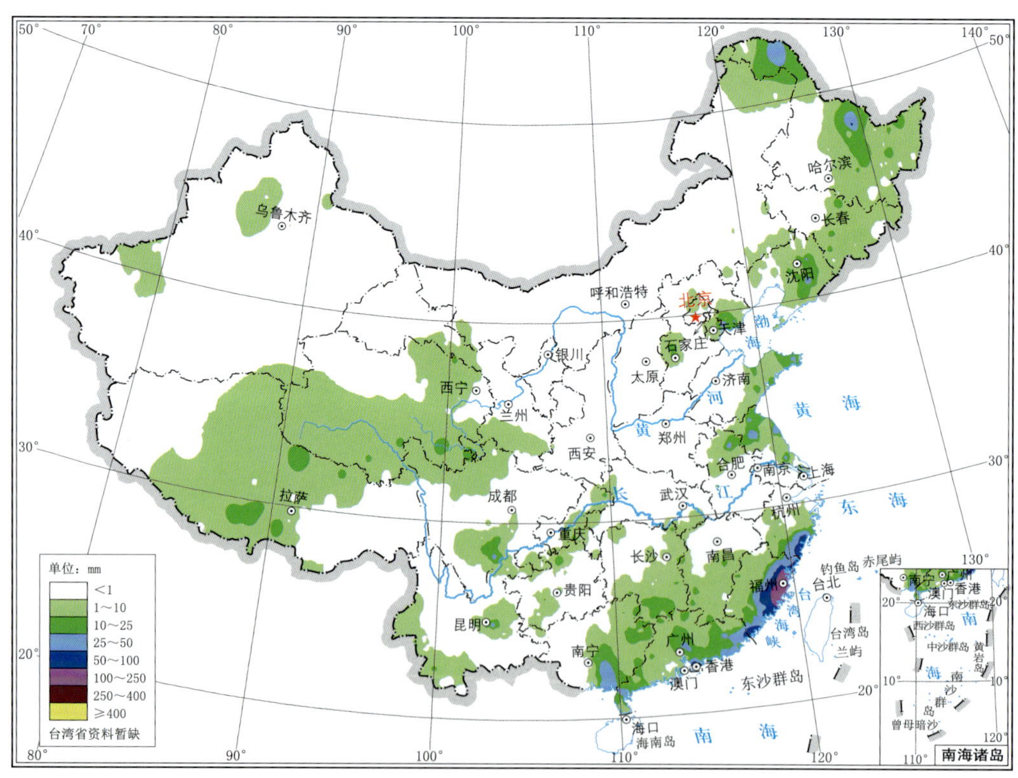

图 3.4.36　2021 年 8 月 6 日全国降水量分布

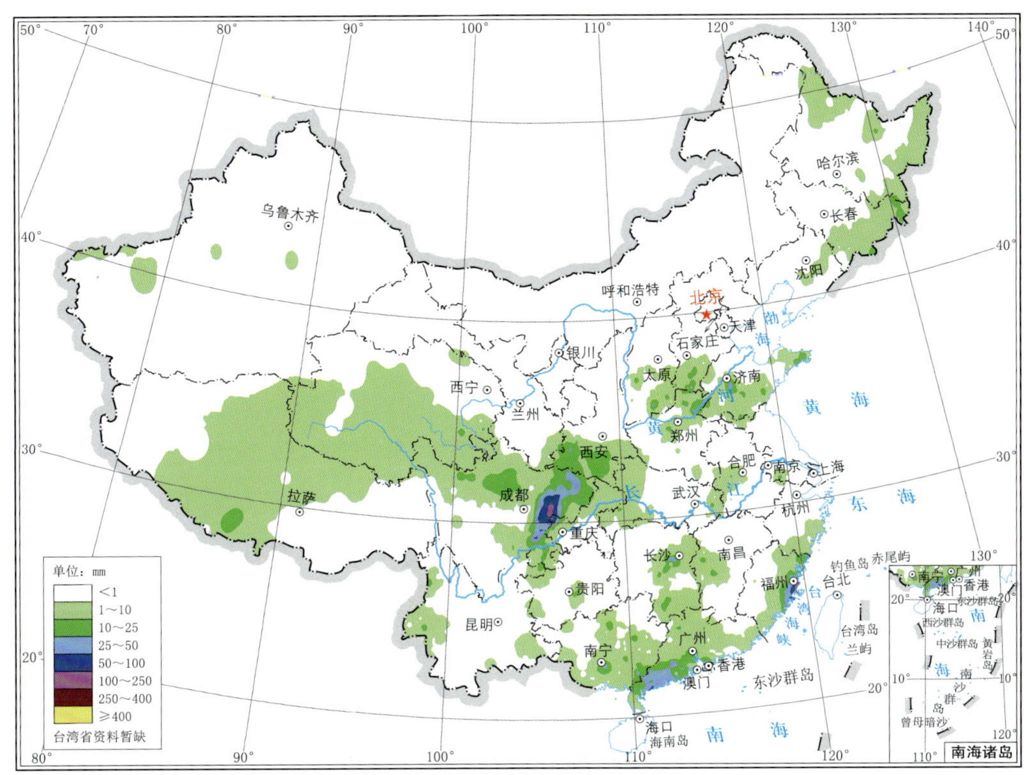

图 3.4.37　2021 年 8 月 7 日全国降水量分布

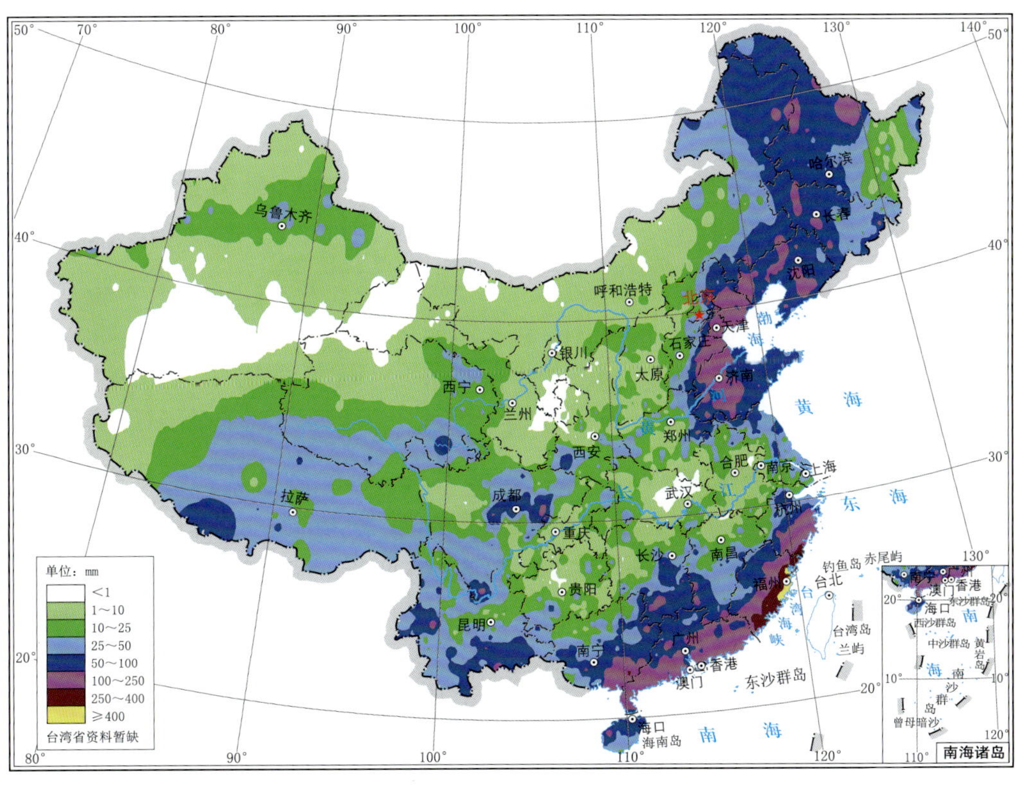

图 3.4.38　2021 年 7 月 29 日—8 月 7 日全国总降水量分布

3.5 8月主要暴雨过程(No. 20—No. 25)

第 20 次主要暴雨过程(No. 20):8 月 5 日

8 月 5 日,500 hPa 川西高原有短波槽发展东移,中低层四川盆地有西南低涡形成,受其影响,四川盆地西部出现降水,部分地区出现暴雨,局部出现大暴雨(图 3.4.35)。

第 21 次主要暴雨过程(No. 21):8 月 7—17 日

8 月 7 日,500 hPa 四川盆地有短波槽发展,中低层四川盆地有西南低涡形成,受其影响,四川盆地部分地区出现暴雨到大暴雨(图 3.4.37);8 日,500 hPa 四川盆地短波槽缓慢东移,中低层西南低涡缓慢向东北方向移动并有所加强,受其影响,四川盆地及陕西南部出现降水,暴雨主要集中在川、渝、陕交界的区域,其中四川渠县、大竹分别出现 334.0 mm、325.3 mm 的特大暴雨(图 3.5.1);9 日,500 hPa 短波槽快速东移至华中地区,同时四川盆地又有短波槽形成,中低层西南低涡继续向东北方向移动至淮河上游地区,同时四川盆地又有切变形成,受其影响,河南南部至云贵高原北部出现降水,暴雨分布较为广泛(图 3.5.2);10 日,500 hPa 短波槽继续东移,中低层贵州北部至长江中下游地区有切变形成,受其影响,江南大部出现降水,暴雨分布较为零散,江西局部出现大暴雨(图 3.5.3);11 日,500 hPa 副热带高压(简称“副高”)西伸北抬,江南、华南大部受副高控制,中低层切变北抬至江淮、江汉地区,受其影响,江淮、江汉、江南、华南、西南东部出现大范围降水,暴雨分布广泛,局部地区出现大暴雨(图 3.5.4);12 日,500 hPa 黄淮、江淮地区有短波槽发展,中低层切变继续北抬,江汉地区有低涡发展形成,受其影响,江汉地区、江淮西部、江南北部出现降水,暴雨分布广泛,江汉地区多站出现大暴雨,其中湖北宜城出现 312.9 mm 特大暴雨(图 3.5.5);13 日,500 hPa 青藏高原东部有短波槽快速东移至湖北西部地区,中低层江汉地区低涡东移,江淮切变发展,同时四川盆地有低涡形成,受其影响,长江流域出现大范围降水,暴雨分布范围较广,部分地区出现大暴雨(图 3.5.6);14 日,500 hPa 短波槽东移南压至长江下游地区,同时云贵高原上空有新的短波槽形成,中低层江淮切变南压至江南北部地区,同时云贵高原有低涡发展,受其影响,江南北部至云贵高原出现东北—西南向暴雨带,局部地区出现大暴雨(图 3.5.7);15 日,500 hPa 长江下游地区短波槽继续缓慢东移南压,云贵高原上空短波槽缓慢东移,中低层低涡切变维持,受其影响,雨带整体略有东移南压,暴雨分布零散,浙江东部沿海局部出现大暴雨(图 3.5.8);16—17 日,500 hPa 副高西伸北抬,长江下游短波槽东移北收,中低层低涡东移入海,江淮切变维持,受其影响,江南中东部出现降水,局部地区出现暴雨、大暴雨(图 3.5.9—图 3.5.10)。图 3.5.11 为此次暴雨过程总降水量分布。

第 22 次主要暴雨过程(No. 22):8 月 17—18 日

8 月 17 日,500 hPa 四川盆地有短波槽形成,中低层四川盆地有西南低涡生成,受其影响,盆地西部出现降水,局部地区出现暴雨、大暴雨(图 3.5.10);18 日,500 hPa 四川盆地短波槽缓慢东移,中低层西南低涡也随之缓慢东移,受其影响,四川盆地出现降水,部分地区出现暴雨,局部大暴雨(图 3.5.12)。图 3.5.13 为此次暴雨过程总降水量分布。

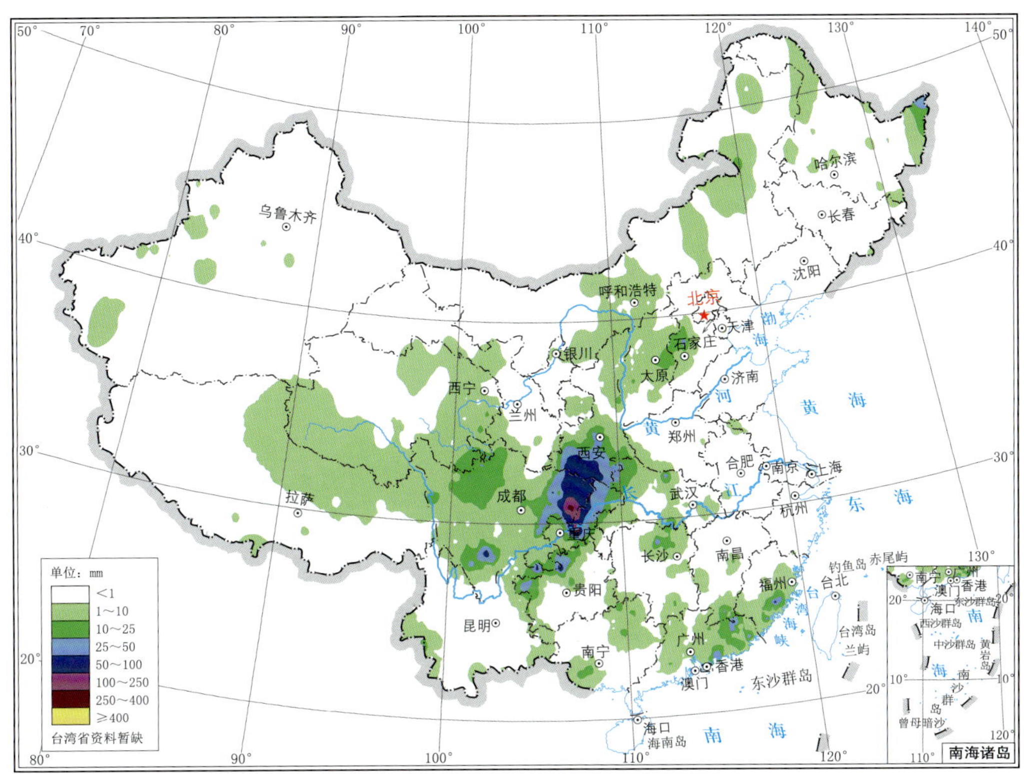

图 3.5.1　2021 年 8 月 8 日全国降水量分布

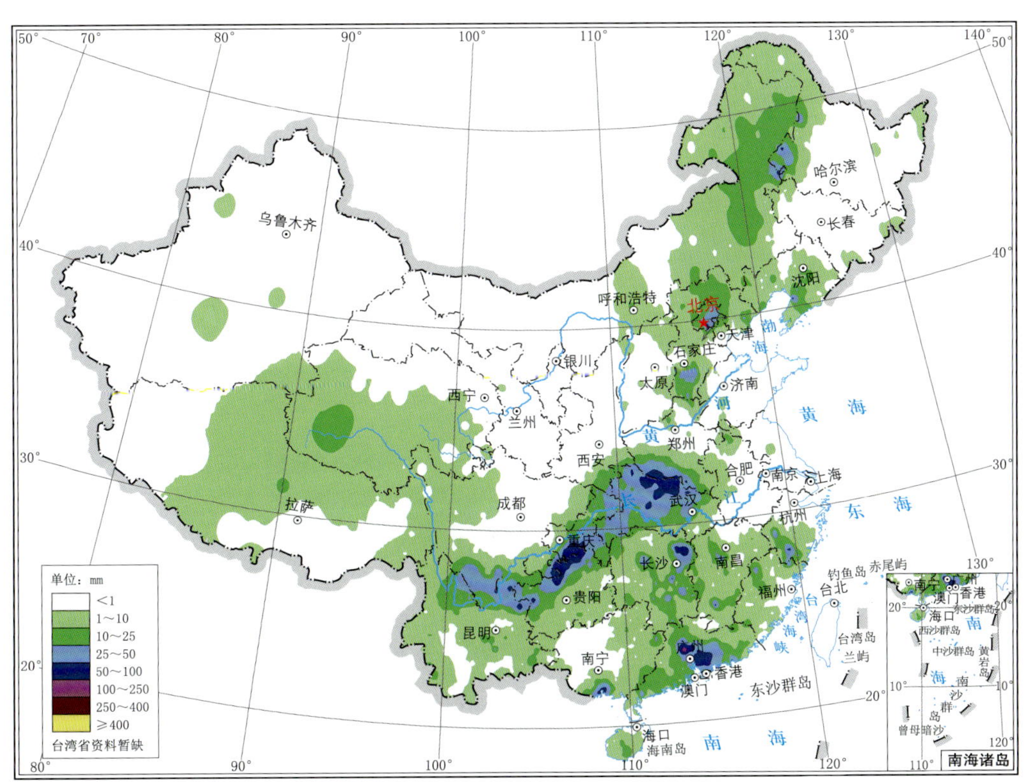

图 3.5.2　2021 年 8 月 9 日全国降水量分布

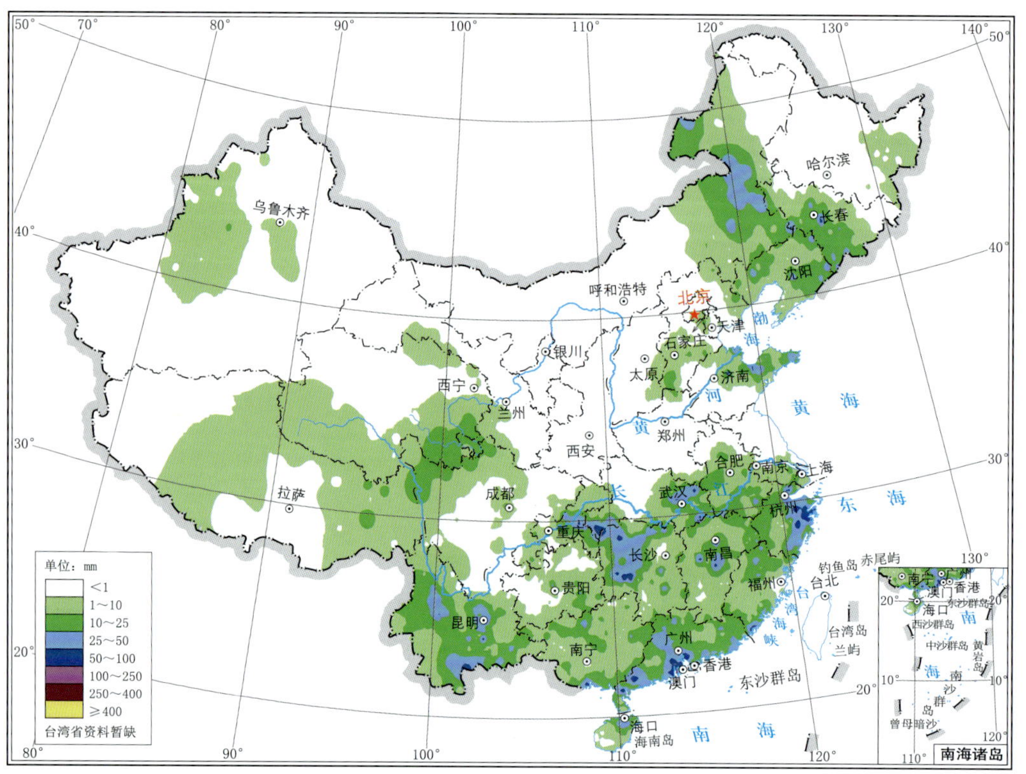

图 3.5.3　2021 年 8 月 10 日全国降水量分布

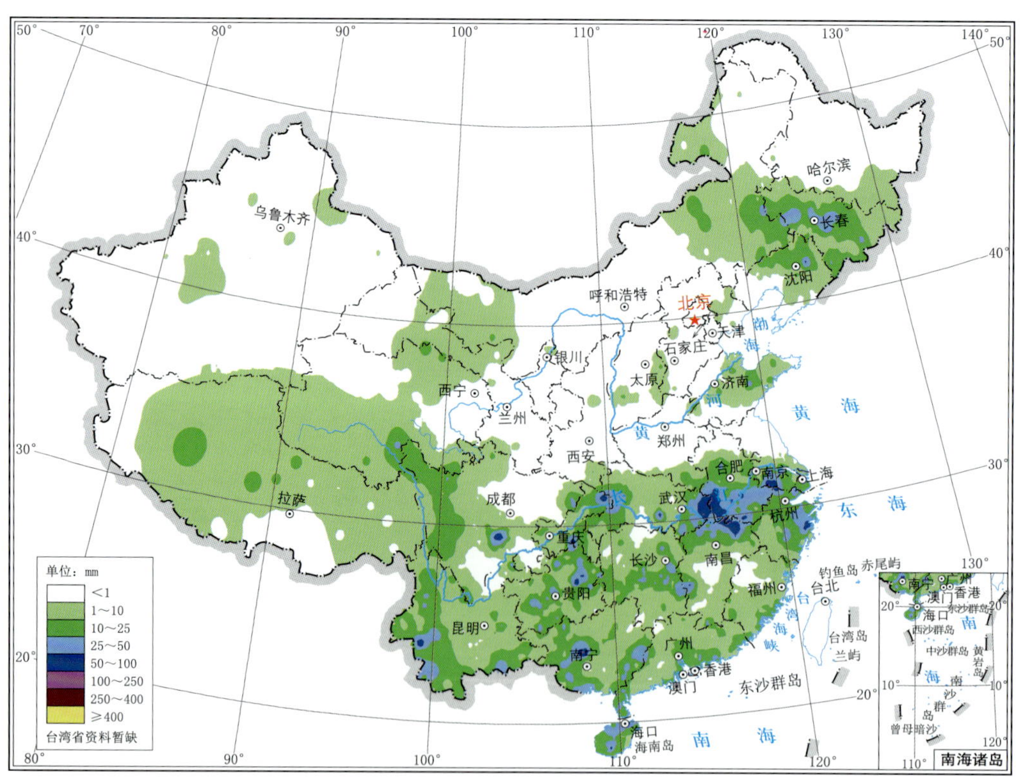

图 3.5.4　2021 年 8 月 11 日全国降水量分布

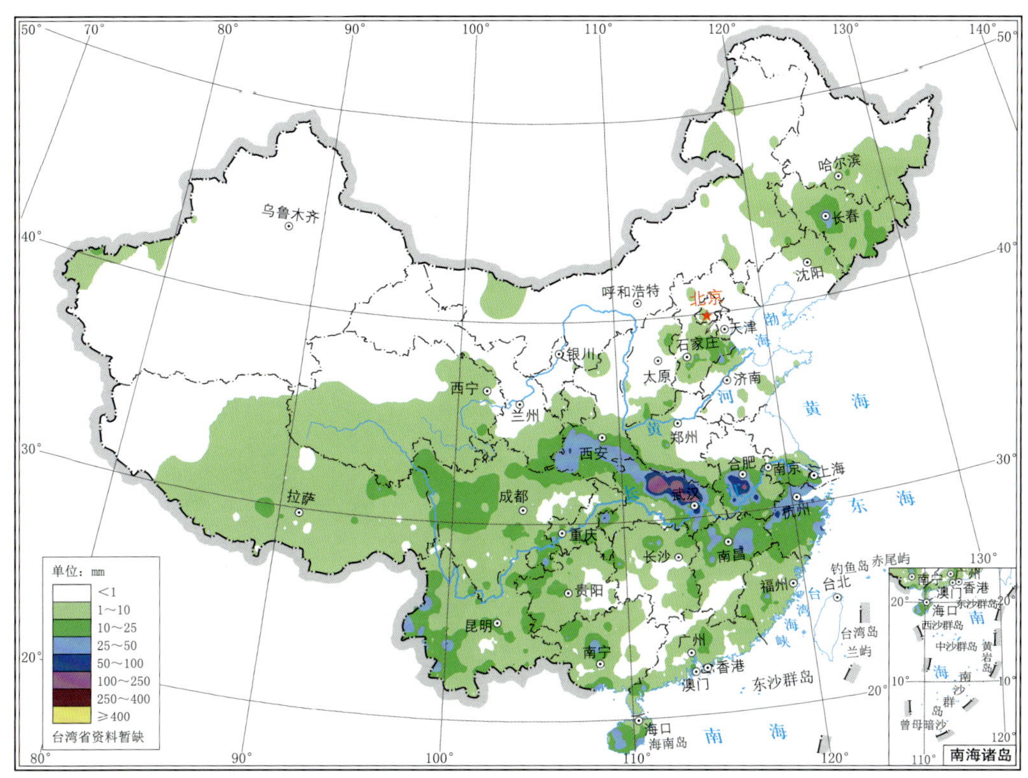

图3.5.5　2021年8月12日全国降水量分布

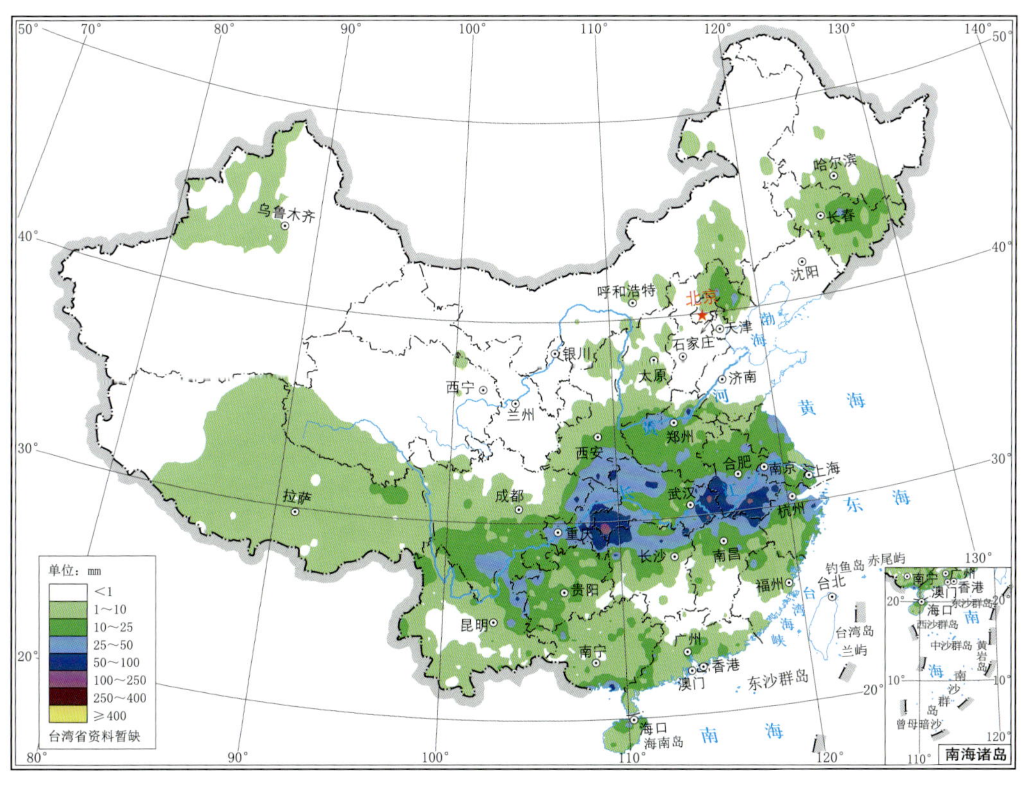

图3.5.6　2021年8月13日全国降水量分布

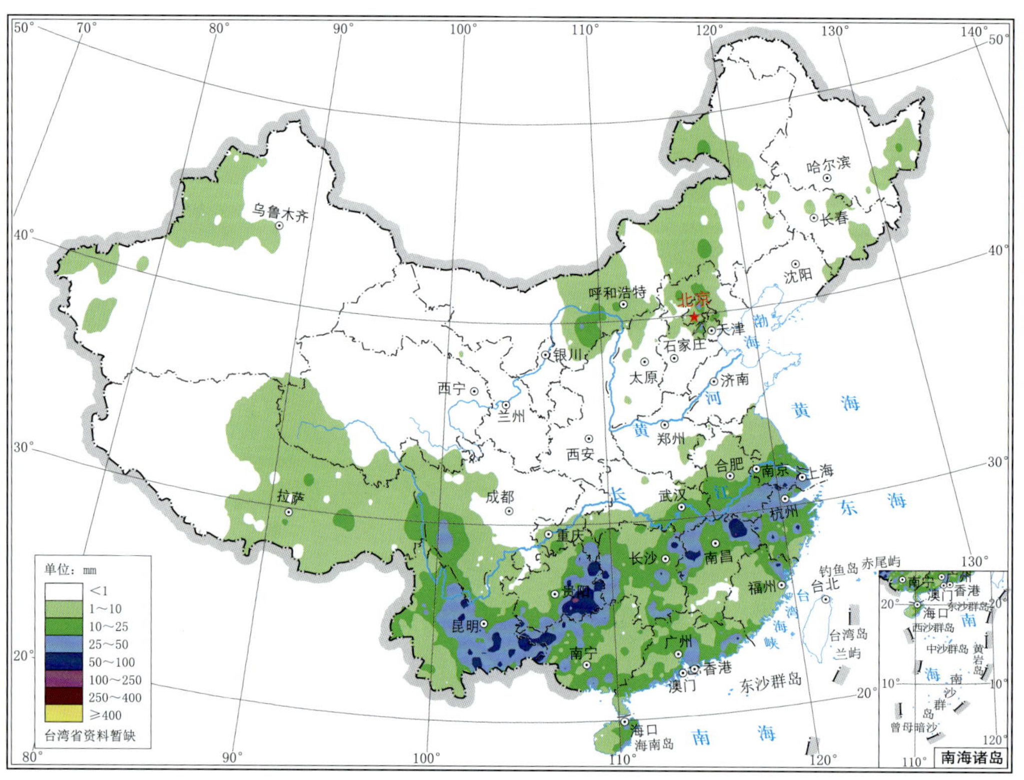

图 3.5.7　2021 年 8 月 14 日全国降水量分布

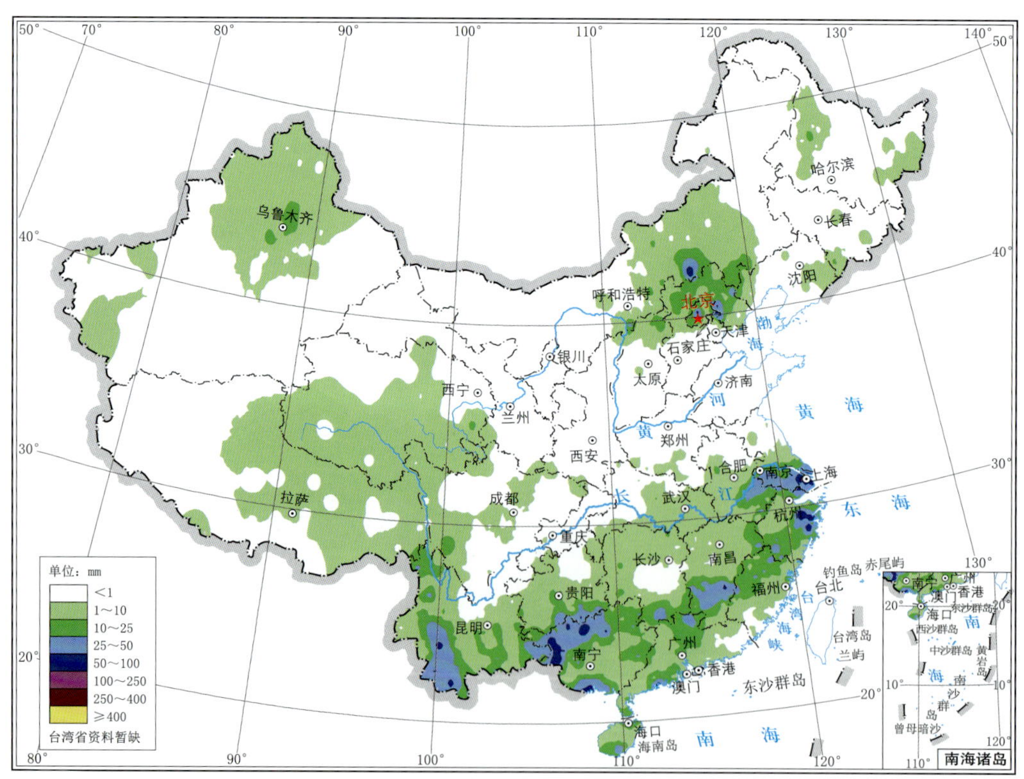

图 3.5.8　2021 年 8 月 15 日全国降水量分布

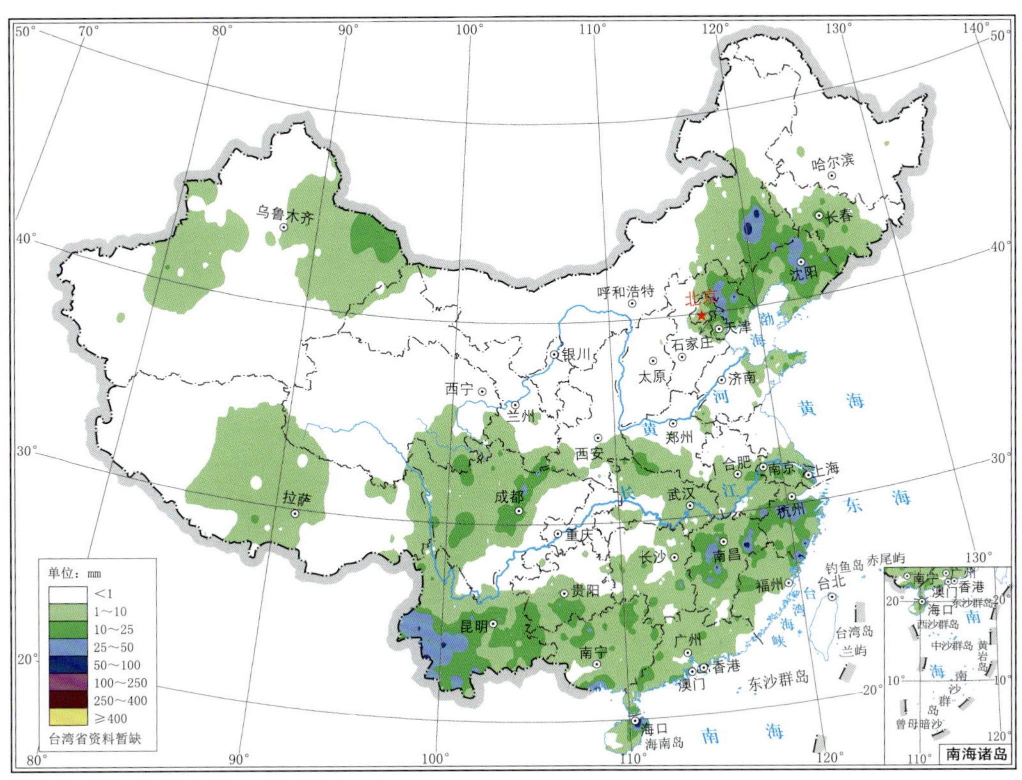

图 3.5.9　2021 年 8 月 16 日全国降水量分布

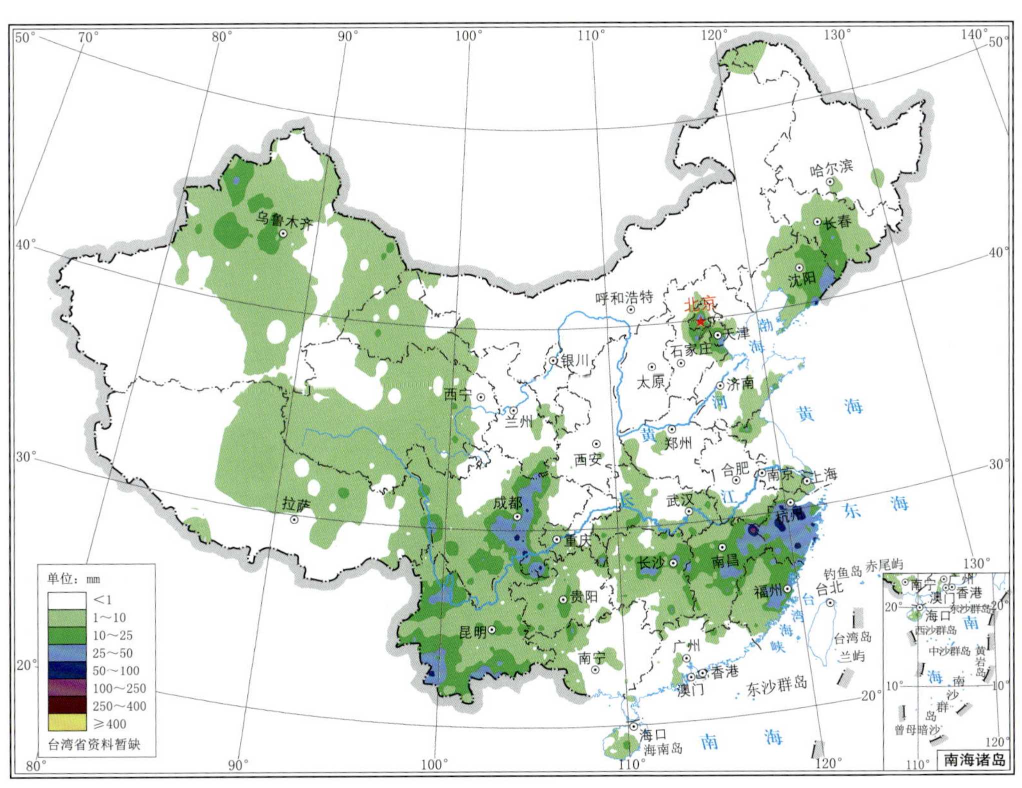

图 3.5.10　2021 年 8 月 17 日全国降水量分布

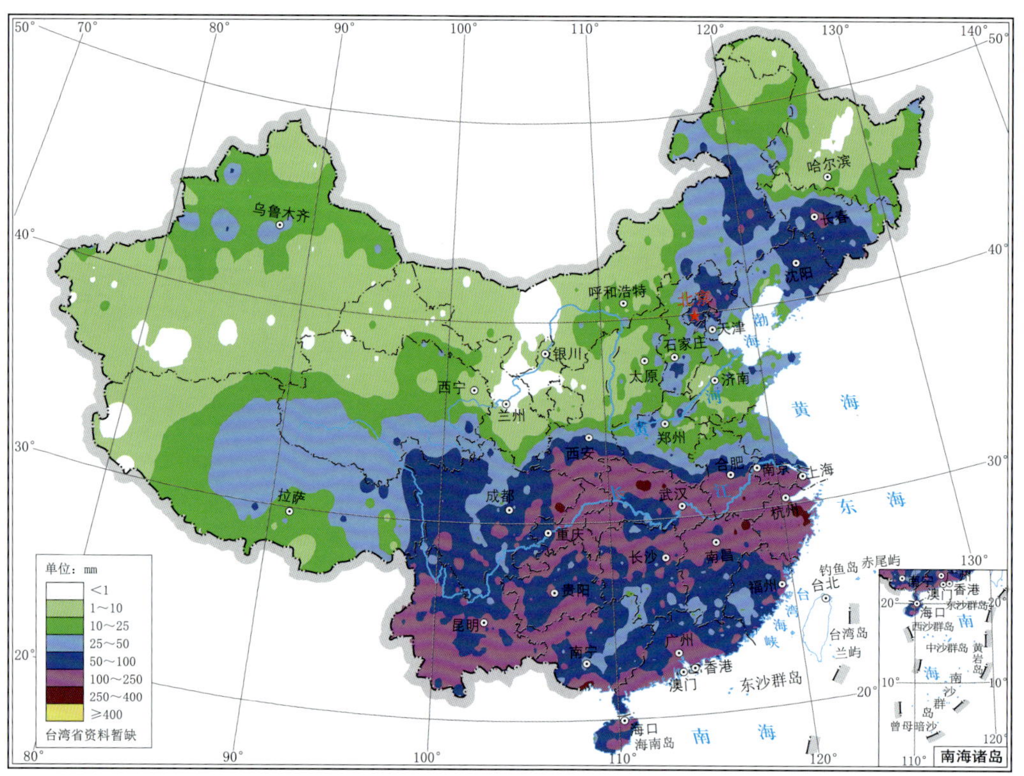

图 3.5.11 2021 年 8 月 7—17 日全国总降水量分布

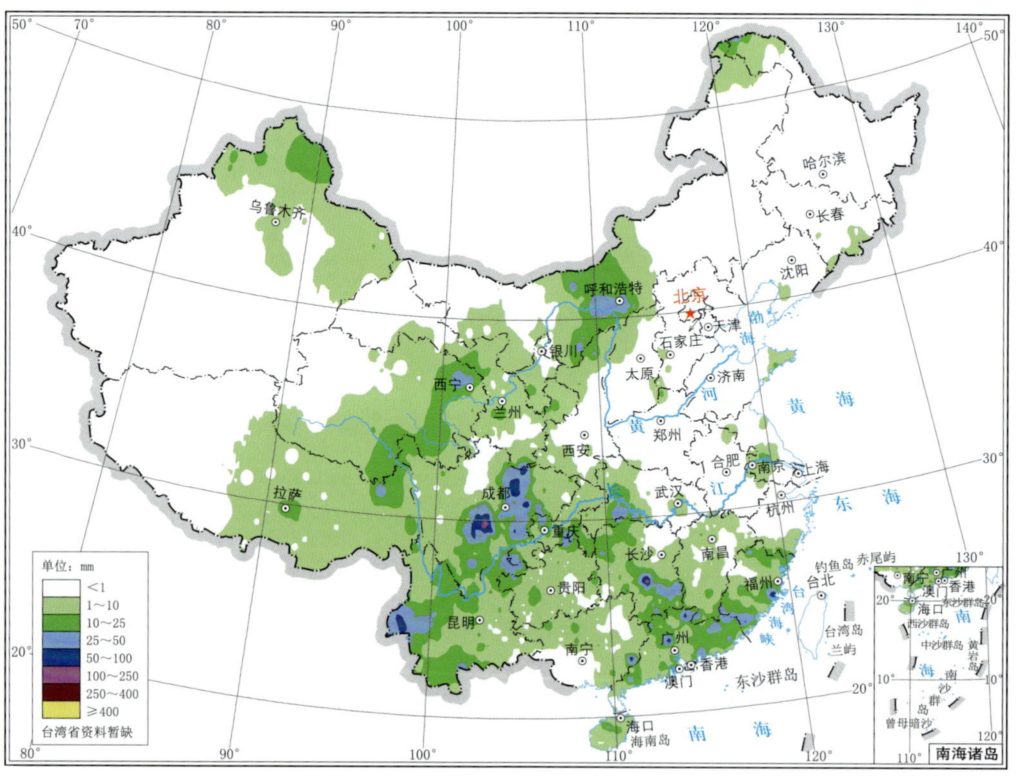

图 3.5.12 2021 年 8 月 18 日全国降水量分布

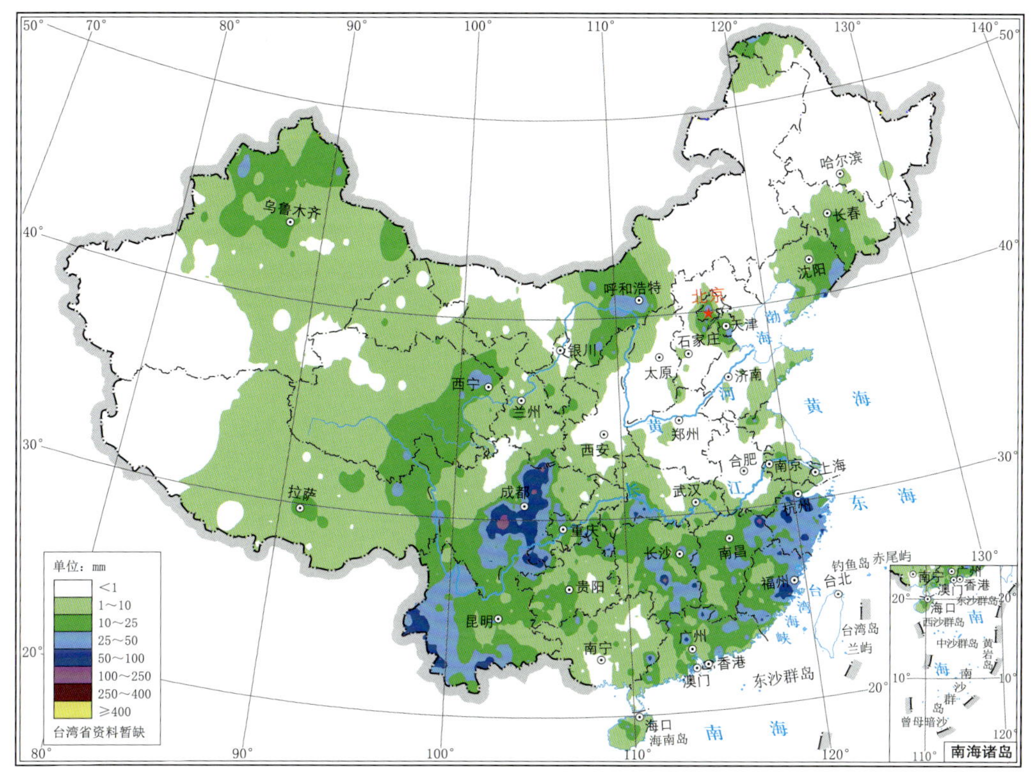

图 3.5.13　2021 年 8 月 17—18 日全国总降水量分布

第 23 次主要暴雨过程(No. 23):8 月 19—20 日

8 月 19 日,500 hPa 河套地区有短波槽形成并发展,中低层内蒙古中部至河套地区有切变形成,受其影响,华北地区、西北地区东部出现降水,部分地区出现暴雨、局部大暴雨(图 3.5.14);20 日,500 hPa 短波槽快速东移南压,中低层切变也随之东移南压至黄淮地区,受其影响,华北南部、黄淮地区、江淮西部出现降水,暴雨主要出现在山东、河南、江苏三省交界的区域,局部出现大暴雨(图 3.5.15)。图 3.5.16 为此次暴雨过程总降水量分布。

第 24 次主要暴雨过程(No. 24):8 月 22—25 日

8 月 22 日,500 hPa 川西高原地区有短波槽形成,同时黄河下游地区也有短波槽形成,700 hPa 四川盆地有西南低涡生成,其东北侧有切变伸展至华北中部,850 hPa 西南低涡东北侧有暖切变伸展至黄淮西部,受其影响,四川盆地、西北地区东部、华北南部、黄淮西部出现强降水,暴雨呈东北—西南向分布,河南、陕西、四川多站出现大暴雨,其中四川阆中出现 251.2 mm 的特大暴雨(图 3.5.17);23 日,500 hPa 川西高原短波槽快速东移至长江三峡地区,黄河下游短波槽则缓慢东移至鲁中地区,中低层西南低涡东移至川渝交界区域,同时黄淮地区也有气旋形成并发展,受其影响,雨区整体东移,雨带中两个暴雨中心分别出现在豫、鲁、苏交界的区域和川、渝交界区域,其中江苏北部、重庆中部出现大暴雨(图 3.5.18);24 日,500 hPa 华北地区至云贵高原有西风槽形成,中低层江淮地区至云贵高原有东北—西南向完整切变形成,受其影响,长江中下游地区至云贵高原出现东北—西南向的狭长暴雨带,部分地区出现大暴雨,其中湖南古丈出现 262.3 mm 的特大暴雨(图 3.5.19);25 日,500 hPa 华北地区西风槽缓慢东移,中低层切变略有东移南压,受其影响,江南北部出现降水,暴雨分布较为零散,湖南、江西局部出现大暴雨(图 3.5.20)。图 3.5.21 为此次暴雨过程总降水量分布。

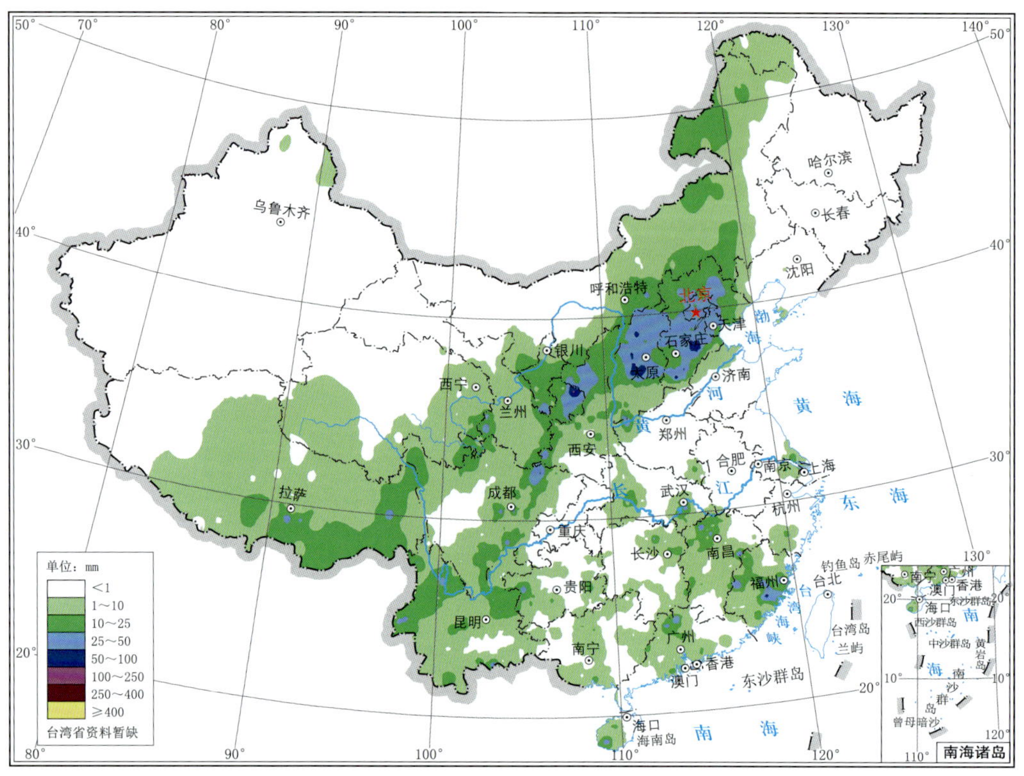

图 3.5.14　2021 年 8 月 19 日全国降水量分布

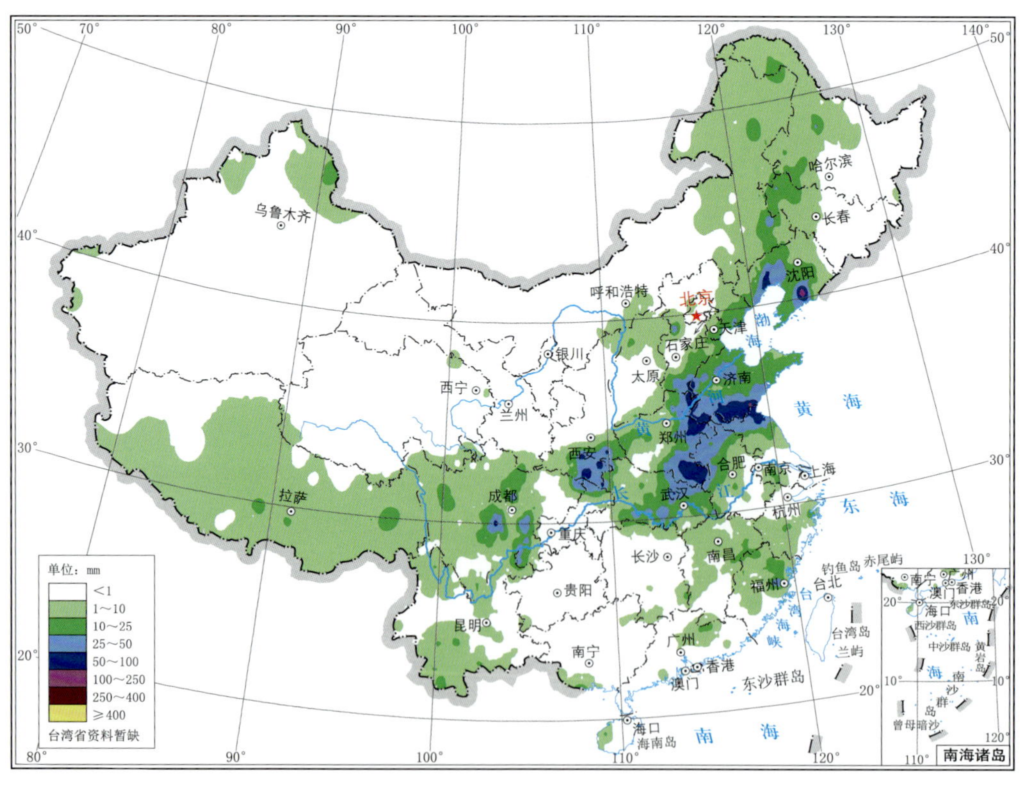

图 3.5.15　2021 年 8 月 20 日全国降水量分布

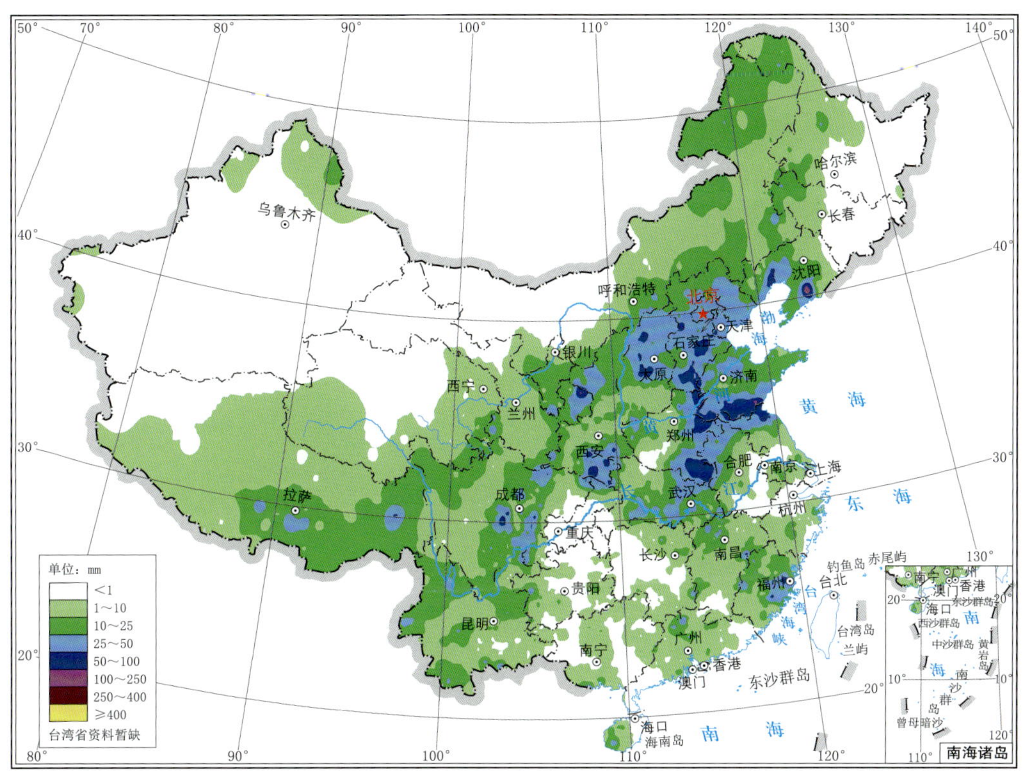

图 3.5.16　2021 年 8 月 19—20 日全国总降水量分布

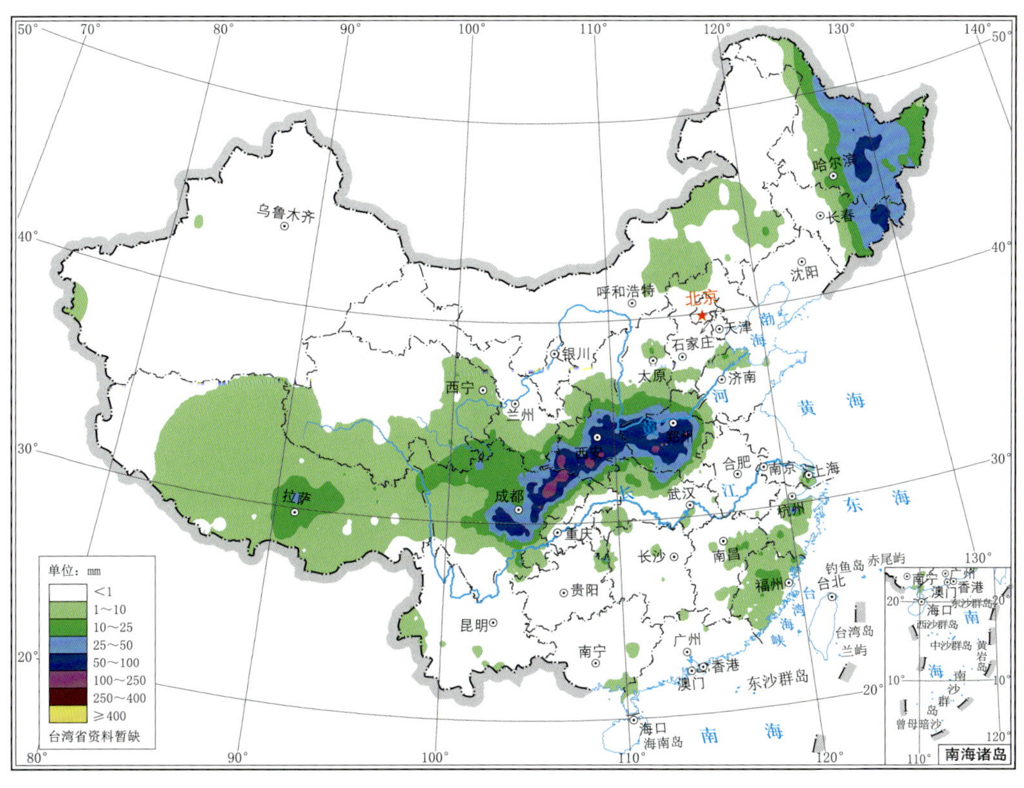

图 3.5.17　2021 年 8 月 22 日全国降水量分布

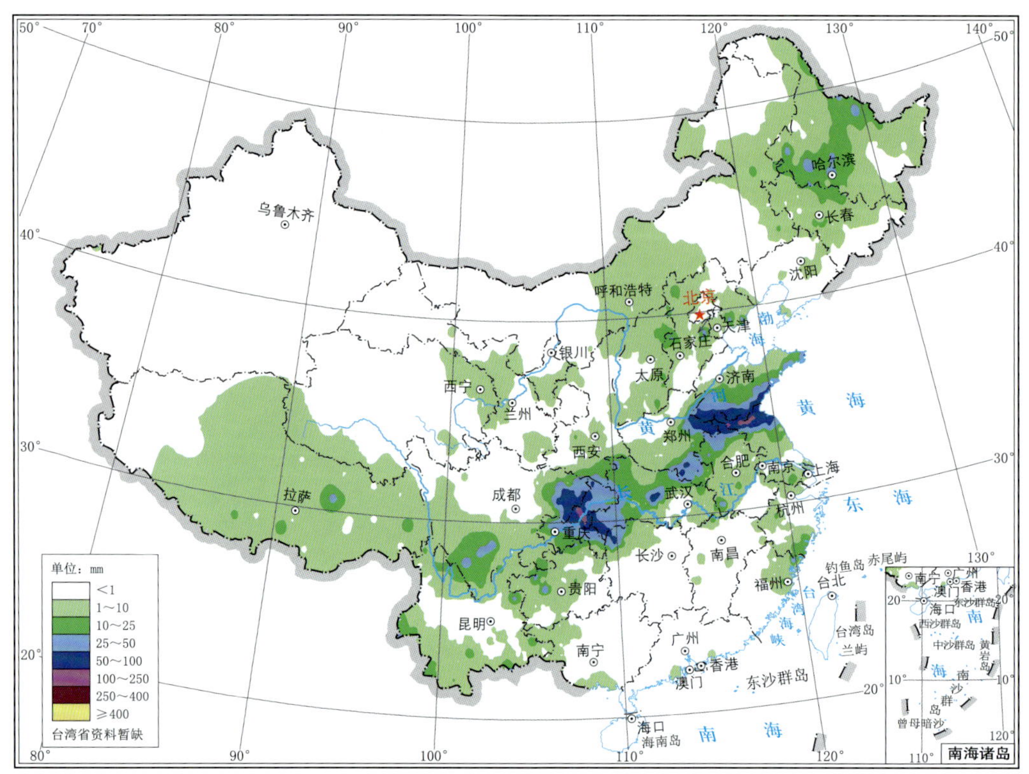

图 3.5.18　2021 年 8 月 23 日全国降水量分布

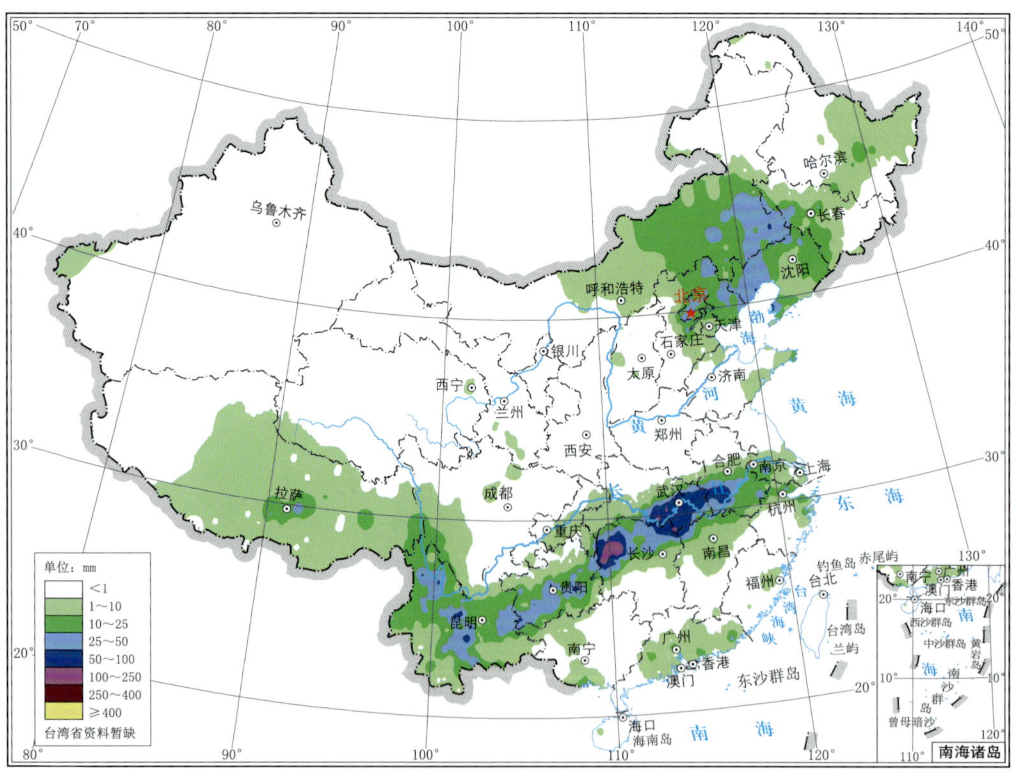

图 3.5.19　2021 年 8 月 24 日全国降水量分布

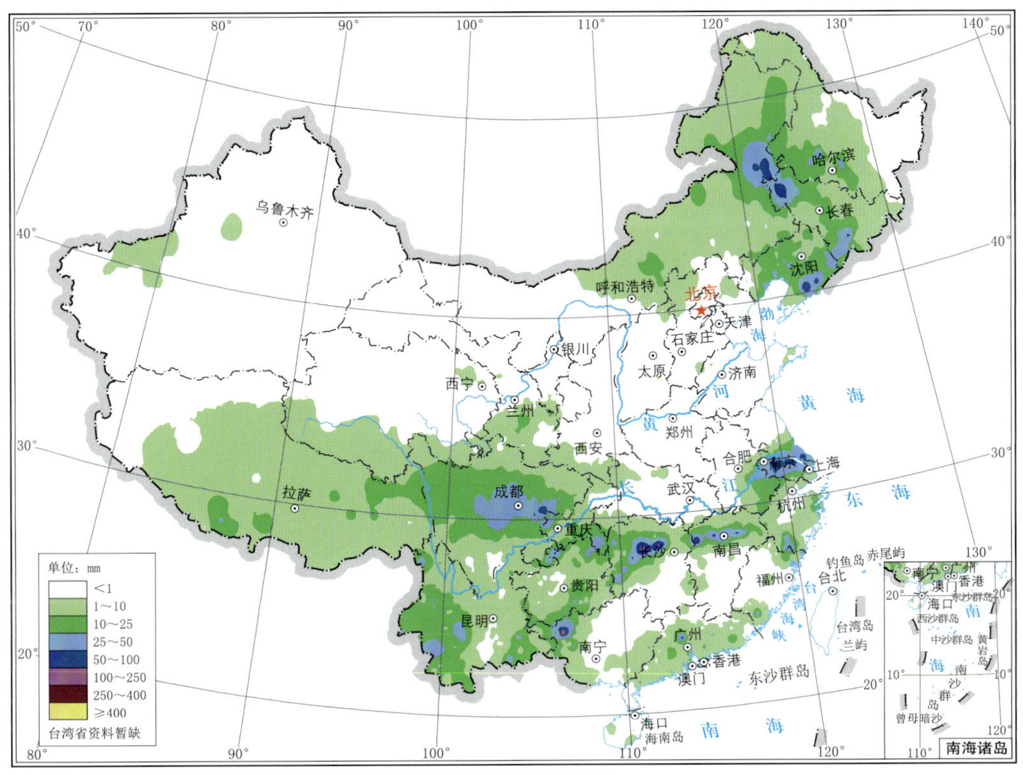

图 3.5.20　2021 年 8 月 25 日全国降水量分布

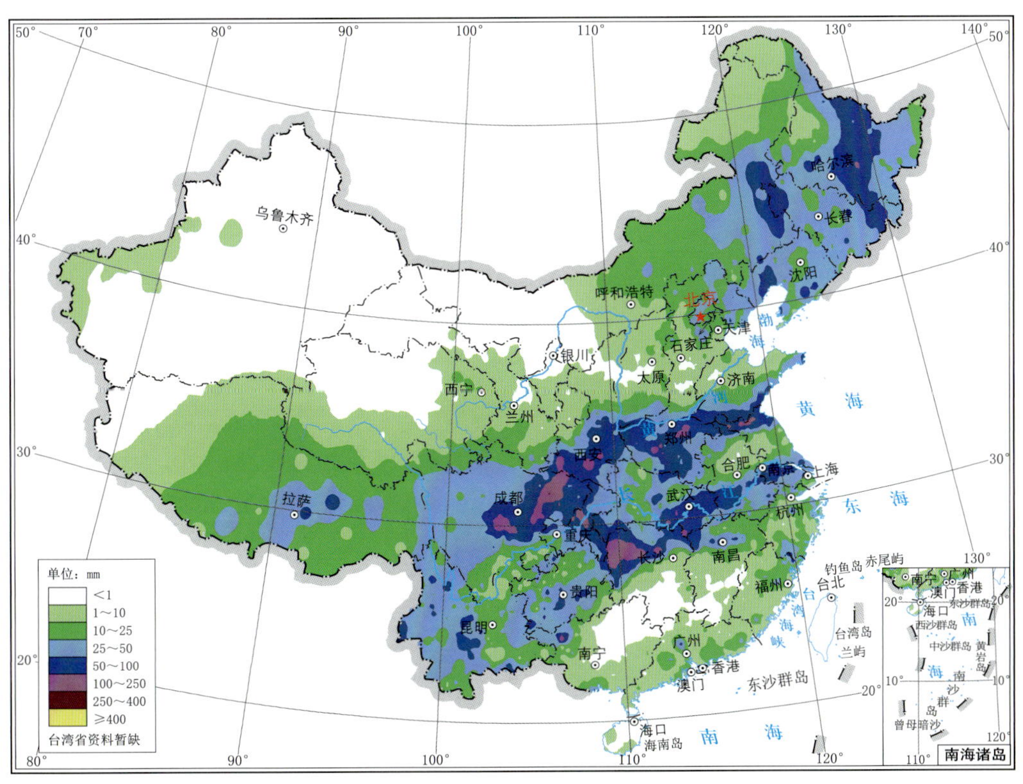

图 3.5.21　2021 年 8 月 22—25 日全国总降水量分布

第 25 次主要暴雨过程(No. 25):8 月 28—31 日

8 月 28 日,500 hPa 内蒙古西部至川西高原有短波槽形成,中低层四川盆地有西南低涡形成,受其影响,河南西部至四川盆地出现降水,川东北局地出现暴雨(图 3.5.22);29 日,500 hPa 短波槽东移到华北地区至四川盆地,中低层西南低涡缓慢向东北方向移动,其东北侧有切变伸展至黄淮地区,受其影响,黄淮北部至四川盆地中部出现东北—西南向的暴雨带,部分地区出现大暴雨(图 3.5.23);30 日,500 hPa 华北短波槽继续缓慢东移,中低层黄淮北部切变维持少动,受其影响,黄淮大部出现降水,部分地区出现暴雨,局部大暴雨(图 3.5.24);31 日,500 hPa 华北短波槽东移进入渤海,中低层黄河下游地区有气旋形成发展,受其影响,雨区向北移动,华北南部、黄淮北部出现强降水,暴雨带从山东半岛至山西南部呈东西向分布,山东多站出现大暴雨(图 3.5.25)。图 3.5.26 为此次暴雨过程总降水量分布。

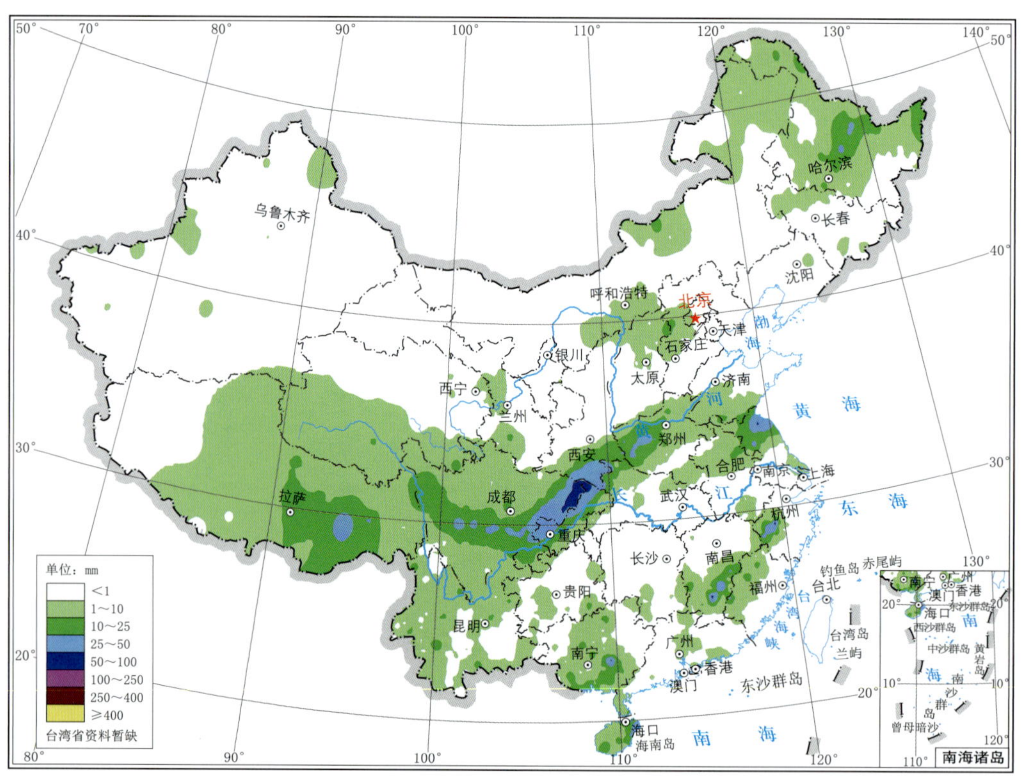

图 3.5.22　2021 年 8 月 28 日全国降水量分布

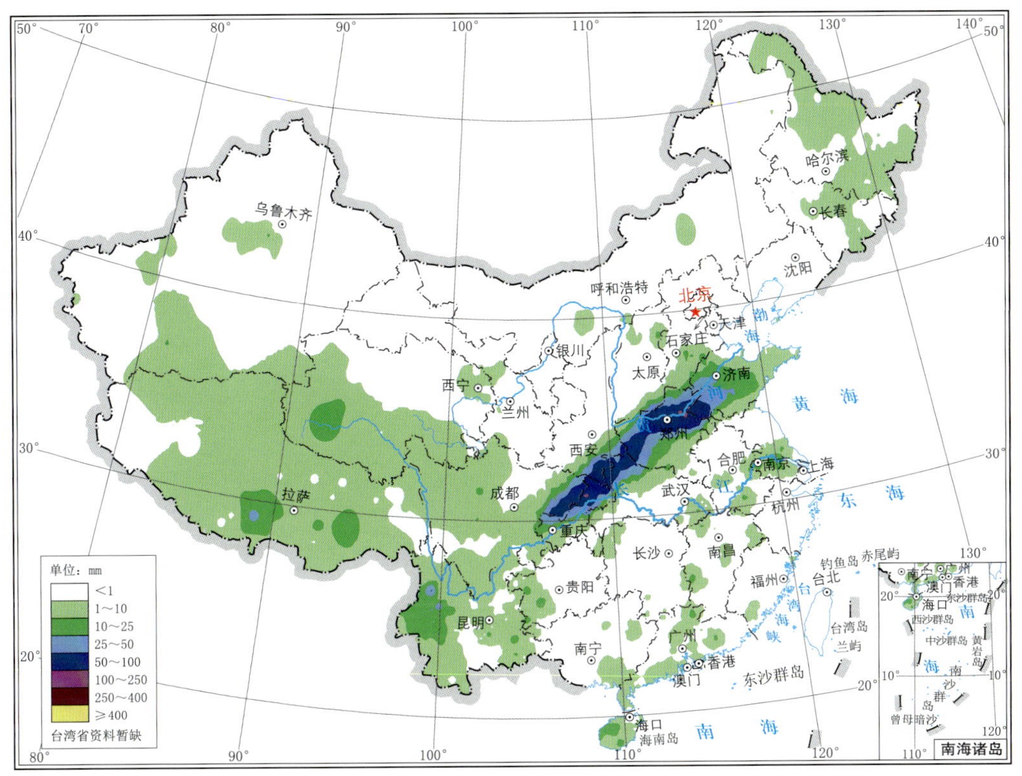

图 3.5.23　2021 年 8 月 29 日全国降水量分布

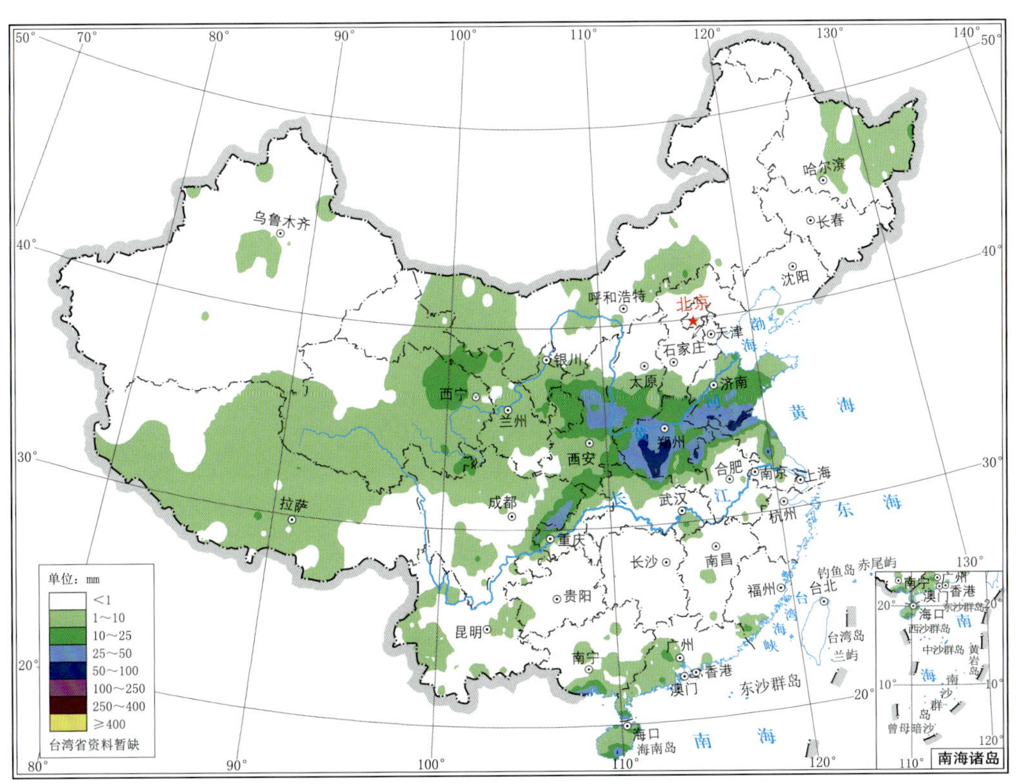

图 3.5.24　2021 年 8 月 30 日全国降水量分布

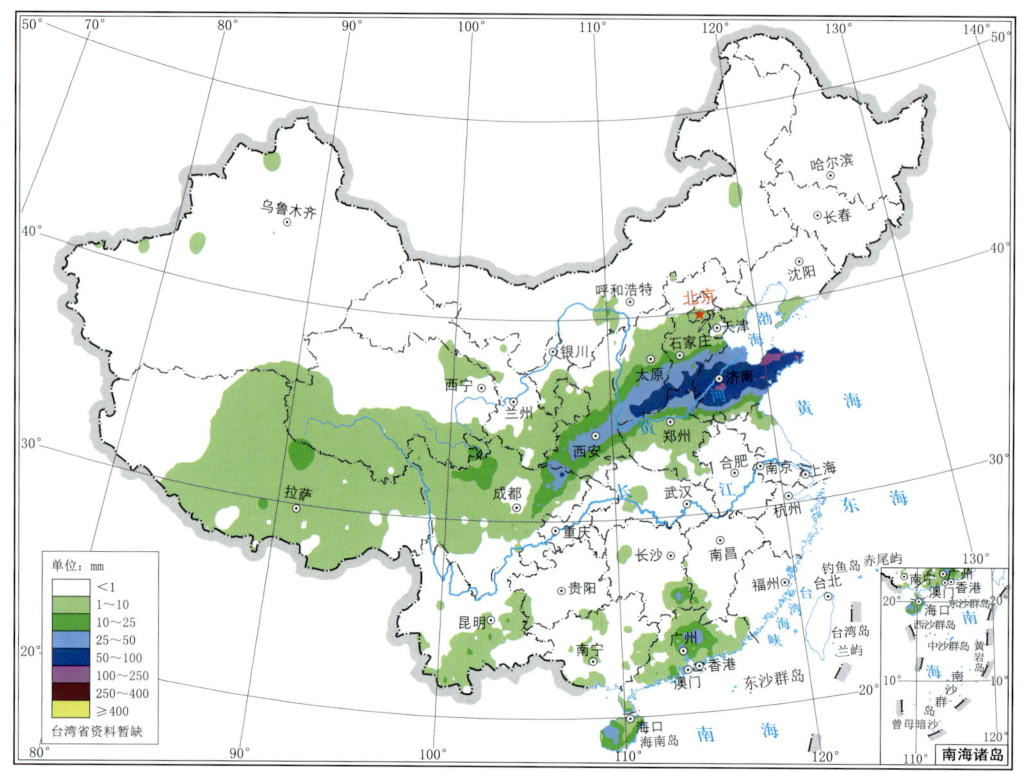

图 3.5.25　2021 年 8 月 31 日全国降水量分布

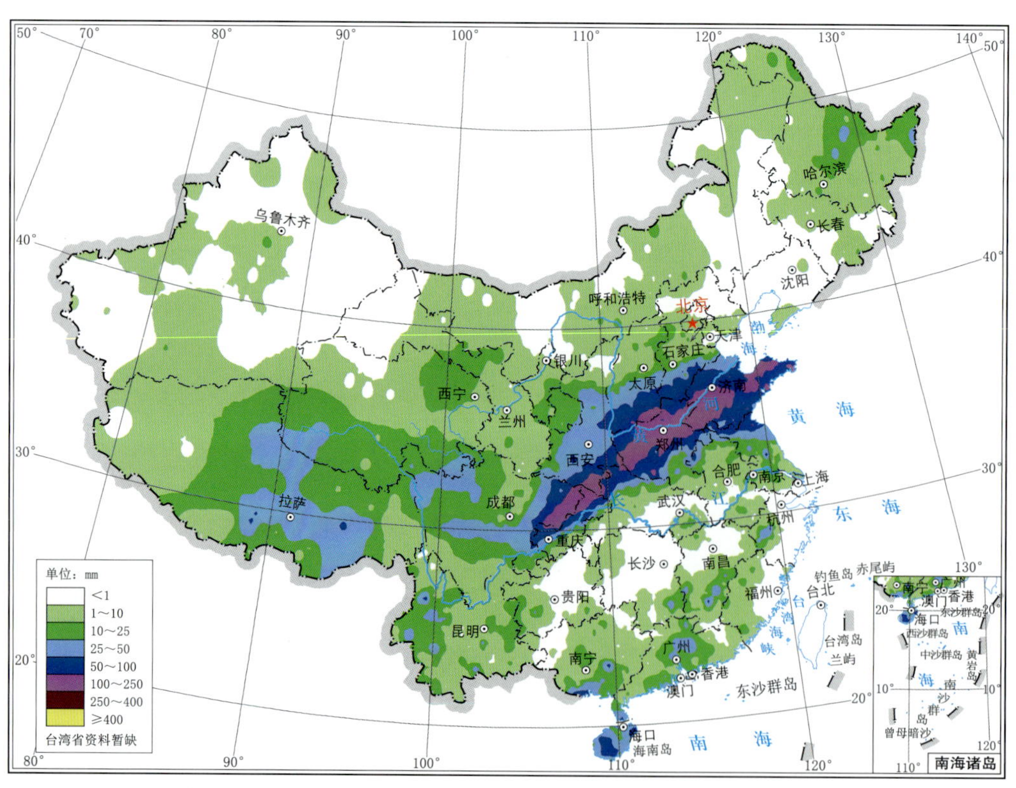

图 3.5.26　2021 年 8 月 28—31 日全国总降水量分布

3.6 9月主要暴雨过程(No. 26—No. 29)

第 26 次主要暴雨过程(No. 26):9 月 3—6 日

9 月 3 日,500 hPa 内蒙古西部至川西高原有短波槽形成,中低层甘肃、宁夏交界的区域有低涡形成,受其影响,西北地区东部及四川盆地北部出现降水,暴雨分布较为零散,局地出现大暴雨(图 3.6.1);4 日,500 hPa 西北短波槽东移南压到河套至四川盆地一线,中低层西北低涡东移南压至山西、河南交界的区域,同时四川盆地也有西南低涡发展,黄淮地区至四川盆地切变发展明显,受其影响,华北地区、黄淮地区、西北地区东南部及四川盆地出现大范围强降水,暴雨分布范围较广,多地出现大暴雨(图 3.6.2);5 日,500 hPa 短波槽快速东移南压至华东沿海地区,中低层黄淮地区低涡快速东移至山东南部,四川盆地西南低涡维持少动,受其影响,出现两个降水区,一个位于黄淮东部和江淮东部,另一个位于四川盆地和陕南地区,部分地区出现暴雨,局部大暴雨(图 3.6.3);6 日,500 hPa 西北地区东部至青藏高原东部有短波槽形成,中低层四川盆地西南低涡缓慢东移,受其影响,四川盆地东部至大巴山地区出现暴雨,重庆局部出现大暴雨(图 3.6.4)。图 3.6.5 为此次暴雨过程总降水量分布。

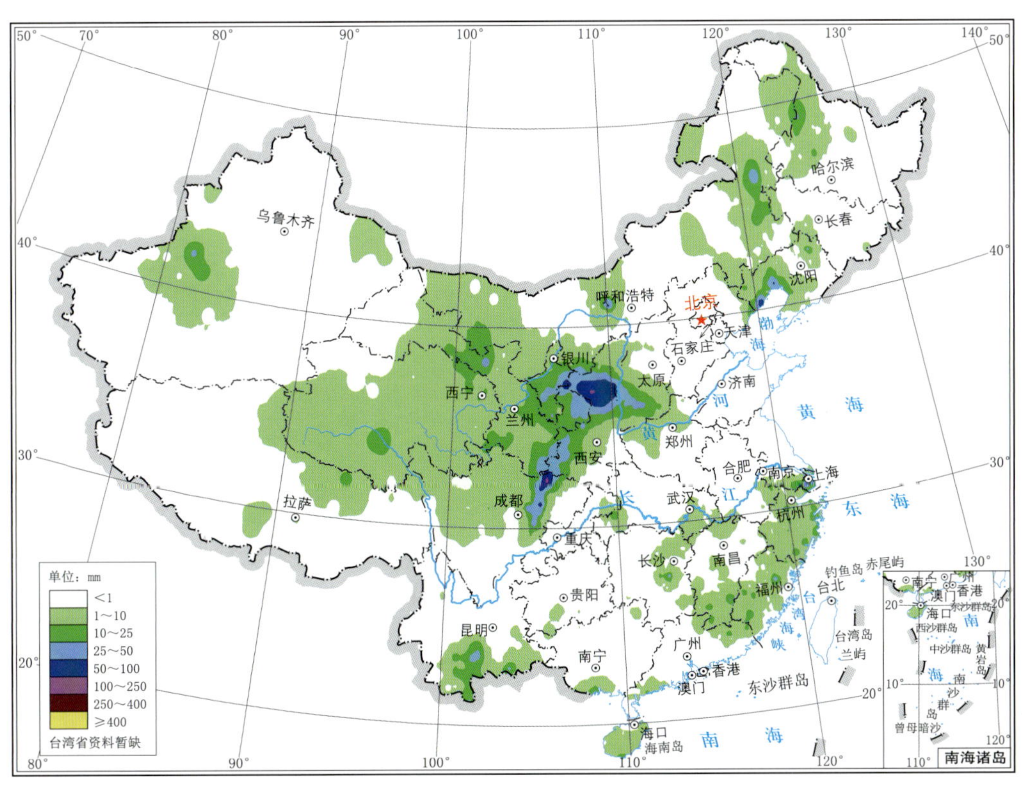

图 3.6.1 2021 年 9 月 3 日全国降水量分布

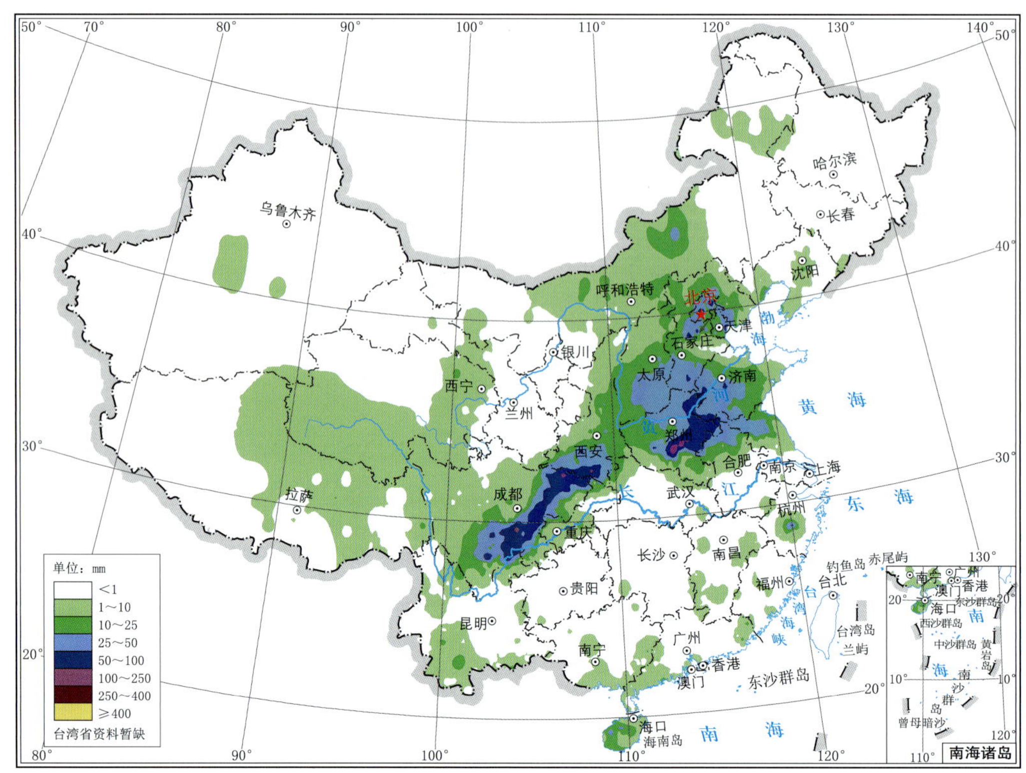

图 3.6.2　2021 年 9 月 4 日全国降水量分布

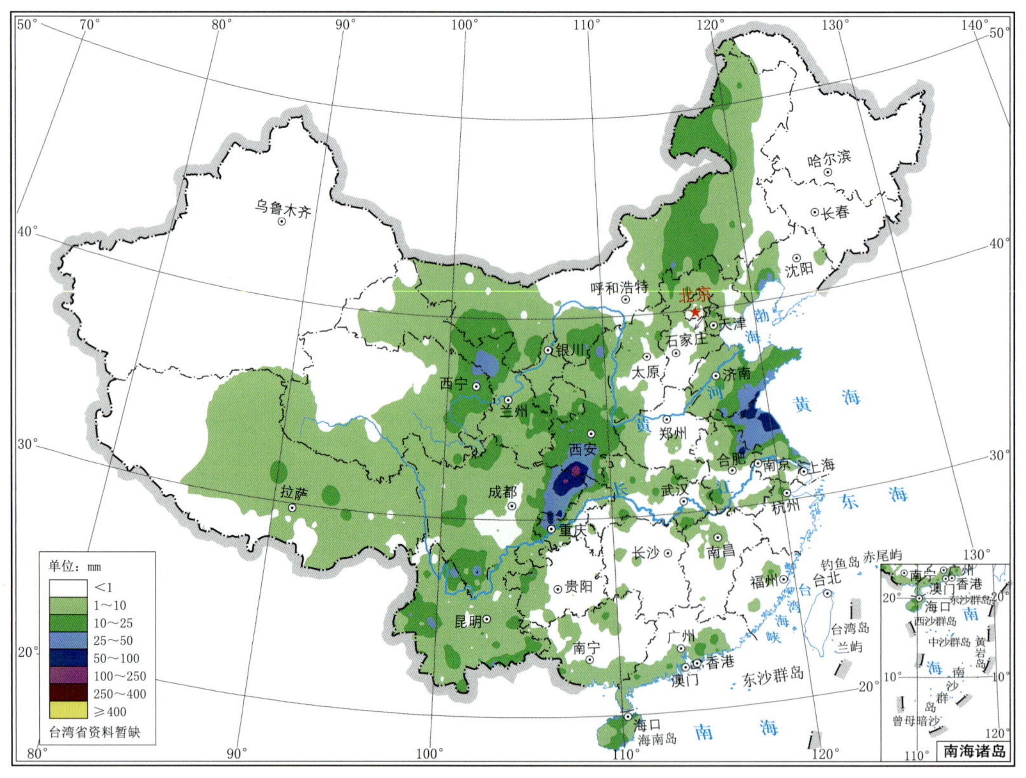

图 3.6.3　2021 年 9 月 5 日全国降水量分布

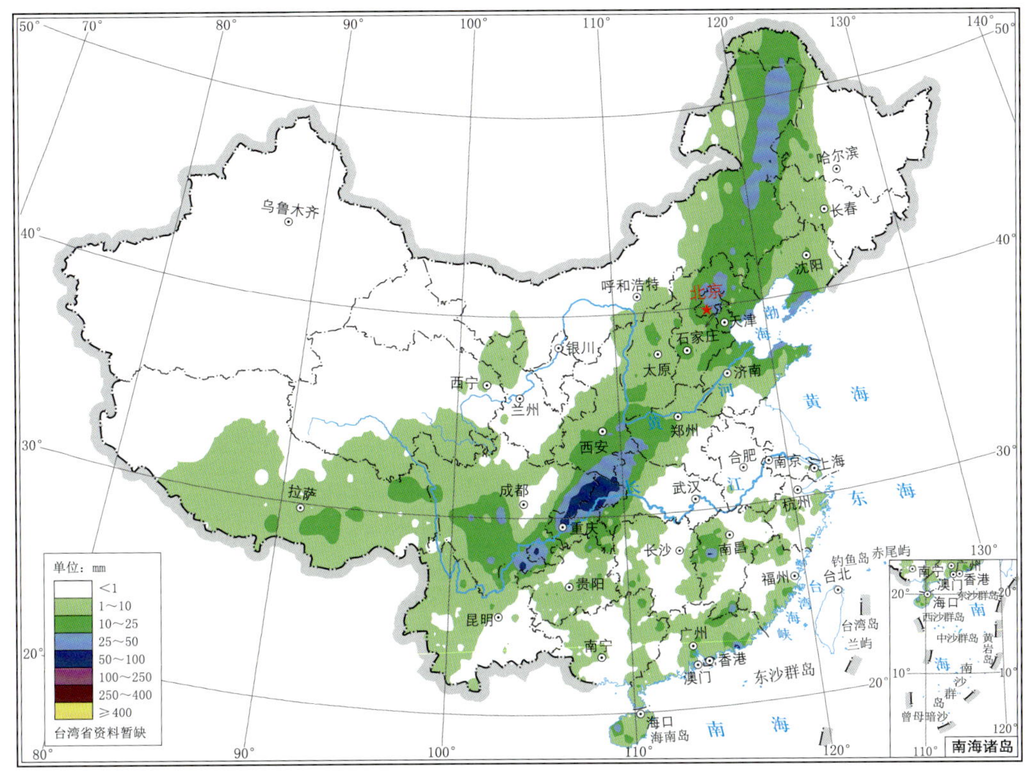

图 3.6.4　2021 年 9 月 6 日全国降水量分布

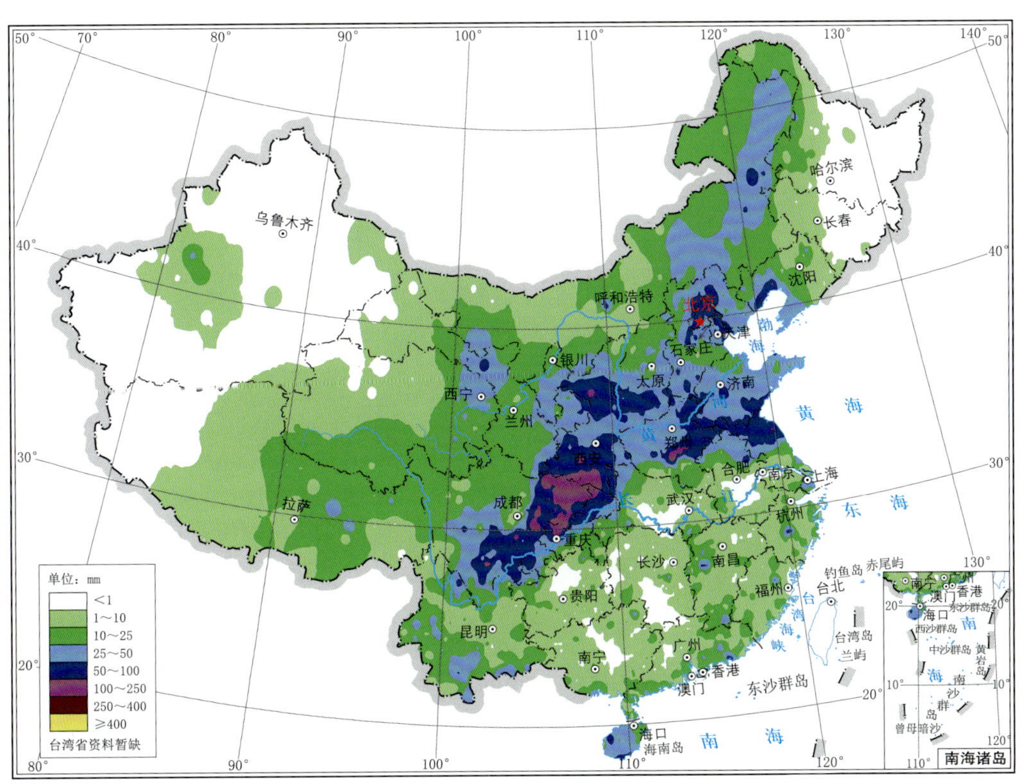

图 3.6.5　2021 年 9 月 3—6 日全国总降水量分布

第 27 次主要暴雨过程(No. 27):9 月 13—14 日

9 月 13 日,2114 号超强台风“灿都”(Chanthu)从台湾岛东侧洋面北上进入距上海 150 km 的东海海面,其强度已减弱为强台风,受其影响,我国东部沿海出现降水,暴雨主要集中在浙江东北沿海地区,共有 11 个站出现大暴雨(图 3.6.6);14 日,“灿都”在洋面上盘旋一段时间后折向东南方向移动,受其影响,降水减弱,长江口和钱塘江口附近局部出现暴雨到大暴雨(图 3.6.7)。图 3.6.8 为此次暴雨过程总降水量分布。

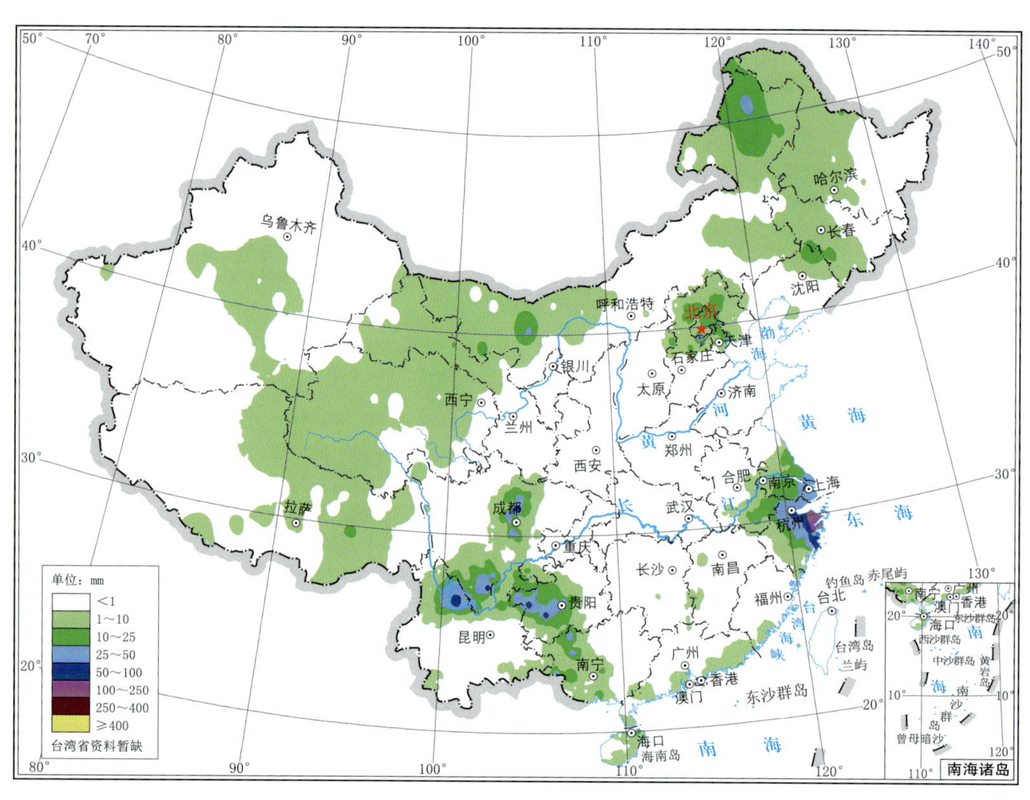

图 3.6.6　2021 年 9 月 13 日全国降水量分布

第 28 次主要暴雨过程(No. 28):9 月 15—21 日

9 月 15 日,500 hPa 青藏高原东侧有短波槽出现,中低层川西高原至四川盆地有弱切变形成,受其影响,四川盆地出现降水,暴雨主要出现在盆地西部,局部出现大暴雨(图 3.6.9);16 日,500 hPa 短波槽缓慢东移至盆地西部,中低层四川盆地有明显的低涡发展,受其影响,四川盆地出现暴雨到大暴雨,其中三台出现 267.3 mm 的特大暴雨(图 3.6.10);17 日,500 hPa 短波槽继续缓慢东移,中低层四川盆地低涡维持少动,受其影响,陕西南部至贵州出现南北向暴雨带,贵州局部出现大暴雨(图 3.6.11);18 日,500 hPa 内蒙古西部至川西高原又有短波槽发展东移,中低层四川盆地低涡向东北方向移动发展,西北地区东部至华北南部有切变发展,受其影响,西北地区东部、华北南部、黄淮北部出现降水,暴雨集中出现在山西中部至山西南部(图 3.6.12);19 日,500 hPa 西北短波槽东移南压、发展加深,从河套地区一直伸展到云南北部,700 hPa 低涡向东北方向移动至华北南部,850 hPa 低涡移动至大巴山地区,华北地区至云贵高原切变明显发展,受其影响,华北至云贵高原出现大范围降水,河北南部至重庆北部出现东北—西南向暴雨带,河北、山东、河南

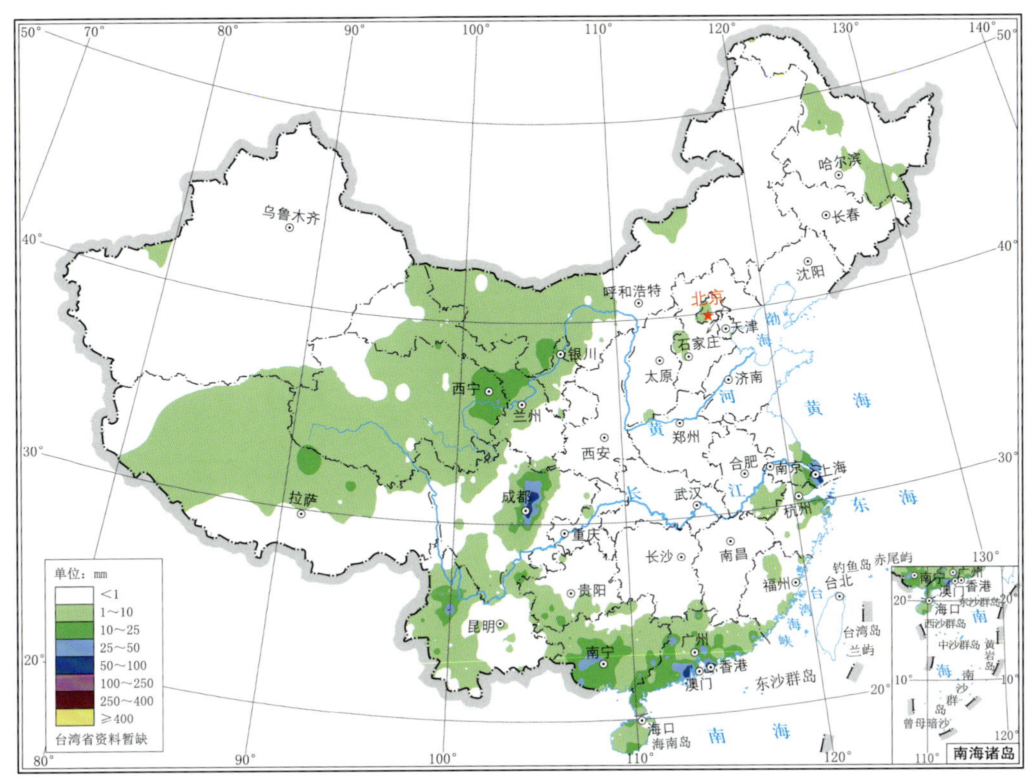

图 3.6.7 2021 年 9 月 14 日全国降水量分布

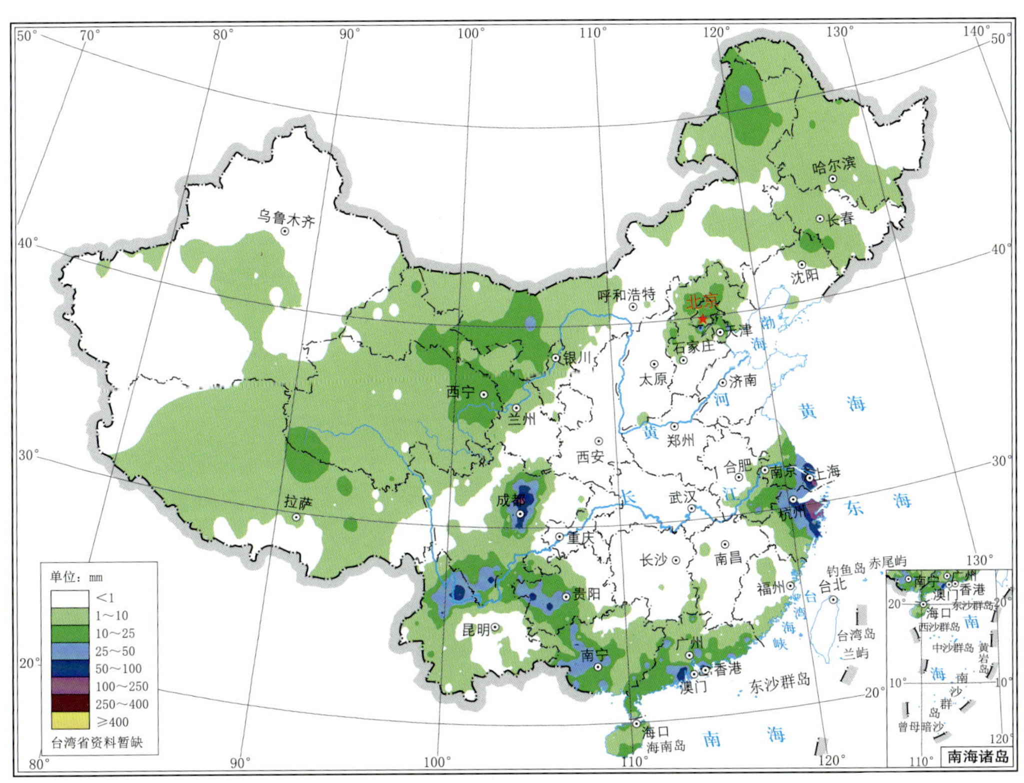

图 3.6.8 2021 年 9 月 13—14 日全国总降水量分布

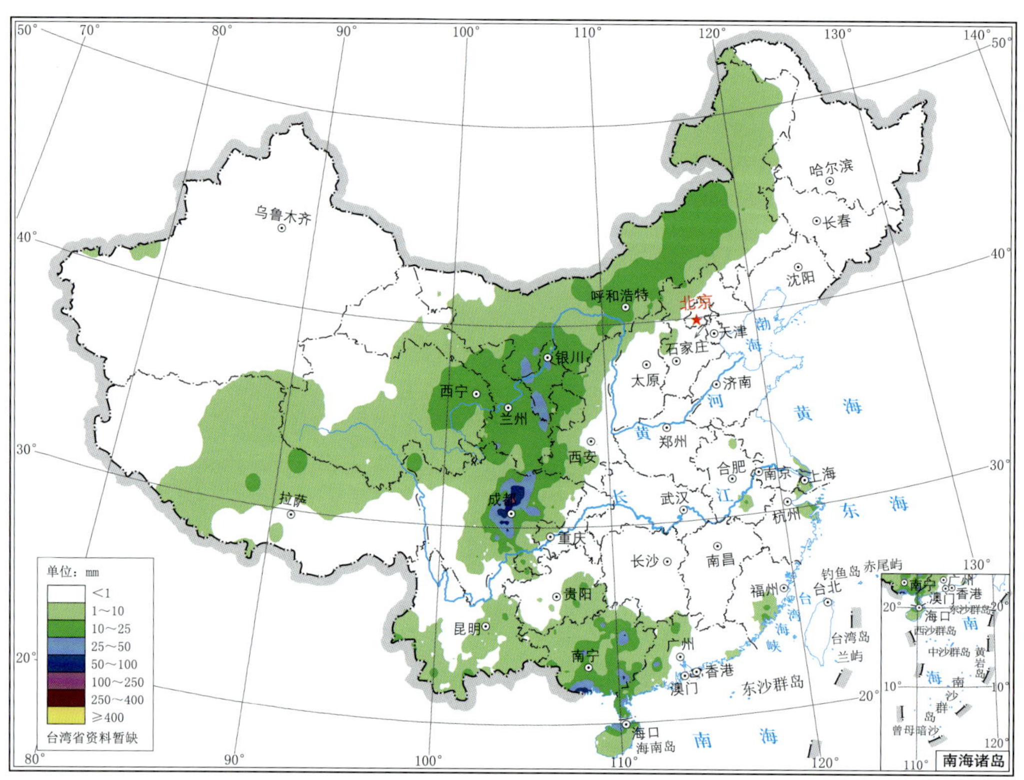

图 3.6.9　2021 年 9 月 15 日全国降水量分布

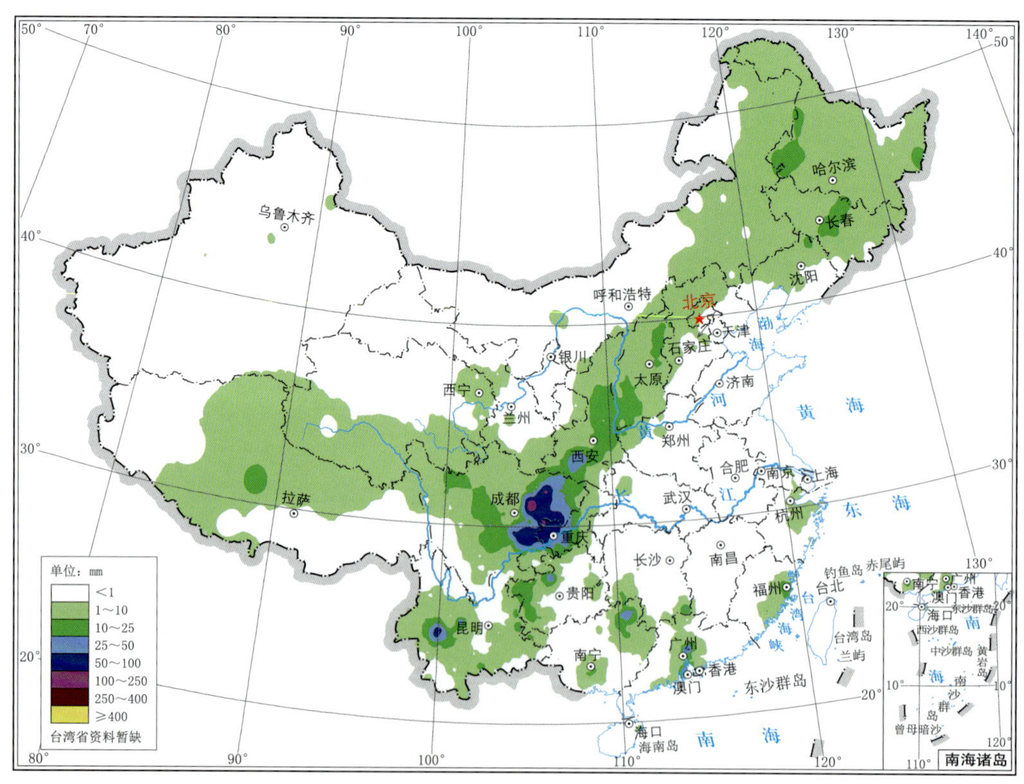

图 3.6.10　2021 年 9 月 16 日全国降水量分布

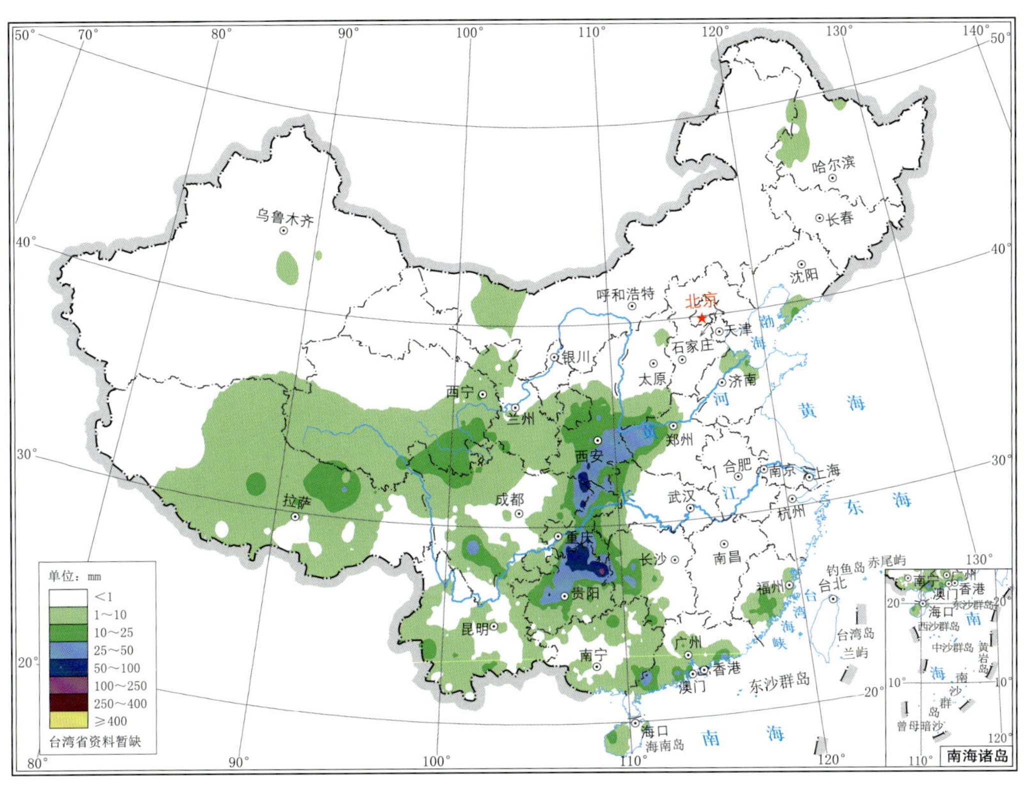

图 3.6.11　2021 年 9 月 17 日全国降水量分布

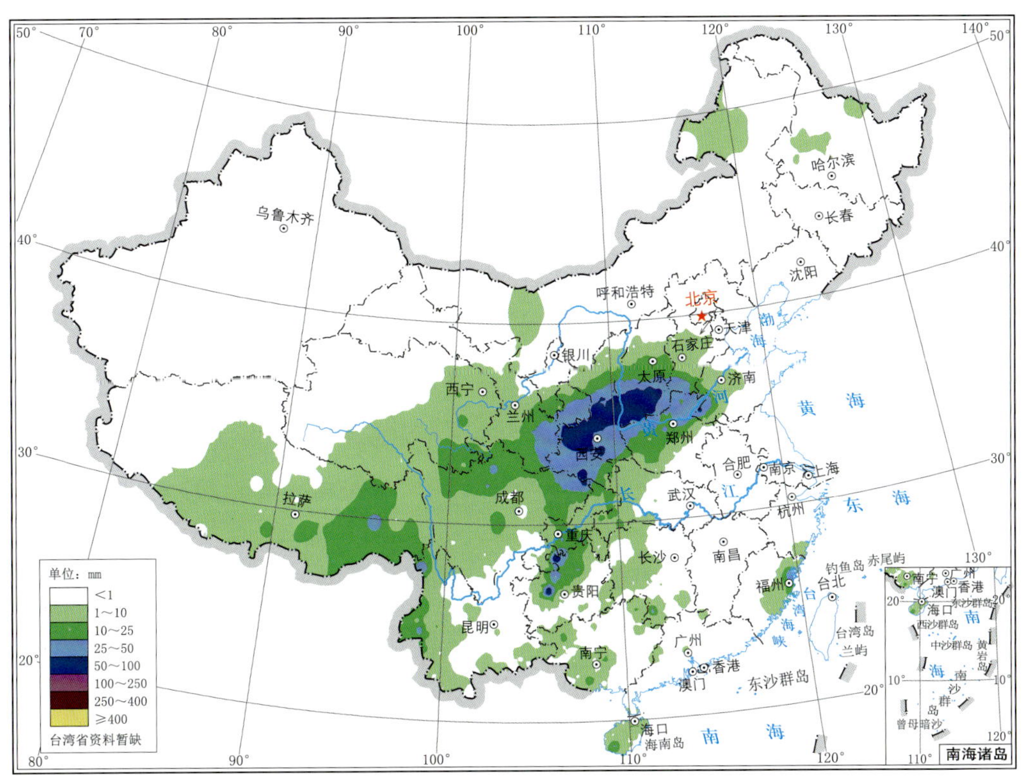

图 3.6.12　2021 年 9 月 18 日全国降水量分布

三省交界区域多站出现大暴雨(图 3.6.13);20 日,500 hPa 西风槽继续东移发展加深,从内蒙古中部一直伸展到云贵高原东部,中低层低涡继续向东北方向移动至华北东部,江淮地区出现明显的低空急流,受其影响,雨带整体东移,从东北南部向西南方向一直伸展至华南西部,暴雨主要出现在东北南部、华北东部及黄淮东部,辽宁南部多站出现大暴雨(图 3.6.14);21 日,500 hPa 西风槽东移北收,中低层低涡继续向东北方向移动至东北南部,受其影响,雨带减弱消散,东北地区出现降水,局部出现暴雨(图 3.6.15)。图 3.6.16 为此次暴雨过程总降水量分布。

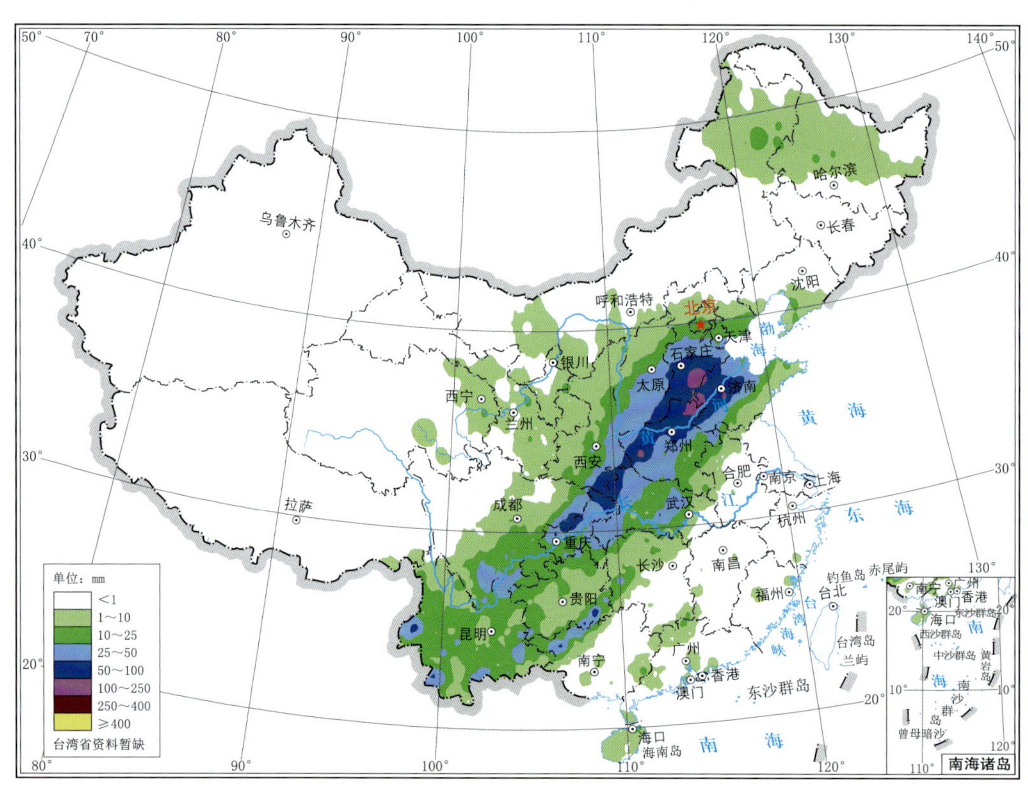

图 3.6.13 2021 年 9 月 19 日全国降水量分布

第 29 次主要暴雨过程(No. 29):9 月 24—29 日

9 月 24 日,500 hPa 内蒙古西部至青海东部、内蒙古中部各有短波槽活动,700 hPa 内蒙古、甘肃、宁夏交界的区域有低涡形成,850 hPa 四川盆地有西南低涡形成,低涡东北侧有暖切变伸展至华北南部,受其影响,四川盆地、西北地区东部、华北南部及黄淮西部出现降水,暴雨分布较为零散,河南、四川局地出现大暴雨(图 3.6.17);25 日,500 hPa 内蒙古地区的短波槽东移,700 hPa 低涡随之东移至黄河下游地区,850 hPa 西南低涡东北侧的暖切变继续向东北方向伸展并发展加强,受其影响,雨区向东扩展,四川盆地、西北地区东部、华北南部及黄淮地区出现降水,河南、山东、河北三省交界的区域出现较为集中的暴雨到大暴雨,陕西、四川局部出现暴雨、大暴雨(图 3.6.18);26 日,500 hPa 西北地区又有短波槽东移至河套地区,700 hPa 华北西部至四川盆地有切变形成,850 hPa 西南低涡及其东北侧的暖切变维持少动,受其影响,黄淮北部经华北南部、西北地区东部至四川盆地出现东北—西南向的狭长暴雨带,局部地区出现大暴雨(图 3.6.19); 27 日,500 hPa 短波槽东移南压,中低

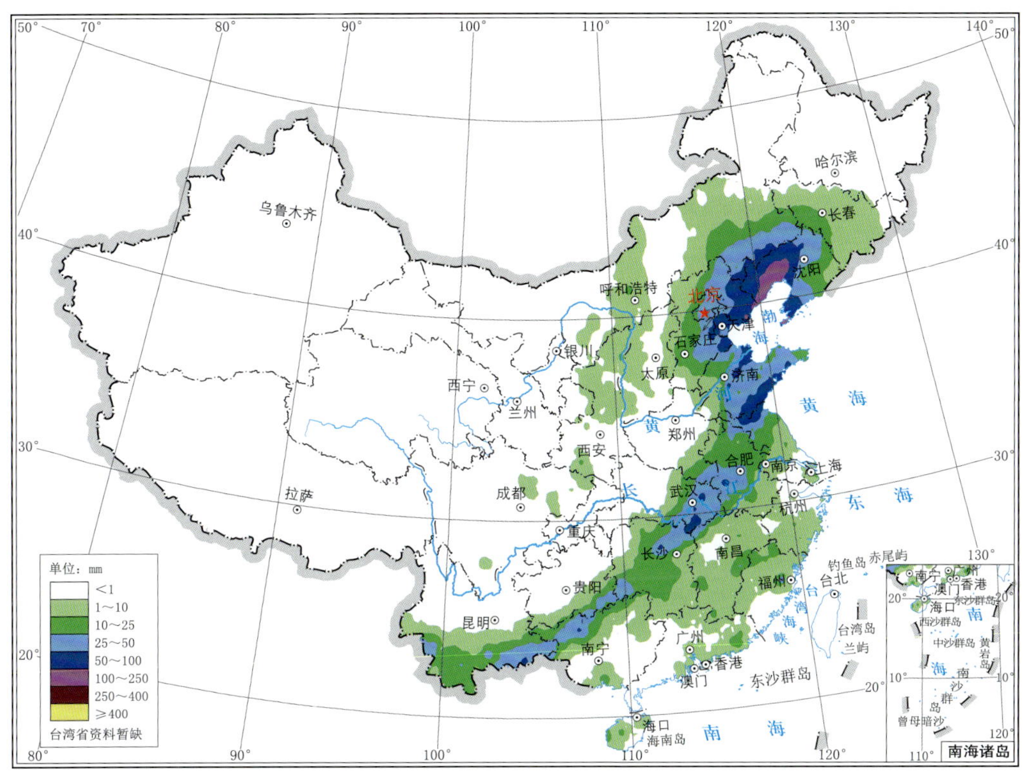

图 3.6.14　2021 年 9 月 20 日全国降水量分布

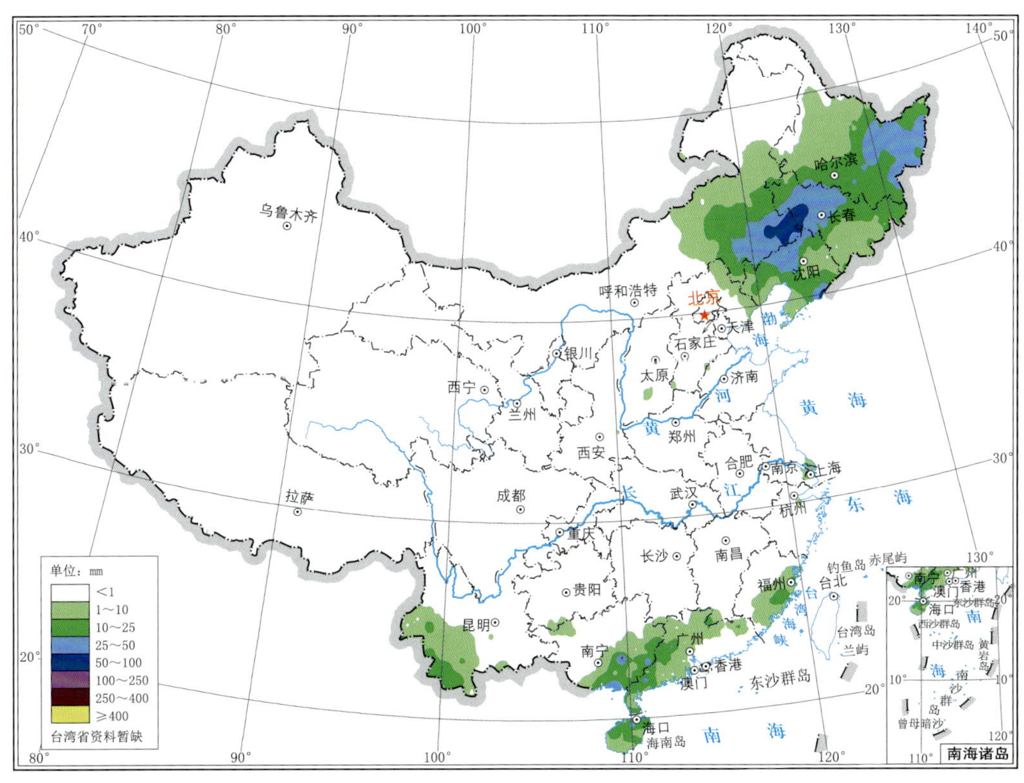

图 3.6.15　2021 年 9 月 21 日全国降水量分布

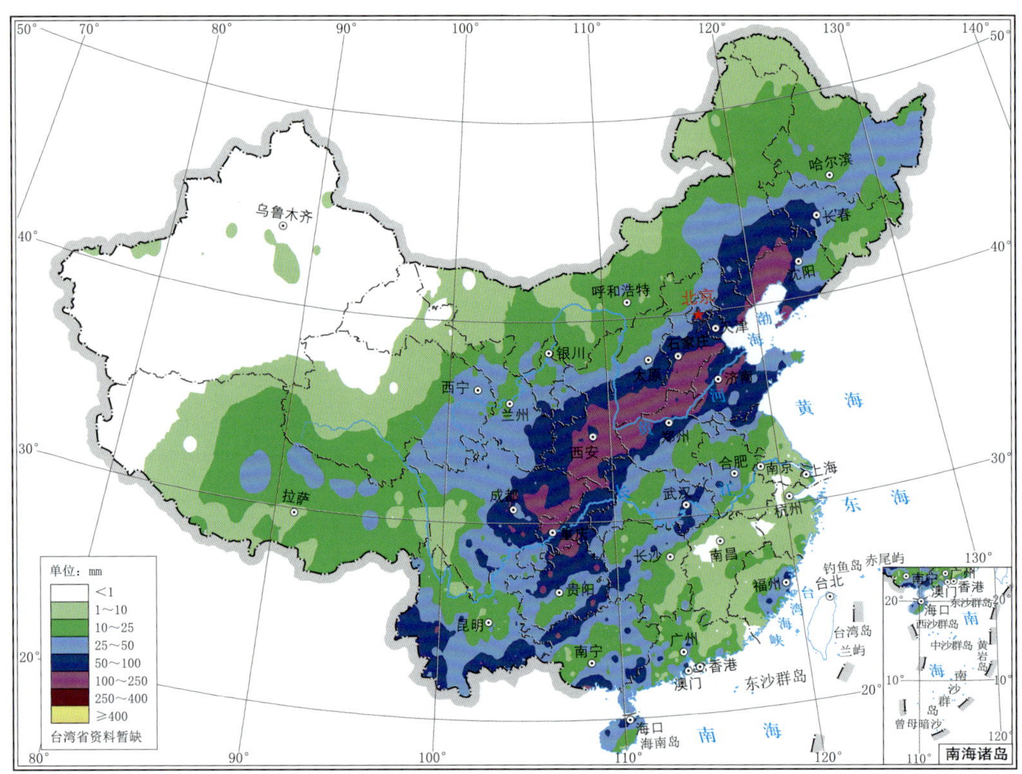

图 3.6.16　2021 年 9 月 15—21 日全国总降水量分布

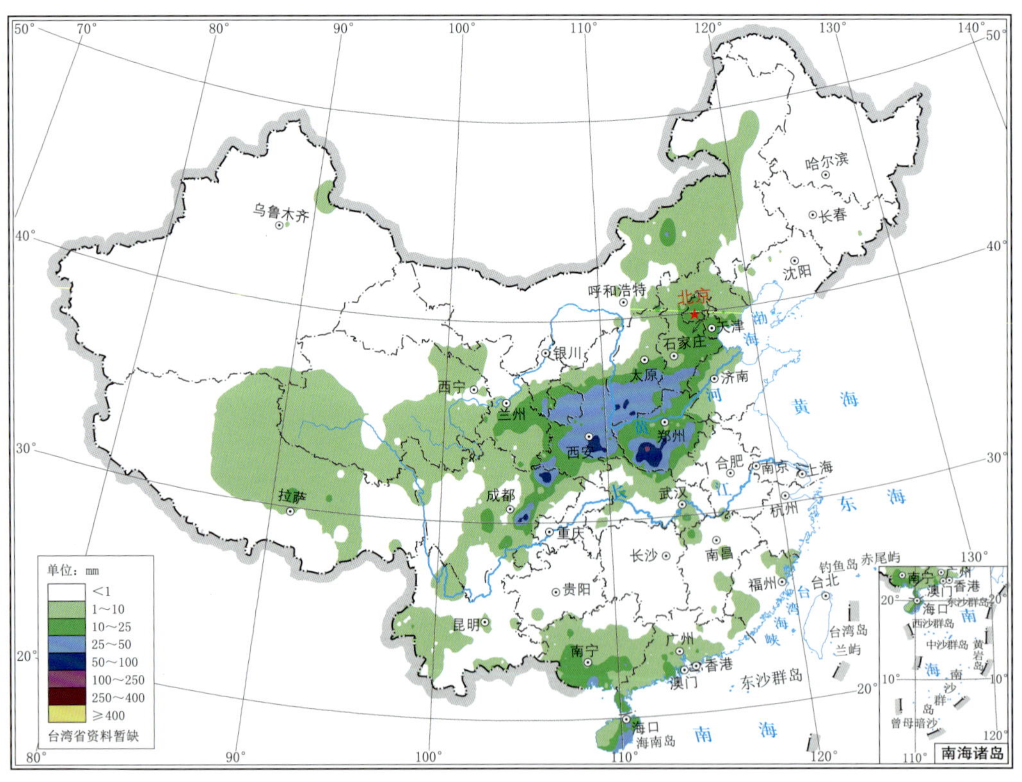

图 3.6.17　2021 年 9 月 24 日全国降水量分布

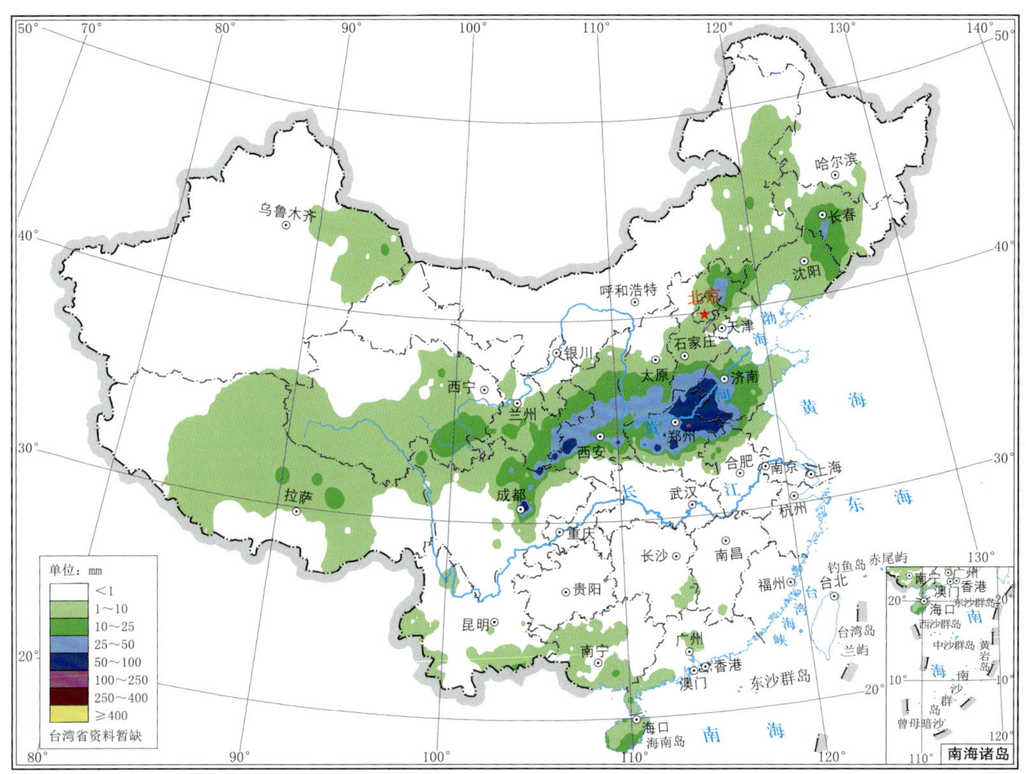

图 3.6.18　2021 年 9 月 25 日全国降水量分布

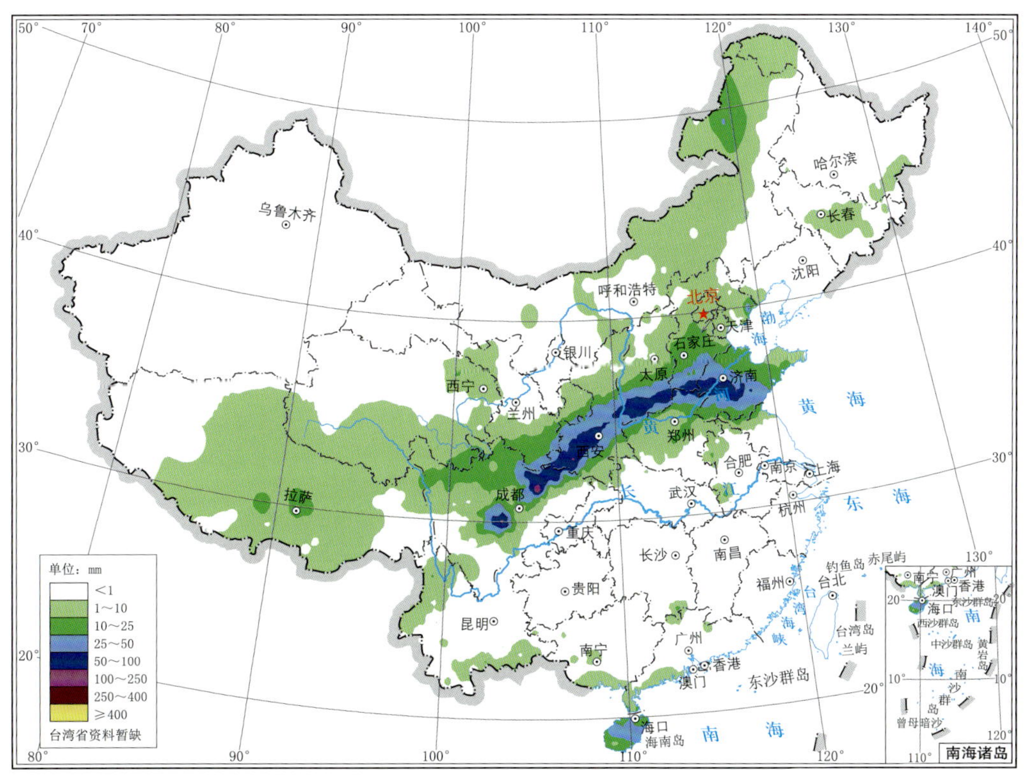

图 3.6.19　2021 年 9 月 26 日全国降水量分布

层黄淮东部、四川盆地各有切变活动，受其影响，山东半岛、四川盆地局部出现暴雨(图 3.6.20)；28 日，500 hPa 华北西部至四川盆地又有短波槽发展，中低层川陕交界区域有低涡形成，受其影响，河南西部至四川盆地出现暴雨、局部大暴雨(图 3.6.21)；29 日，500 hPa

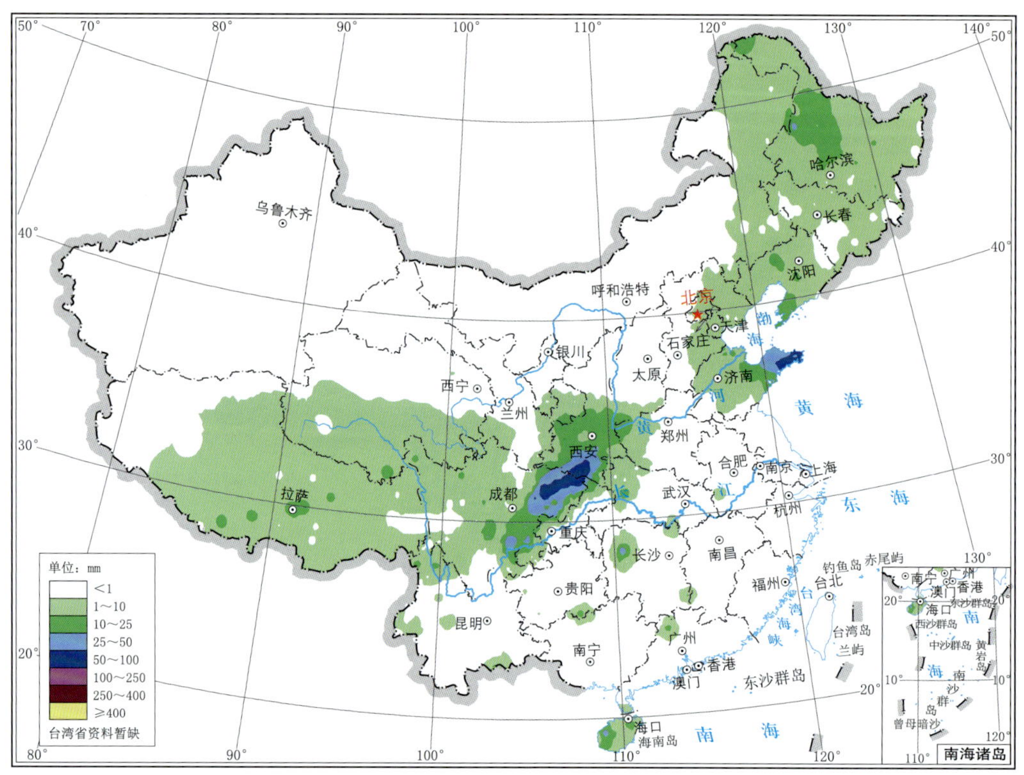

图 3.6.20　2021 年 9 月 27 日全国降水量分布

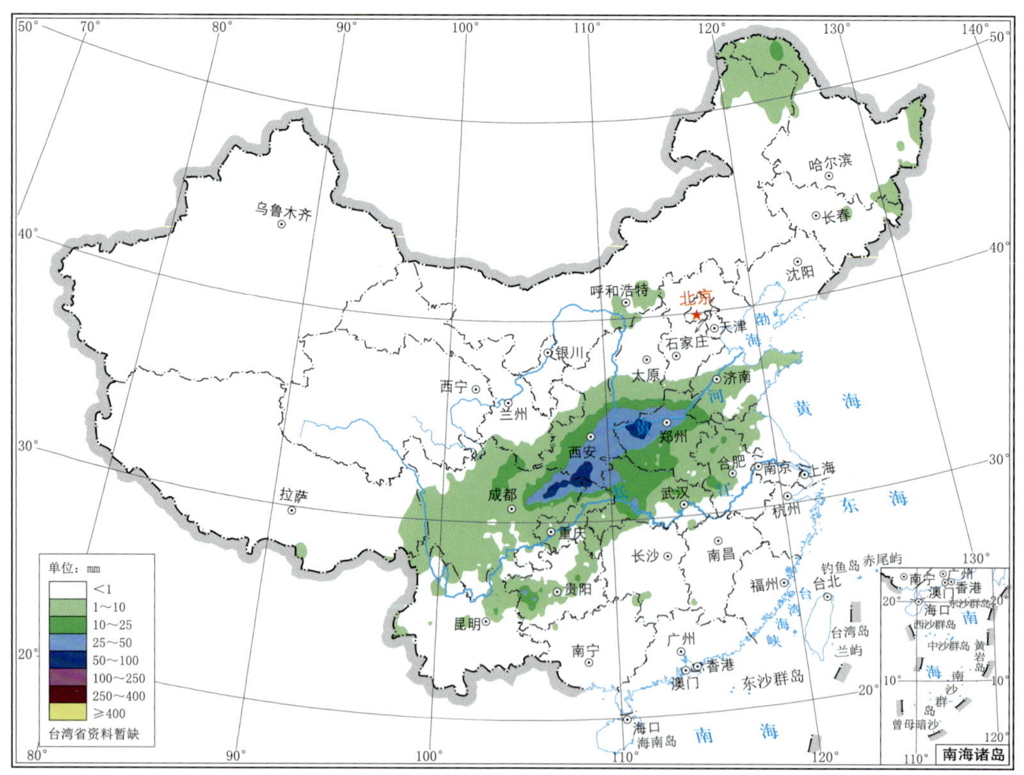

图 3.6.21　2021 年 9 月 28 日全国降水量分布

短波槽快速东移南压至长江中游地区，中低层江淮至江汉地区出现切变，受其影响，江淮局部出现暴雨(图 3.6.22)。图 3.6.23 为此次暴雨过程总降水量分布。

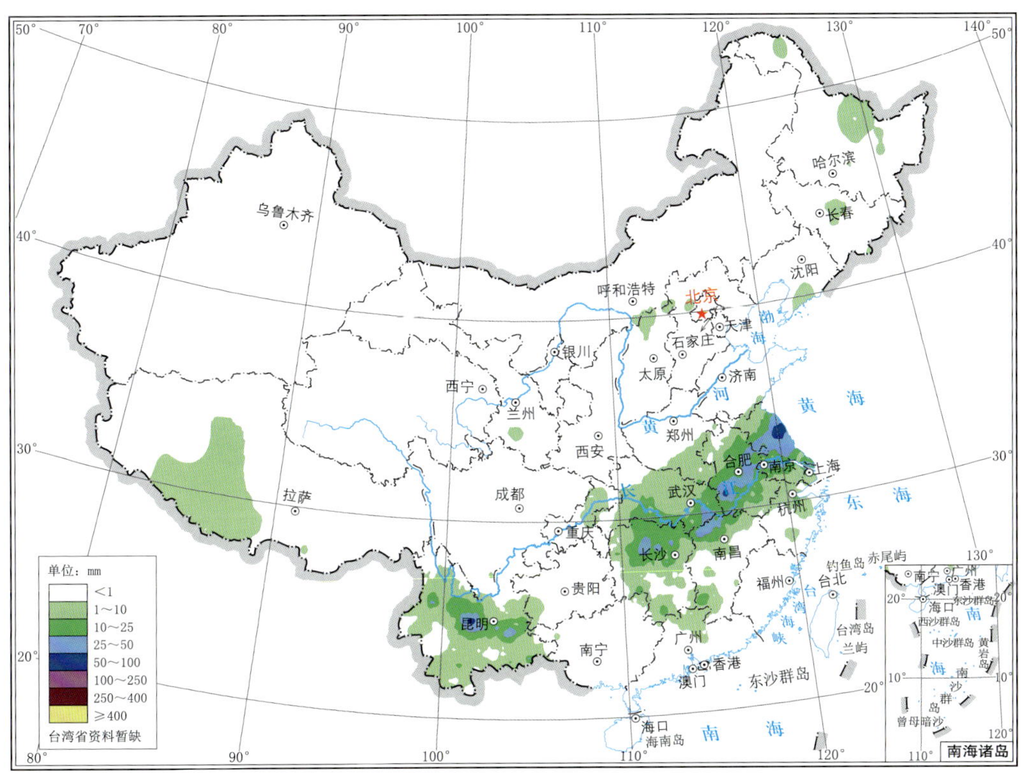

图 3.6.22　2021 年 9 月 29 日全国降水量分布

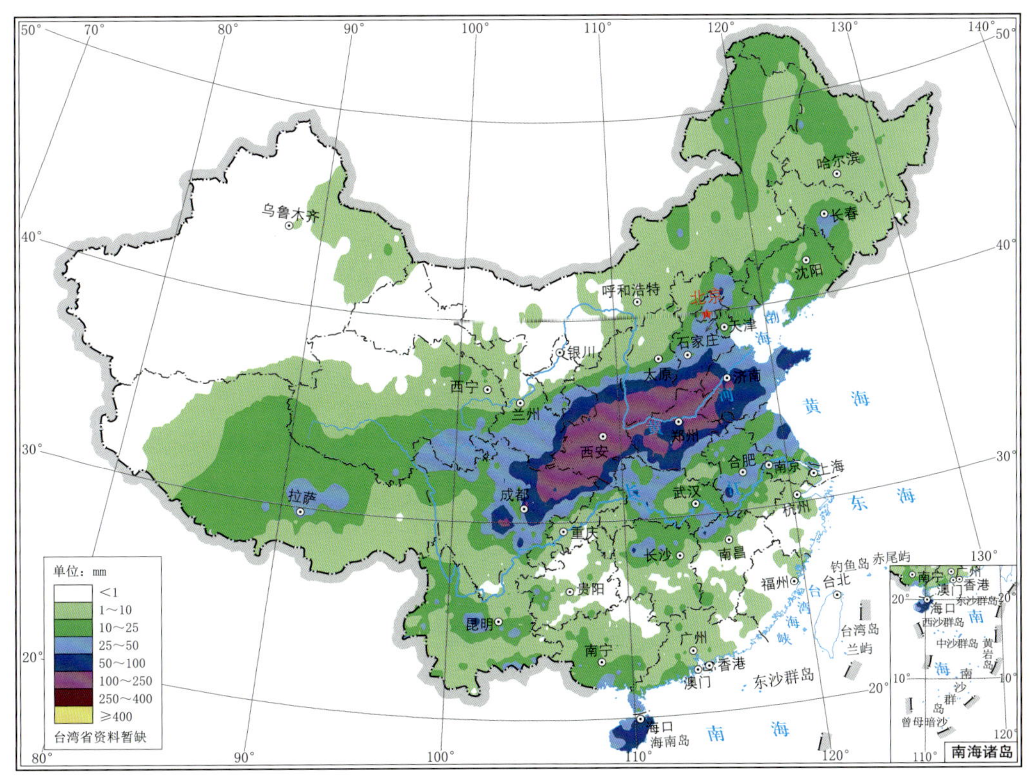

图 3.6.23　2021 年 9 月 24—29 日全国总降水量分布

3.7 10月主要暴雨过程(No. 30—No. 32)

第30次主要暴雨过程(No. 30):10月3—7日

10月3日,500 hPa内蒙古东部有短波槽发展,同时,内蒙古西部至河西走廊、川西高原也有短波槽活动,700 hPa内蒙古东部有冷涡形成,同时,河套地区有切变形成,850 hPa内蒙古东部有冷涡形成,同时,西北地区东部也有低涡形成,华北北部有切变活动,受其影响,东北地区南部—华北南部—陕西中部出现东北—西南向的雨带,暴雨分布较为零散,辽宁、陕西局地出现大暴雨(图3.7.1);4日,500 hPa东北短波槽快速东移北收,西北地区至川西高原短波槽缓慢东移,中低层西北地区东部的低涡缓慢向东北方向移动,同时,四川盆地又有低涡发展,华北北部有切变活动,受其影响,山西中部至四川盆地出现东北—西南向的暴雨带,山东北部部分地区也出现暴雨(图3.7.2);5日,500 hPa内蒙古中部有短波槽形成,川西高原短波槽继续缓慢东移,700 hPa河套地区至华北北部有低涡切变形成,850 hPa四川盆地低涡维持少动,受其影响,河北中部至四川盆地出现东北—西南向的暴雨带,川东北局部出现大暴雨(图3.7.3);6日,500 hPa河套地区至四川盆地有短波槽发展东移,700 hPa河套地区至华北北部低涡切变维持少动,850 hPa四川盆地低涡维持少动,受其影响,降水带维持少动,暴雨主要出现在河北中部至山西中部(图3.7.4);7日,500 hPa四川盆地短波槽维持少动,中低层四川盆地低涡维持少动,受其影响,四川盆地东北部出现暴雨(图3.7.5)。图3.7.6为此次暴雨过程总降水量分布。

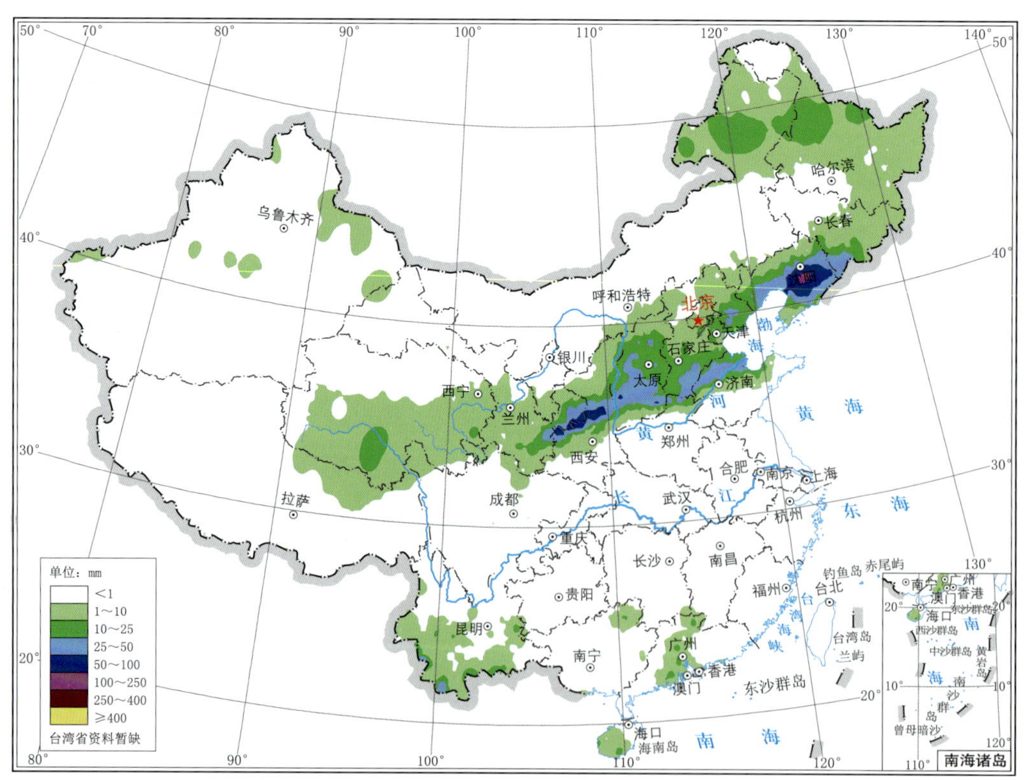

图3.7.1 2021年10月3日全国降水量分布

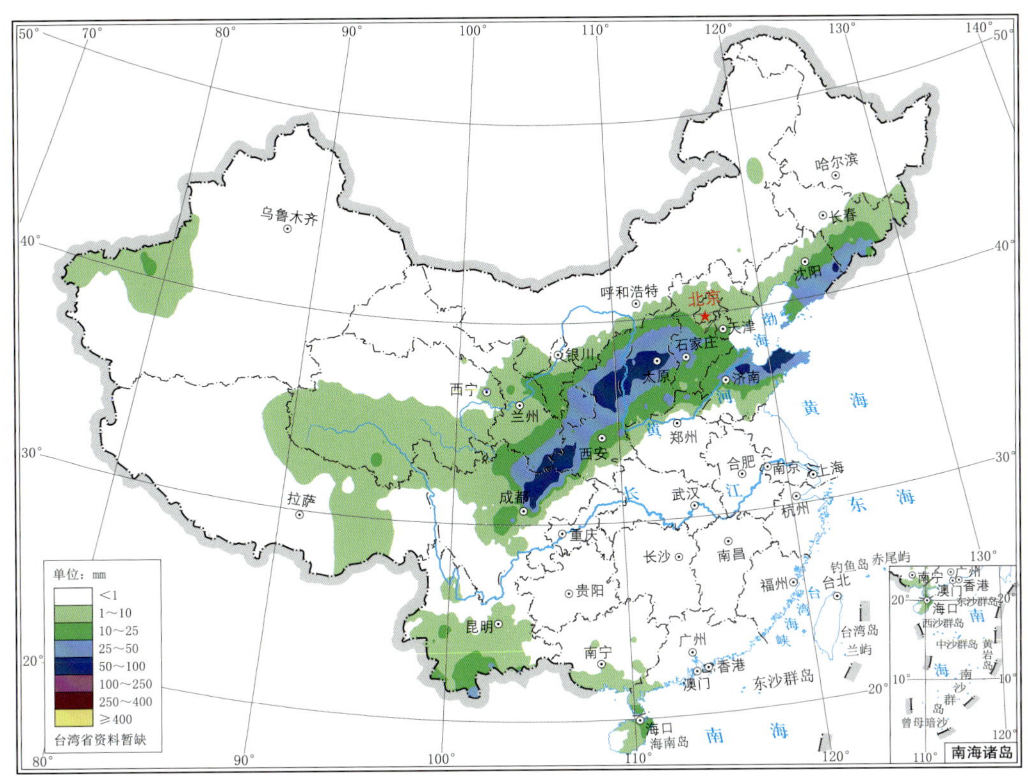

图 3.7.2 2021 年 10 月 4 日全国降水量分布

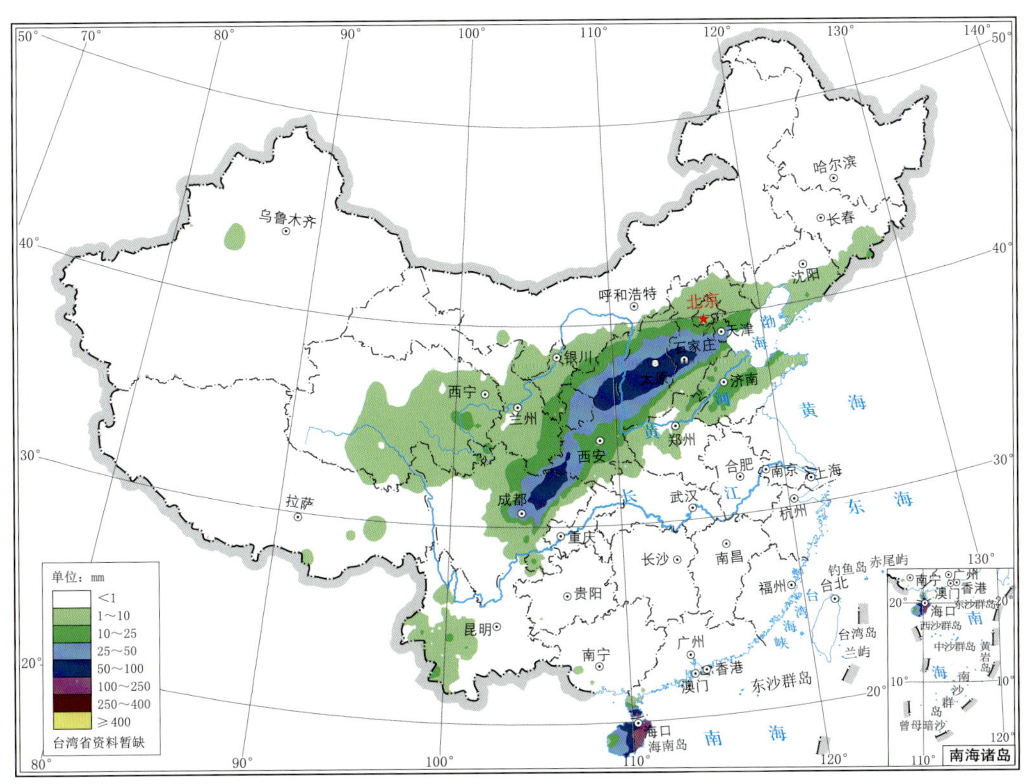

图 3.7.3 2021 年 10 月 5 日全国降水量分布

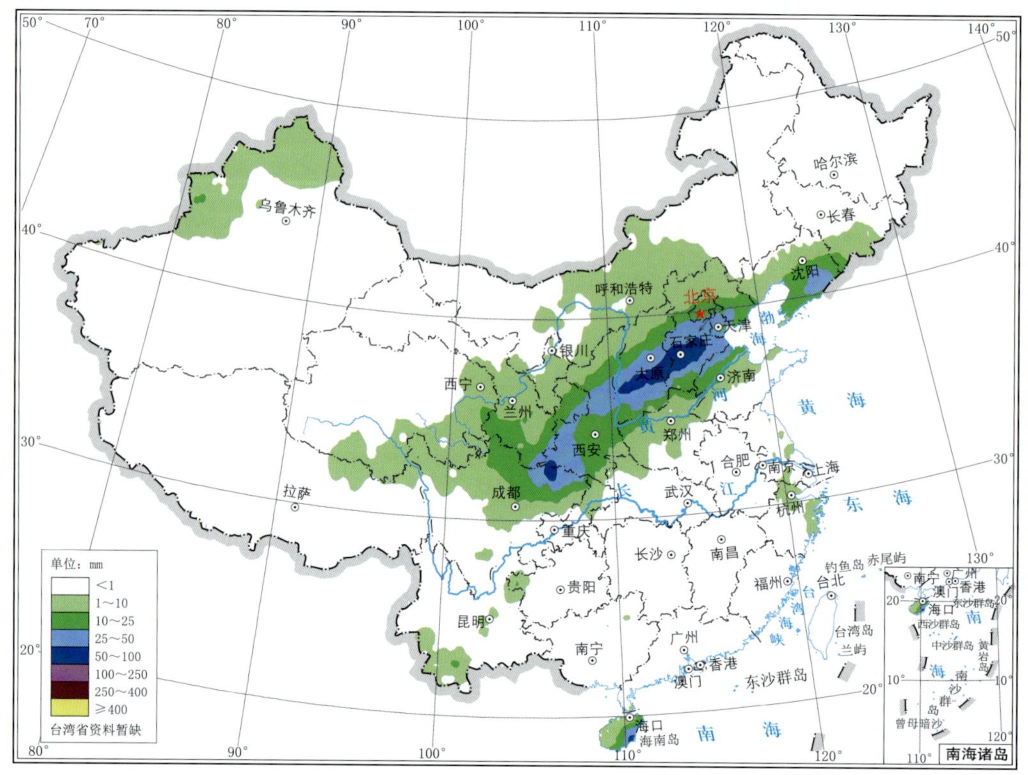

图 3.7.4　2021 年 10 月 6 日全国降水量分布

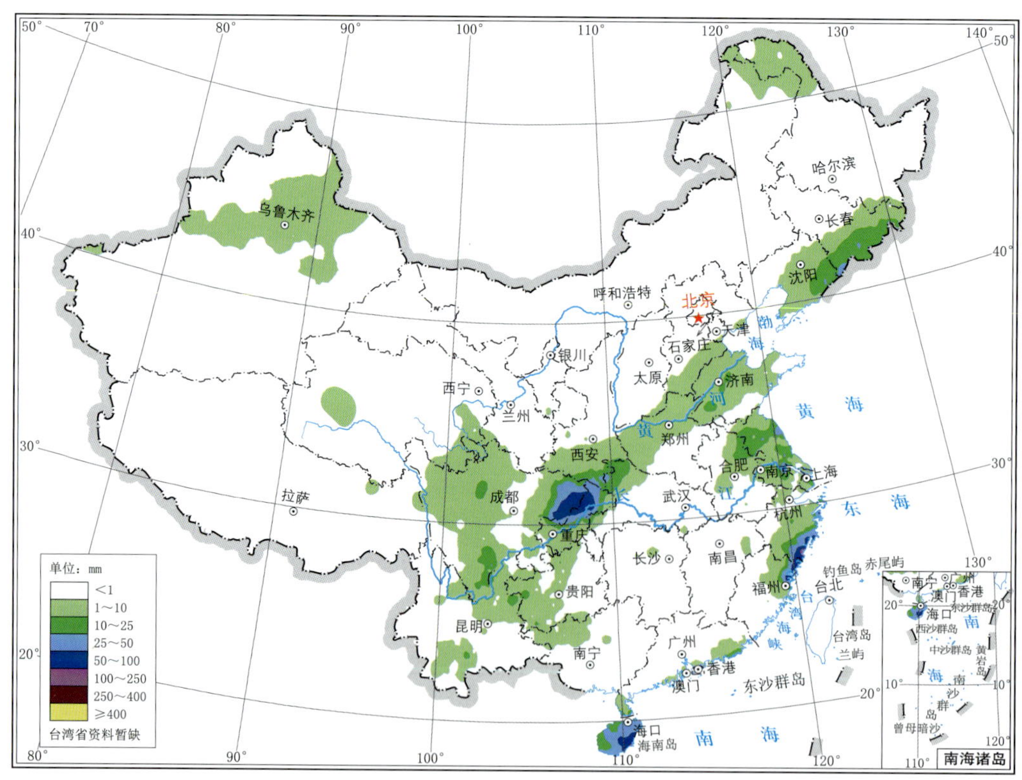

图 3.7.5　2021 年 10 月 7 日全国降水量分布

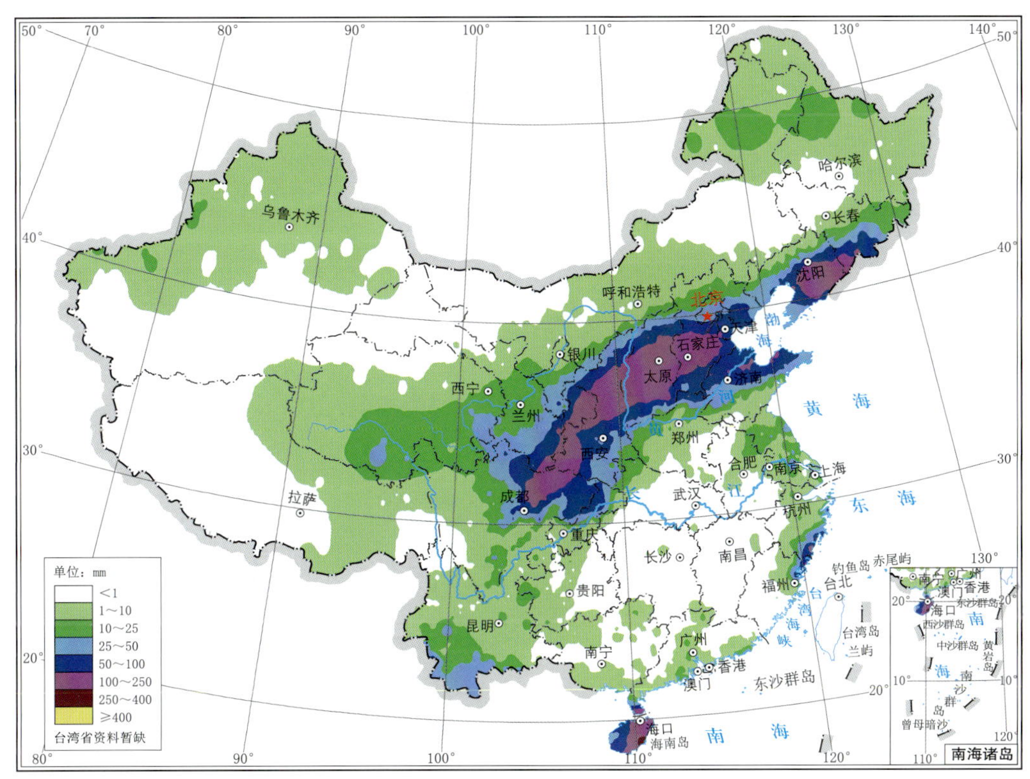

图 3.7.6　2021 年 10 月 3—7 日全国总降水量分布

第 31 次主要暴雨过程(No. 31):10 月 8—11 日

10 月 8 日,2117 号热带风暴“狮子山”(Lionrock)在海南琼海登陆,受其影响,海南出现暴雨到大暴雨,广东珠江口及其以东沿海出现暴雨到大暴雨(图 3.7.7);9 日,“狮子山”登陆后路径曲折,先转向西行,再迅速折向东北,下午在海南岛北部折向西偏北,之后进入北部湾海域,受其影响,华南地区及江南西部出现降水,暴雨主要集中在华南沿海及海南岛,广东沿海部分地区出现大暴雨,海南东北部出现大暴雨,其中临高、昌江分别出现 422.6 mm、325.1 mm 的特大暴雨(图 3.7.8);10 日,“狮子山”进入北部湾后继续向偏西方向移动,强度减弱为低压,随即在越南北部沿海登陆,受其影响,雨区整体向西北方向扩展,我国广东、广西、贵州部分地区出现暴雨,广东西部沿海及广西沿海部分地区出现大暴雨(图 3.7.9);11 日,“狮子山”在越南境内减弱消散,受残余气旋环流影响,我国广东西南沿海及广西沿海局部出现暴雨到大暴雨(图 3.7.10)。图 3.7.11 为此次暴雨过程总降水量分布。

第 32 次主要暴雨过程(No. 32):10 月 12—15 日

10 月 12 日,2118 号台风“圆规”(Kompasu)从西太平洋穿过巴林塘海峡进入南海海域,强度达到强热带风暴,随后一路西行,向海南岛东部沿海靠近,受其影响,浙江沿海出现暴雨、局地大暴雨(图 3.7.12);13 日,“圆规”加强为台风,并继续稳定西行登陆海南琼海,受其影响,海南出现暴雨到大暴雨,广东沿海至浙江沿海出现暴雨到大暴雨(图 3.7.13);14 日,“圆规”继续西行进入北部湾海域,强度逐步减弱为低压,夜间登陆越南北部沿海,快速在越南境内消散,受其影响,我国广东西部沿海出现暴雨到大暴雨(图 3.7.14);15 日,受“圆规”残留气旋外围环流影响,广东雷州半岛及海南北部局部出现暴雨(图 3.7.15)。图 3.7.16 为此次暴雨过程总降水量分布。

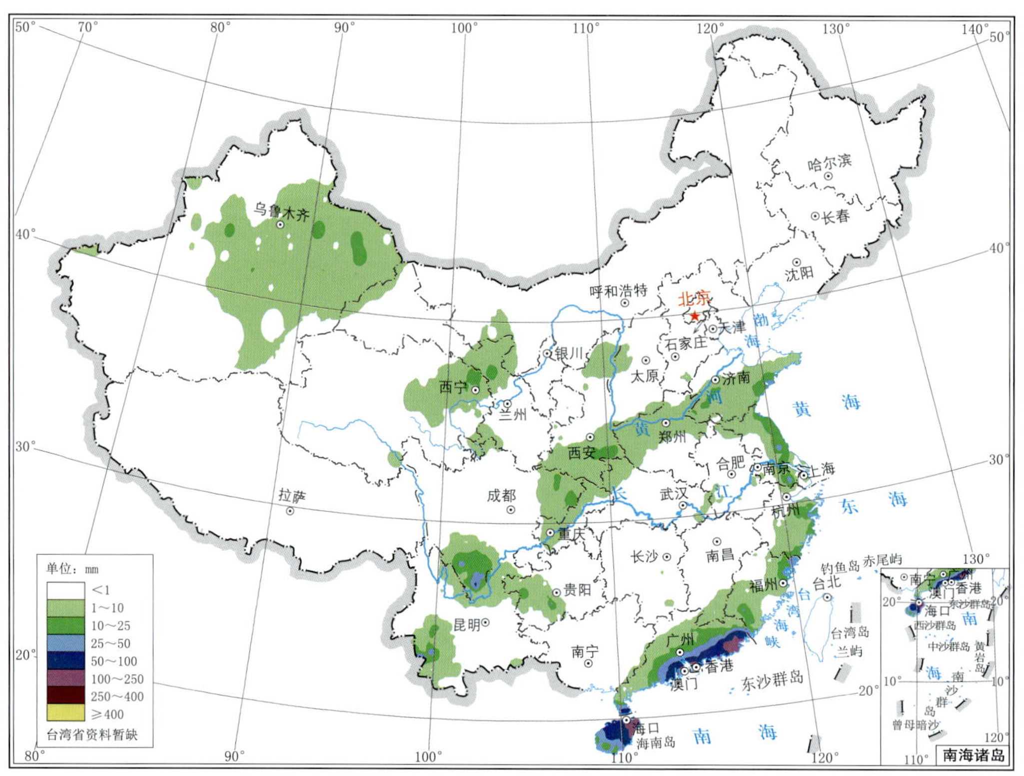

图 3.7.7　2021 年 10 月 8 日全国降水量分布

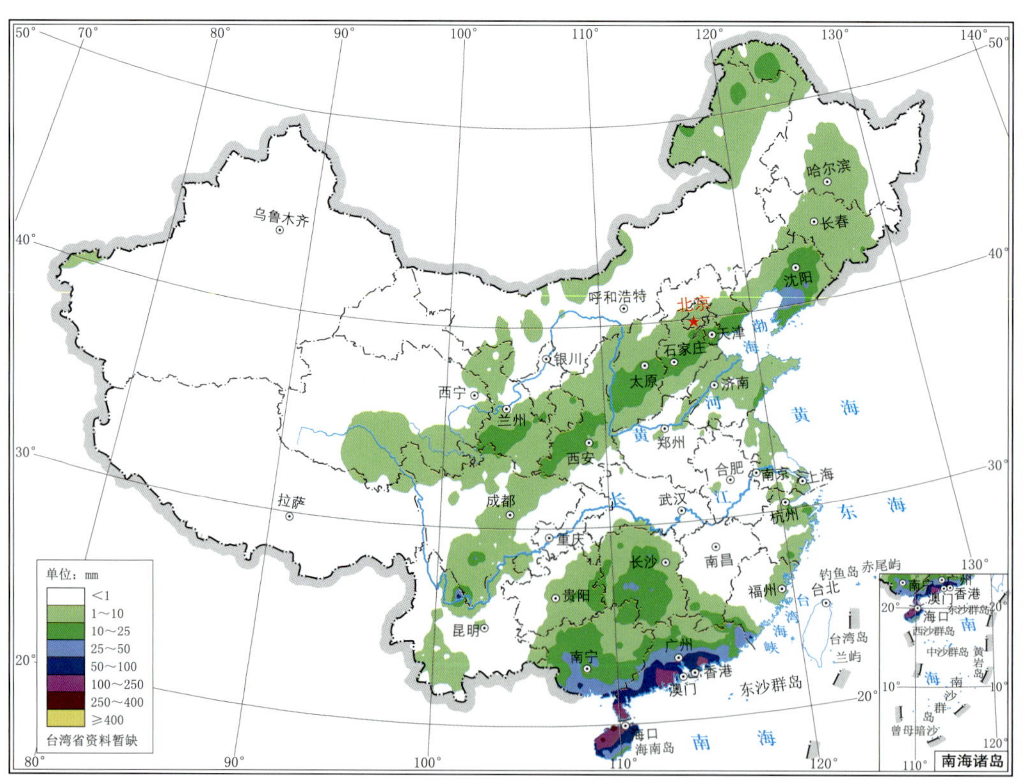

图 3.7.8　2021 年 10 月 9 日全国降水量分布

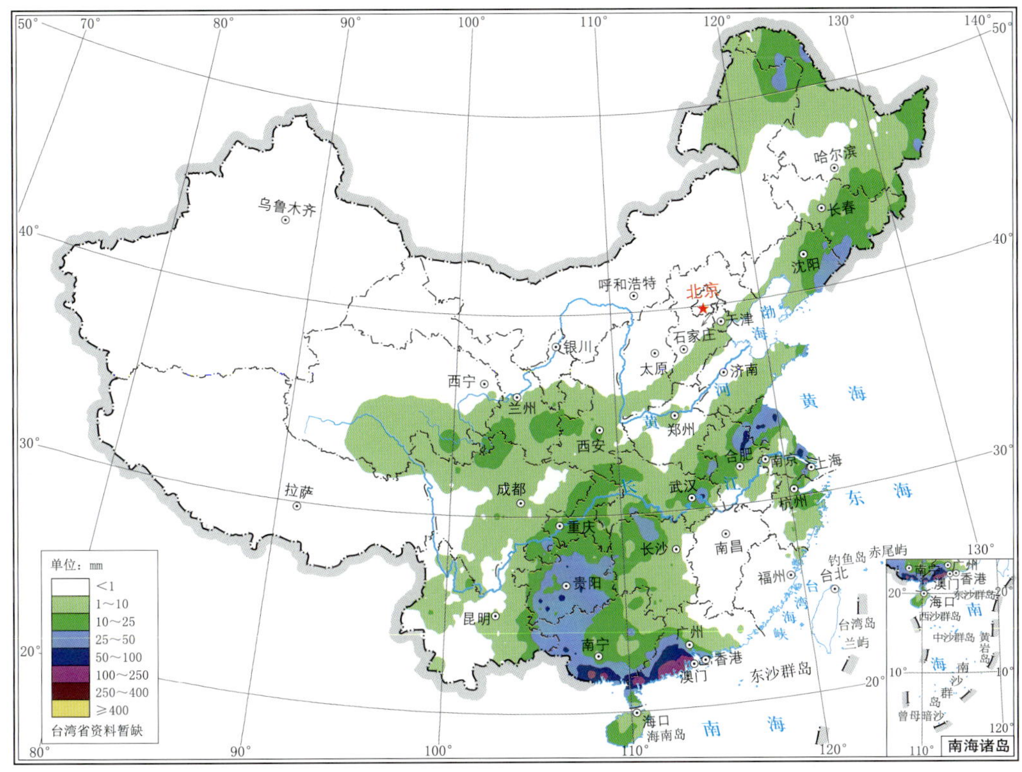

图 3.7.9　2021 年 10 月 10 日全国降水量分布

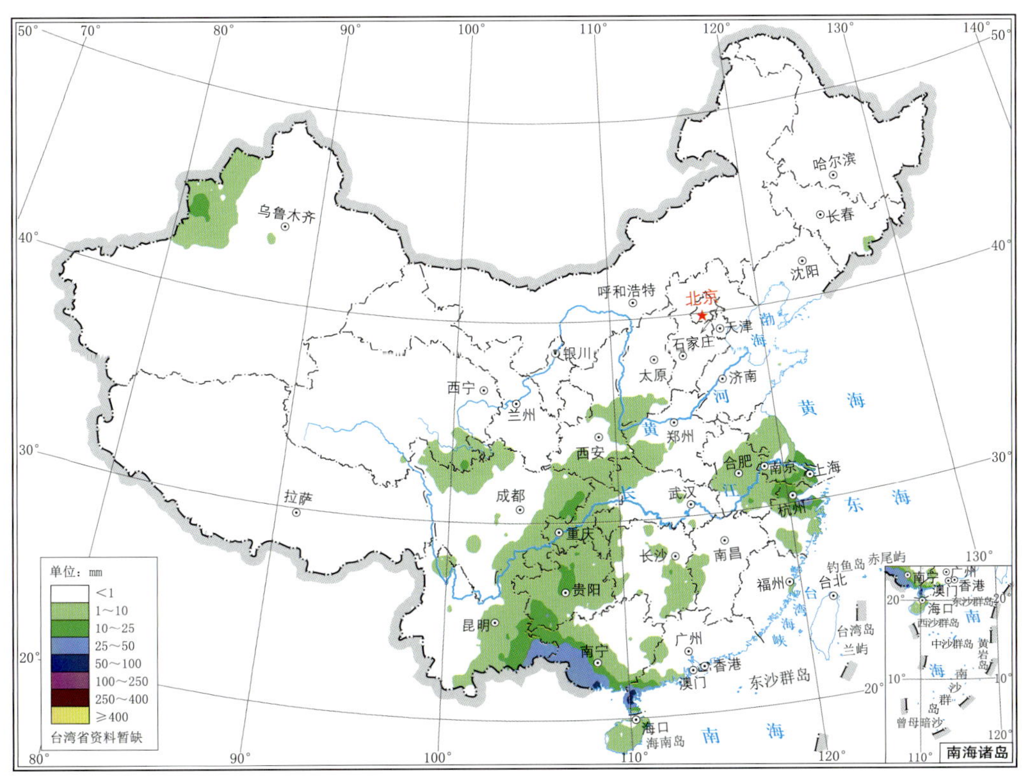

图 3.7.10　2021 年 10 月 11 日全国降水量分布

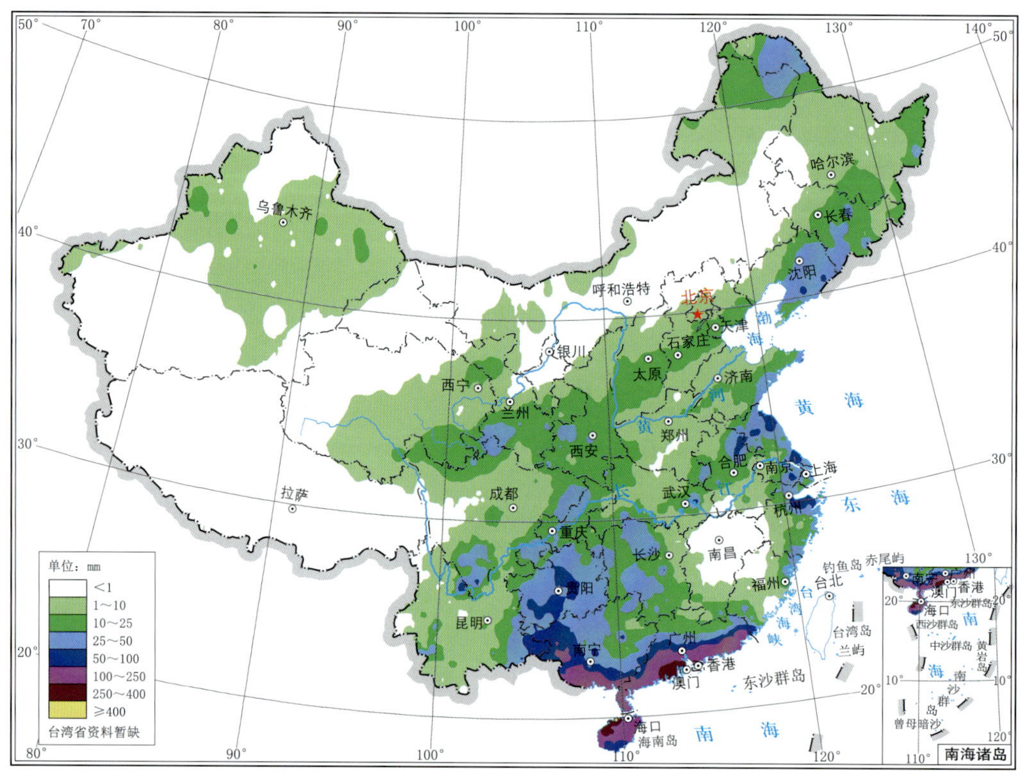

图 3.7.11　2021 年 10 月 8—11 日全国总降水量分布

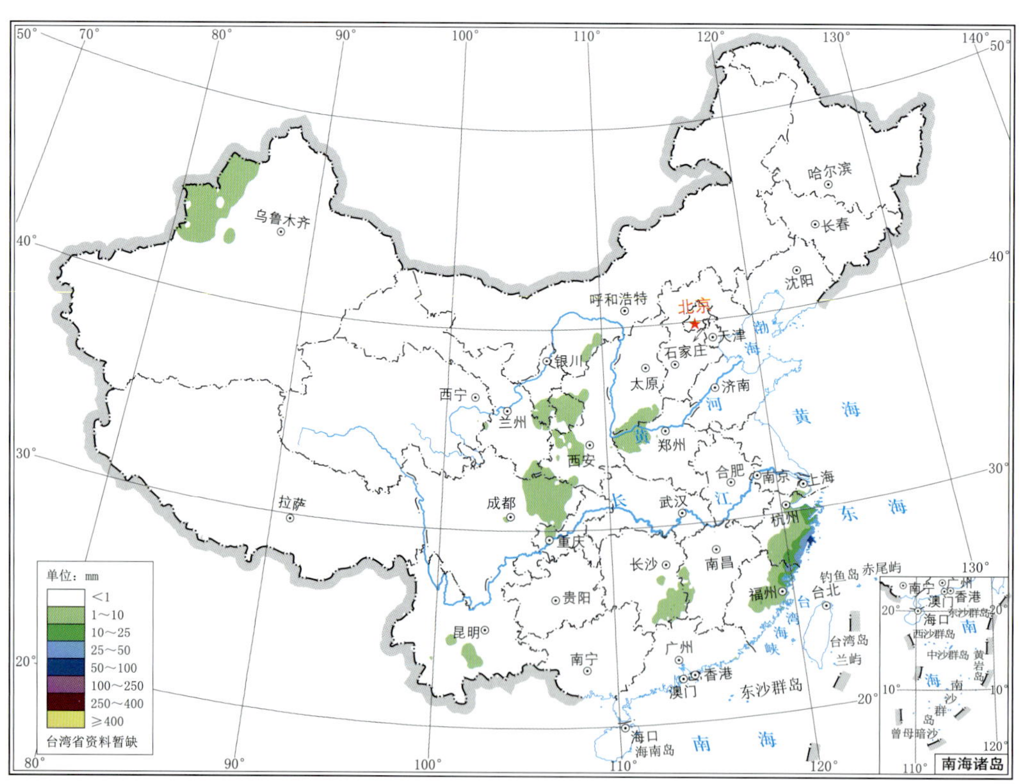

图 3.7.12　2021 年 10 月 12 日全国降水量分布

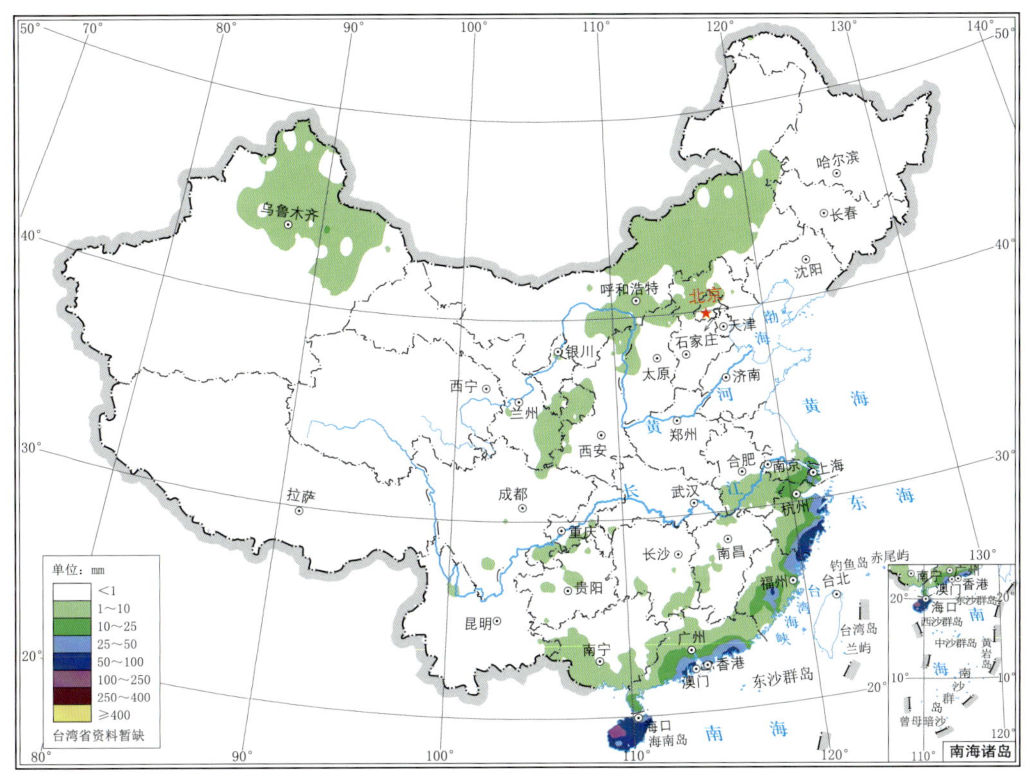

图 3.7.13　2021 年 10 月 13 日全国降水量分布

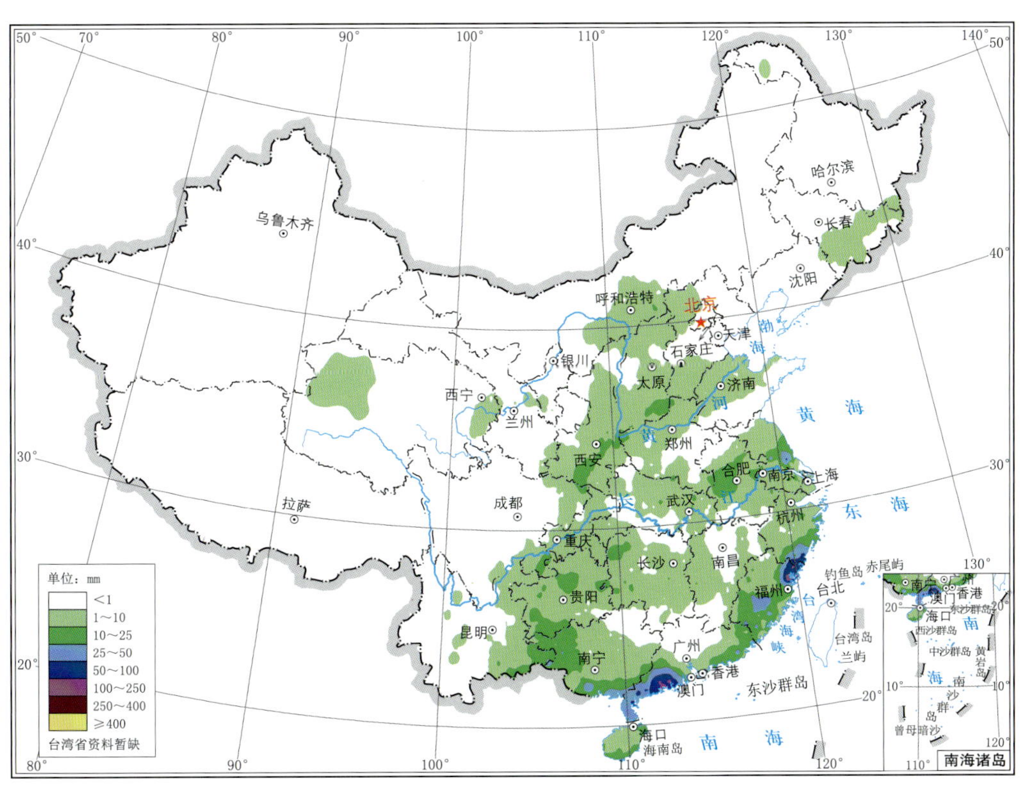

图 3.7.14　2021 年 10 月 14 日全国降水量分布

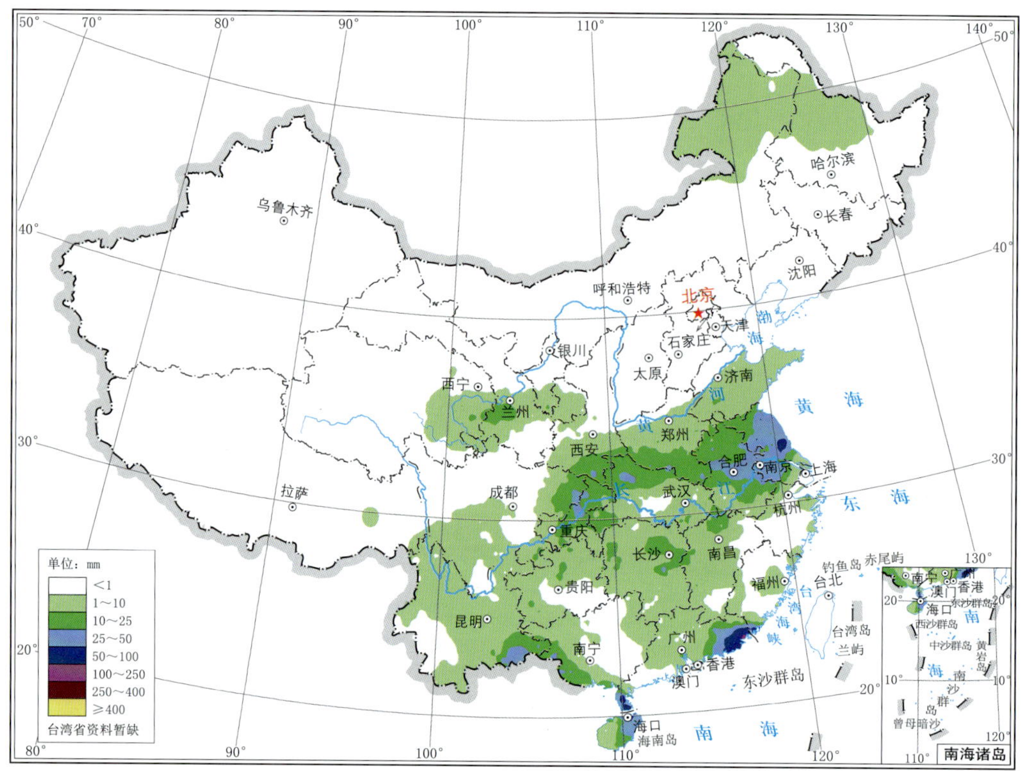

图 3.7.15　2021 年 10 月 15 日全国降水量分布

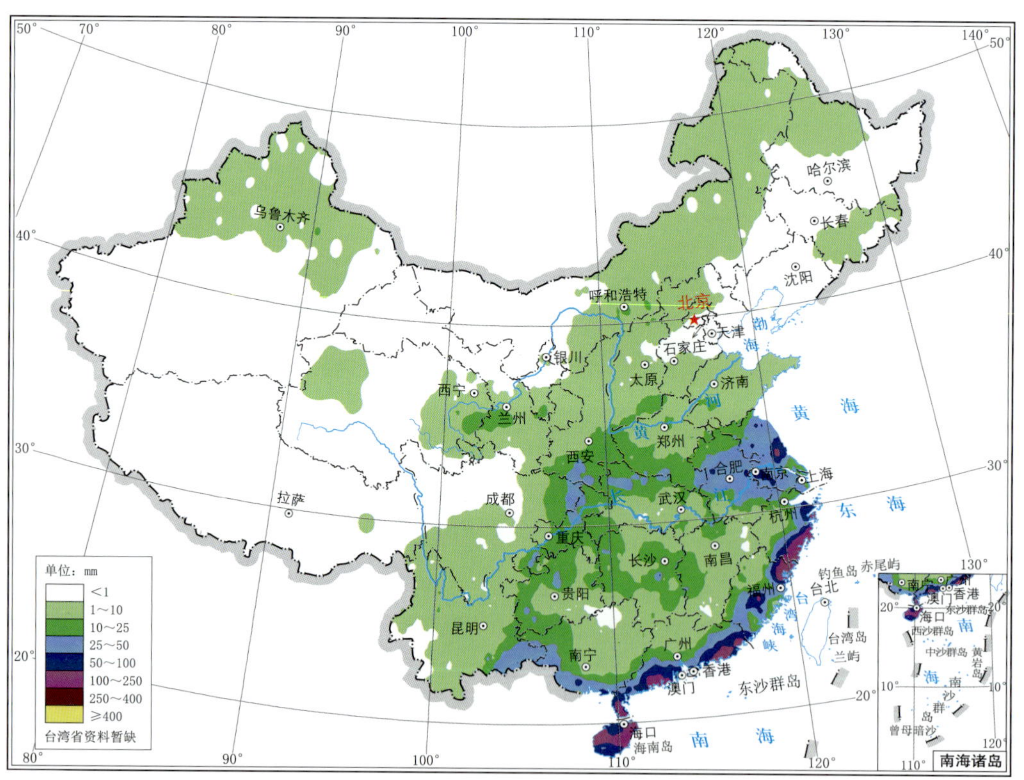

图 3.7.16　2021 年 10 月 12—15 日全国总降水量分布

第 4 章　重大暴雨事件

在本年度内遴选出 10 次降水强度大、范围广、影响显著的暴雨天气过程作为年度重大暴雨事件，详见表 4.1.1。这 10 次重大暴雨事件分别发生在 2021 年 5—10 月，其中 7 月 3 次，8 月、9 月各 2 次，5 月、6 月、10 月各 1 次。下面分别对 10 次重大暴雨事件从雨情、灾情及天气形势等几个方面进行简要分析，并给出过程总降水量图、高空环流形势图及地面天气图。

表 4.1.1　2021 年度全国重大暴雨事件纪要表

序号	时间	过程天数/d	简称	主要影响省（自治区、直辖市）	主要天气影响系统	直接经济损失/亿元
1	5 月 14—18 日	5	南方暴雨	湖北、湖南、广东、广西 江西、安徽、福建、浙江 四川、重庆、贵州、河南	西南低涡 低层切变线	48.1
2	6 月 25 日—7 月 4 日	10	南方暴雨	江西、福建、安徽、湖北 湖南、广西、四川、重庆 贵州、云南、河南、陕西 浙江	西南低涡 黄淮气旋 低层切变线	122.0
3	7 月 10—14 日	5	华西及北方暴雨	河北、山西、四川、湖北 河南、陕西、甘肃、重庆 山东、辽宁、北京、天津 内蒙古	西南低涡 低层切变线	134.8
4	7 月 18—22 日	5	北方暴雨 （郑州“7·20”特大暴雨）	河南、山西、湖北、河北	河套低涡 低层切变线	1241.9
5	7 月 24 日—8 月 1 日	9	华东、华北及东北暴雨 （强台风“烟花”暴雨）	安徽、江苏、黑龙江、上海 福建、山东、河南、河北 北京、辽宁、吉林、内蒙古	2106 号强台风 “烟花”(In-Fa)	83.3
6	8 月 7—17 日	11	南方暴雨	湖北、四川、重庆、湖南 贵州、云南、广东、广西 安徽、福建、江西、陕西	西南低涡 低层切变线	81.5
7	8 月 22—25 日	4	中部暴雨	四川、河南、湖北、湖南 重庆、贵州、云南、江西	西南低涡 黄淮气旋 低层切变线	25.5
8	9 月 15—21 日	7	华西及北方暴雨	四川、陕西、河南、山西 重庆、河北、甘肃、山东 湖北、贵州、云南	西南低涡 华北低涡 低层切变线	16.3

续表

序号	时间	过程天数/d	简称	主要影响省(自治区、直辖市)	主要天气影响系统	直接经济损失/亿元
9	9月24—29日	6	华西及北方暴雨	河南、山西、四川、山东 陕西、甘肃、重庆、湖北	西南低涡 河套低涡 低层切变线	77.7
10	10月3—7日	5	华西及北方暴雨	山西、四川、甘肃、陕西 河北、河南、山东、辽宁 吉林、重庆	西南低涡 河套低涡 低层切变线	105.0

4.1　5月14—18日南方暴雨

4.1.1　雨情灾情分析

这是2021年第4次主要暴雨过程(No.4)。此次由西南低涡及低层切变线造成的南方暴雨过程共持续5 d。5月14—18日,50 mm以上总降水量主要位于黄淮南部、江淮地区、江汉地区、江南地区、华南北部和西南地区东部,100 mm以上总降水量零散分布在江汉地区、江南地区及华南北部,过程累积最大降水量出现在湖北孝感,达到187 mm(图3.2.14)。

此次南方暴雨过程具有持续时间较长、影响范围广等特点。受这次暴雨过程的影响,湖北、湖南、广东、广西、江西、安徽、福建、浙江、四川、重庆、贵州及河南12个省(自治区、直辖市)共629万人受灾,15人死亡,5万人紧急转移安置,直接经济损失48.1亿元,其中农业损失8.1亿元。湖北受灾最为严重,直接经济损失14.0亿元,湖南、广东依次为13.0亿元、9.9亿元。

4.1.2　天气形势及降水分析

5月14日,500 hPa四川盆地有西风短波槽形成,中低层四川盆地有西南低涡发展,江汉平原至淮河流域有暖切变发展,受其影响,淮河流域及长江中下游地区出现降水,局部地区出现暴雨(图3.2.9);15日,500 hPa短波槽快速东移,同时四川盆地又有新的短波槽形成,中低层四川盆地西南低涡缓慢东移,黄淮地区至四川盆地暖切变明显发展加强,江南地区西南低空急流发展加强,受其影响,黄淮大部、江淮地区、江汉地区、江南北部及重庆地区出现大范围降水,暴雨分布范围较广,但较为零散,湖北、重庆、江苏局部地区出现大暴雨(图3.2.10);16日(图4.1.1),500 hPa短波槽继续东移,同时四川盆地又有新的短波槽形成,中低层低涡切变整体东移南压,江南地区西南低空急流维持加强,受其影响,雨带整体南压至江南地区,暴雨主要出现在湖南中部、江西北部至安徽南部,湖南中部、安徽南部局地出现大暴雨(图3.2.11);17日,500 hPa短波槽继续东移,同时云贵高原上空有新的短波槽形成,中低层低涡切变整体继续东移南压,受其影响,雨带整体南压至江南南部、华南北部,暴雨主要出现在华南北部,局地出现大暴雨(图3.2.12);18日,500 hPa云贵高原上空的短波槽东移，中低层低涡切变继续东移南压，受其影响，雨带整体东移至江南南部、华南中部地区，暴雨分布范围较广（图 3.2.13）。这次过程总降水量见图 3.2.14。

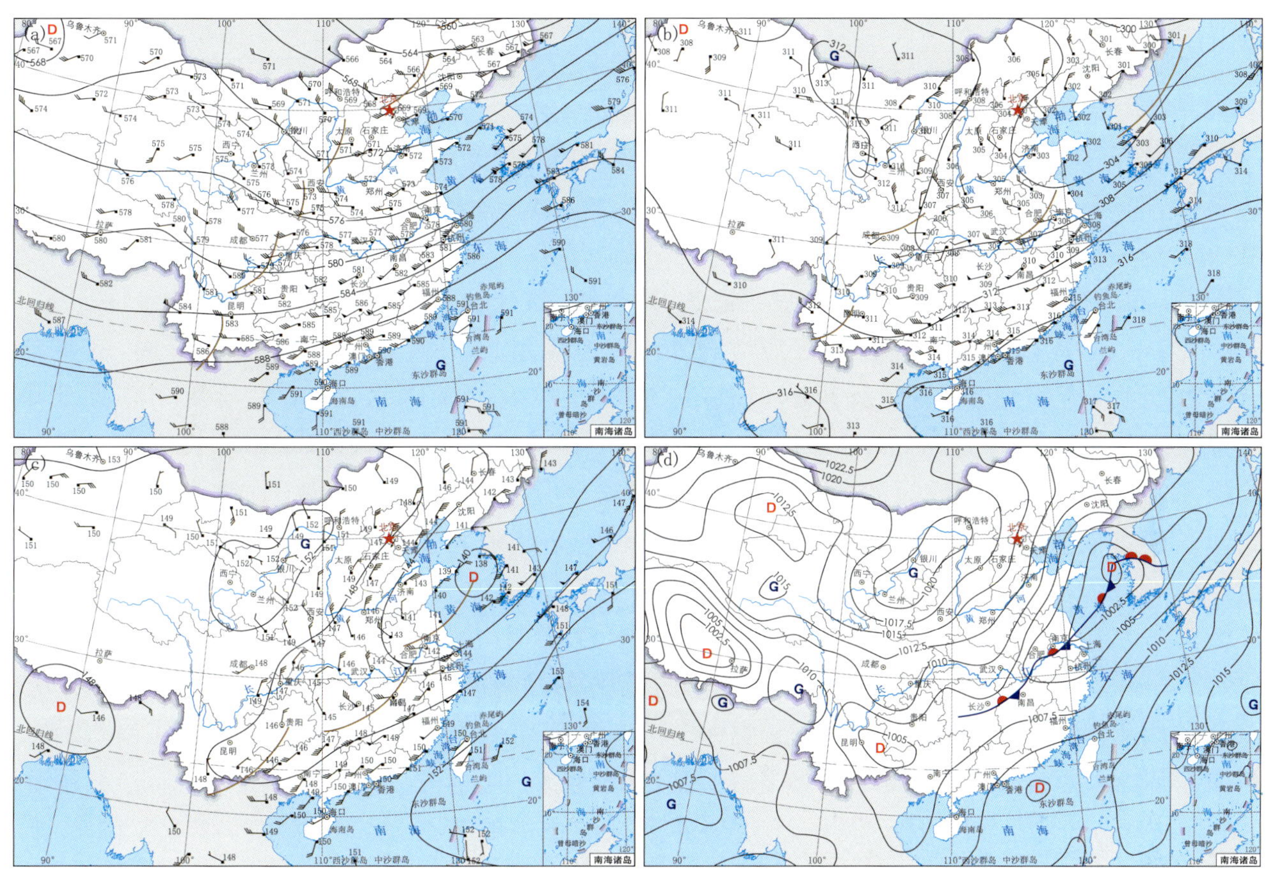

图 4.1.1　2021 年 5 月 16 日 08 时高空环流形势图及地面天气图

(a) 500 hPa，(b) 700 hPa，(c) 850 hPa，(d) 地面

4.2　6 月 25 日—7 月 4 日南方暴雨

4.2.1　雨情灾情分析

这是 2021 年第 12 次主要暴雨过程（No.12）。此次由西南低涡、黄淮气旋及低层切变造成的南方暴雨过程共持续 10 d。6 月 25 日—7 月 4 日，50 mm 以上总降水量基本覆盖了我国中南部的广大地区，100 mm 以上总降水量主要分布在江淮西部、江南地区、华南地区、西南地区东部及西南地区南部，250 mm 以上总降水量主要分布在江南地区，过程累积最大降水量出现在江西上饶，达到 536 mm（图 3.3.31）。

此次南方暴雨过程具有持续时间长、影响范围广、累积雨量大、灾情损失重等特点。6 月 28 日江西上饶（259.2 mm）、福建邵武（188.6 mm）日降水量均突破当地 60 a（1961—2020 年）的历史纪录；6 月 30 日云南剑川（80.5 mm）、7 月 1 日贵州平塘（198.6 mm）、7 月 2 日广西资源（270.6 mm）日降水量均突破当地 60 a（1961—2020 年）的历史纪录。受这次暴雨过程的影响，江西、福建、安徽、湖北、湖南、广西、四川、重庆、贵州、云南、河南、陕西及浙江 13 个省(自治区、直辖市)共 783 万人受灾,11 人死亡,27 万人紧急转移安置,直接经济损失 122.0 亿元,其中农业损失 29.7 亿元。江西受灾最为严重,直接经济损失 29.7 亿元,福建、安徽依次为 23.2 亿元、16.6 亿元。

4.2.2　天气形势及降水分析

6 月 25 日,500 hPa 青藏高原东侧有短波槽形成,中低层四川盆地有西南低涡形成,受其影响,四川盆地出现降水,局部出现暴雨(图 3.3.21);26 日,500 hPa 青藏高原东侧短波槽快速东移,同时四川盆地又有短波槽新生,中低层淮河流域至四川盆地有弱切变形成,受其影响,四川盆地东北部至淮河上游地区出现降水,部分地区出现暴雨(图 3.3.22);27 日,500 hPa 长江中下游及四川盆地有短波槽形成,中低层四川盆地有西南低涡形成,江淮流域、江汉地区有切变形成,受其影响,长江流域出现较大范围降水,暴雨主要集中在湖北中东部地区及安徽南部地区,部分地区出现大暴雨(图 3.3.23);28 日,500 hPa 长江中下游短波槽东移入海,四川盆地短波槽向东南方向移动至云贵高原并有低涡生成,中低层西南低涡向东南方向移动至川、渝、黔地区,江淮切变南压至江南北部,受其影响,降水区整体南压至江南地区及贵州,两个暴雨区分别位于江西、浙江、福建交界的区域和贵州、湖南交界的区域,两个区域中有多站出现大暴雨,其中江西上饶出现 259.2 mm 的特大暴雨(图 3.3.24);29 日,500 hPa 云贵高原上空的低涡东移南压至贵州、广西、湖南交界的区域,中低层西南低涡也缓慢东移南压至该区域,江南北部切变有所减弱,受其影响,江南、华南、西南东部出现较大范围降水,暴雨出现范围较广但不集中,多地出现零散大暴雨(图 3.3.25);30 日,500 hPa 贵州、广西交界区域的低涡维持少动,江南北部有短波槽形成,中低层西南低涡维持在贵州上空,江南北部又有新的低涡生成,受其影响,江南、华南西部、云贵高原出现大范围降水,江南北部出现较为集中的暴雨区,江西、浙江部分地区出现大暴雨,其他地区暴雨较为分散,局地出现大暴雨(图 3.3.26);7 月 1 日(图 4.2.1),500 hPa 贵州、广西交界的区域有短波槽活动,江南北部短波槽维持少动,中低层贵州上空的低涡缓慢东移,江南北部有切变活动,受其影响,雨区整体维持少动,暴雨带从浙江西部伸展至云南东部,部分地区出现大暴雨(图 3.3.27);2 日,500 hPa 四川盆地、云贵高原及长江中游地区多短波槽活动,中低层四川盆地有西南低涡形成发展,江淮地区至江汉地区有切变生成,受其影响,雨区整体向东北方向伸展,暴雨主要集中在湖北东部至安徽南部地区,部分地区出现大暴雨,此外,广西资源出现了 270.6 mm 的特大暴雨(图 3.3.28);3 日,500 hPa 四川盆地、云贵高原短波槽东移南压,同时黄淮地区有短波槽生成,中低层西南低涡东移至重庆上空,黄淮地区有气旋生成,受其影响,黄淮、江淮、江南北部至贵州南部出现降水,暴雨主要出现在黄淮南部和江南北部,局部地区出现大暴雨(图 3.3.29);4 日,500 hPa 贵州上空的短波槽减弱,黄淮地区短波槽东移北收,中低层西南低涡减弱填塞,黄淮气旋东移入海,江淮及江汉地区有弱切变维持,受其影响,长江下游至广西北部出现降水,暴雨分布较为零散(图 3.3.30)。这次过程总降水量见图 3.3.31。

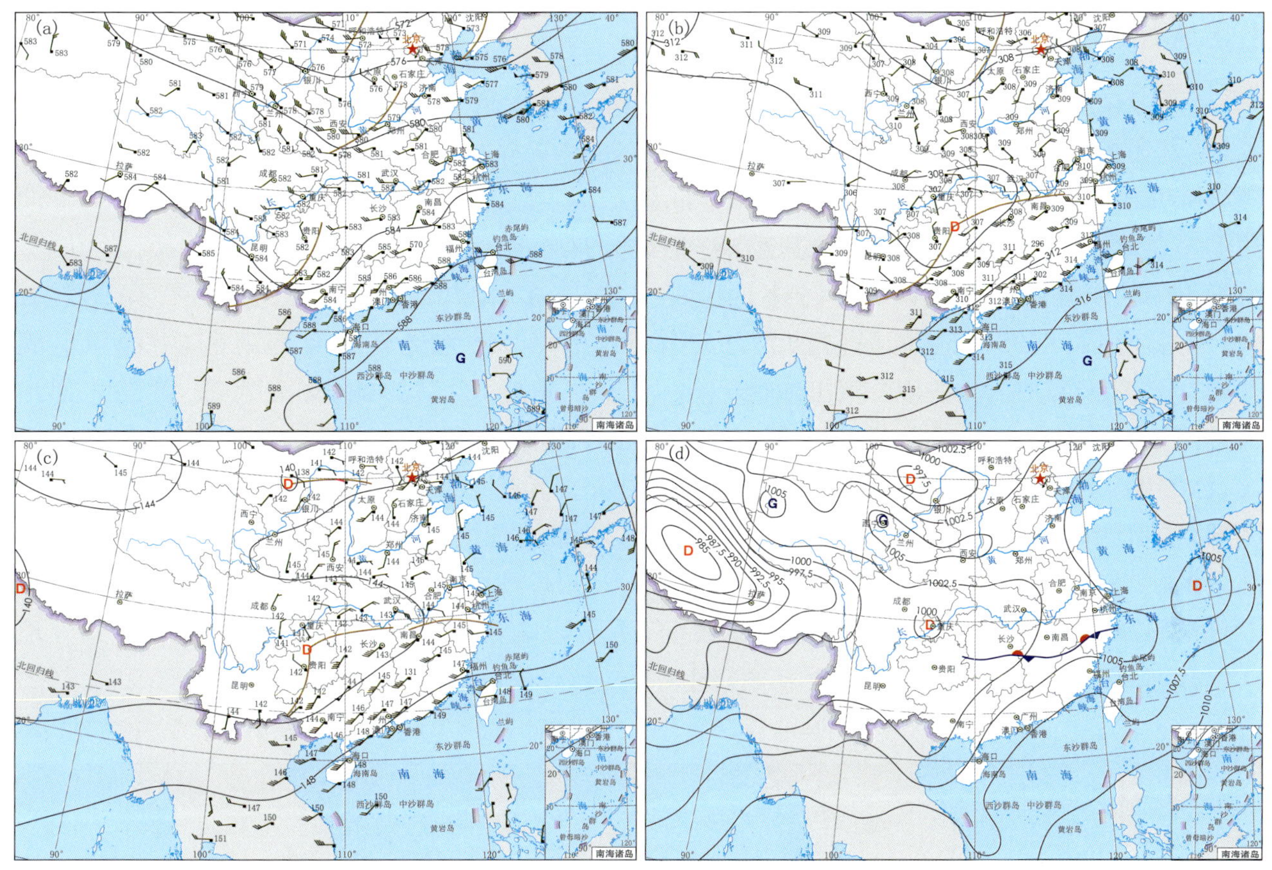

图 4.2.1　2021 年 7 月 1 日 08 时高空环流形势图及地面天气图
(a) 500 hPa,(b) 700 hPa,(c) 850 hPa,(d) 地面

4.3　7 月 10—14 日华西及北方暴雨

4.3.1　雨情灾情分析

这是 2021 年第 14 次主要暴雨过程(No. 14)。此次由西南低涡及低层切变线造成的华西及北方暴雨过程共持续 5 d。7 月 10—14 日,50 mm 以上总降水量主要位于东北南部、华北地区、黄淮北部、西北地区东部、西南地区东部,100 mm 以上总降水量主要集中在华北东部、东北南部及黄淮北部,山东北部有 4 个站总降水量超过 250 mm,过程累积最大降水量出现在山东无棣,达到 338 mm(图 3.4.11)。

此次华西及北方暴雨过程具有持续时间较长、影响范围广、灾害损失严重等特点。7 月 11 日山西陵川(121.2 mm)、7 月 14 日山东无棣(205.9 mm)日降水量均突破当地 60 a(1961—2020 年)的历史纪录。受这次暴雨过程的影响,河北、山西、四川、湖北、河南、陕西、甘肃、重庆、山东、辽宁、北京、天津及内蒙古 13 个省(自治区、直辖市)共 301 万人受灾,9 人死亡,2 人失踪,27 万人紧急转移安置,直接经济损失 134.8 亿元,其中农业损失 13.8 亿元。河北受灾最为严重,直接经济损失 49.3 亿元,山西、四川依次为 36.4 亿元、33.5 亿元。

4.3.2 天气形势及降水分析

7 月 10 日，500 hPa 青藏高原东侧有短波槽形成发展，中低层四川盆地有西南低涡形成，受其影响，四川盆地及陕南地区出现暴雨，两省交界处局部出现大暴雨(图 3.4.6)；11 日，500 hPa 短波槽东移发展，河套地区有低涡形成，中低层四川盆地西南低涡向东北方向移动至陕西、山西交界的区域，受其影响，华北地区至四川盆地东部出现降水，暴雨主要集中在华北中南部地区，河北、河南、山西交界处多站出现大暴雨(图 3.4.7)；12 日(图 4.3.1)，500 hPa 河套低涡向东北方向移动至山西、河北交界的北部地区，中低层低涡也随之移动至该区域，低涡东侧西南低空急流发展旺盛，受其影响，华北大部、黄淮北部出现强降水，暴雨集中出现在华北东部至黄淮北部，并有多站出现大暴雨(图 3.4.8)；13 日，500 hPa 低涡继续向东北方向移动至河北、内蒙古交界的区域，中低层低涡也随之移动至该区域，受其影响，华北东部、辽宁西南部、内蒙古东部出现降水，暴雨主要出现在河北、辽宁交界的区域范围，部分地区出现大暴雨(图 3.4.9)；14 日，500 hPa 华北地区有短波槽形成，中低层低涡东移减弱并在河北东部形成切变，受其影响，山东北部至辽宁出现降水，部分地区出现暴雨，山东北部局部出现大暴雨(图 3.4.10)。这次过程总降水量见图 3.4.11。

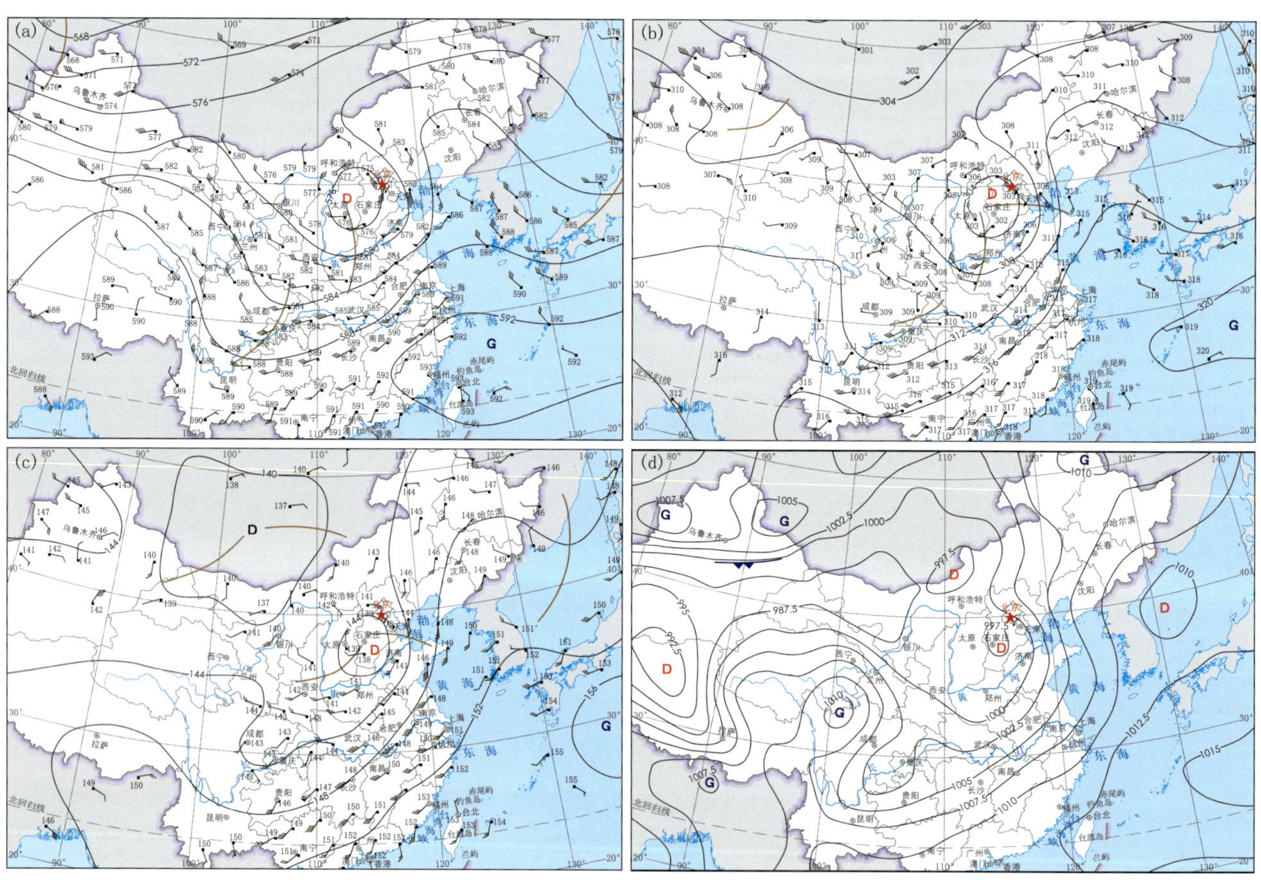

图 4.3.1 2021 年 7 月 12 日 08 时高空环流形势图及地面天气图

(a) 500 hPa，(b) 700 hPa，(c) 850 hPa，(d) 地面

4.4　7 月 18—22 日北方暴雨(郑州“7 · 20”特大暴雨)

4.4.1　雨情灾情分析

这是 2021 年第 17 次主要暴雨过程(No. 17)。此次由河套低涡及低层切变线造成的北方暴雨过程共持续 5 d。7 月 18—22 日,50 mm 以上总降水量主要集中在河南省及华北地区大部,100 mm 以上总降水量与 50 mm 降水量分布基本一致,250 mm 以上总降水量主要分布在河南中北部地区及河北南部的局部地区,河南郑州及黄河以北地区共有 12 站总降水量超过 500 mm,过程累积最大降水量出现在郑州,达到 820 mm(图 3. 4. 21)。

此次北方暴雨过程具有持续时间较长、强降水集中、累积降水量大、灾害损失极其严重等特点。7 月 20 日,河南郑州(552. 5 mm)、新密(448. 3 mm)、荥阳(349. 7 mm)、偃师(339. 7 mm)、伊川(190. 8 mm)和孟津(189. 9 mm)日降水量均突破当地 60 a(1961—2020 年)的历史纪录;7 月 21 日,河南汤阴(388. 2 mm)、扶沟(341. 0 mm)、卫辉(278. 8 mm)、安阳(263. 6 mm)、焦作(234. 9 mm)、博爱(234. 5 mm)和尉氏(229. 3 mm)日降水量均突破当地 60 a(1961—2020 年)的历史纪录。受这次暴雨过程的影响,河南、山西、湖北及河北 4 个省共 1560 万人受灾,400 人死亡失踪,86 万人紧急转移安置,直接经济损失 1241. 9 亿元,其中农业损失 267. 7 亿元。河南受灾最为严重,直接经济损失 1200. 6 亿元,山西、湖北依次为 18. 7 亿元、13. 2 亿元。7 月 20 日郑州市遭受重大人员伤亡和财产损失,郑州市直接经济损失 409 亿元、占全省 34. 1%;因灾死亡失踪 380 人、占全省 95. 5%,因而被称为郑州“7 · 20”特大暴雨。

4.4.2　天气形势及降水分析

7 月 18 日,500 hPa 内蒙古中部有西风短波槽形成,中低层内蒙古中部至华北北部有切变形成,受其影响,华北东部出现降水,暴雨呈狭窄的南北向分布,北京局部出现大暴雨(图 3. 4. 15);19 日,500 hPa 华北东部至黄淮西部有短波槽形成,中低层陕西、重庆、湖北交界的区域有低涡新生,低涡东北侧至华北东部有切变形成,受其影响,华北东部至黄淮西部出现降水,暴雨主要出现在河南中北部,局部出现大暴雨(图 3. 4. 17);20 日(图 4. 4. 1),500 hPa 山西、陕西、河南三省交界的区域有低涡形成,中低层该区域也有低涡新生,受其影响,河南出现强降水,暴雨集中在河南中部及周边地区,共有 33 站出现大暴雨、6 站出现特大暴雨(郑州 552. 5 mm、新密 448. 3 mm、嵩山 426. 2 mm、荥阳 349. 7 mm、偃师 339. 7 mm、登封 251. 3 mm)(图 3. 4. 18);21 日,500 hPa 河套地区有低涡发展,中低层黄河下游地区有暖切变形成,受其影响,雨区向北扩展,河南、河北出现大范围强降水,暴雨主要出现在河南中北部至河北南部,共有 43 站出现大暴雨,河南安阳、汤阴、淇县、卫辉、扶沟和临颍自北向南分别出现了 263. 6 mm、388. 2 mm、353. 3 mm、278. 8 mm、341. 0 mm 及 276. 8 mm 的特大暴雨(图 3. 4. 19);22 日,500 hPa 河套低涡东移至陕西、山西交界的区域,中低层黄河下游暖切变略有北移,受其影响,雨区北移至华北中南部地区,暴雨主要出现在河北南部至河南北部,共有 14 站出现大暴雨,河南辉县出现了 343. 6 mm 的特大暴雨(图 3. 4. 20)。

图 3.4.21 为此次暴雨过程总降水量分布。

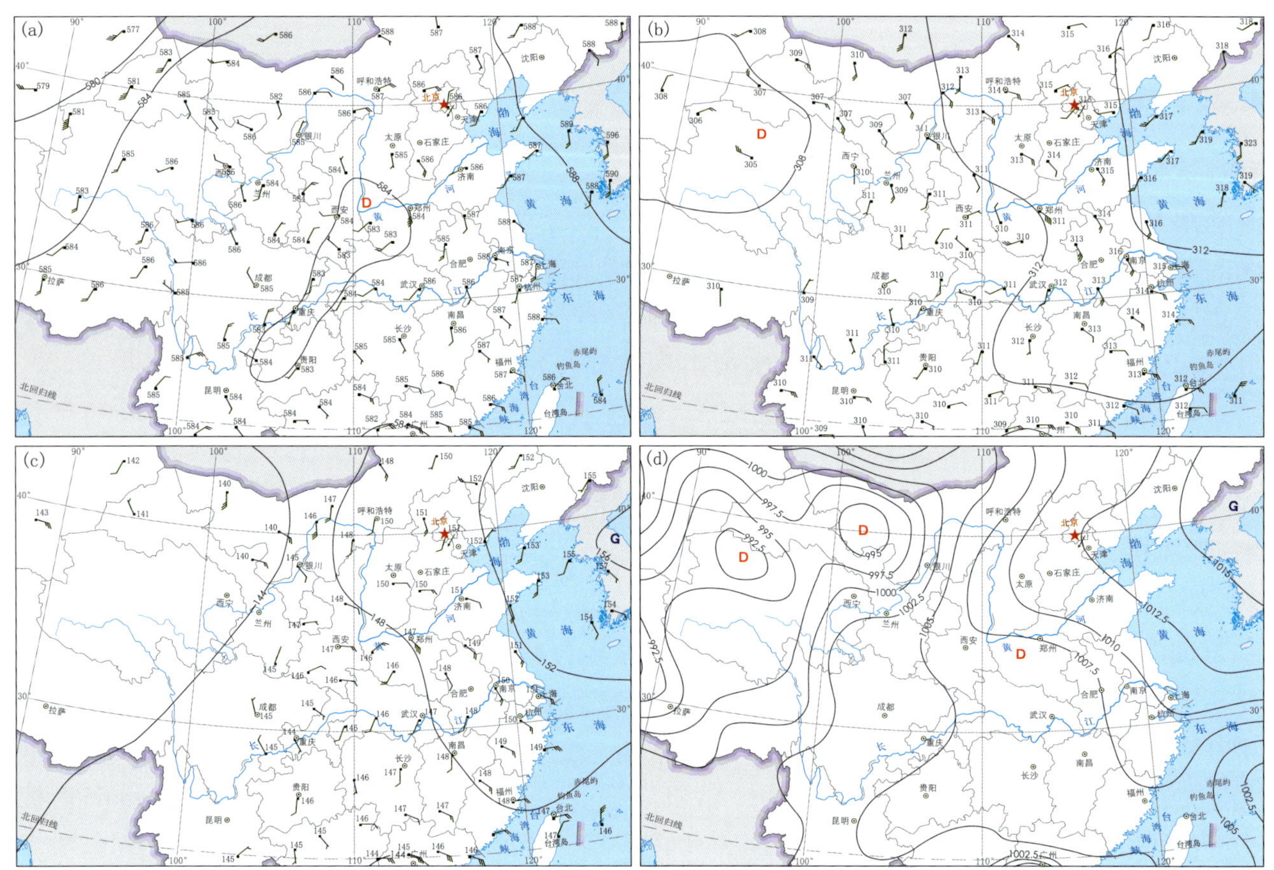

图 4.4.1　2021 年 7 月 20 日 08 时高空环流形势图及地面天气图

(a) 500 hPa,(b) 700 hPa,(c) 850 hPa,(d) 地面

4.5　7 月 24 日—8 月 1 日华东、华北及东北暴雨(强台风“烟花”暴雨)

4.5.1　雨情灾情分析

这是 2021 年第 18 次主要暴雨过程(No. 18)。此次由 2106 号强台风“烟花”(In-Fa)造成的华东、华北及东北暴雨过程共持续 9 d。7 月 24 日—8 月 1 日,50 mm 以上总降水量主要位于江南东部、江淮地区、黄淮东部、华北东部、东北地区及内蒙古中东部地区,100 mm 以上总降水量与 50 mm 降水量分布基本一致,250 mm 以上总降水量主要分布在江苏、上海及浙江东北部,过程累积最大降水量出现在上海金山,达到 471 mm(图 3.4.31)。

此次由 2106 号强台风“烟花”(In-Fa)造成的华东、华北及东北暴雨过程具有持续时间长、影响范围广、累积雨量大等特点。7 月 28 日江苏泗阳(322.3 mm)、江都(319.0 mm)、高邮(287.1 mm)、洪泽(263.7 mm)、楚州(226.0 mm)和金湖(208.2 mm)日降水量均突破当地 60 a(1961—2020 年)的历史纪录。受这次台风暴雨过程的影响,安徽、江苏、黑龙江、上海、福建、山东、河南、河北、北京、辽宁、吉林和内蒙古 12 个省(自治区、直辖市)共 239 万人受灾，15 万人紧急转移安置，直接经济损失 83.3 亿元，其中农业损失 15.3 亿元。安徽受灾最为严重，直接经济损失 70.7 亿元，江苏、黑龙江依次为 4.5 亿元、1.6 亿元。

4.5.2　天气形势及降水分析

7 月 24 日，2106 号强台风“烟花”(In-Fa)从西北太平洋进入我国东海海域，强度减弱为台风，其后向北偏西方向逐渐靠近华东沿海，受其影响，浙江大部、安徽南部出现降水，暴雨主要出现在浙江中北部，局部出现大暴雨(图 3.4.22)；25 日，“烟花”在浙江舟山登陆，强度明显减弱，当日夜间进入杭州湾，受其影响，降水范围略微向北扩展，浙江大部、安徽南部、江苏南部及上海市出现降水，暴雨主要出现在浙江中北部及上海市，沿海多站出现大暴雨(图 3.4.23)；26 日，“烟花”在浙江平湖二次登陆，强度进一步减弱，并缓慢向西北方向移动，受其影响，降水范围继续向北缓慢扩展，暴雨主要出现在浙江北部、上海及江苏中部部分地区，杭州湾及上海市多站出现大暴雨(图 3.4.24)；27 日，“烟花”向西北方向移动进入江苏境内，受其影响，雨区继续向北扩展，暴雨主要集中出现在江苏南部、安徽南部和上海市，部分地区出现大暴雨(图 3.4.25)；28 日(图 4.5.1)，“烟花”向西北方向移动进入安徽境内，受其影响，雨区迅速向北扩展，江苏大部、安徽北部、山东南部及河南东部部分地区出现大范围暴雨到大暴雨，其中江苏洪泽、高邮、江都和泗阳分别出现 263.7 mm、287.1 mm、319.0 mm 和 322.3 mm 的特大暴雨(图 3.4.26)；29 日，“烟花”强度减弱为低压，向偏北方

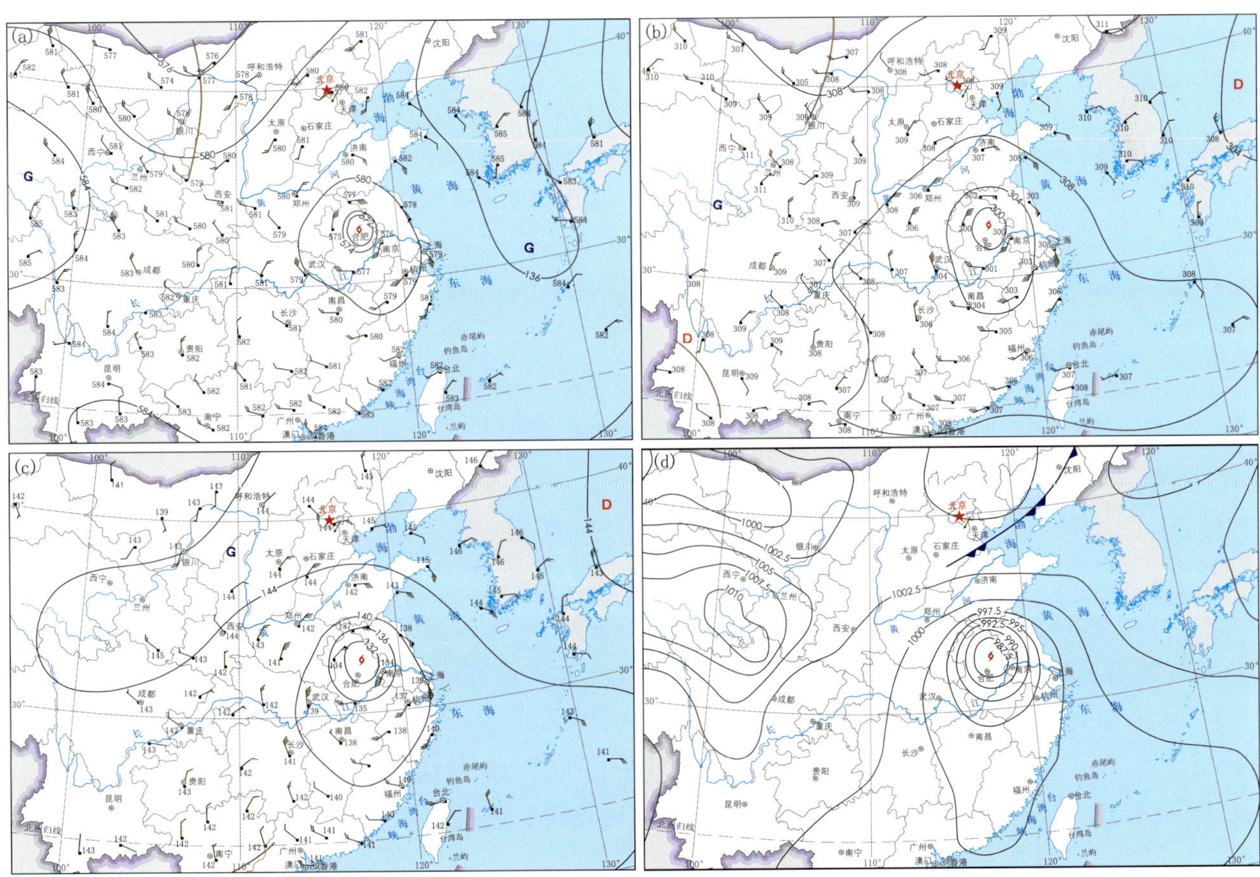

图 4.5.1　2021 年 7 月 28 日 08 时高空环流形势图及地面天气图

(a) 500 hPa，(b) 700 hPa，(c) 850 hPa，(d) 地面

向经江苏进入山东境内，受其影响，雨区继续向北扩展，暴雨主要集中在山东、河北东南部及天津，其中山东、河北交界的区域出现较大面积的大暴雨(图 3.4.27)；30 日，“烟花”经河北折向偏东移入渤海海域，随即变性为温带气旋，受其影响，雨区北移至天津、辽西地区，部分地区出现暴雨、局部大暴雨(图 3.4.28)；31 日，“烟花”加速向东北方向移动，在渤海海域快速消散，受其影响，雨区继续北移，东北部分地区出现暴雨(图 3.4.29)；8 月 1 日，受“烟花”残余环流及东北冷涡的影响，东北局地出现暴雨(图 3.4.30)。这次过程总降水量见图 3.4.31。

4.6 8月7—17日南方暴雨

4.6.1 雨情灾情分析

这是 2021 年第 21 次主要暴雨过程(No.21)。此次由西南低涡及低层切变线造成的南方暴雨过程共持续 11 d。8 月 7—17 日，50 mm 以上总降水量基本覆盖了我国中南部的广大地区，100 mm 以上总降水量与 50 mm 降水量分布大致相同，250 mm 以上总降水量零散分布在江南北部、江汉地区及华南沿海，过程累积最大降水量出现在湖北宜城，达到 468 mm(见图 3.5.11)。

此次南方暴雨过程具有持续时间长、影响范围广的特点。8 月 8 日四川渠县(334.0 mm)、大竹(325.3 mm)、重庆涪陵(168.6 mm)日降水量均突破当地 60 a(1961—2020 年)的历史纪录；8 月 12 日湖北宜城(312.9 mm)、南漳(218.2 mm)日降水量均突破当地 60 a(1961—2020 年)的历史纪录。受这次暴雨过程的影响，湖北、四川、重庆、湖南、贵州、云南、广东、广西、安徽、福建、江西及陕西 12 个省(自治区、直辖市)共 419 万人受灾，59 人死亡，6 人失踪，30 万人紧急转移安置，直接经济损失 81.5 亿元，其中农业损失 16.4 亿元。湖北受灾最为严重，直接经济损失 48.0 亿元，四川、重庆依次为 18.5 亿元、5.9 亿元。

4.6.2 天气形势及降水分析

8 月 7 日，500 hPa 四川盆地有短波槽发展，中低层四川盆地有西南低涡形成，受其影响，四川盆地部分地区出现暴雨到大暴雨(图 3.4.37)；8 日，500 hPa 四川盆地短波槽缓慢东移，中低层西南低涡缓慢向东北方向移动并有所加强，受其影响，四川盆地及陕西南部出现降水，暴雨主要集中在川、渝、陕交界的区域，其中四川渠县、大竹分别出现 334.0 mm、325.3 mm 的特大暴雨(图 3.5.1)；9 日，500 hPa 短波槽快速东移至华中地区，同时四川盆地又有短波槽形成，中低层西南低涡继续向东北方向移动至淮河上游地区，同时四川盆地又有切变形成，受其影响，河南南部至云贵高原北部出现降水，暴雨分布较为广泛(图 3.5.2)；10 日，500 hPa 短波槽继续东移，中低层贵州北部至长江中下游地区有切变形成，受其影响，江南大部出现降水，暴雨分布较为零散，江西局部出现大暴雨(图 3.5.3)；11 日，500 hPa 副高西伸北抬，江南、华南大部受副高控制，中低层切变线北抬至江淮、江汉地区，受其影响，江淮、江汉、江南、华南、西南东部出现大范围降水，暴雨分布广泛，局部地区出现大暴雨(图 3.5.4)；12 日，500 hPa 黄淮、江淮地区有短波槽发展，中低层切变线继续北抬，江汉地区有低涡发展形成，受其影响，江汉地区、江淮西部、江南北部出现降水，暴雨分布广泛，江汉地区多站出现大暴雨，其中湖北宜城出现 312.9 mm 特大暴雨(图 3.5.5)；13 日(图 4.6.1)，500 hPa 青藏高原东部有短波槽快速东移至湖北西部地区，中低层江汉地区低涡东移，江淮切变发展，同时四川盆地有低涡形成，受其影响，长江流域出现大范围降水，暴雨分布范围较广，部分地区出现大暴雨(图 3.5.6)；14 日，500 hPa 短波槽东移南压至长江下游地区，同时云贵高原上空有新的短波槽形成，中低层江淮切变南压至江南北部地区，同时云贵高原有低涡发展，受其影响，江南北部至云贵高原出现东北—西南向暴雨带，局部地区出现大暴雨(图 3.5.7)；15 日，500 hPa 长江下游地区短波槽继续缓慢东移南压，云贵高原上空短波槽缓慢东移，中低层低涡切变维持，受其影响，雨带整体略有东移南压，暴雨分布零散，浙江东部沿海局地出现大暴雨(图 3.5.8)；16—17 日，500 hPa 副高西伸北抬，长江下游短波槽东移北收，中低层低涡东移入海，江淮切变维持，受其影响，江南中东部出现降水，局部地区出现暴雨、大暴雨(图 3.5.9—图 3.5.10)。这次过程总降水量见图 3.5.11。

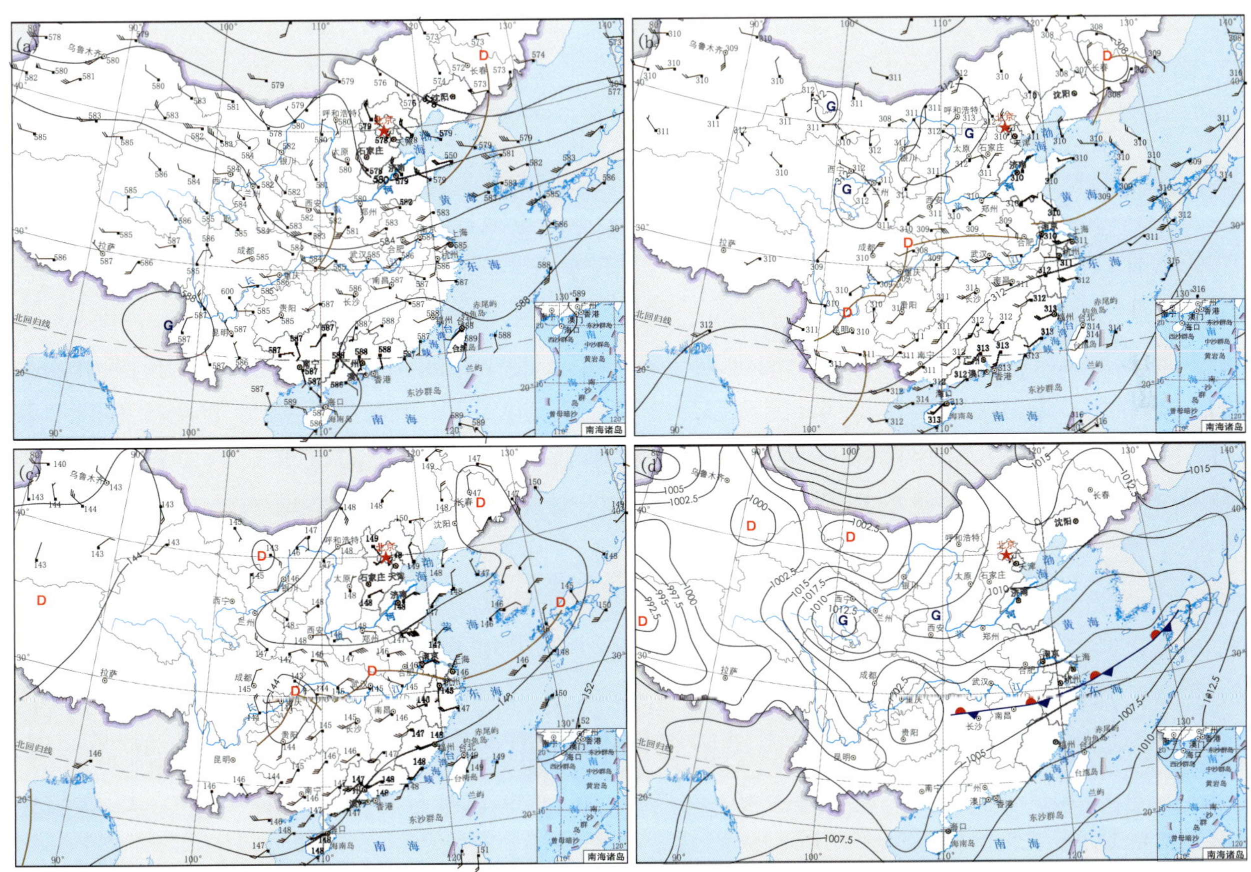

图 4.6.1　2021 年 8 月 13 日 08 时高空环流形势图及地面天气图

(a) 500 hPa，(b) 700 hPa，(c) 850 hPa，(d) 地面

4.7 8月22—25日中部暴雨

4.7.1 雨情灾情分析

这是2021年第24次主要暴雨过程(No.24)。此次由西南低涡、黄淮气旋及低层切变线造成的中部暴雨过程共持续4 d。8月22—25日,50 mm以上总降水量主要位于长江流域、黄淮地区、西南地区东部及西南地区南部,100 mm以上总降水量与50 mm降水量分布大致相同,过程累积最大降水量出现在四川阆中,达到288 mm(图3.5.21)。

此次暴雨过程影响范围较广,强降水主要集中在我国中部及西南地区。8月22日四川阆中(251.2 mm)、陕西勉县(237.9 mm)、8月24日湖南古丈(262.3 mm)日降水量均突破当地60 a(1961—2020年)的历史纪录。受这次暴雨过程的影响,四川、河南、湖北、湖南、重庆、贵州、云南及江西8个省(直辖市)共107万人受灾,1人死亡,7万人紧急转移安置,直接经济损失25.5亿元,其中农业损失13.6亿元。四川受灾最为严重,直接经济损失8.0亿元,河南、湖北依次为4.5亿元、4.4亿元。

4.7.2 天气形势及降水分析

8月22日(图4.7.1),500 hPa川西高原地区有短波槽形成,同时黄河下游地区也有短波槽形成,700 hPa四川盆地有西南低涡生成,其东北侧有切变伸展至华北中部,850 hPa西南低涡东北侧有暖切变伸展至黄淮西部,受其影响,四川盆地、西北地区东部、华北南部、黄淮西部出现强降水,暴雨呈东北—西南向分布,河南、陕西、四川多站出现大暴雨,其中四川阆中出现251.2 mm的特大暴雨(图3.5.17);23日,500 hPa川西高原短波槽快速东移至长江三峡地区,黄河下游短波槽则缓慢东移至鲁中地区,中低层西南低涡东移至川渝交界区域,同时黄淮地区也有气旋形成发展,受其影响,雨区整体东移,雨带中两个暴雨中心分别出现在豫、鲁、苏交界的区域和川、渝交界区域,其中江苏北部、重庆中部出现大暴雨(图3.5.18);24日,500 hPa华北地区至云贵高原有西风槽形成,中低层江淮地区至云贵高原有东北西南向完整的切变形成,受其影响,长江中下游地区至云贵高原出现东北—西南向的狭长暴雨带,部分地区出现大暴雨,其中湖南古丈出现262.3 mm的特大暴雨(图3.5.19);25日,500 hPa华北地区西风槽缓慢东移,中低层切变略有东移南压,受其影响,江南北部出现降水,暴雨分布较为零散,湖南、江西局部出现大暴雨(图3.5.20)。这次过程总降水量见图3.5.21。

4.8 9月15—21日华西及北方暴雨

4.8.1 雨情灾情分析

这是2021年第28次主要暴雨过程(No.28)。此次由西南低涡、华北低涡及低层切变线造成的华西及北方暴雨过程共持续7 d。9月15—21日,50 mm以上总降水量主要分布

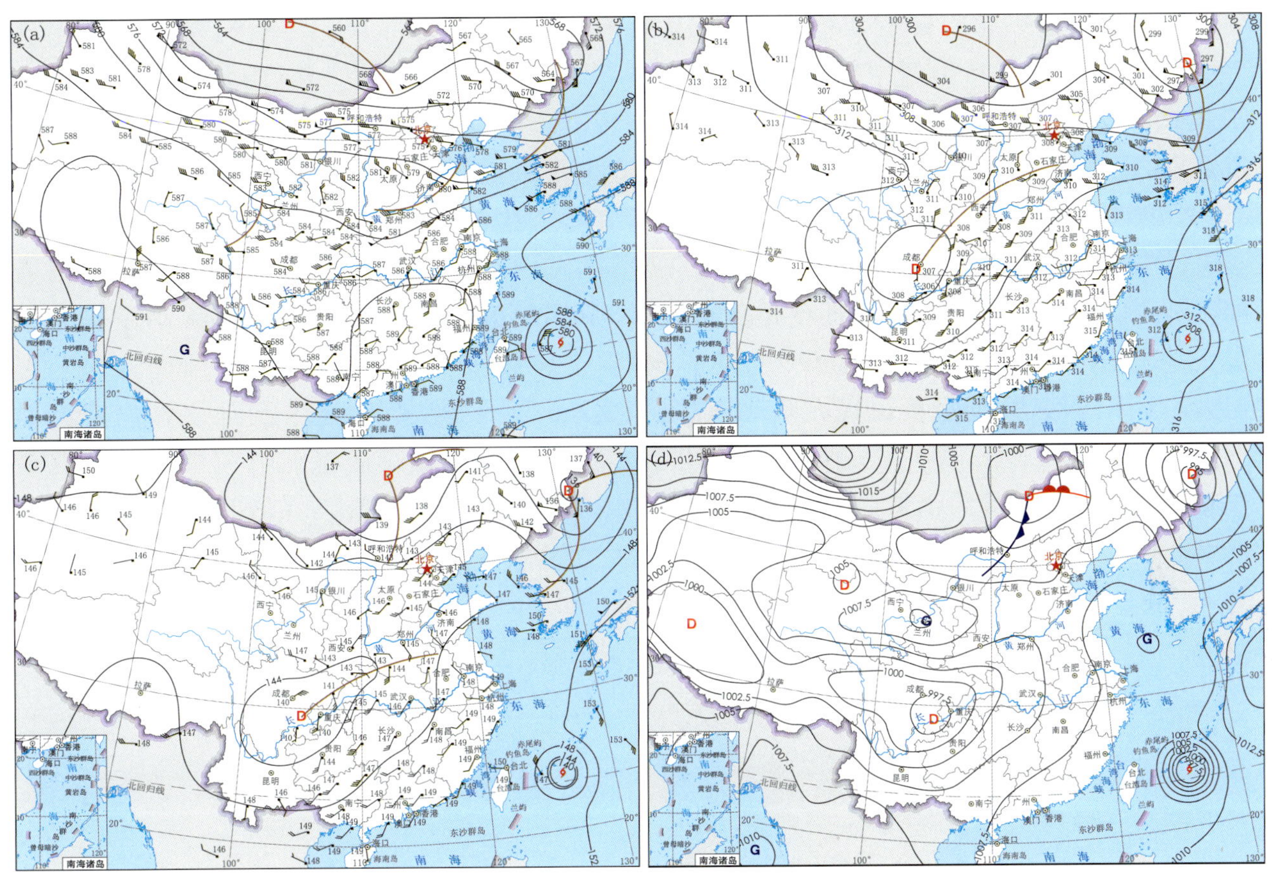

图 4.7.1　2021 年 8 月 22 日 08 时高空环流形势图及地面天气图

(a) 500 hPa,(b) 700 hPa,(c) 850 hPa,(d) 地面

在东北中南部、华北中南部、黄淮北部、西北东部及西南东部，100 mm 以上总降水量与 50 mm 降水量分布大致相同，过程累积最大降水量出现在四川三台，达到 301 mm(图 3.6.16)。

此次华西及北方暴雨过程具有持续时间长、影响范围广、雨带跨度大的特点。受这次暴雨过程的影响，四川、陕西、河南、山西、重庆、河北、甘肃、山东、湖北、贵州及云南 11 个省(直辖市)共 37 万人受灾，7 人死亡，13 万人紧急转移安置，直接经济损失 16.3 亿元，其中农业损失 1.5 亿元。四川受灾最为严重，直接经济损失 5.5 亿元，陕西、河南依次为 4.9 亿元、2.4 亿元。

4.8.2　天气形势及降水分析

9 月 15 日，500 hPa 青藏高原东侧有短波槽出现，中低层川西高原至四川盆地有弱切变形成，受其影响，四川盆地出现降水，暴雨主要出现在盆地西部，局部出现大暴雨(图 3.6.9)；16 日，500 hPa 短波槽缓慢东移至盆地西部，中低层四川盆地有明显的低涡发展，受其影响，四川盆地出现暴雨到大暴雨，其中三台出现 267.3 mm 的特大暴雨(图 3.6.10)；17 日，500 hPa 短波槽继续缓慢东移，中低层四川盆地低涡维持少动，受其影响，陕西南部至贵州出现南北向暴雨带，贵州局部出现大暴雨(图 3.6.11)；18 日，500 hPa

内蒙古西部至川西高原又有短波槽发展东移，中低层四川盆地低涡向东北方向移动发展，西北地区东部至华北南部有切变发展，受其影响，西北地区东部、华北南部、黄淮北部出现降水，暴雨集中出现在山西中部至山西南部(图 3.6.12)；19 日，500 hPa 西北短波槽东移南压、发展加深，从河套地区一直伸展到云南北部，700 hPa 低涡向东北方向移动至华北南部，850 hPa 低涡移动至大巴山地区，华北地区至云贵高原切变明显发展，受其影响，华北至云贵高原出现大范围降水，河北南部至重庆北部出现东北—西南向暴雨带，河北、山东、河南三省交界区域多站出现大暴雨(图 3.6.13)；20 日(图 4.8.1)，500 hPa 西风槽继续东移发展加深，从内蒙古中部一直伸展到云贵高原东部，中低层低涡继续向东北方向移动至华北东部，江淮地区出现明显的低空急流，受其影响，雨带整体东移，从东北南部向西南方向一直伸展至华南西部，暴雨主要出现在东北南部、华北东部及黄淮东部，辽宁南部多站出现大暴雨(图 3.6.14)；21 日，500 hPa 西风槽东移北收，中低层低涡继续向东北方向移动至东北南部，受其影响，雨带减弱消散，东北地区出现降水，局部出现暴雨(图 3.6.15)。这次过程总降水量见图 3.6.16。

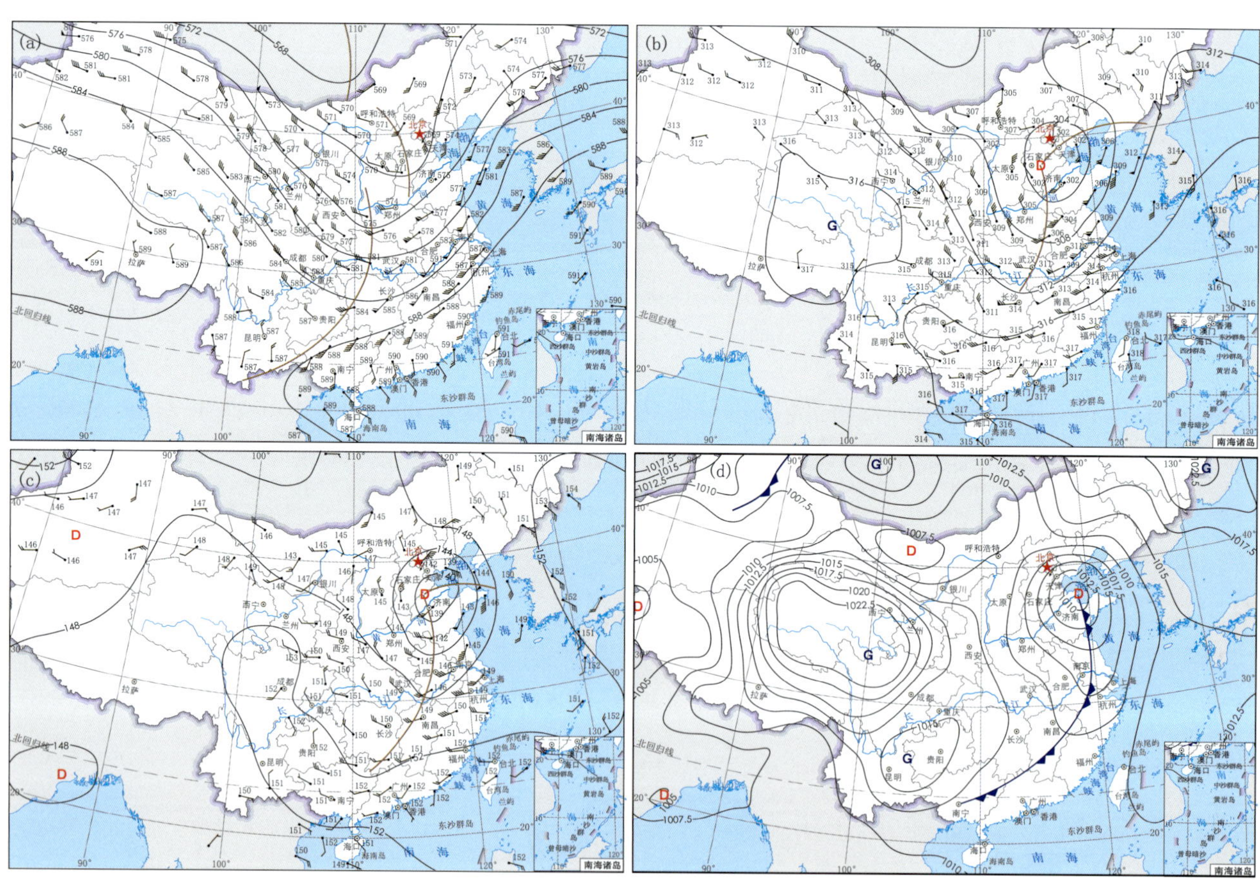

图 4.8.1　2021 年 9 月 20 日 08 时高空环流形势图及地面天气图

(a) 500 hPa，(b) 700 hPa，(c) 850 hPa，(d) 地面

4.9　9 月 24—29 日华西及北方暴雨

4.9.1　雨情灾情分析

这是 2021 年第 29 次主要暴雨过程(No. 29)。此次由西南低涡、河套低涡及低层切变线造成的华西及北方暴雨过程共持续 6 d。9 月 24—29 日,50 mm 以上总降水量主要分布在华北南部、黄淮大部、西北地区东部及四川盆地,100 mm 以上总降水量也基本上呈与 50 mm 降水量分布相同的分布形态,过程累积最大降水量出现在河南叶县,达到 276 mm(图 3.6.23)。

此次华西及北方暴雨过程具有持续时间长、强降水集中等特点。受这次暴雨过程的影响,河南、山西、四川、山东、陕西、甘肃、重庆及湖北 8 个省(直辖市)共 165 万人受灾,2 人死亡,2 人失踪,6 万人紧急转移安置,直接经济损失 77.7 亿元,其中农业损失 28.7 亿元。河南受灾最为严重,直接经济损失 66.6 亿元,山西、四川依次为 5.6 亿元、4.1 亿元。

4.9.2　天气形势及降水分析

9 月 24 日,500 hPa 内蒙古西部至青海东部、内蒙古中部各有短波槽活动,700 hPa 内蒙古、甘肃、宁夏交界的区域有低涡形成,850 hPa 四川盆地有西南低涡形成,低涡东北侧有暖切变伸展至华北南部,受其影响,四川盆地、西北地区东部、华北南部及黄淮西部出现降水,暴雨分布较为零散,河南、四川局地出现大暴雨(图 3.6.17);25 日,500 hPa 内蒙古地区的短波槽东移,700 hPa 低涡随之东移至黄河下游地区,850 hPa 西南低涡东北侧的暖切变继续向东北方向伸展并发展加强,受其影响,雨区向东扩展,四川盆地、西北地区东部、华北南部及黄淮地区出现降水,河南、山东、河北三省交界的区域出现较为集中的暴雨到大暴雨,陕西、四川局部出现暴雨、大暴雨(图 3.6.18);26 日(图 4.9.1),500 hPa 西北地区又有短波槽东移至河套地区,700 hPa 华北西部至四川盆地有切变形成,850 hPa 西南低涡及其东北侧的暖切变维持少动,受其影响,黄淮北部经华北南部、西北地区东部至四川盆地出现东北西南向的狭长暴雨带,局部地区出现大暴雨(图 3.6.19);27 日,500 hPa 短波槽东移南压,中低层黄淮东部、四川盆地各有切变活动,受其影响,山东半岛、四川盆地局部出现暴雨(图 3.6.20);28 日,500 hPa 华北西部至四川盆地又有短波槽发展,中低层川陕交界区域有低涡形成,受其影响,河南西部至四川盆地出现暴雨、局部大暴雨(图 3.6.21);29 日,500 hPa 短波槽快速东移南压至长江中游地区,中低层江淮至江汉地区出现切变,受其影响,江淮局部出现暴雨(图 3.6.22)。这次过程总降水量见图 3.6.23。

4.10　10 月 3—7 日华西及北方暴雨

4.10.1　雨情灾情分析

这是 2021 年第 30 次主要暴雨过程(No. 30)。此次由西南低涡、河套低涡及低层切变

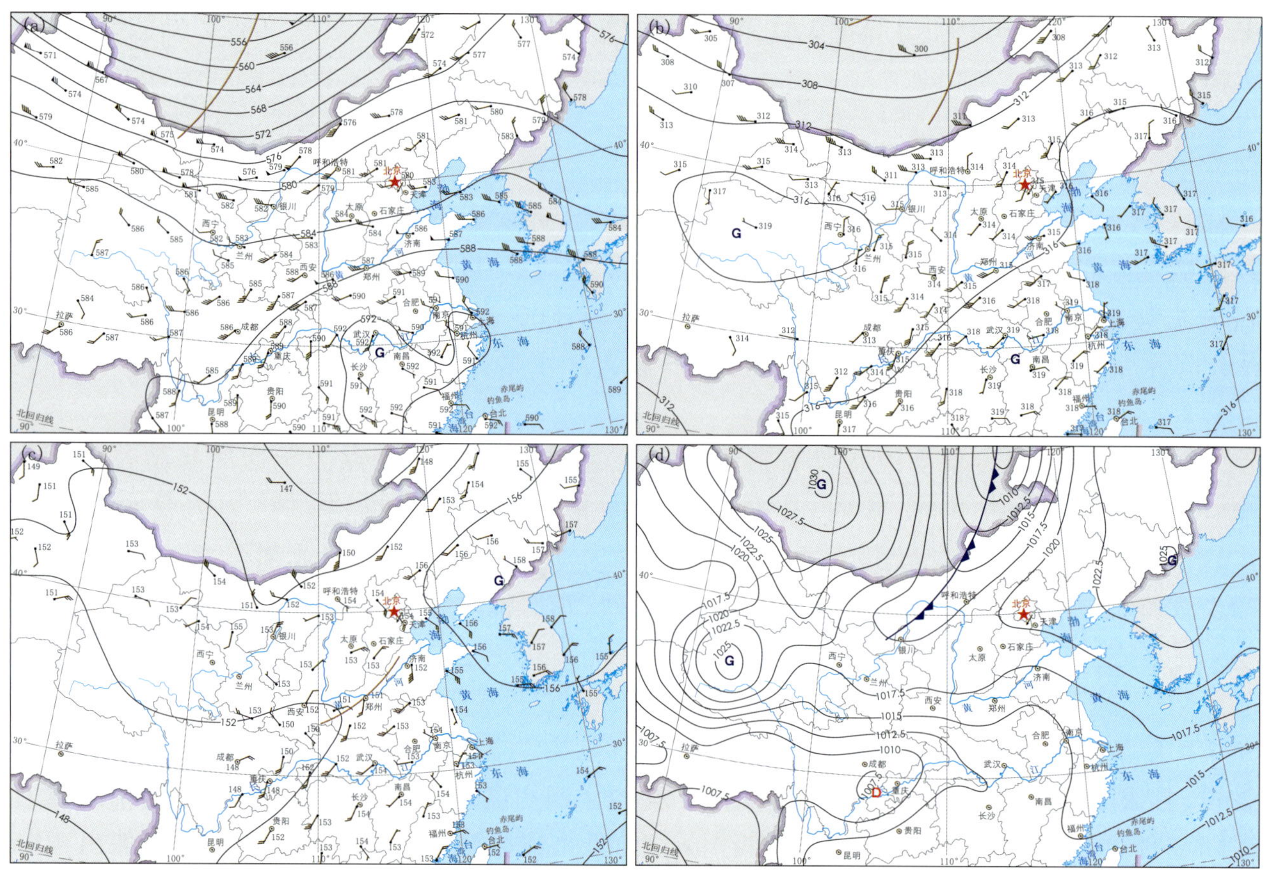

图 4.9.1　2021 年 9 月 26 日 08 时高空环流形势图及地面天气图

(a) 500 hPa,(b) 700 hPa,(c) 850 hPa,(d) 地面

线造成的华西及北方暴雨过程共持续 5 d。10 月 3—7 日,50 mm 以上总降水量主要分布在东北南部、华北地区、黄淮北部、西北地区东部和四川盆地,100 mm 以上总降水量与 50 mm 降水量分布大致相同,过程累积最大降水量出现在山西大宁,达到 285 mm(图 3.7.6)。

此次华西及北方暴雨过程具有持续时间较长、影响范围较广、灾害损失严重等特点。受这次暴雨过程的影响,山西、四川、甘肃、陕西、河北、河南、山东、辽宁、吉林和重庆 10 个省(直辖市)共 164 万人受灾,1 人死亡,13 万人紧急转移安置,直接经济损失 105.0 亿元,其中农业损失 46.9 亿元。山西受灾最为严重,直接经济损失 64.4 亿元,四川、甘肃依次为 13.2 亿元、12.8 亿元。

4.10.2　天气形势及降水分析

10 月 3 日,500 hPa 内蒙古东部有短波槽发展,同时,内蒙古西部至河西走廊、川西高原也有短波槽活动,700 hPa 内蒙古东部有冷涡形成,同时,河套地区有切变形成,850 hPa 内蒙古东部有冷涡形成,同时西北地区东部也有低涡形成,华北北部有切变活动,受其影响,东北地区南部—华北南部—陕西中部出现东北—西南向的雨带,暴雨分布较为零散,辽宁、陕西局地出现大暴雨(图 3.7.1);4 日,500 hPa 东北短波槽快速东移北收,西北地区至川西高原短波槽缓慢东移,中低层西北地区东部的低涡缓慢向东北方向移动,同时四川盆地又有低涡发展，华北北部有切变活动，受其影响，山西中部至四川盆地出现东北—西南向的暴雨带，山东北部部分地区也出现暴雨(图 3.7.2)；5 日，500 hPa 内蒙古中部有短波槽形成，川西高原短波槽继续缓慢东移，700 hPa 河套地区至华北北部有低涡切变形成，850 hPa 四川盆地低涡维持少动，受其影响，河北中部至四川盆地出现东北—西南向的暴雨带，川东北局部出现大暴雨(图 3.7.3)；6 日(图 4.10.1)，500 hPa 河套地区至四川盆地有短波槽发展东移，700 hPa 河套地区至华北北部低涡切变维持少动，850 hPa 四川盆地低涡维持少动，受其影响，降水带维持少动，暴雨主要出现在河北中部至山西中部(图 3.7.4)；7 日，500 hPa 四川盆地短波槽维持少动，中低层四川盆地低涡维持少动，受其影响，四川盆地东北部出现暴雨(图 3.7.5)。这次过程总降水量见图 3.7.6。

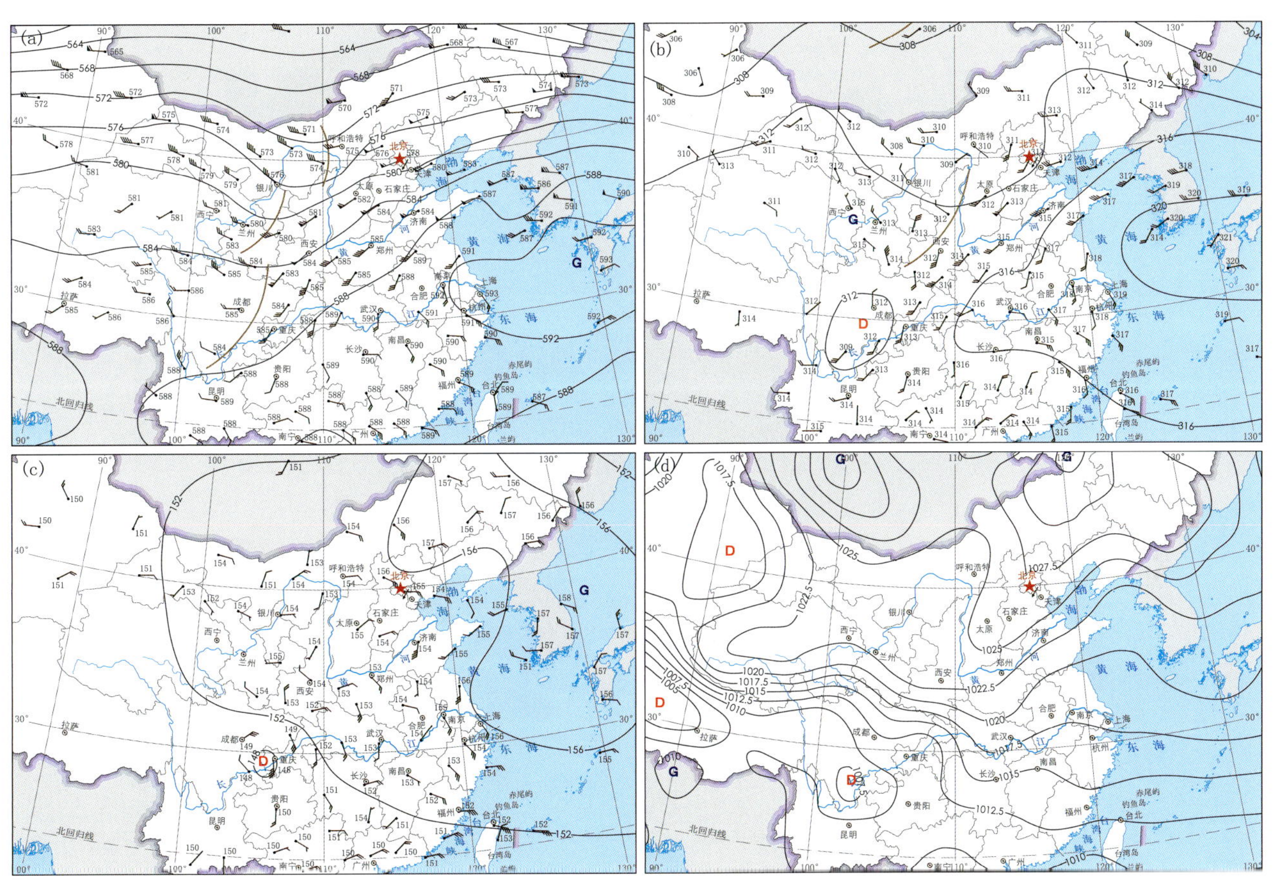

图 4.10.1　2021 年 10 月 6 日 08 时高空环流形势图及地面天气图

(a) 500 hPa,(b) 700 hPa,(c) 850 hPa,(d) 地面

附录　全国暴雨气候概况

附录 A　1991—2020 年 30 a 平均年降水量分布

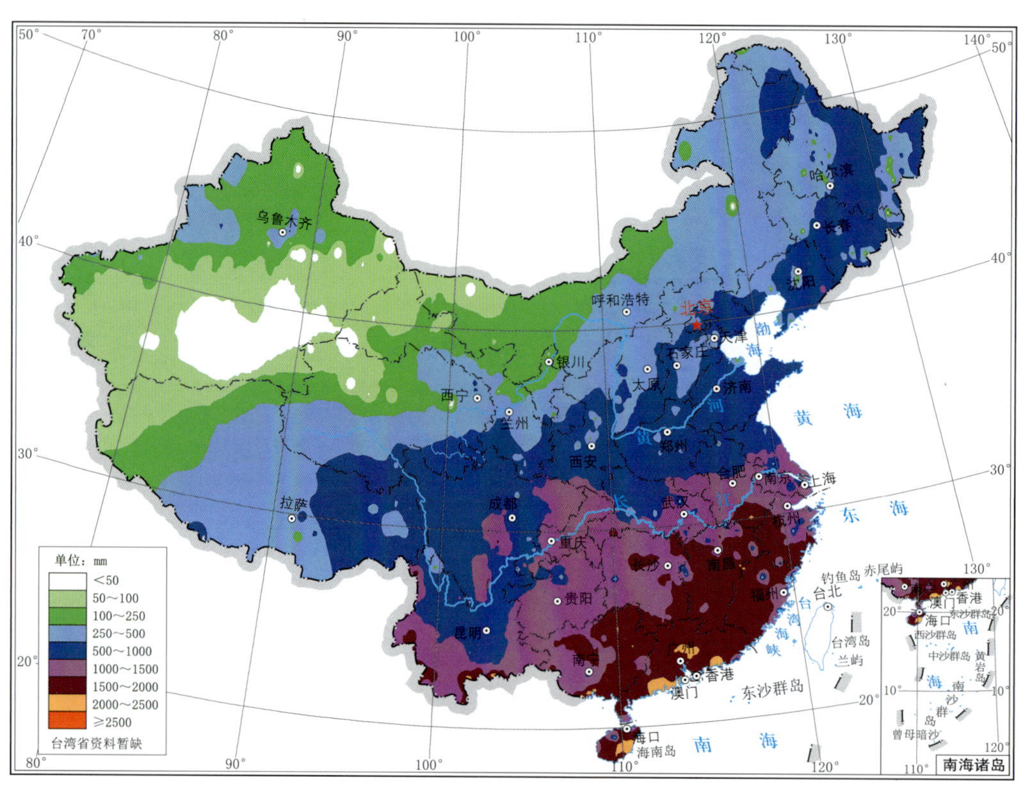

图 A.1　1991—2020 年 30 a 全国平均年降水量分布

附录 B　1991—2020 年 30 a 平均月降水量分布

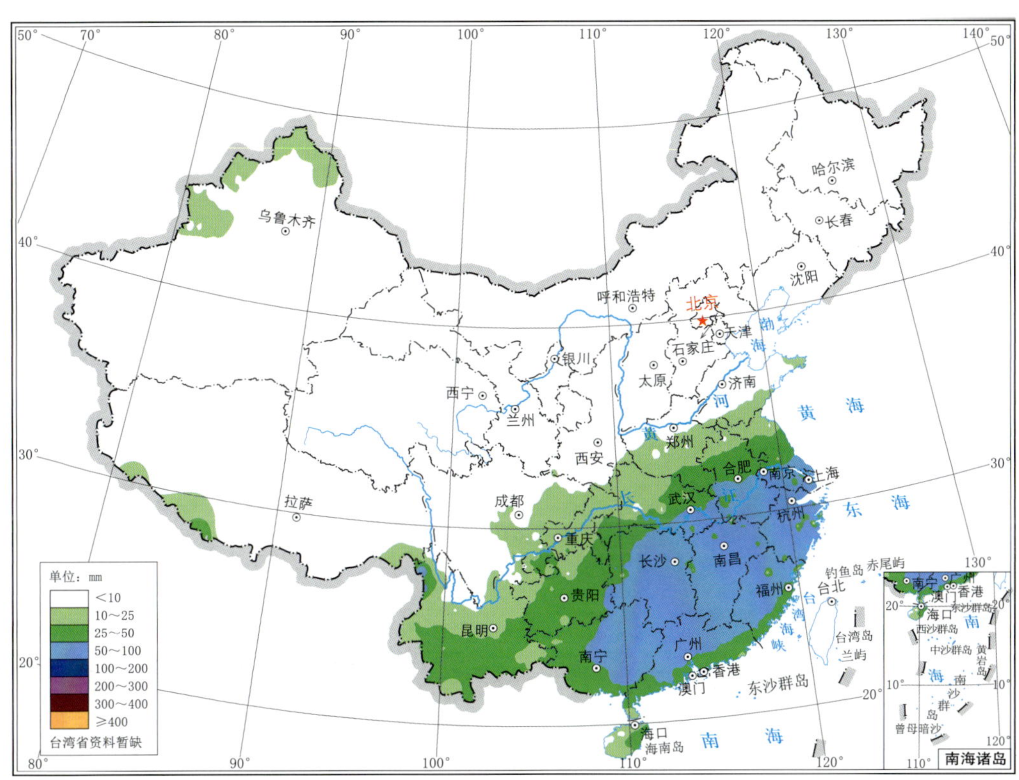

图 B.1　1991—2020 年 30 a 全国 1 月平均降水量分布

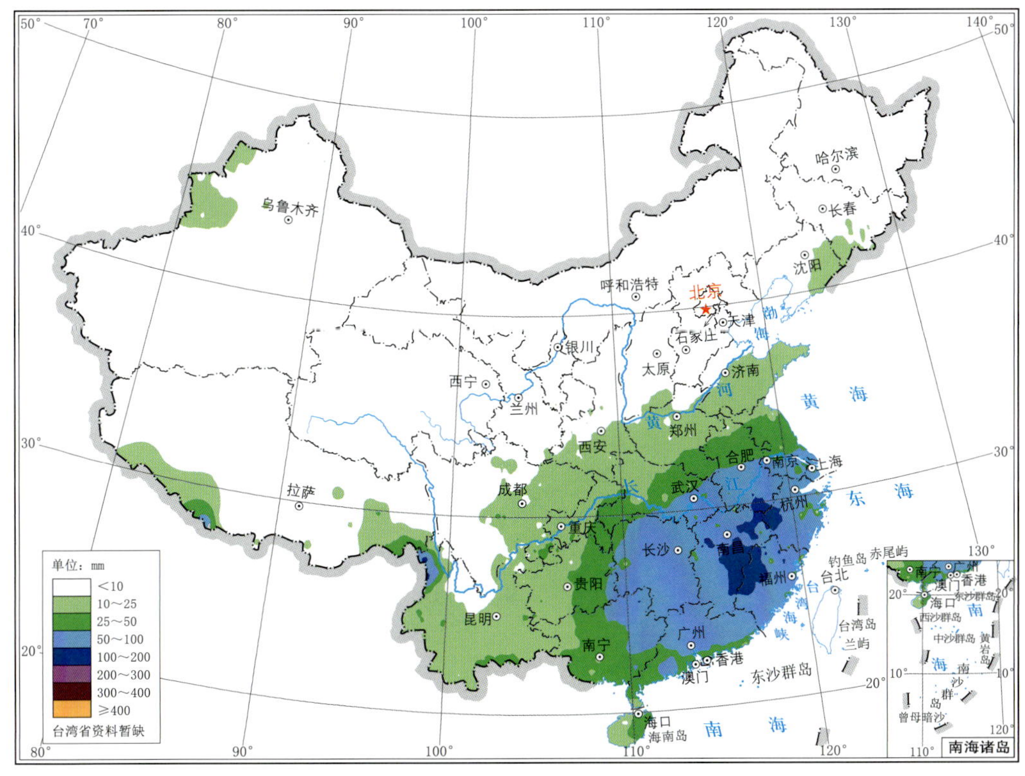

图 B.2　1991—2020 年 30 a 全国 2 月平均降水量分布

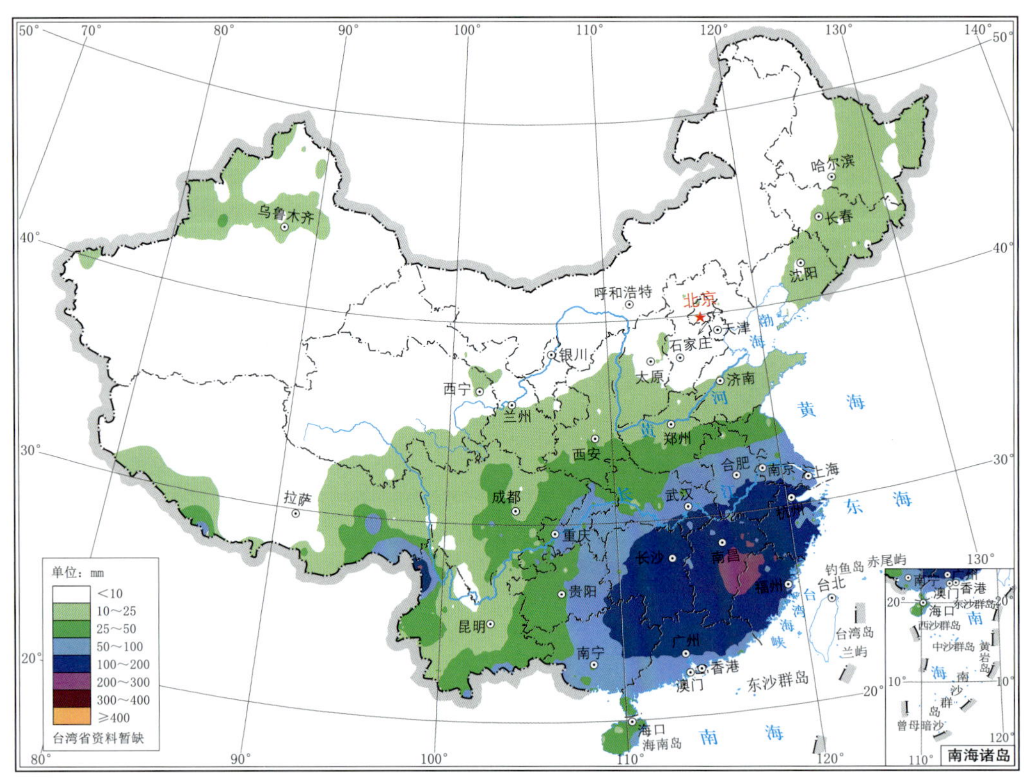

图 B.3　1991—2020 年 30 a 全国 3 月平均降水量分布

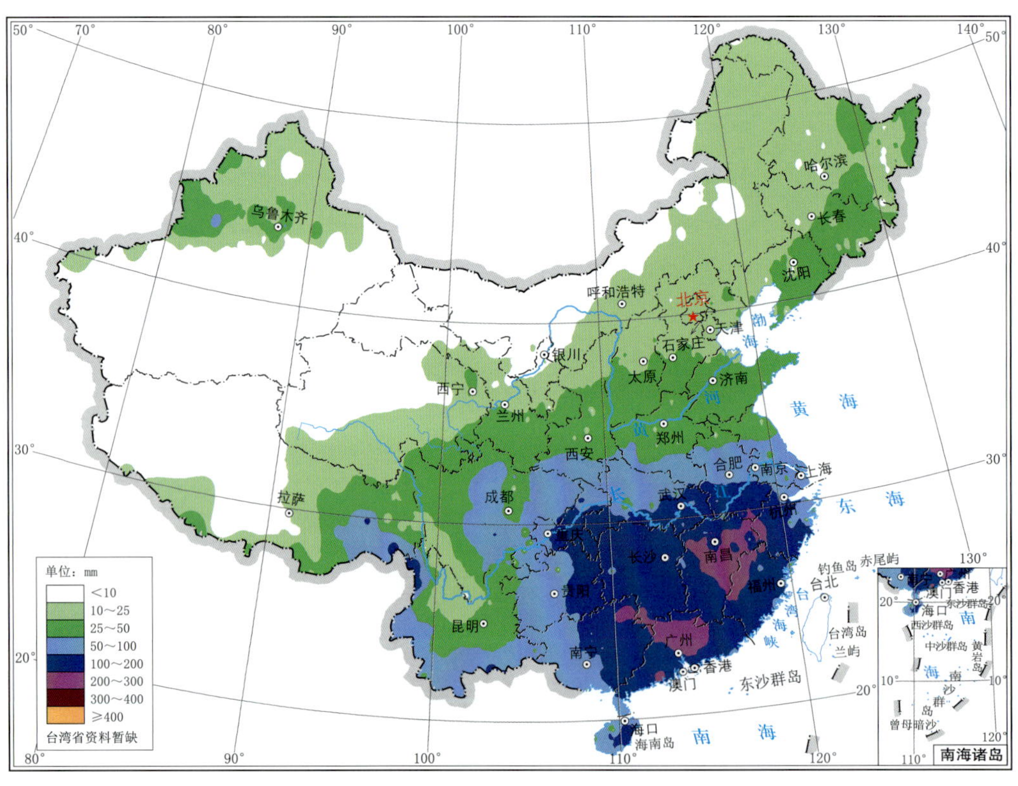

图 B.4　1991—2020 年 30 a 全国 4 月平均降水量分布

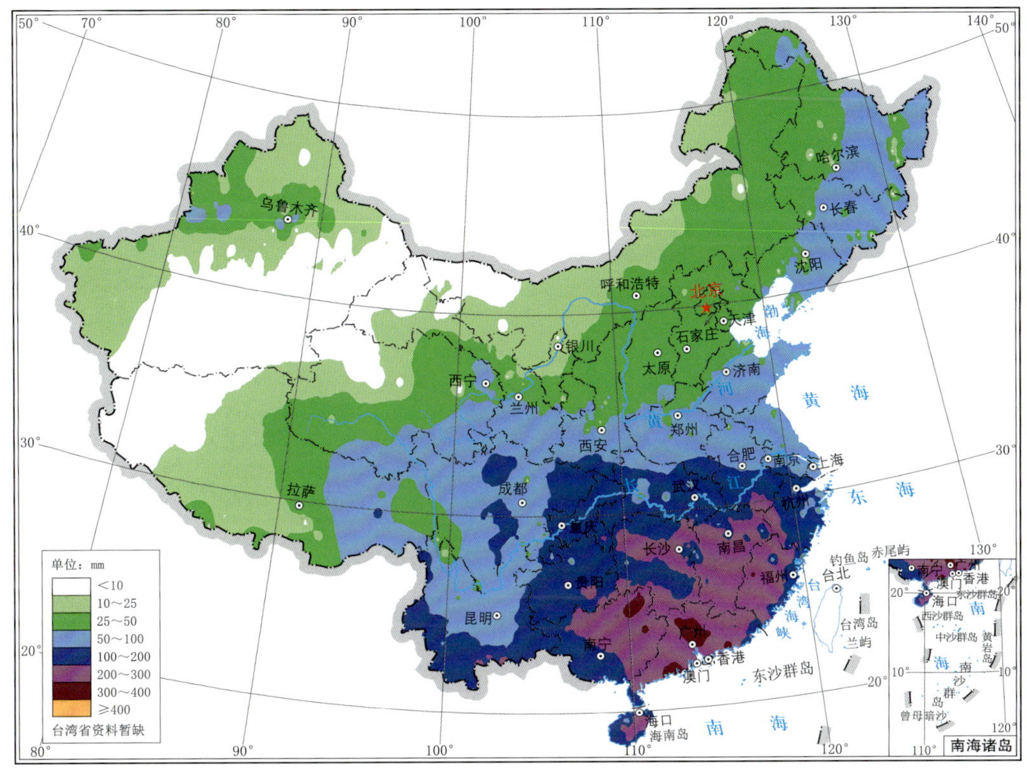

图 B.5　1991—2020 年 30 a 全国 5 月平均降水量分布

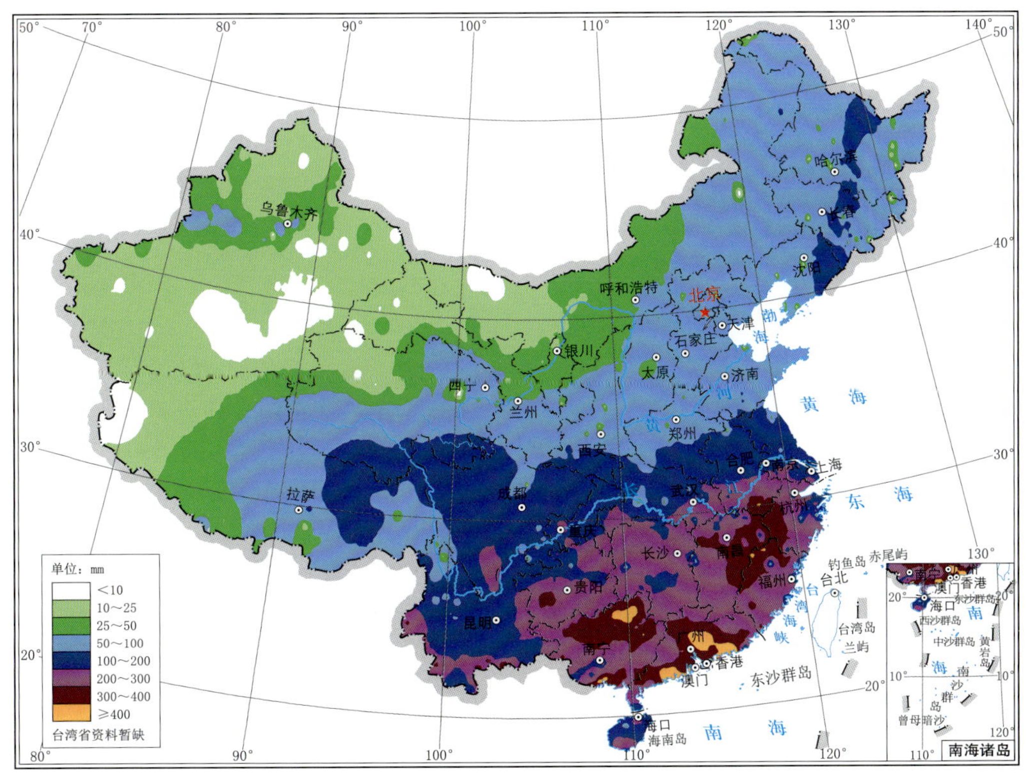

图 B.6　1991—2020 年 30 a 全国 6 月平均降水量分布

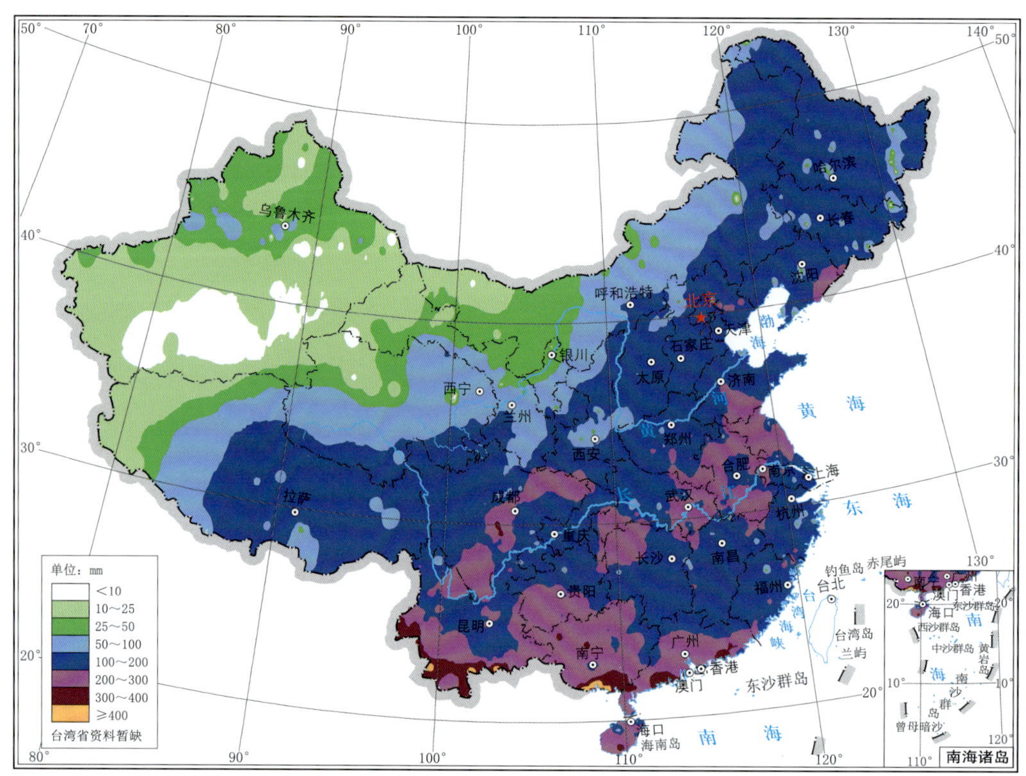

图 B.7　1991—2020 年 30 a 全国 7 月平均降水量分布

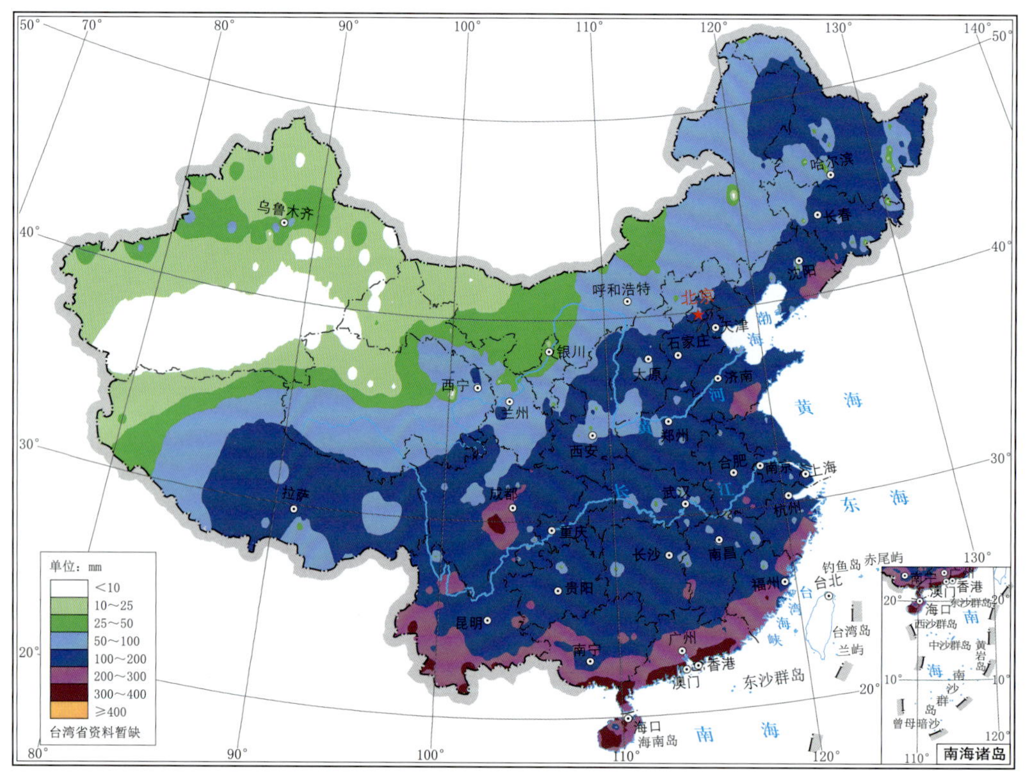

图 B.8　1991—2020 年 30 a 全国 8 月平均降水量分布

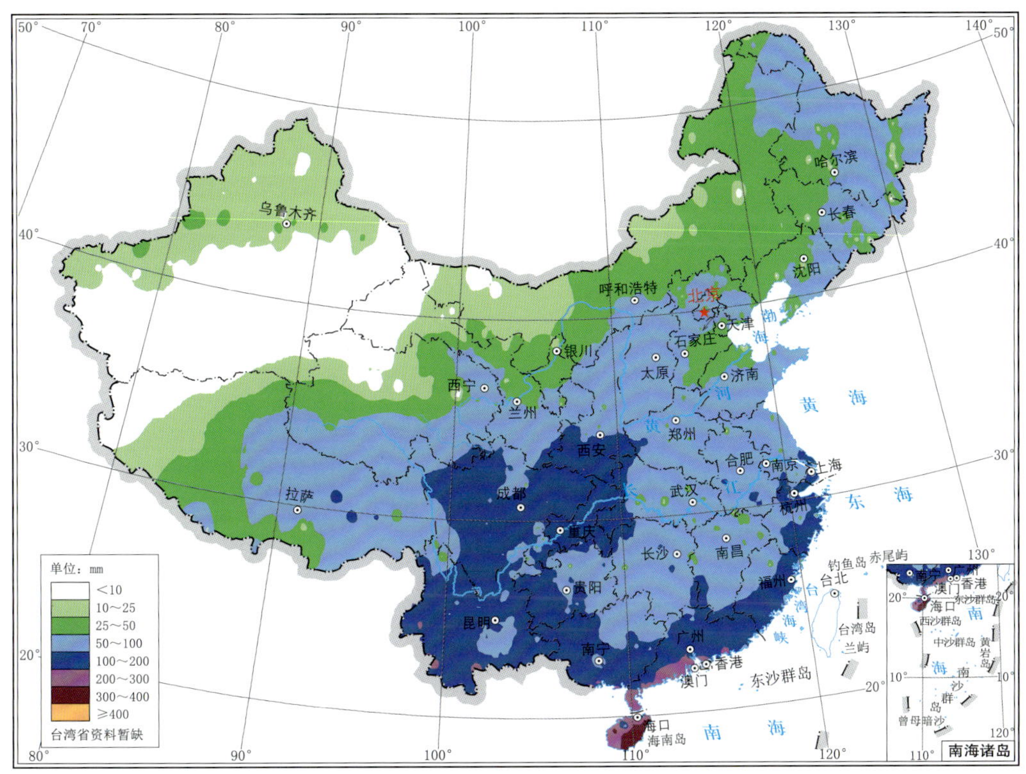

图 B.9　1991—2020 年 30 a 全国 9 月平均降水量分布

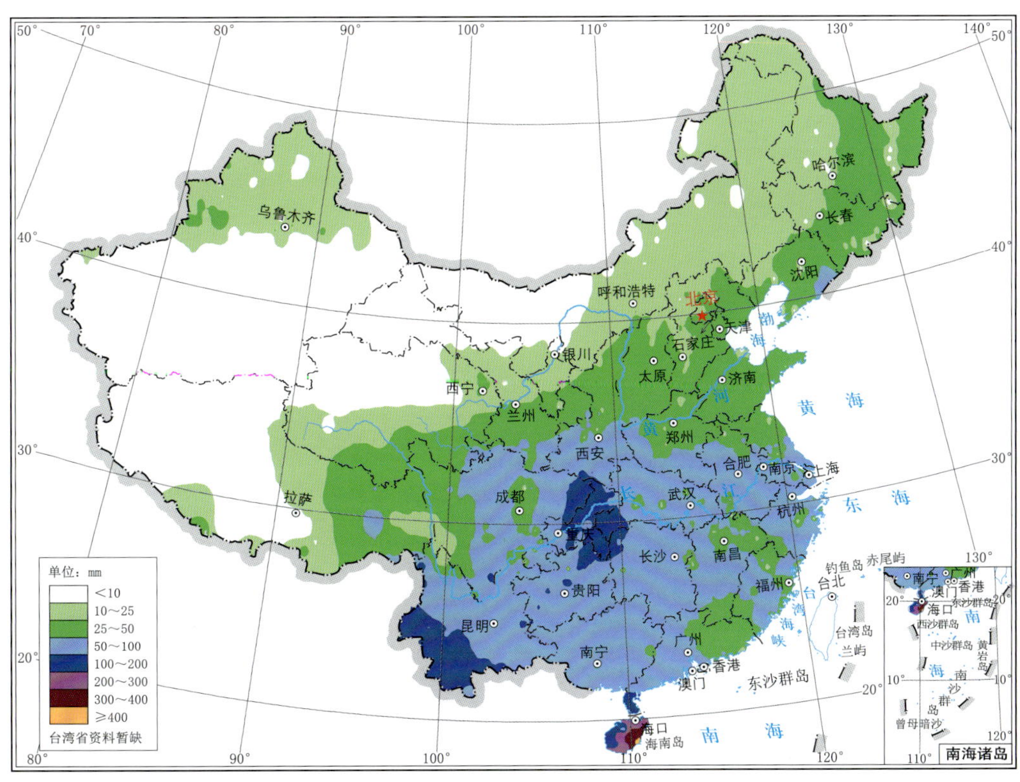

图 B.10　1991—2020 年 30 a 全国 10 月平均降水量分布

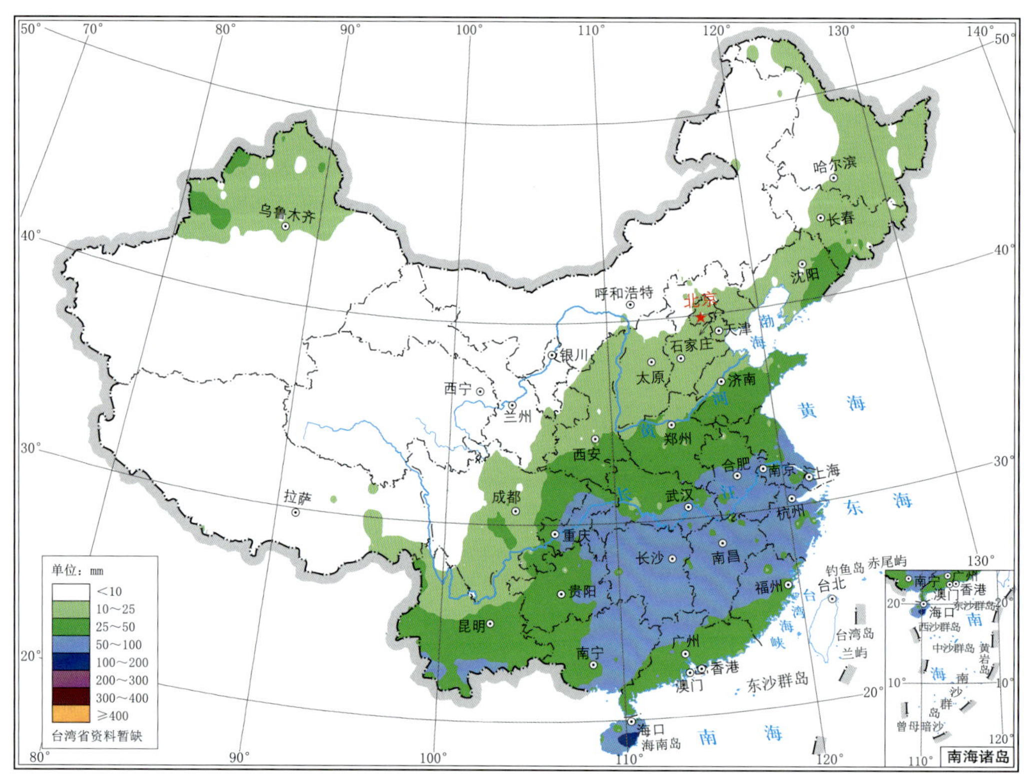

图 B.11　1991—2020 年 30 a 全国 11 月平均降水量分布

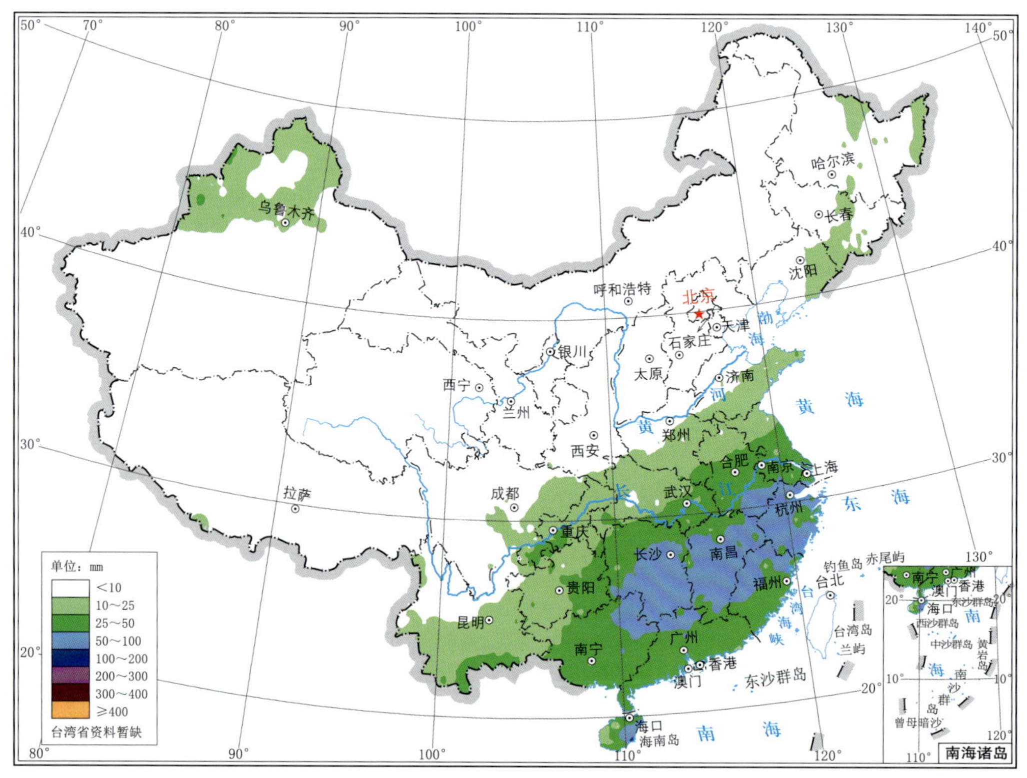

图 B.12　1991—2020 年 30 a 全国 12 月平均降水量分布

附录 C　1991—2020 年 30 a 暴雨(≥50.0 mm/d)总日数分布

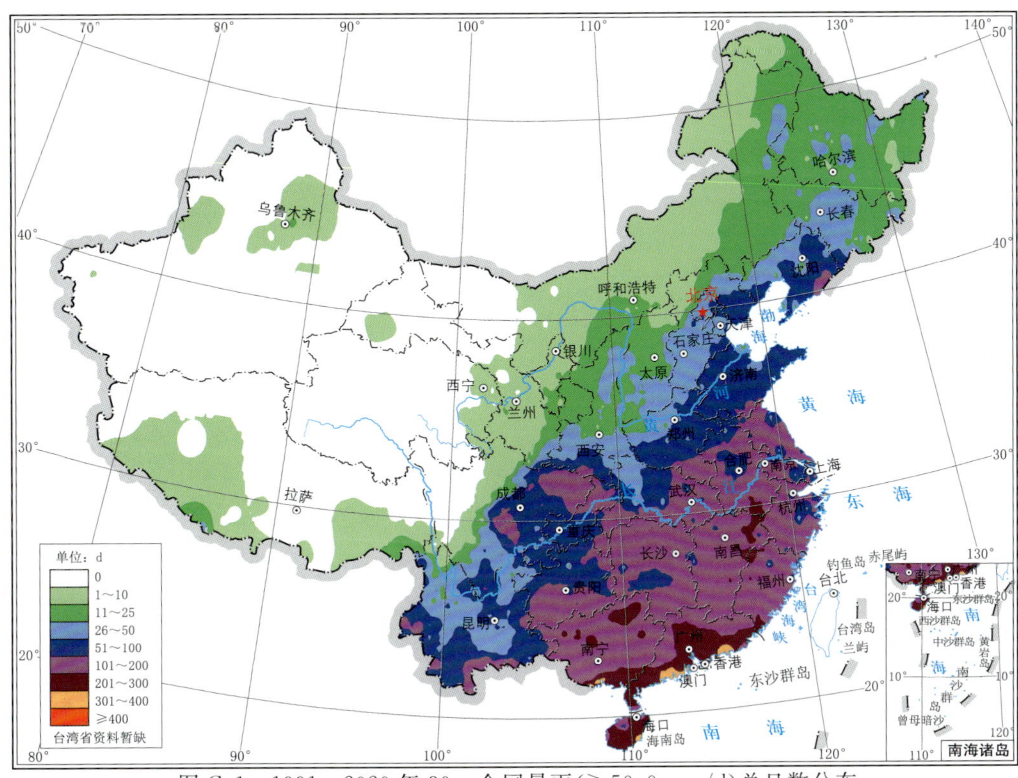

图 C.1　1991—2020 年 30 a 全国暴雨(≥50.0 mm/d)总日数分布

附录 D　1991—2020 年 30 a 大暴雨(100.0～249.9 mm/d)总日数分布

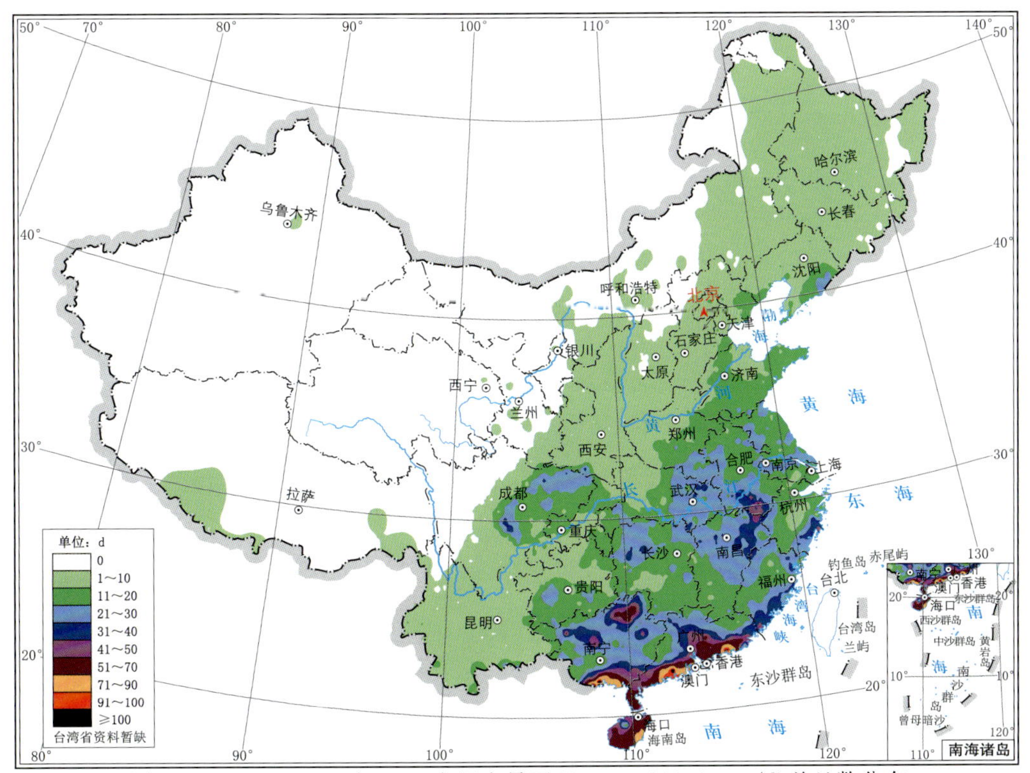

图 D.1　1991—2020 年 30 a 全国大暴雨(100.0～249.9 mm/d)总日数分布

附录 E　1991—2020 年 30 a 特大暴雨(≥250.0 mm/d)总日数分布

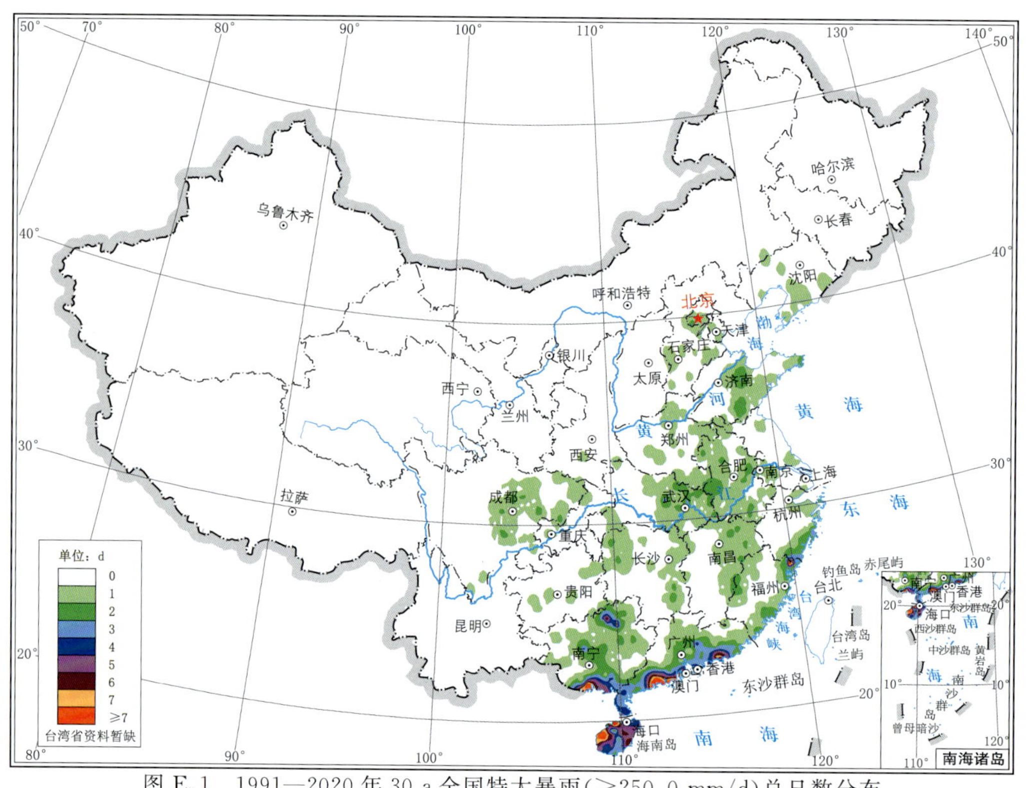

图 E.1　1991—2020 年 30 a 全国特大暴雨(≥250.0 mm/d)总日数分布

附录 F　1991—2020 年 30 a 各月暴雨(≥50.0 mm/d)总日数分布

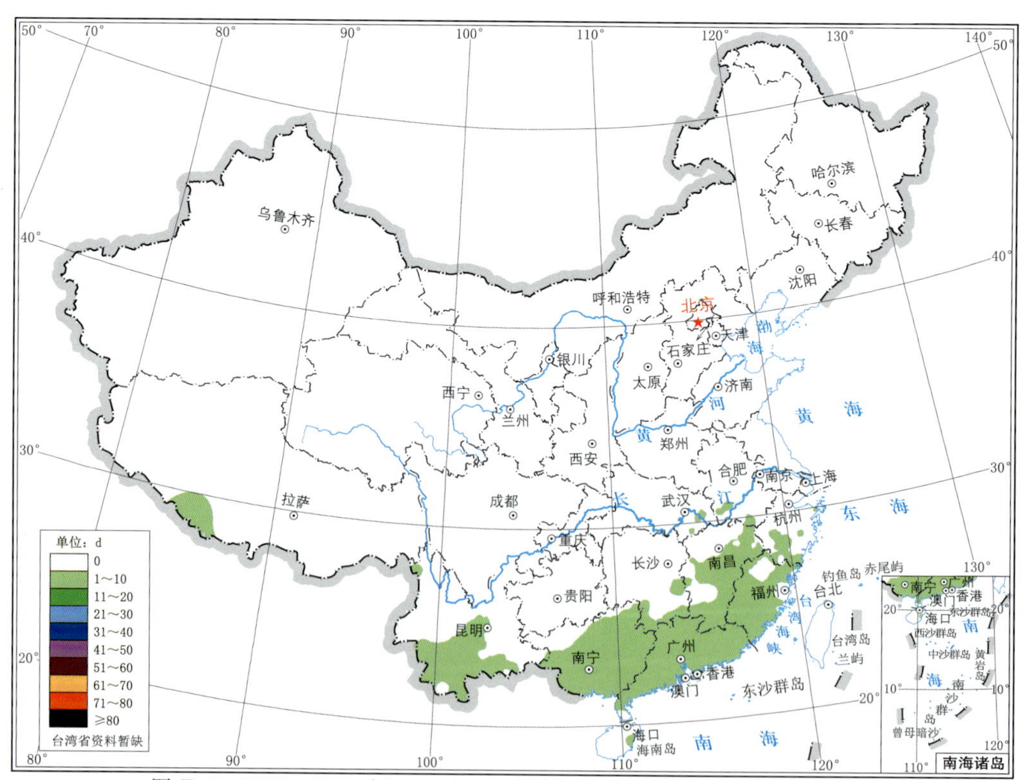

图 F.1　1991—2020 年 30 a 全国 1 月暴雨(≥50.0 mm/d)总日数分布

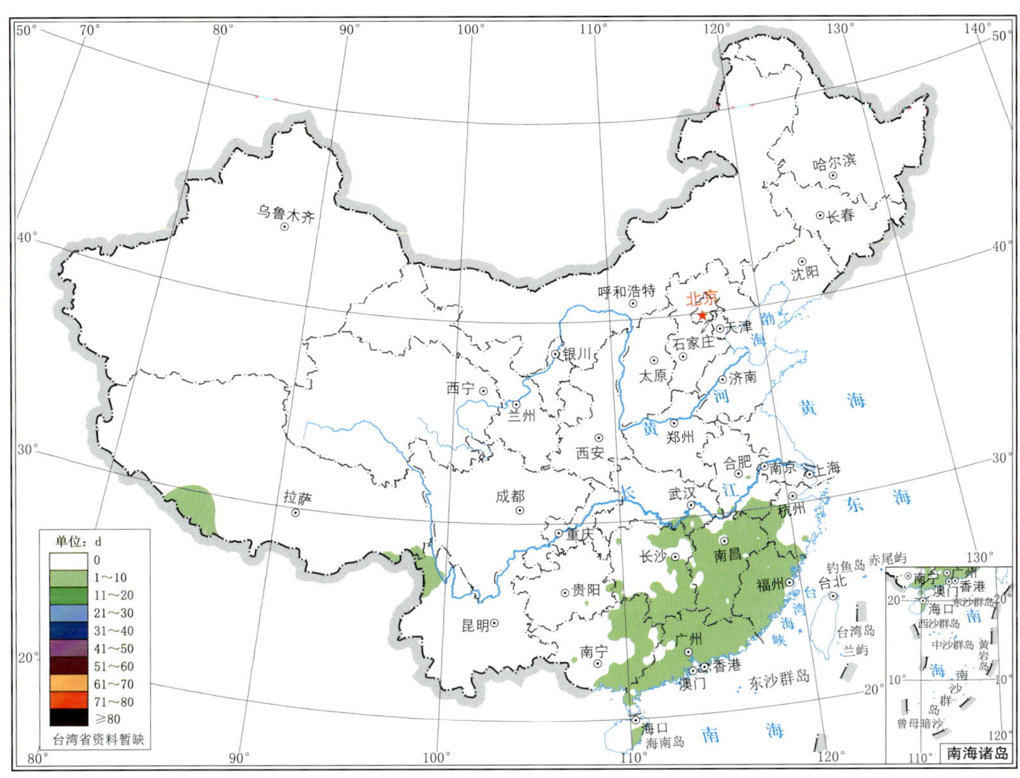

图 F.2　1991—2020 年 30 a 全国 2 月暴雨(≥50.0 mm/d)总日数分布

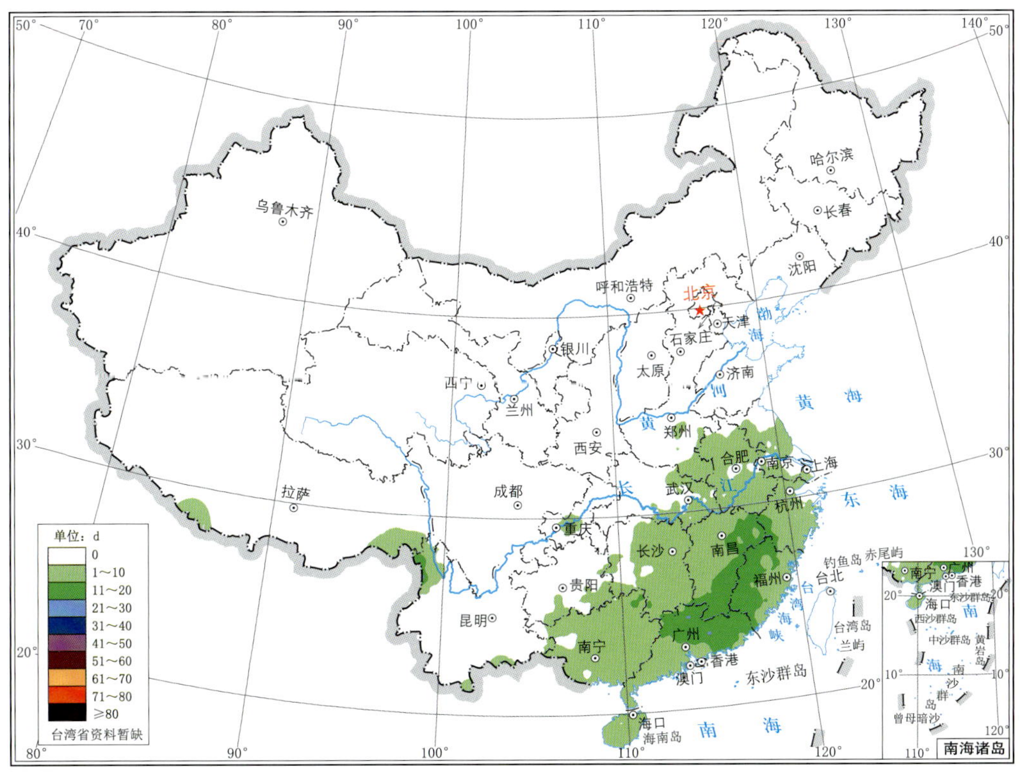

图 F.3　1991—2020 年 30 a 全国 3 月暴雨(≥50.0 mm/d)总日数分布

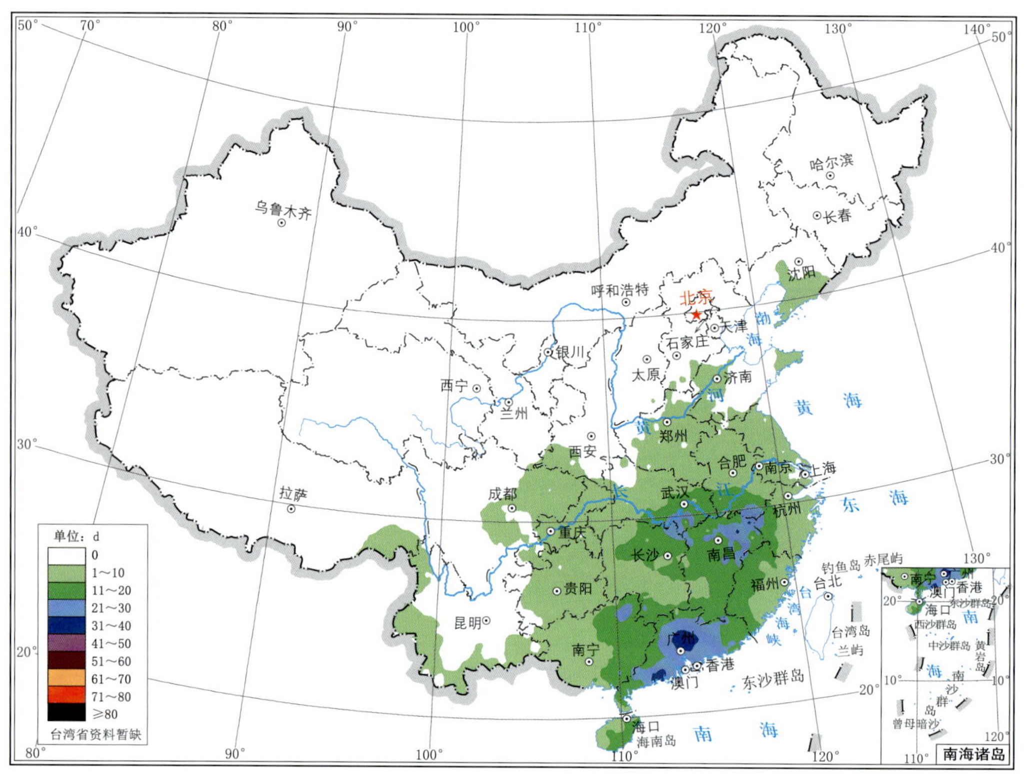

图 F.4　1991—2020 年 30 a 全国 4 月暴雨(≥50.0 mm/d)总日数分布

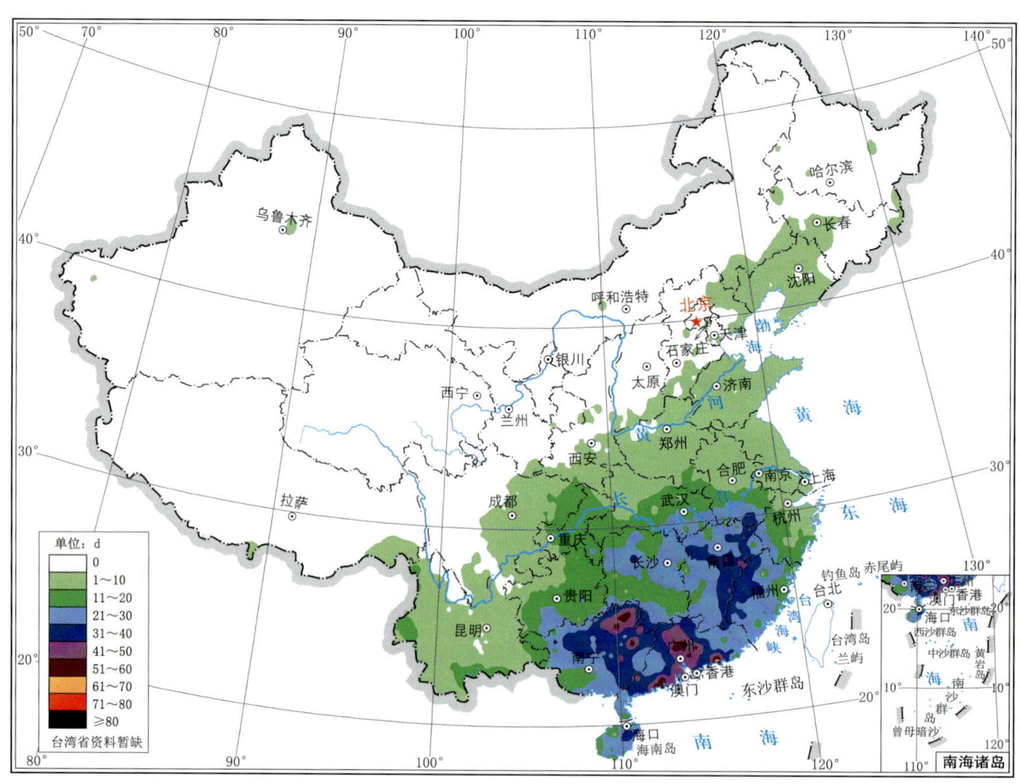

图 F.5　1991—2020 年 30 a 全国 5 月暴雨(≥50.0 mm/d)总日数分布

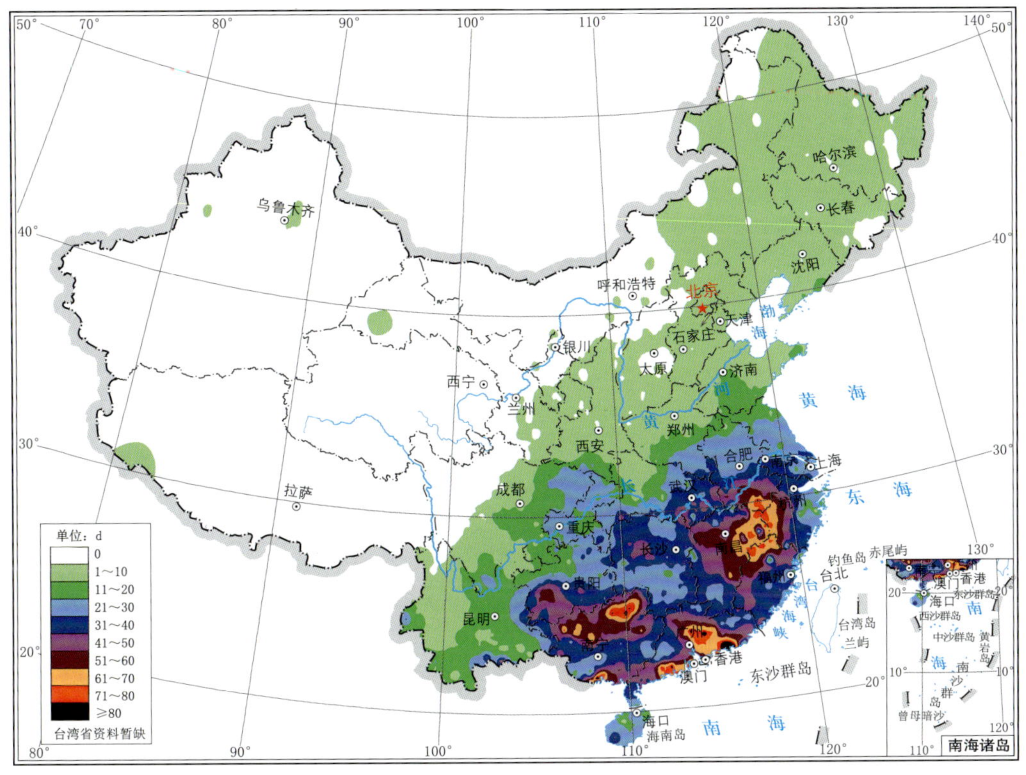

图 F.6　1991—2020 年 30 a 全国 6 月暴雨(≥50.0 mm/d)总日数分布

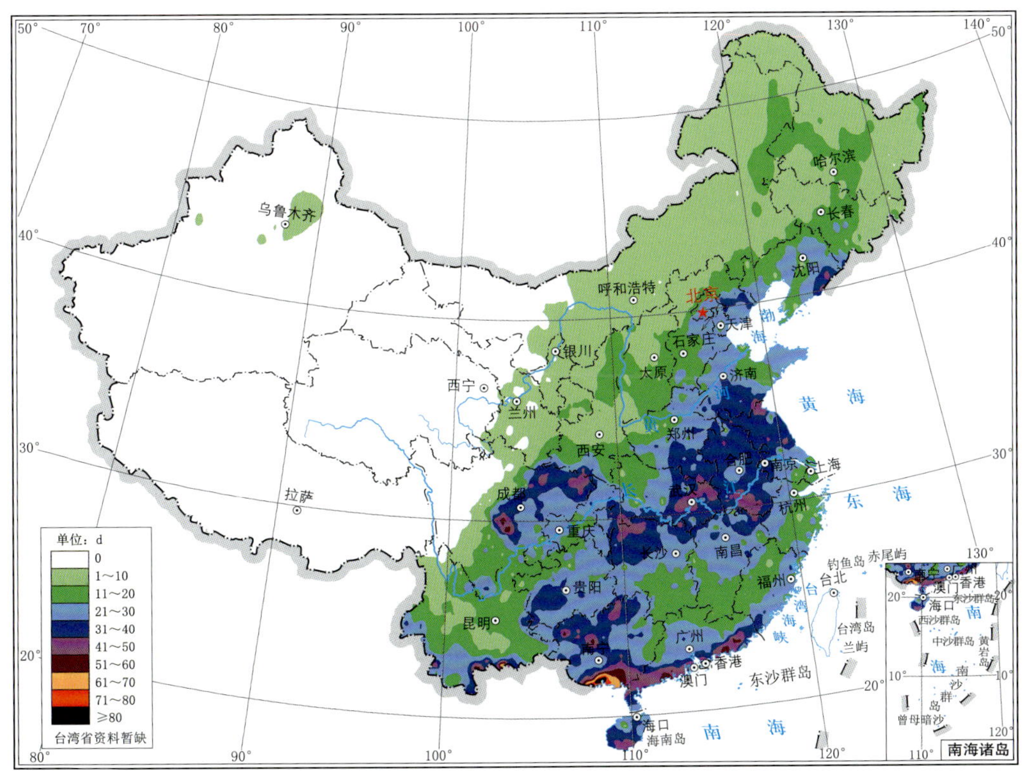

图 F.7　1991—2020 年 30 a 全国 7 月暴雨(≥50.0 mm/d)总日数分布

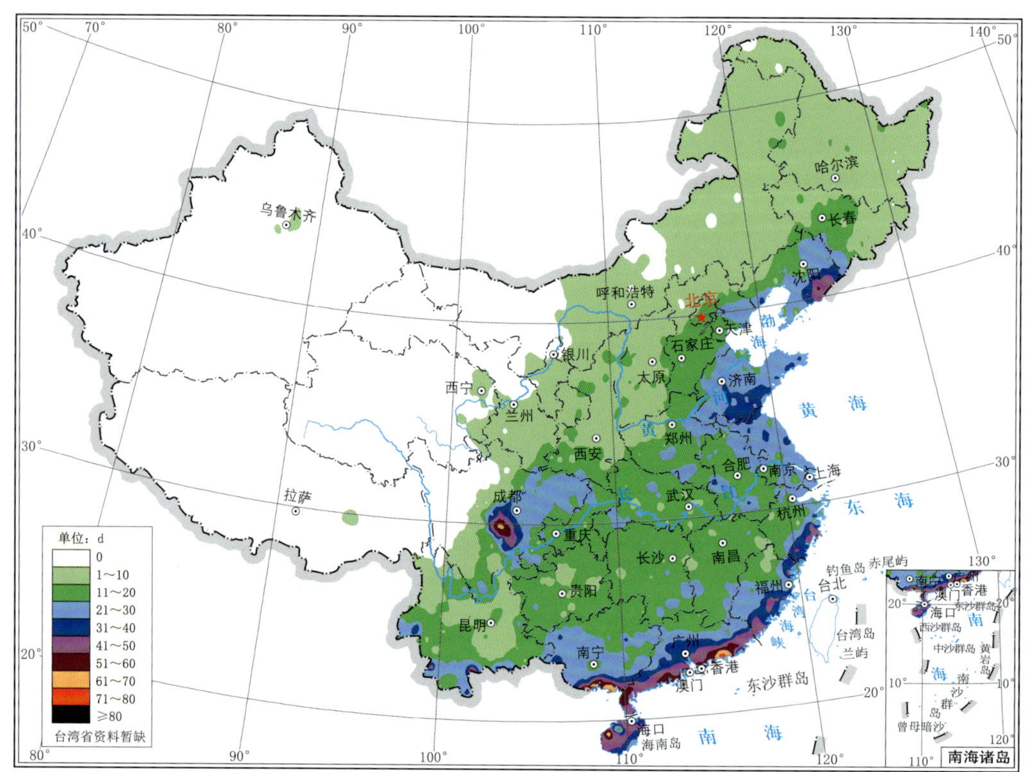

图 F. 8　1991—2020 年 30 a 全国 8 月暴雨(≥50.0 mm/d)总日数分布

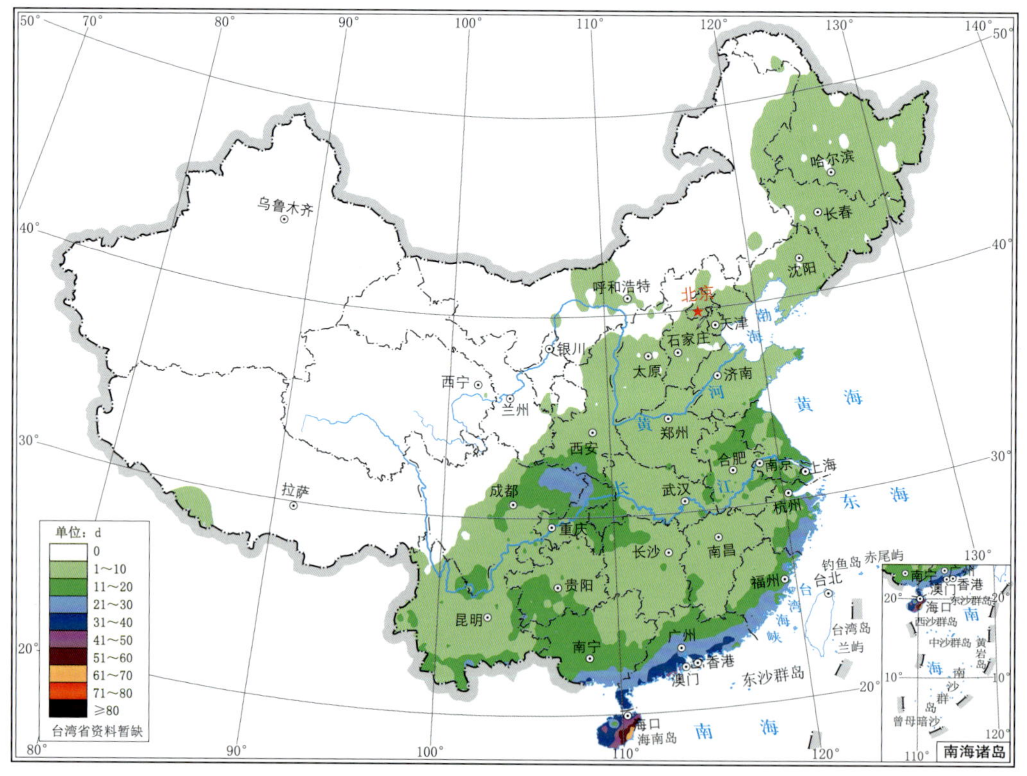

图 F. 9　1991—2020 年 30 a 全国 9 月暴雨(≥50.0 mm/d)总日数分布

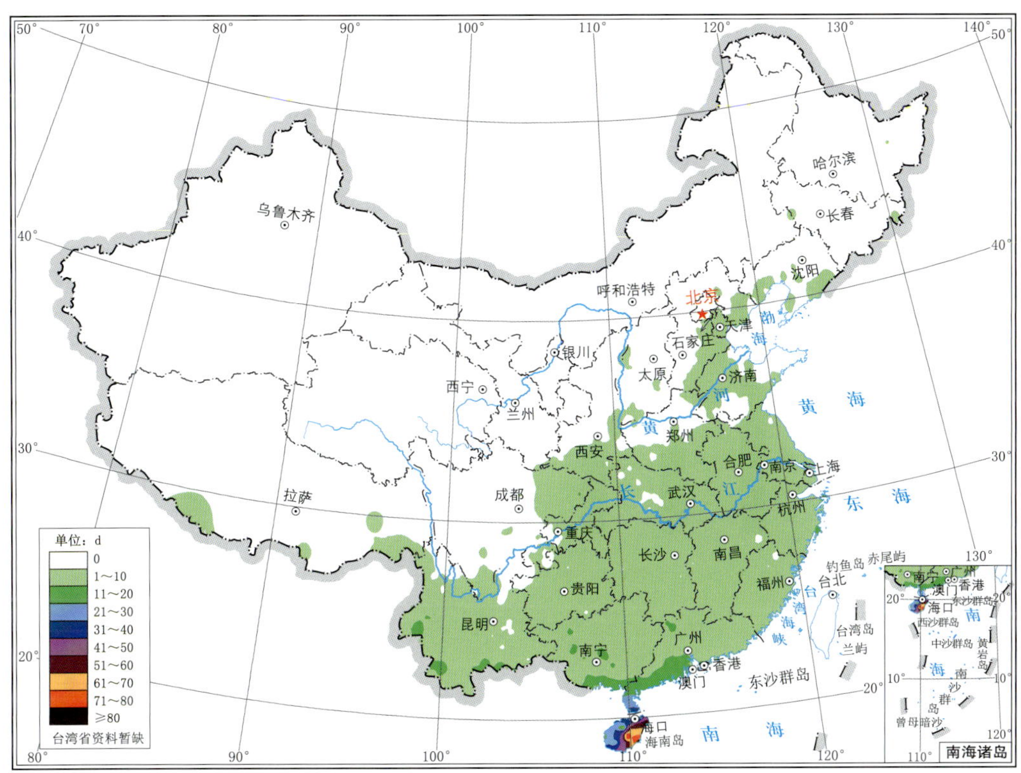

图 F.10 1991—2020 年 30 a 全国 10 月暴雨(≥50.0 mm/d)总日数分布

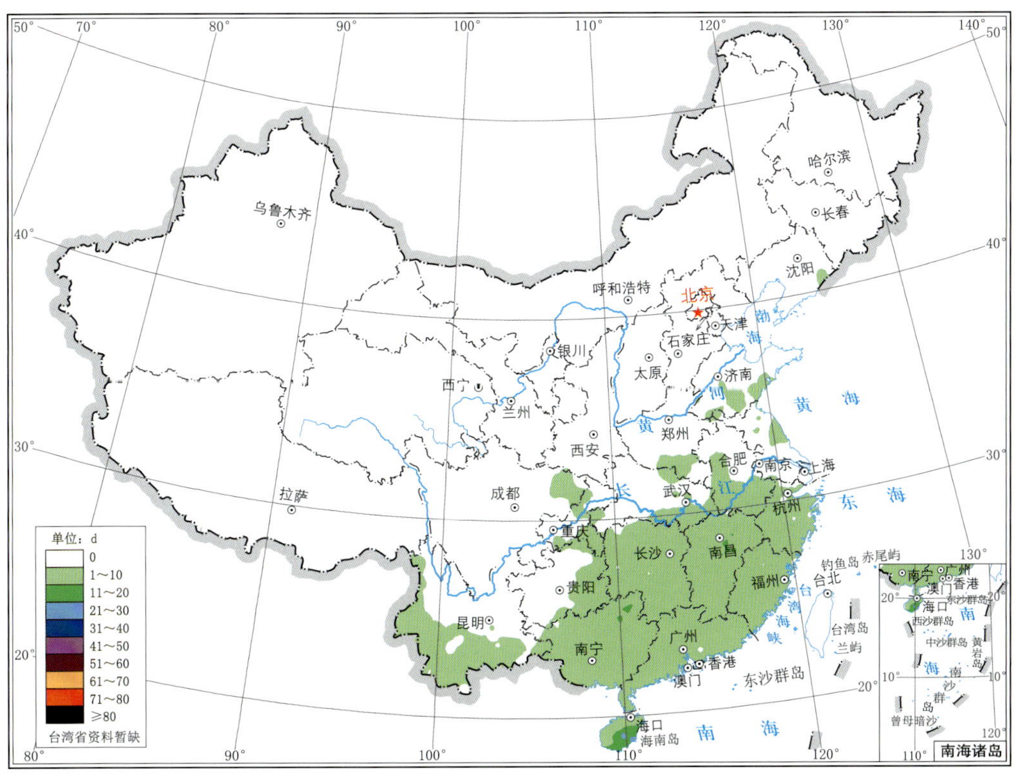

图 F.11 1991—2020 年 30 a 全国 11 月暴雨(≥50.0 mm/d)总日数分布

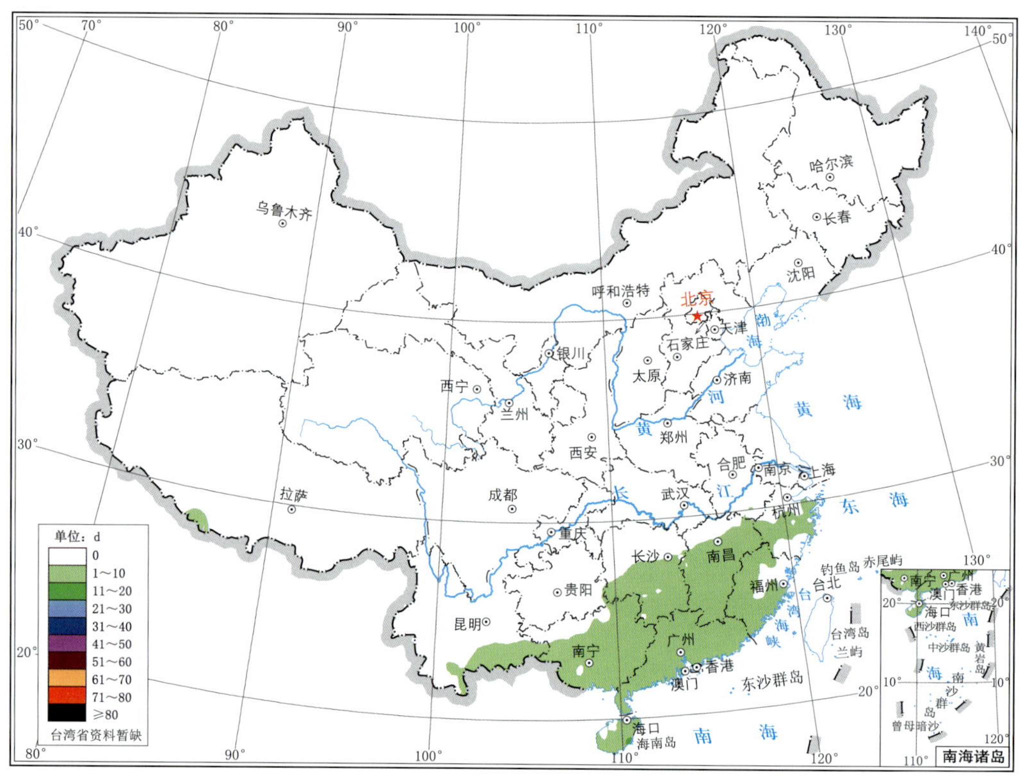

图 F.12　1991—2020 年 30 a 全国 12 月暴雨(≥50.0 mm/d)总日数分布

附录 G　1991—2020 年 30 a 各月大暴雨(100.0~249.9 mm/d)总日数分布

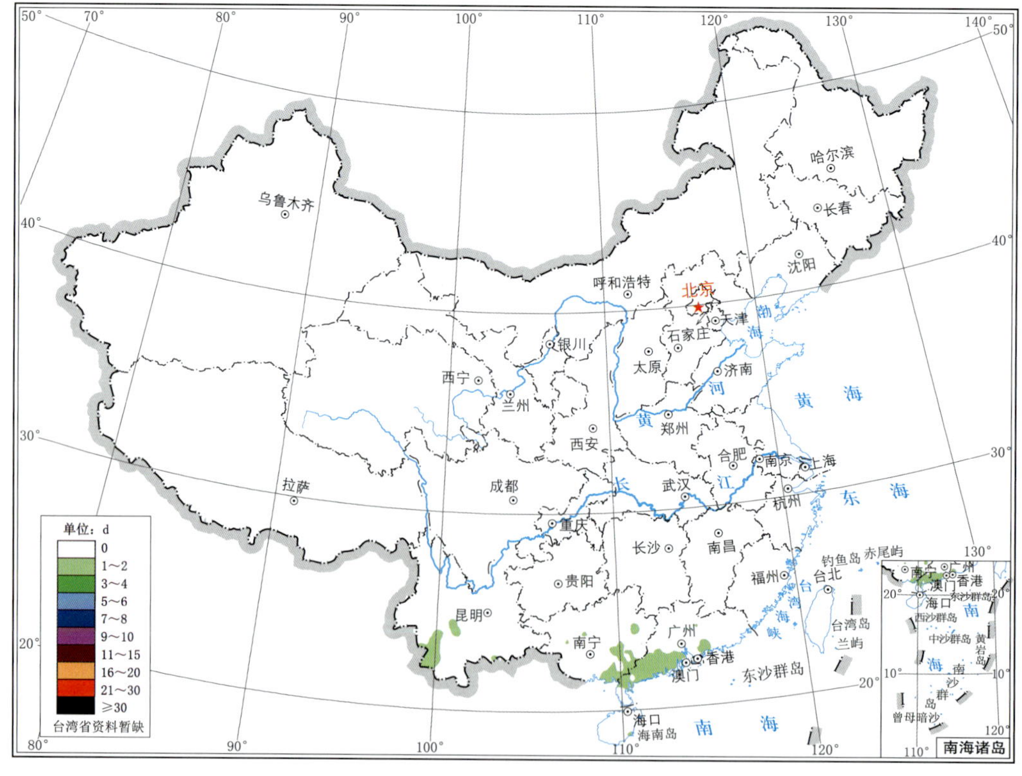

图 G.1　1991—2020 年 30 a 全国 1 月大暴雨(100.0~249.9 mm/d)总日数分布

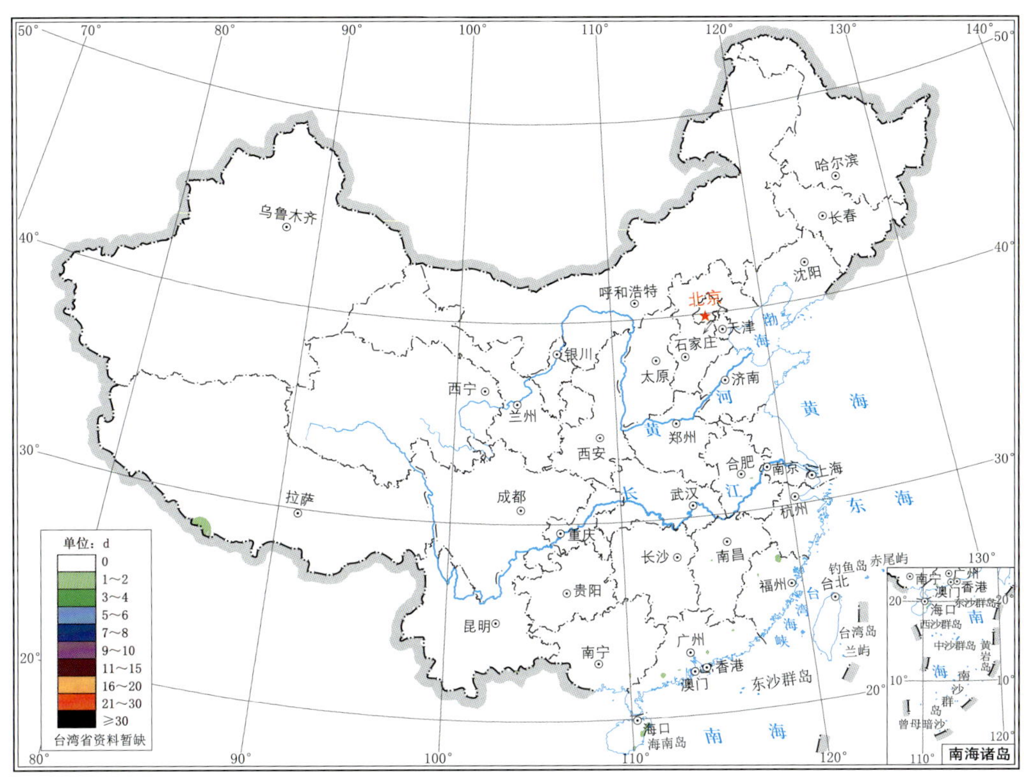

图 G.2　1991—2020 年 30 a 全国 2 月大暴雨(100.0～249.9 mm/d)总日数分布

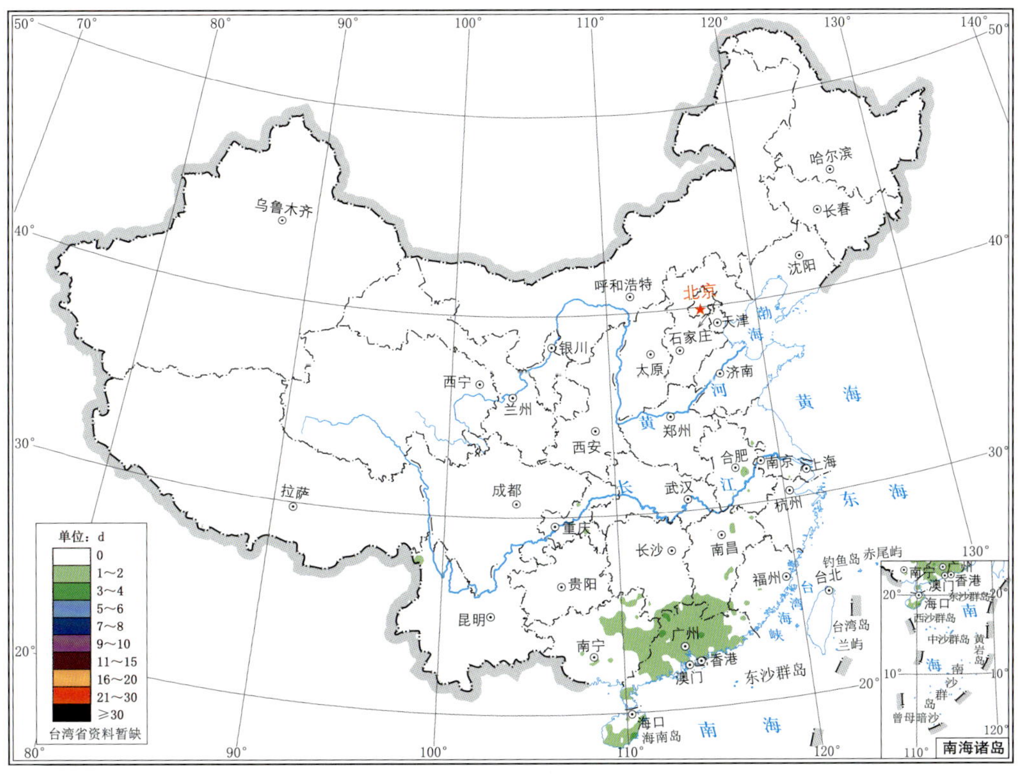

图 G.3　1991—2020 年 30 a 全国 3 月大暴雨(100.0～249.9 mm/d)总日数分布

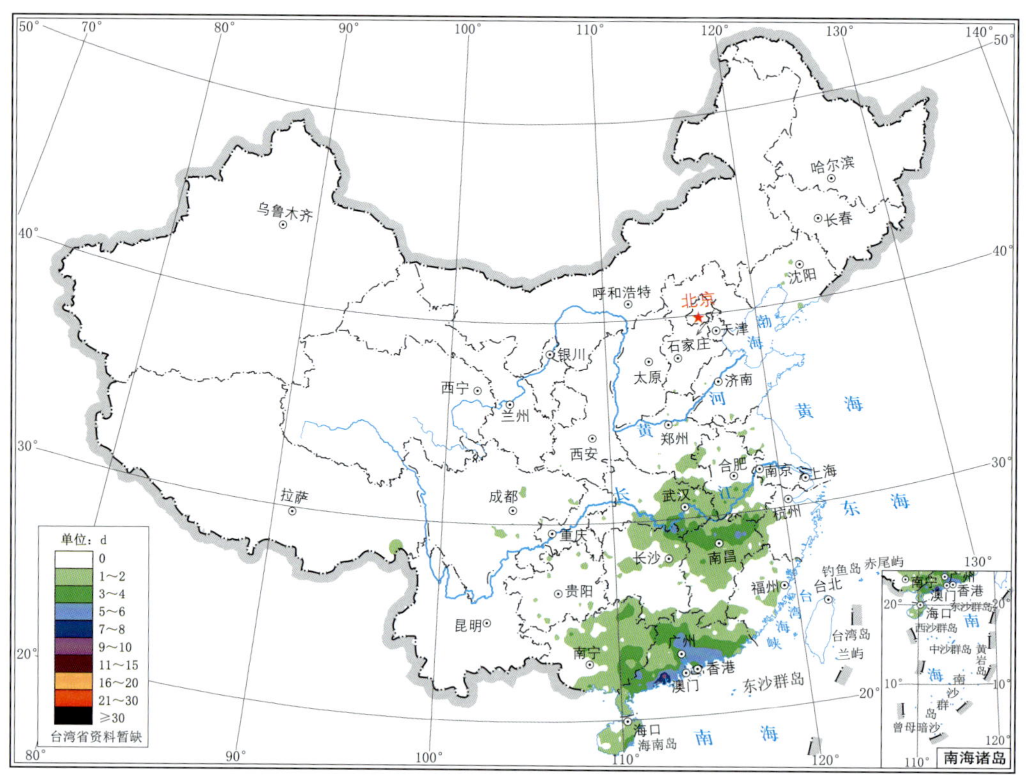

图 G.4　1991—2020 年 30 a 全国 4 月大暴雨(100.0～249.9 mm/d)总日数分布

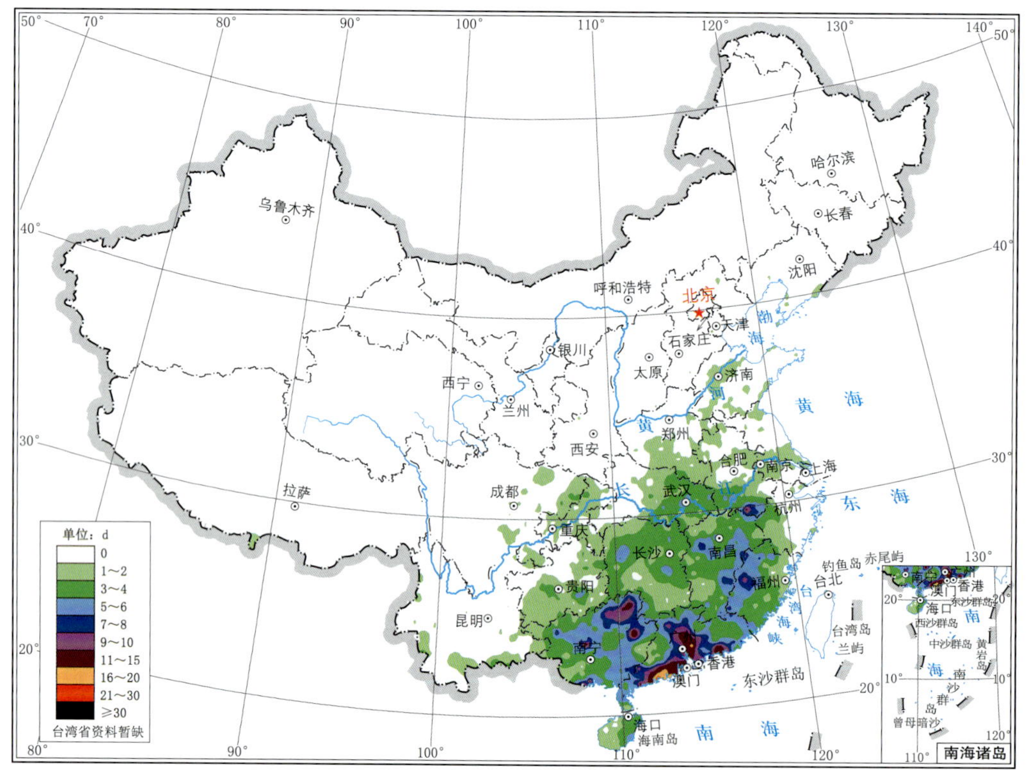

图 G.5　1991—2020 年 30 a 全国 5 月大暴雨(100.0～249.9 mm/d)总日数分布

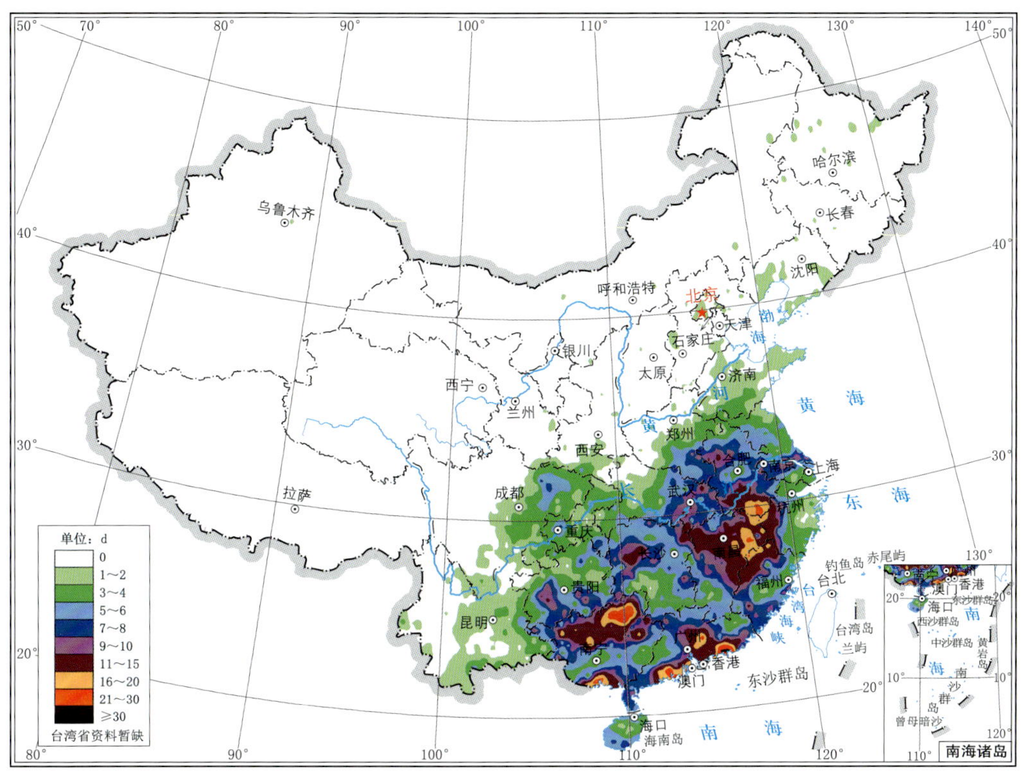

图 G.6　1991—2020 年 30 a 全国 6 月大暴雨(100.0～249.9 mm/d)总日数分布

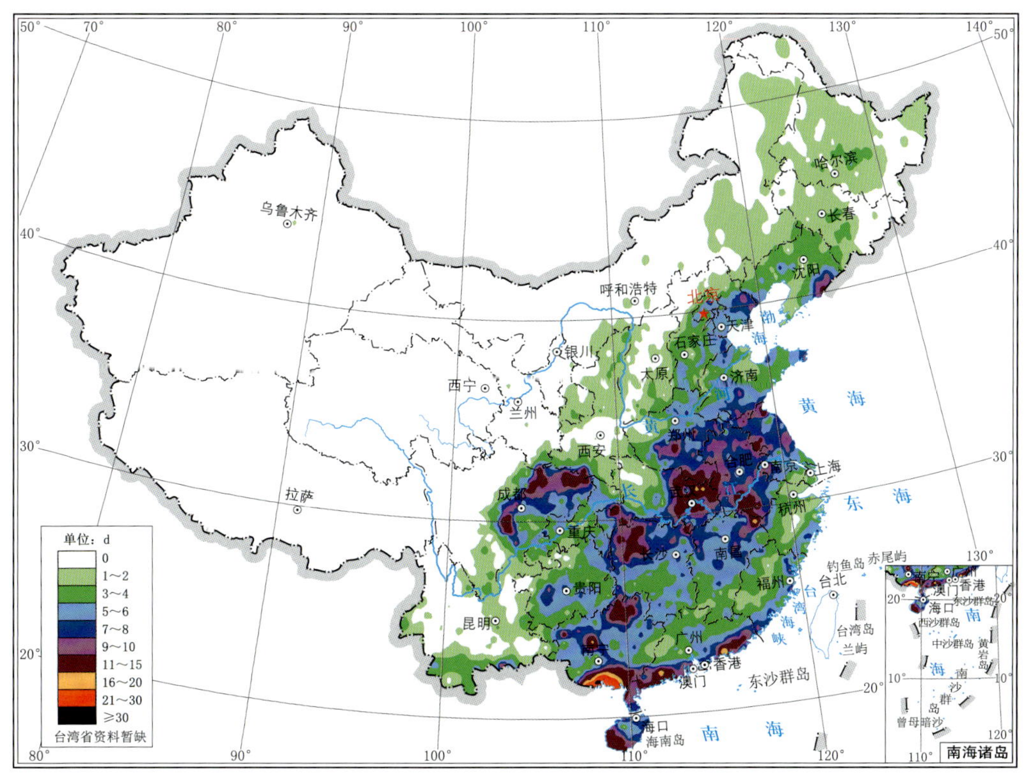

图 G.7　1991—2020 年 30 a 全国 7 月大暴雨(100.0～249.9 mm/d)总日数分布

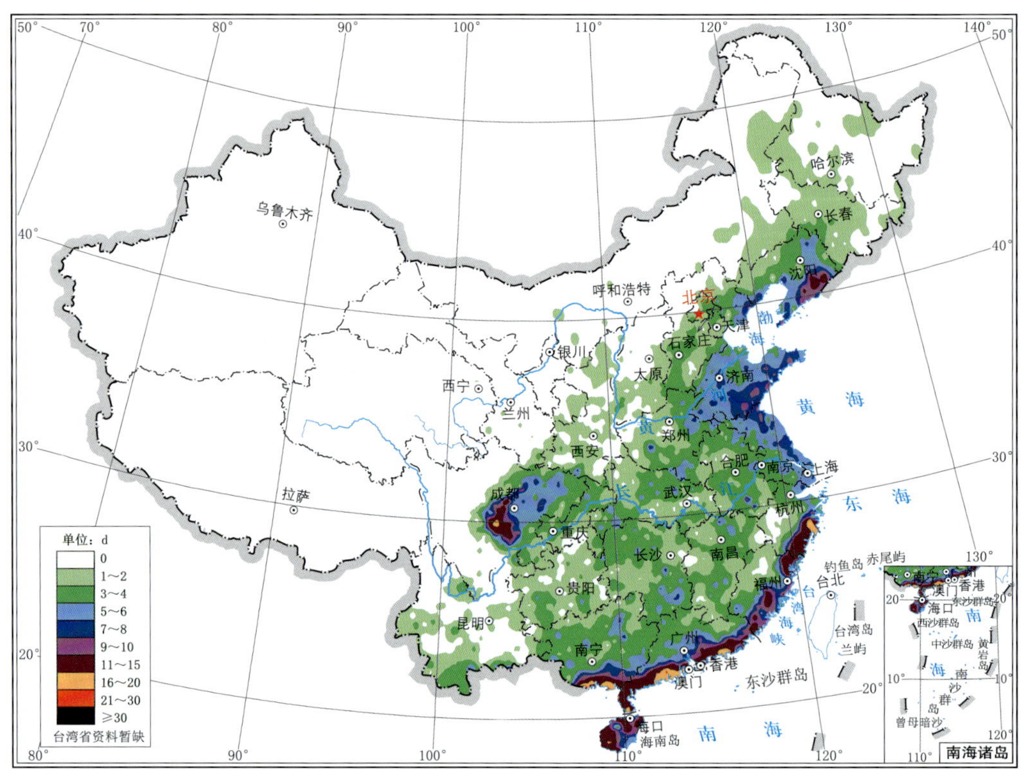

图 G.8　1991—2020 年 30 a 全国 8 月大暴雨(100.0～249.9 mm/d)总日数分布

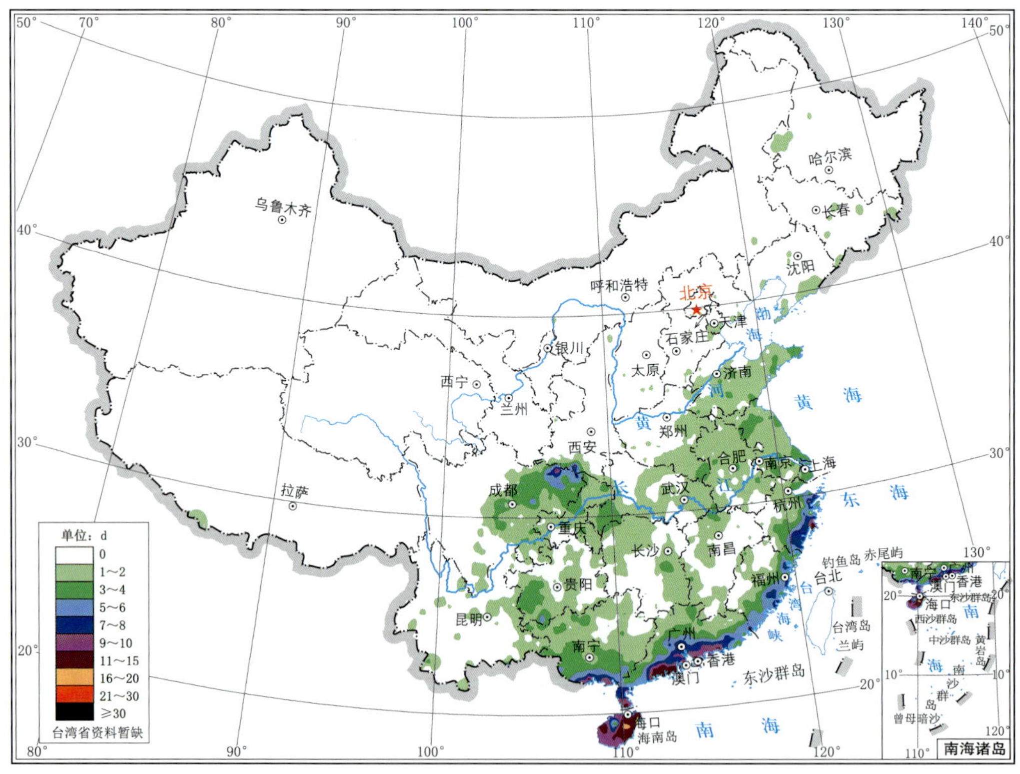

图 G.9　1991—2020 年 30 a 全国 9 月大暴雨(100.0～249.9 mm/d)总日数分布

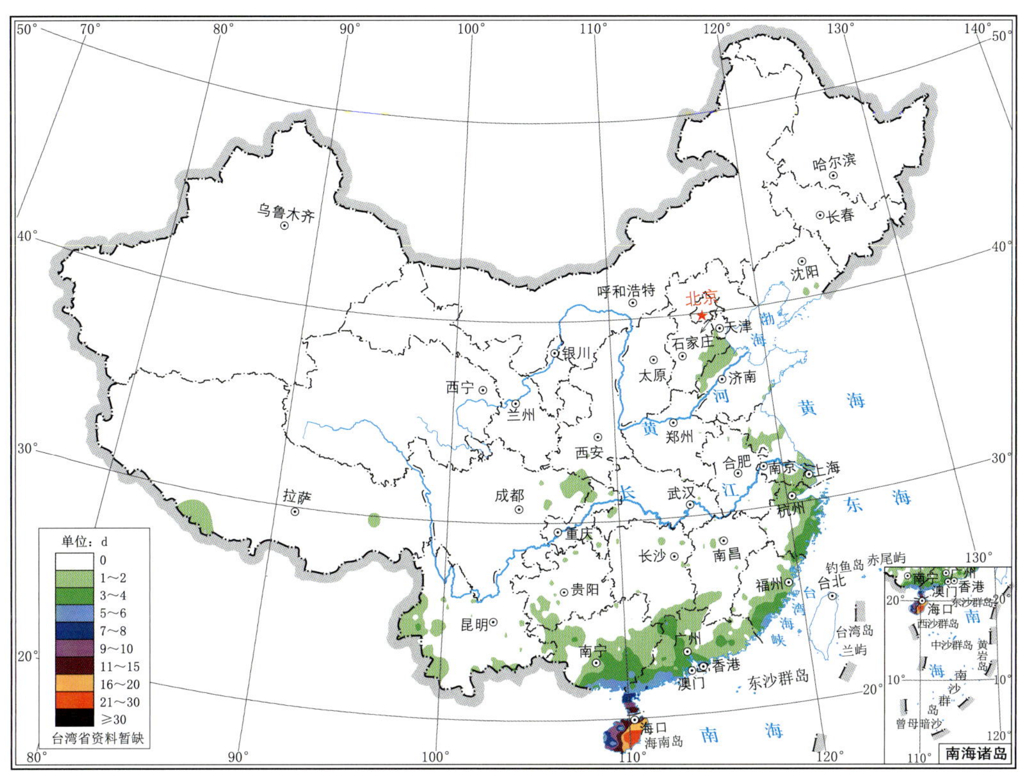

图 G.10　1991—2020 年 30 a 全国 10 月大暴雨(100.0～249.9 mm/d)总日数分布

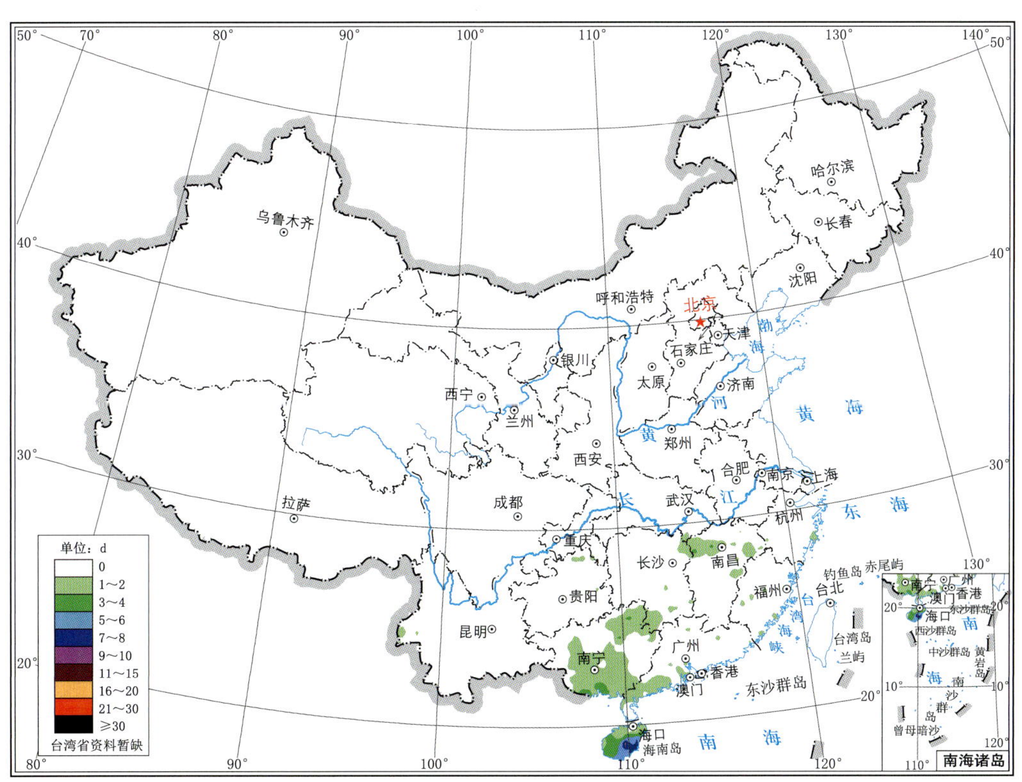

图 G.11　1991—2020 年 30 a 全国 11 月大暴雨(100.0～249.9 mm/d)总日数分布

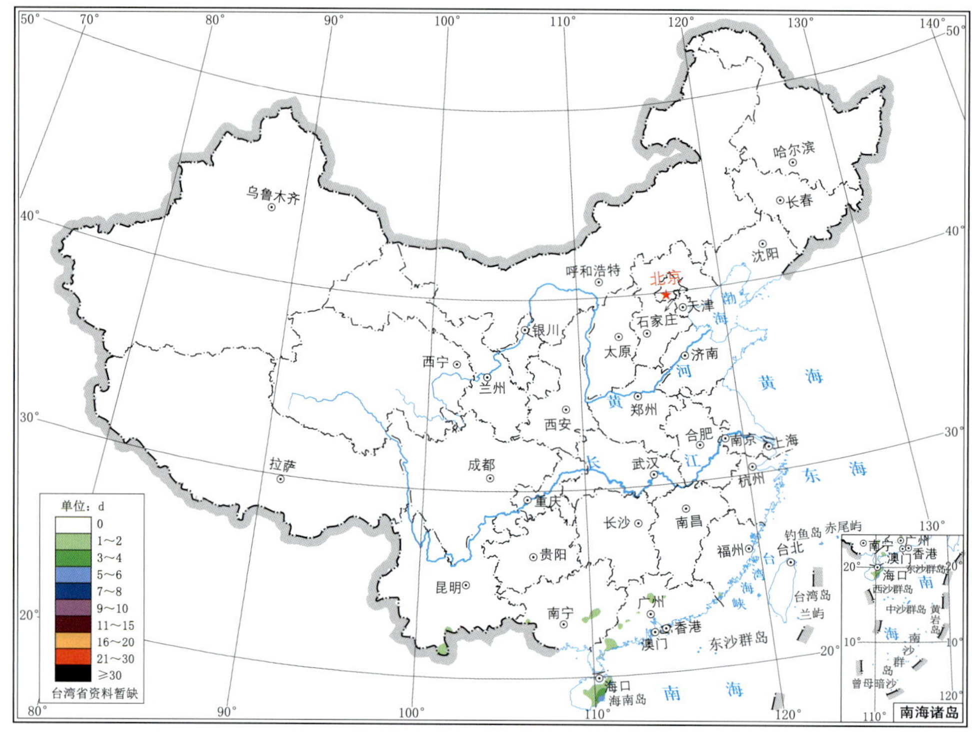

图 G.12　1991—2020 年 30 a 全国 12 月大暴雨(100.0～249.9 mm/d)总日数分布

附录 H　1991—2020 年 30 a 各月特大暴雨(≥250.0 mm/d)总日数分布

由于 1991—2020 年 30 a 间 1 月、2 月、12 月全国均未出现特大暴雨，故 1 月、2 月、12 月的特大暴雨日数图不再给出。

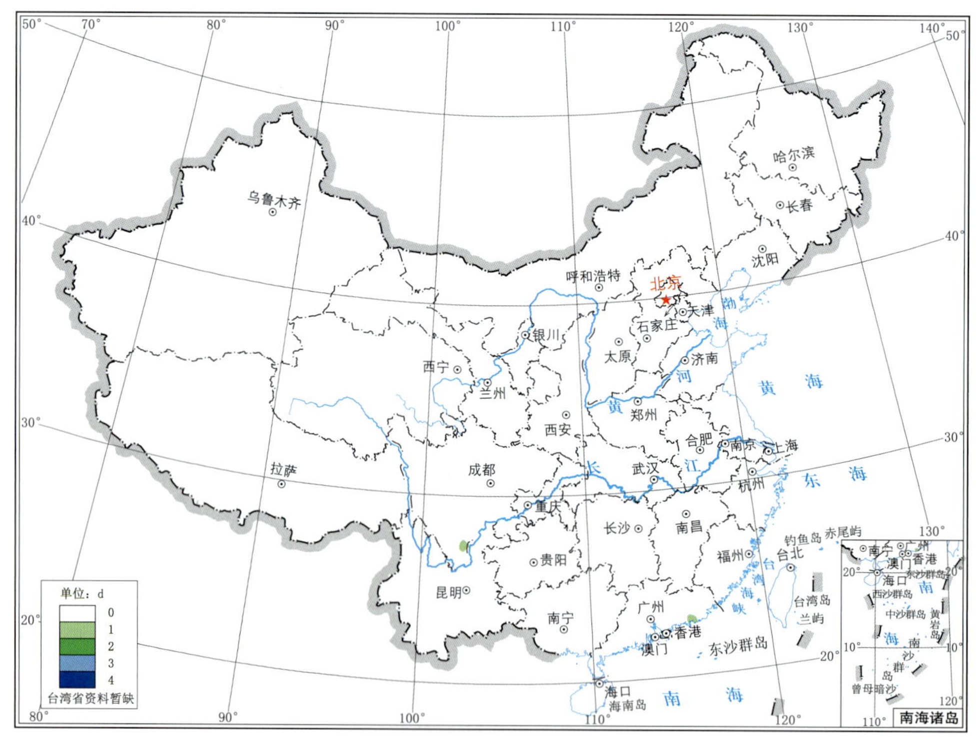

图 H.1　1991—2020 年 30 a 全国 3 月特大暴雨(≥250.0 mm/d)总日数分布

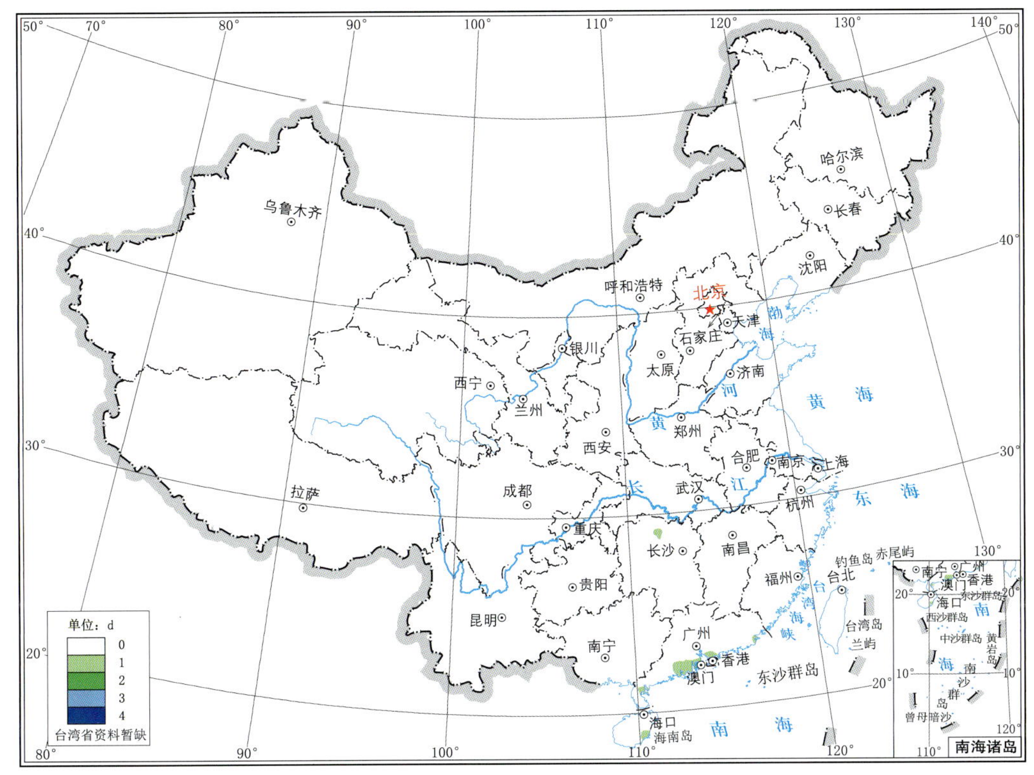

图 H.2　1991—2020 年 30 a 全国 4 月特大暴雨(≥250.0 mm/d)总日数分布

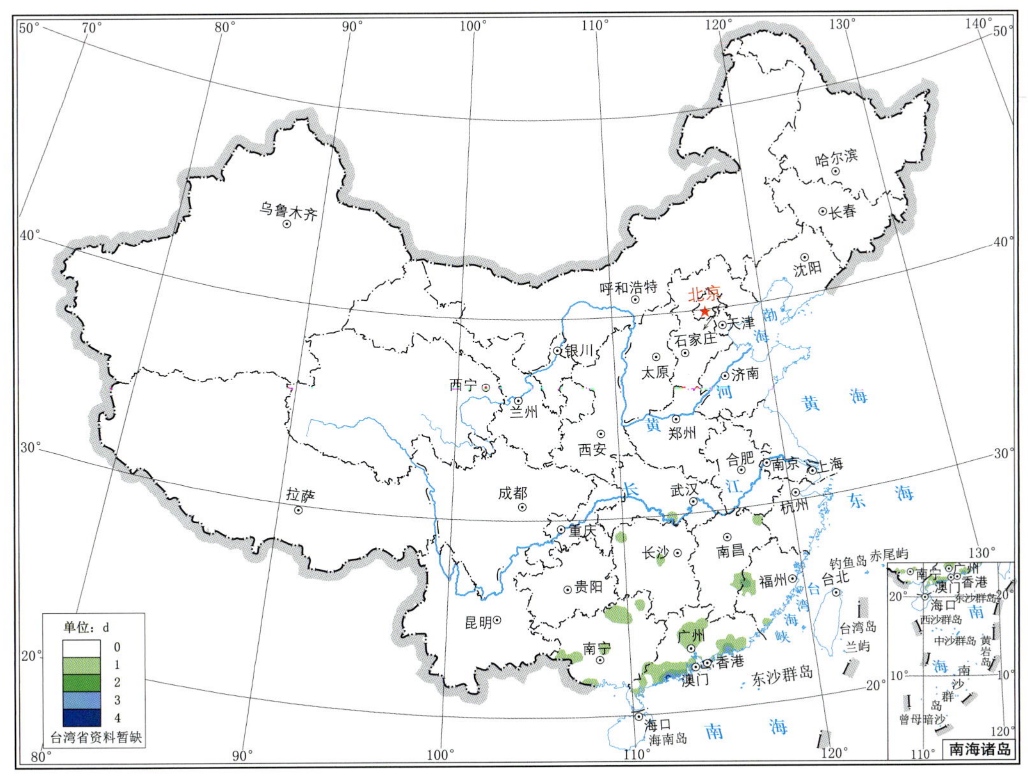

图 H.3　1991—2020 年 30 a 全国 5 月特大暴雨(≥250.0 mm/d)总日数分布

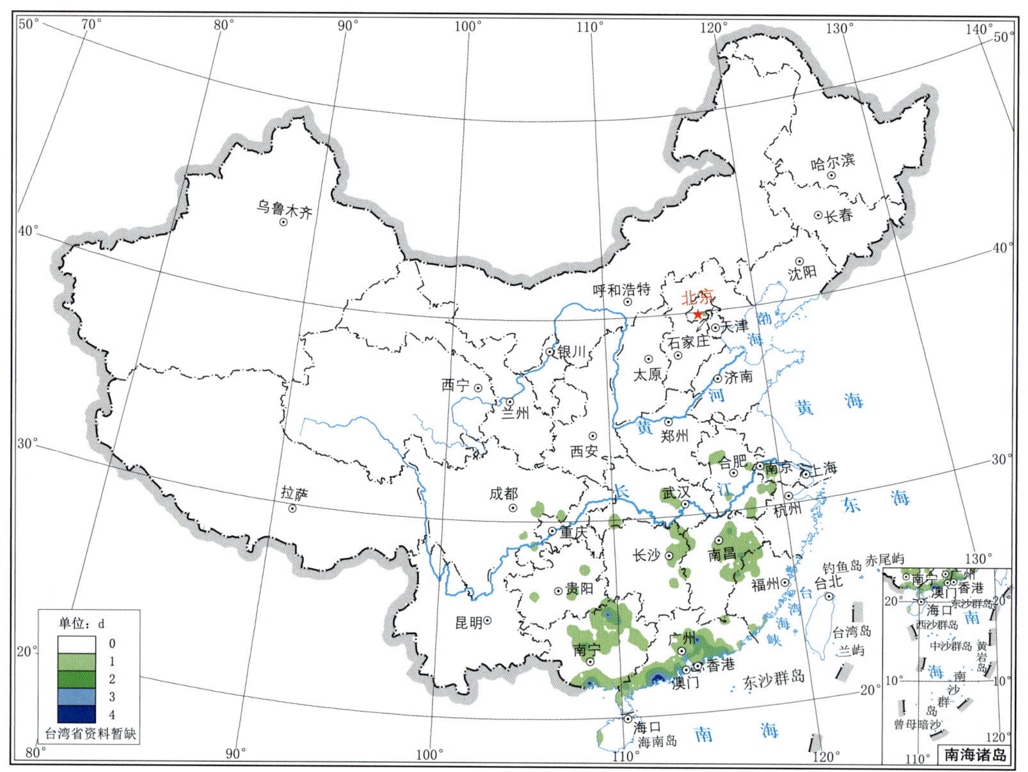

图 H.4　1991—2020 年 30 a 全国 6 月特大暴雨(≥250.0 mm/d)总日数分布

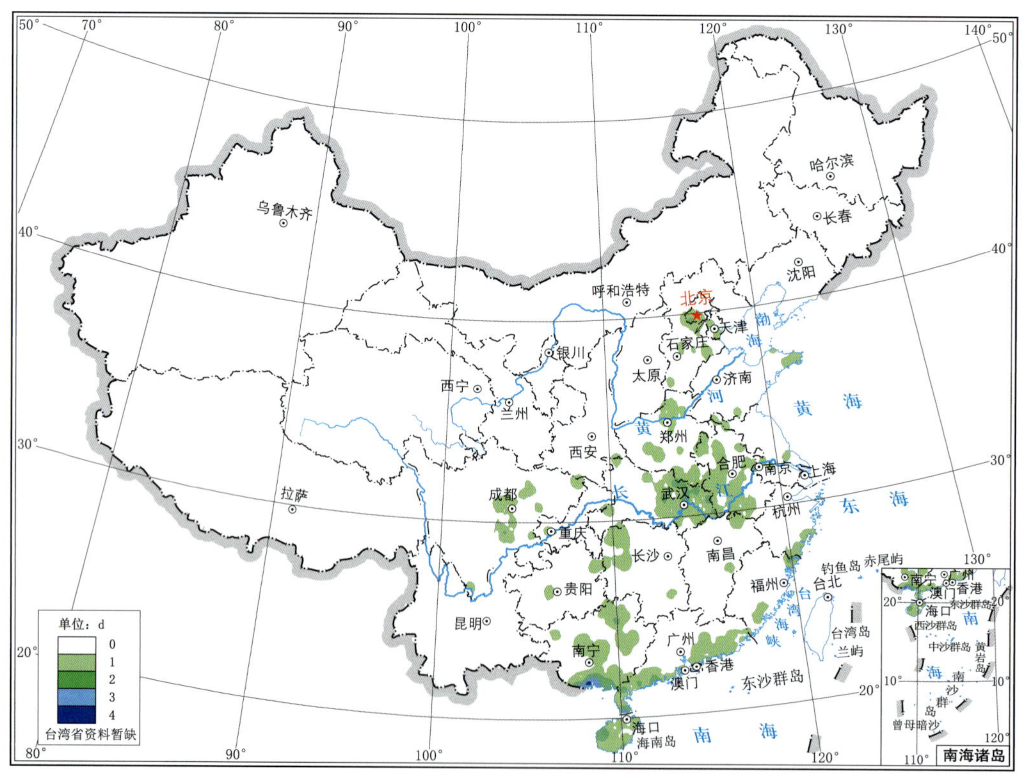

图 H.5　1991—2020 年 30 a 全国 7 月特大暴雨(≥250.0 mm/d)总日数分布

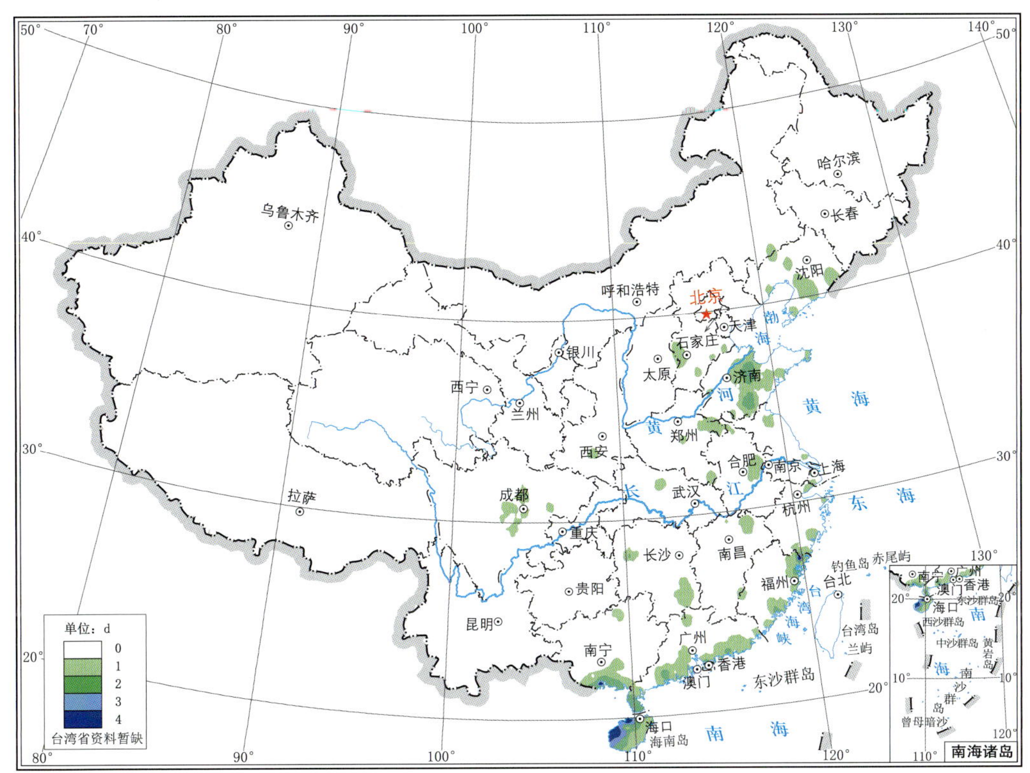

图 H.6　1991—2020 年 30 a 全国 8 月特大暴雨(≥250.0 mm/d)总日数分布

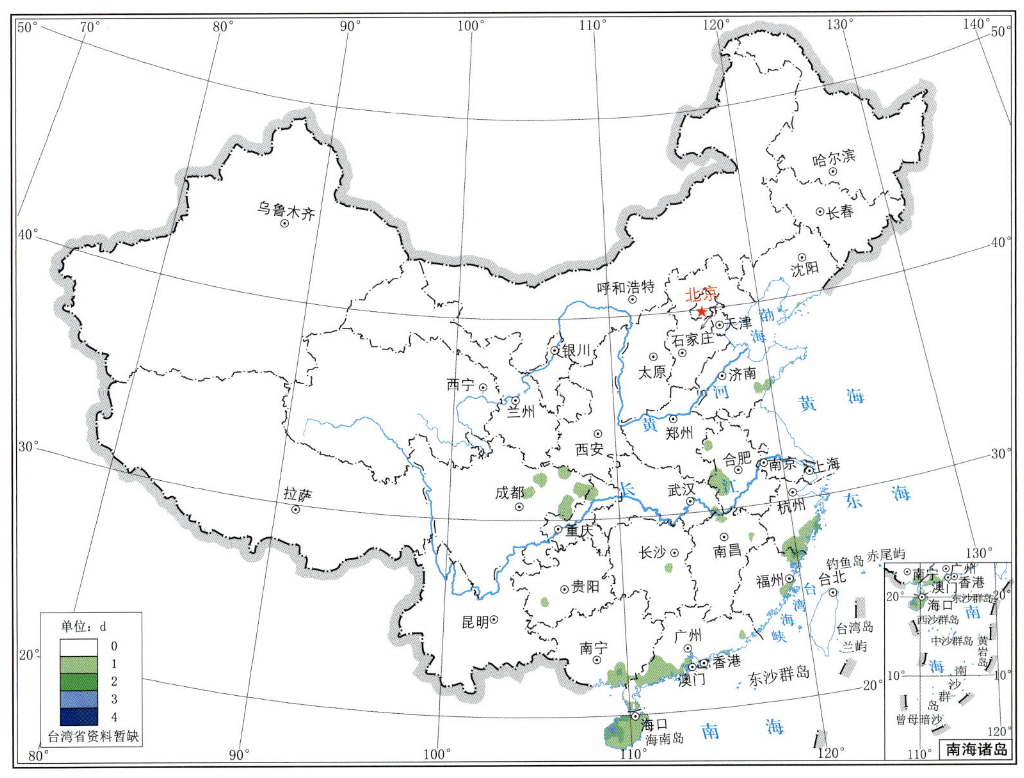

图 H.7　1991—2020 年 30 a 全国 9 月特大暴雨(≥250.0 mm/d)总日数分布

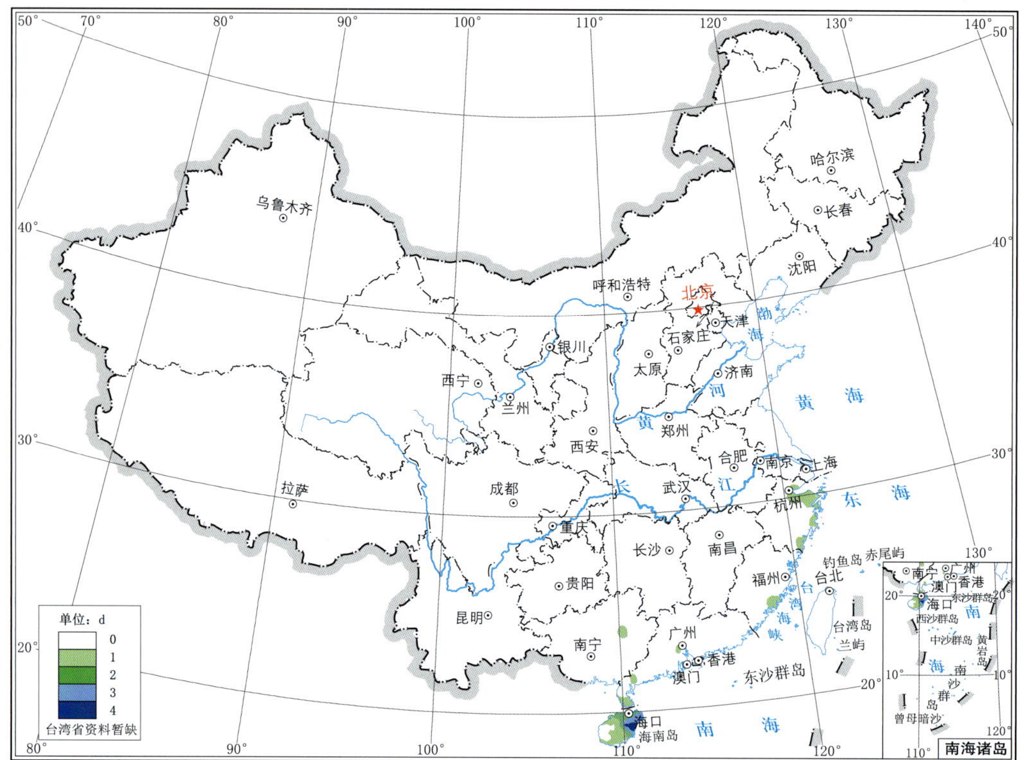

图 H.8　1991—2020 年 30 a 全国 10 月特大暴雨(≥250.0 mm/d)总日数分布

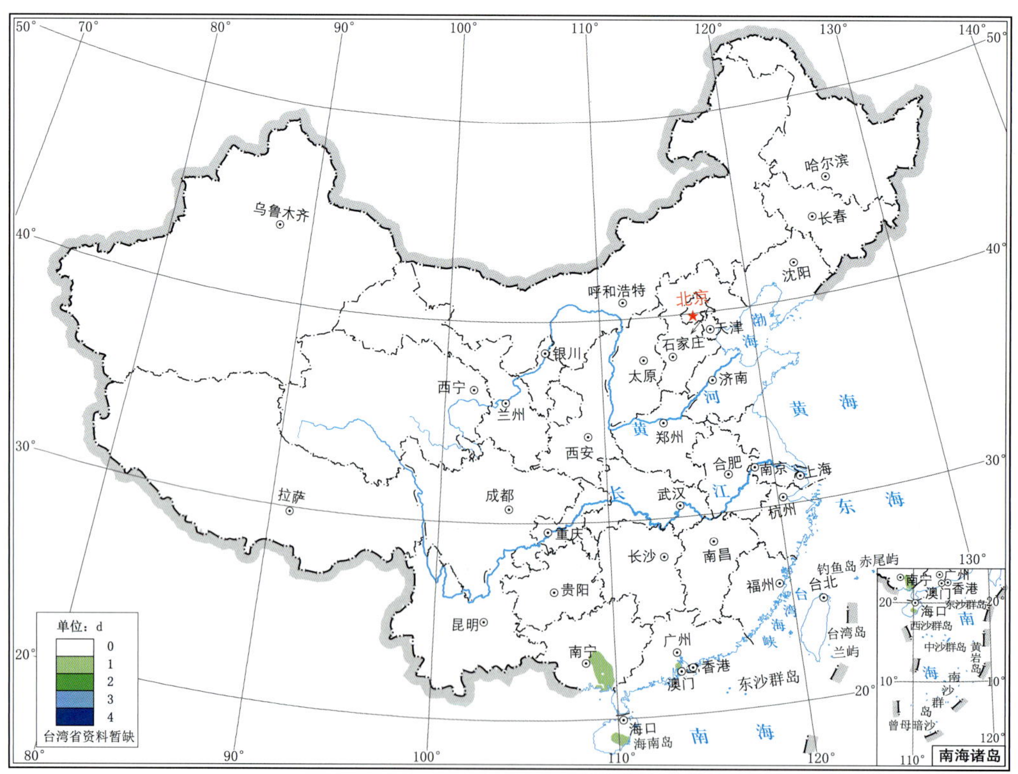

图 H.9　1991—2020 年 30 a 全国 11 月特大暴雨(≥250.0 mm/d)总日数分布

附录 I　1961—2020 年全国最大日降水量概况表

表 I. 1a　1961—2020 年全国各省(自治区、直辖市)第一季度各月最大日降水量概况

省(自治区、直辖市)	1月			2月			3月		
	站名	降水量/mm	出现时间(年-月-日)	站名	降水量/mm	出现时间(年-月-日)	站名	降水量/mm	出现时间(年-月-日)
北京	昌平	16.9	1973-01-23	霞云岭	21.6	1998-02-19	顺义	27.2	2003-03-20
天津	塘沽	16.0	2010-01-03	北辰区	24.2	1979-02-23	静海	39.8	2015-03-31
河北	昌黎	17.5	1973-01-24	昌黎	31.1	1962-02-10	兴隆	59.5	2003-03-20
山西	沁水	17.4	1967-01-27	运城	23.1	1979-02-22	闻喜	45.4	1979-03-29
内蒙古	呼和浩特	10.6	1981-01-18	凉城	25.3	1979-02-21	多伦县	47.0	1964-03-15
辽宁	丹东	34.0	1964-01-12	本溪	41.1	1962-02-10	东港	97.5	2007-03-04
吉林	珲春	34.7	2002-01-07	集安	43.9	2009-02-13	柳河	42.8	2007-03-04
黑龙江	双鸭山	21.5	2007-01-31	东宁	25.9	1990-02-20	虎林	37.1	2007-03-05
上海	南汇	49.8	1998-01-17	金山	50.5	2010-02-18	金山	68.5	1993-03-25
江苏	宜兴	61.0	1984-01-18	无锡	65.3	1979-02-22	盱眙	110.9	1991-03-07
浙江	龙泉	77.1	1998-01-14	开化	78.7	1975-02-05	衢州	106.4	1983-03-23
安徽	怀宁	65.2	2010-01-11	巢湖	200.0*	2001-02-08	巢湖	200.0	2001-03-09
福建	明溪	90.9	2003-01-26	诏安	135.2	1985-02-08	武平	148.4	1980-03-06
江西	石城	109.5	1989-01-07	新余	119.1	2004-02-29	龙南	155.3	1980-03-06
山东	临沂	39.0	1964-01-11	淄川	55.9	2016-02-13	日照	60.6	2007-03-04
河南	信阳	63.7	1969-01-28	鹿邑	54.0	2004-02-21	鸡公山	97.4	1993-03-13
湖北	黄梅	62.8	2001-01-06	石首	81.4	2015-02-20	黄陂	87.9	1969-03-27
湖南	嘉禾	76.7	1980-01-28	新田	99.7	1994-02-11	汝城	144.7	2016-03-20
广东	高州	184.3	2016-01-28	揭阳	130.2	1985-02-08	陆丰	267.1*	1992-03-26
广西	北海	200.9	2016-01-28	平南	131.8	1983-02-28	岑溪	181.7	2014-03-30
海南	西沙	305.8*	1975-01-27	陵水	181.6	2005-02-27	万宁	224.8	1984-03-22
重庆	酉阳	41.4	1999-01-11	璧山	46.7	2007-02-07	涪陵	100.9	2014-03-20
四川	宁南	49.0	1962-01-29	通江	64.3	1998-02-13	普格	75.6	1969-03-28
贵州	铜仁	47.4	1969-01-11	三都	71.5	2002-02-19	绥阳	107.1	1969-03-28
云南	西盟	137.3	2015-01-09	河口	104.8	2001-02-25	江城	111.0	1973-03-08
西藏	帕里	20.6	1966-01-04	帕里	31.0	1989-02-19	波密	44.8	2011-03-25
陕西	华山	22.9	2001-01-08	蓝田	51.0	2004-02-20	镇巴	54.5	1997-03-13
甘肃	合作	9.7	2015-01-05	徽县	18.8	2004-02-20	岷县	40.4	1967-03-28
青海	杂多	18.5	2008-01-24	杂多	13.5	2014-02-16	贵南	23.3	2016-03-22
宁夏	中卫	11.1	1993-01-07	盐池	13.3	2017-02-21	盐池	39.7	1990-03-24
新疆	富蕴	37.3	2010-01-07	乌苏	40.2	2010-02-23	阿图什	47.3	1990-03-22

注:以 * 标注的数值为当月全国最大日降水量。

表 I.1b　1961—2020 年全国各省(自治区、直辖市)第二季度各月最大日降水量概况

省(自治区、直辖市)	4月			5月			6月		
	站名	降水量/mm	出现时间(年-月-日)	站名	降水量/mm	出现时间(年-月-日)	站名	降水量/mm	出现时间(年-月-日)
北京	北京	51.0	1964-04-05	门头沟	106.1	1977-05-30	门头沟	190.5	2002-06-25
天津	城监站	106.8	1998-04-22	静海	123.0	1998-05-20	天津	130.5	1986-06-27
河北	玉田	106.2	1983-04-26	威县	115.7	2008-05-03	昌黎	201.2	1979-06-24
山西	沁源	83.4	1975-04-18	晋城	121.0	1992-05-05	高平	136.1	1980-06-29
内蒙古	科左中旗	64.2	1983-04-26	喀喇沁旗	72.3	1994-05-03	翁牛特旗	143.2	1991-06-11
辽宁	北宁	156.3	1983-04-26	丹东	151.2	1995-05-19	兴城	226.9	2006-06-29
吉林	前郭	89.2	1983-04-26	镇赉	97.4	2011-05-31	磐石	135.4	1977-06-29
黑龙江	肇源	63.4	1983-04-26	哈尔滨	79.1	1977-05-31	拜泉	156.0	1979-06-04
上海	奉贤	99.0	1983-04-14	金山	134.5	2008-05-28	嘉定	179.0	1999-06-30
江苏	昆山	113.1	1979-04-01	睢宁	229.7	1963-05-29	泰兴	312.2	1975-06-24
浙江	建德	141.2	2012-04-24	石浦	281.6	1976-05-25	湖州	227.6	2013-06-20
安徽	黄山区	144.4	1977-04-27	祁门	238.8	1995-05-20	阜南	346.0	1984-06-13
福建	漳浦	293.7	1969-04-13	宁化	334.8	1994-05-02	东山	350.4	2009-06-26
江西	修水	221.8	1999-04-24	广昌	327.4	1962-05-27	靖安	399.7	1977-06-15
山东	泰山	129.0	2003-04-18	邹平	180.6	2009-05-10	枣庄	244.5	1999-06-15
河南	新野	194.2	1973-04-29	民权	253.7	1963-05-19	桐柏	353.1	1989-06-07
湖北	枣阳	260.9	1973-04-29	监利	260.7	2006-05-25	武汉	298.5	1982-06-20
湖南	常德	251.1	1999-04-24	永顺	344.1	1995-05-31	桑植	373.8	1983-06-26
广东	珠海	620.3*	2010-04-14	清远	640.6*	1982-05-12	阳江	605.3*	2001-06-08
广西	融安	291.3	1968-04-09	灵山	498.3	1981-05-31	来宾	441.2	2010-06-01
海南	万宁	303.5	1961-04-16	三亚	327.5	1986-05-20	东方	329.8	2015-06-23
重庆	北碚	132.8	1975-04-27	彭水	210.8	2007-05-24	开县	215.4	2016-06-24
四川	绵阳	155.1	1998-04-29	蓬溪	242.9	2007-05-30	遂宁	323.7	2013-06-30
贵州	六枝	162.9	1997-04-29	罗甸	336.7	1976-05-24	都匀	307.4	2010-06-08
云南	贡山	96.8	1973-04-15	河口	209.8	1985-05-16	江城	250.1	1987-06-02
西藏	波密	74.4	1985-04-26	帕里	130.0	2009-05-26	波密	75.2	1982-06-10
陕西	华山	93.7	1973-04-10	凤翔	144.2	1978-05-29	佛坪	203.3	2002-06-09
甘肃	庄浪	85.4	1973-04-28	文县	73.0	1987-05-30	张家川	113.6	2013-06-20
青海	互助	49.3	1964-04-19	贵南	49.4	1972-05-10	茶卡	70.6	2013-06-19
宁夏	惠农	39.9	2015-04-01	泾源	62.6	1967-05-16	西吉	90.5	2013-06-20
新疆	天池	46.8	2017-04-14	天池	59.9	1961-05-17	天池	131.7	2010-06-23

注:以 * 标注的数值为当月全国最大日降水量。

表 I.1c　1961—2020 年全国各省(自治区、直辖市)第三季度各月最大日降水量概况

省(自治区、直辖市)	7月			8月			9月		
	站名	降水量/mm	出现时间(年-月-日)	站名	降水量/mm	出现时间(年-月-日)	站名	降水量/mm	出现时间(年-月-日)
北京	霞云岭	307.2	2016-07-20	丰台	220.3	1963-08-09	北京	106.0	2014-09-02
天津	蓟县	353.5	1978-07-25	武清	265.1	1984-08-10	蓟县	112.4	1987-09-03
河北	遵化	343.1	1978-07-25	邯郸	518.5	1963-08-04	抚宁	154.4	1986-09-01
山西	垣曲	244.0	2007-07-30	阳泉	261.5	1966-08-23	安泽	165.5	2005-09-20
内蒙古	乌审召	245.0	1961-07-22	宝国吐	206.4	2017-08-03	林西县	130.8	1986-09-02
辽宁	熊岳	331.7	1975-07-31	岫岩	317.6	2017-08-04	长海	253.1	1992-09-01
吉林	公主岭	194.5	1989-07-22	扶余	188.7	1994-08-06	敦化	138.7	1999-09-08
黑龙江	海伦	153.6	2013-07-30	甘南	201.6	1998-08-10	宝清	109.3	1973-09-11
上海	崇明	211.1	1976-07-02	宝山	394.5	1977-08-22	南汇	254.9	1963-09-13
江苏	徐州	315.4	1997-07-17	沛县	340.7	1981-08-09	西连岛	432.2	1985-09-02
浙江	宁海	355.7	1988-07-30	乐清	288.5	1965-08-20	乐清	446.7	1981-09-23
安徽	界首	440.4	1972-07-02	含山	401.7	2008-08-01	岳西	493.1	2005-09-03
福建	柘荣	472.5	2005-07-19	柘荣	415.2	2009-08-09	柘荣	434.4	2016-09-28
江西	南丰	315.2	2012-07-17	景德镇	364.6	2012-08-10	庐山	351.4	2005-09-02
山东	成山头	474.6	1963-07-18	诸城	619.7	1999-08-12	胶南	393.7	2012-09-21
河南	辉县	439.9	2016-07-09	上蔡	755.1*	1975-08-07	遂平	254.5	1984-09-07
湖北	阳新	538.7	1994-07-12	远安	392.0	1990-08-15	咸丰	304.8	1983-09-09
湖南	张家界	455.5	2003-07-09	郴州	294.6	1999-08-13	南岳	311.2	1991-09-08
广东	珠海	560.4	1994-07-22	徐闻	417.1	2008-08-07	恩平	433.1	1965-09-28
广西	北海	509.2	1981-07-24	东兴	337.7	1969-08-12	北海	352.2	2002-09-27
海南	西沙	617.1*	1977-07-20	澄迈	376.5	2016-08-18	西沙	633.8*	1995-09-06
重庆	黔江	306.9	1982-07-28	铜梁	233.4	2009-08-03	开县	295.3	2004-09-05
四川	峨眉	524.7	1993-07-29	峨眉	374.3	1995-08-24	三台	283.5	1981-09-02
贵州	清镇	287.8	2014-07-16	长顺	247.8	2015-08-28	关岭	272.4	2001-09-08
云南	彝良	235.4	1992-07-13	江城	249.7	2003-08-27	鹤庆	174.2	1965-09-06
西藏	波密	65.1	1988-07-04	波密	75.9	2015-08-19	波密	80.0	1982-09-16
陕西	镇巴	238.2	1978-07-02	宁陕	304.5	2003-08-29	镇巴	253.3	1968-09-12
甘肃	庆城	190.2	1966-07-26	成县	180.7	1968-08-02	徽县	126.8	1983-09-06
青海	尖扎	75.5	1963-07-23	大通	119.9	2013-08-22	同仁	76.1	2010-09-21
宁夏	隆德	131.7	1977-07-05	麻黄山	133.5	1984-08-02	固原	61.2	1966-09-02
新疆	天池	101.0	2007-07-17	小渠子	84.1	2011-08-27	塔城	64.6	2015-09-21

注:以 * 标注的数值为当月全国最大日降水量。

表 I. 1d　1961—2020 年全国各省(自治区、直辖市)第四季度各月最大日降水量概况

省(自治区、直辖市)	10 月			11 月			12 月		
	站名	降水量/mm	出现时间(年-月-日)	站名	降水量/mm	出现时间(年-月-日)	站名	降水量/mm	出现时间(年-月-日)
北京	密云	76.7	1970-10-23	顺义	56.5	2012-11-04	丰台	18.5	1977-12-15
天津	静海	134.3	2003-10-11	蓟县	77.5	2012-11-04	宝坻	23.0	1981-12-18
河北	沧州	144.9	2003-10-11	抚宁	86.4	2012-11-04	秦皇岛	38.1	1979-12-19
山西	昔阳	92.2	1968-10-06	阳城	43.8	1981-11-08	介休	17.8	1994-12-10
内蒙古	舍伯吐	72.4	1995-10-14	土默特左旗	46.2	2004-11-03	通辽	23.3	1979-12-19
辽宁	凤城	195.6	1991-10-24	宽甸	59.9	1966-11-06	旅顺	51.4	1979-12-19
吉林	珲春	80.1	1994-10-04	延吉	66.5	1964-11-12	长白	29.2	2016-12-22
黑龙江	尚志	65.6	1995-10-14	尚志	40.7	2013-11-18	虎林	27.7	2014-12-01
上海	松江	224.6	2013-10-08	奉贤	88.2	2009-11-0	南汇	57.4	1972-12-22
江苏	启东	233.5	2013-10-08	射阳	105.9	1967-11-01	宜兴	52.5	1974-12-31
浙江	余姚	395.6	2013-10-07	大陈	164.4	1961-11-16	温岭	120.7	1972-12-22
安徽	池州	162.9	1983-10-05	霍邱	120.1	1984-11-10	岳西	72.8	2002-12-17
福建	崇武	311.5	1999-10-09	晋江	162.8	1986-11-16	厦门	113.2	2015-12-09
江西	婺源	187.7	1972-10-18	新建	141.3	2005-11-09	铅山	90.5	1994-12-10
山东	宁津	175.1	2003-10-11	崂山	116.8	1961-11-20	成山头	48.3	1992-12-27
河南	柘城	207.5	1992-10-02	新县	132.5	1965-11-07	淮滨	42.1	1991-12-24
湖北	赤壁	183.8	1987-10-13	通城	113.8	2005-11-10	江夏	75.4	2002-12-17
湖南	临湘	213.6	1987-10-13	桂东	127.1	2015-11-16	祁东	95.2	2002-12-18
广东	汕尾	438.2	1975-10-14	中山	279.2	1993-11-05	上川岛	148.9	1974-12-02
广西	金秀	335.5	2015-10-05	北海	320.4	2013-11-11	涠洲岛	185.2	1983-12-20
海南	琼海	614.7*	2010-10-05	陵水	413.7*	1970-11-23	西沙	192.0*	2006-12-13
重庆	开县	195.6	1992-10-03	酉阳	84.9	1996-11-05	秀山	36.7	1962-12-14
四川	平昌	214.4	1973-10-06	雅安	123.3	1979-11-03	开江	34.2	1997-12-21
贵州	镇远	178.6	1964-10-17	正安	119.0	1996-11-05	天柱	71.7	2010-12-12
云南	河口	177.7	2016-10-24	元阳	169.3	1981-11-07	勐腊	149.4	2013-12-15
西藏	波密	131.4	1988-10-06	帕里	67.2	1995-11-10	波密	29.9	1981-12-11
陕西	宁陕	110.0	1999-10-01	宁陕	86.5	1994-11-13	白河	20.4	1979-12-20
甘肃	武山	57.7	2002-10-18	和政	37.8	1961-11-18	宁县	11.6	1975-12-07
青海	托托河	50.2	1985-10-18	湟中	25.7	1972-11-14	化隆	25.1	1961-12-11
宁夏	固原	46.6	2010-10-10	西吉	25.6	1979-11-03	海原	12.1	2015-12-12
新疆	木垒	55.2	2016-10-03	裕民	41.4	2016-11-12	额敏	39.8	2010-12-03

注：以 * 标注的数值为当月全国最大日降水量。

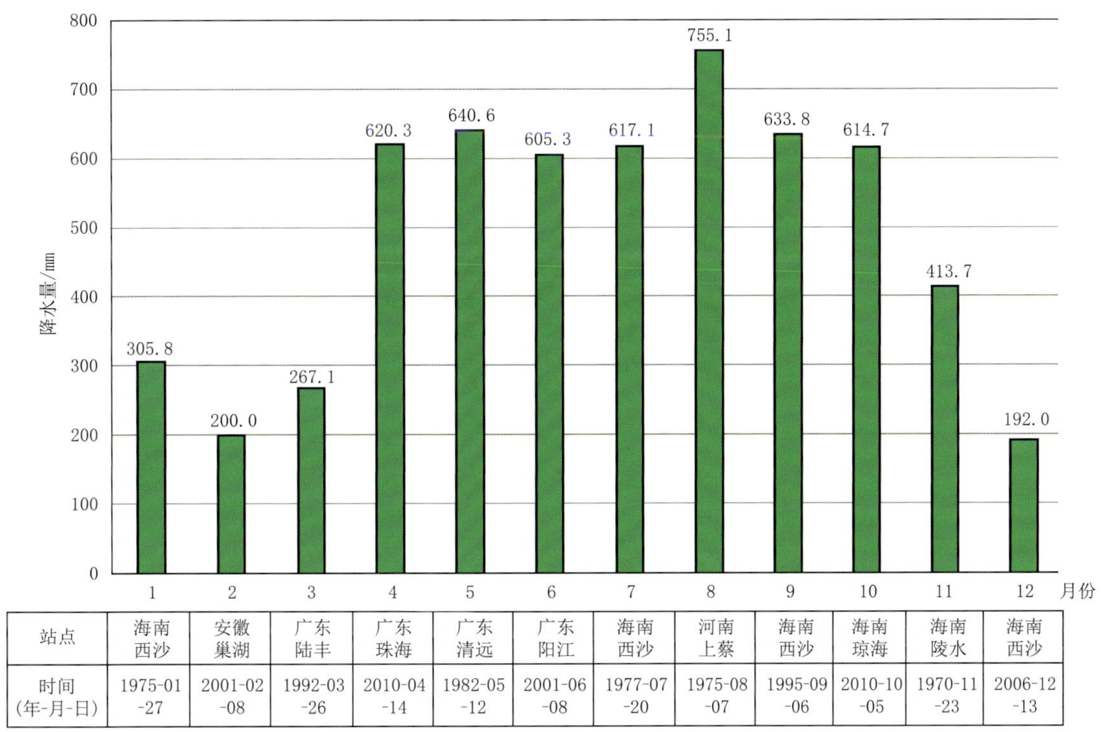

站点	海南西沙	安徽巢湖	广东陆丰	广东珠海	广东清远	广东阳江	海南西沙	河南上蔡	海南西沙	海南琼海	海南陵水	海南西沙
时间(年-月-日)	1975-01-27	2001-02-08	1992-03-26	2010-04-14	1982-05-12	2001-06-08	1977-07-20	1975-08-07	1995-09-06	2010-10-05	1970-11-23	2006-12-13

图 I.1　1961—2020 年 1—12 月全国最大日降水量直方图

（图下方表格为与横坐标月份对应的最大日降水量出现的站点和时间）

附录 J　1981—2010 年 30 a 平均年降水量≤300.0 mm 的区域分布

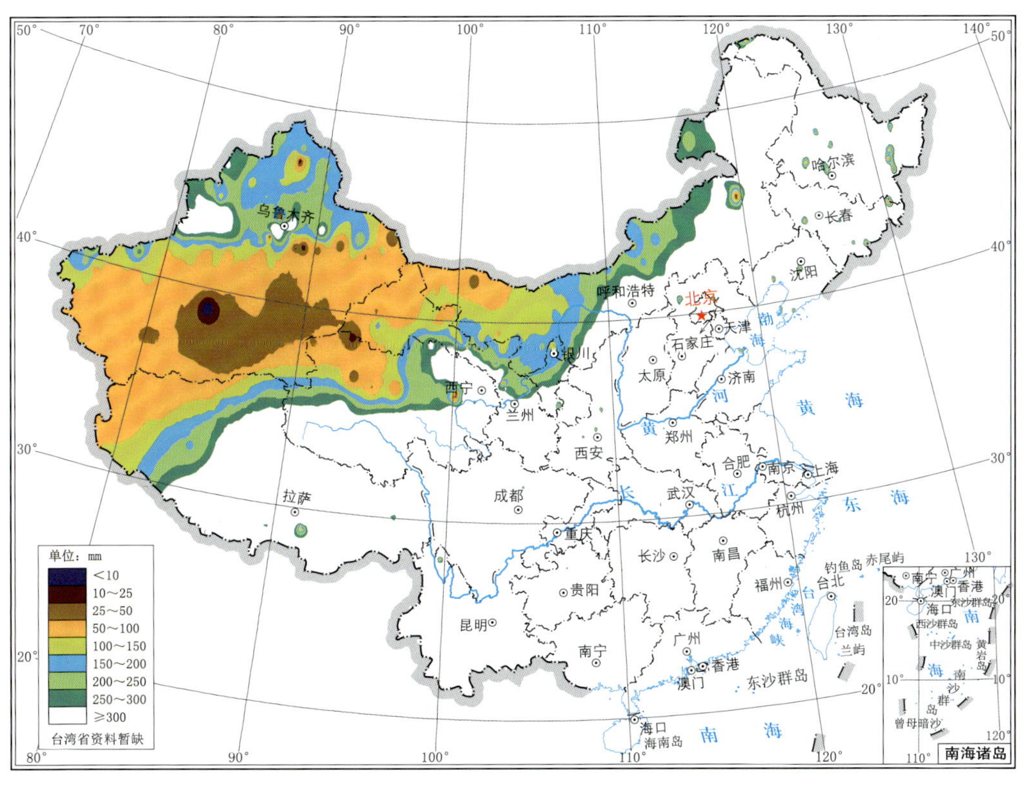

图 J.1　1991—2020 年 30 a 平均年降水量≤300.0 mm 的区域分布